工业和信息化普通高等教育"十二五"规划教材立项项目

21世纪高等教育计算机规划教材

嵌入式系统设计
大学教程（第2版）

Embedded System Design for University Students

■ 许大琴 万福 谢佑波 编著

U0191583

人民邮电出版社

北 京

图书在版编目（CIP）数据

嵌入式系统设计大学教程 / 许大琴，万福，谢佑波编著. -- 2版. -- 北京：人民邮电出版社，2015.9

21世纪高等教育计算机规划教材

ISBN 978-7-115-39923-6

Ⅰ．①嵌… Ⅱ．①许… ②万… ③谢… Ⅲ．①微型计算机－系统设计－高等学校－教材 Ⅳ．①TP360.21

中国版本图书馆CIP数据核字(2015)第160661号

内 容 提 要

本书以嵌入式系统开发为主线，以 Linux 操作系统为软件平台，系统介绍了嵌入式系统开发的基础知识、基本流程和方法。全书共分 10 章，分别对嵌入式系统基础知识、嵌入式硬件开发技术、嵌入式系统软件程序设计内容进行了详细介绍，并附以两个完整的嵌入式系统开发应用实例。

本书内容丰富，结构合理，概念清晰，既可作为高等院校计算机及相关专业嵌入式系统设计课程的教材，也可供工程技术人员自学参考。

◆ 编　　著　许大琴　万　福　谢佑波

责任编辑　武恩玉

责任印制　沈　蓉　彭志环

◆ 人民邮电出版社出版发行　　北京市丰台区成寿寺路 11 号

邮编　100164　电子邮件　315@ptpress.com.cn

网址　http://www.ptpress.com.cn

北京艺辉印刷有限公司印刷

◆ 开本：787×1092　1/16

印张：18　　　　　　　2015 年 9 月第 2 版

字数：470 千字　　　　2015 年 9 月北京第 1 次印刷

定价：39.80 元

读者服务热线：(010)81055256　印装质量热线：(010)81055316

反盗版热线：(010)81055315

第 2 版前言

欢迎学习嵌入式系统！通过嵌入式系统的学习，您将开始探索一个美妙而富有挑战的领域。嵌入式系统已经广泛地应用于科学研究、工程设计、军事技术以及人们的日常生活中。随着国内外各种嵌入式产品的进一步开发和推广，嵌入式技术和人们的生活结合得越来越紧密。

本书的结构

本书是面向 21 世纪教育改革的高等院校计算机基础教材，针对各高校相关专业的本科生教学而设计，也可作为嵌入式系统开发的初、中级设计人员的参考用书。本书是在 2008 年第 1 版的基础上结合近几年嵌入式系统软硬件技术的发展修订而成的，在章节安排和内容选取乃至一些论述细节上均做了较大改动。

本书以嵌入式系统的基本开发技术为主线，以 ARM11 处理器 S3C6410 以及 TI 公司应用最为广泛的 DSP 内核与微处理器组成的双核应用处理器 OMAP5912 为硬件平台，以免费的、开源的 Linux 操作系统为软件平台，系统地讲述了嵌入式系统开发的基本知识、基本流程和基本方法。

全书分为 10 章，共 4 大部分：嵌入式系统、硬件开发技术、软件程序设计和开发应用实例，如图 1 所示。

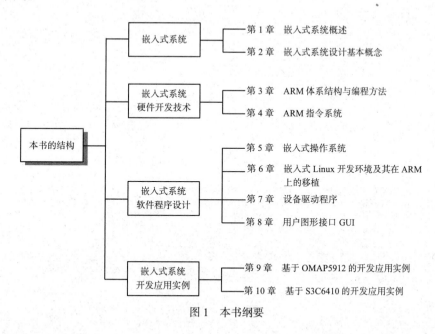

图 1　本书纲要

本书的特点

本书立足于理论与实践相结合，适用于嵌入式系统入门读者学习和使用。

本书的特点在于内容的系统性、全面性、先进性和实用性。它的系统性和全面性表面在其内容涉及嵌入式系统的基本知识、基本理论和具体应用，有理论有实践、有硬件设计有相应软件编程；先进性体现实例采用目前主流的嵌入式微处理器，并考虑了它们的继承性和延续性；实用性体现在采用公认的最适合嵌入式教学的架构——ARM+Linux。

本书图文并茂。全书提供了 100 多幅图片，以增进读者对文字的理解。同时为授课教师提供教辅材料（包括 PPT 课件及思考与练习题答案）有需要者可登录人民邮电出版社教育服务与资源网（http://www.ptpedu.com.cn）免费下载。

致谢

在本书的再版过程中，得到了人民邮电出版社的大力支持。

除了编者的辛勤劳作，参加本书编写的还包括王妍、蔡祥、陈康、胡鹏、宋永群、张帅、张桂英等老师，他们不仅参与了部分章节的编写，而且还参与了审校工作，在此对他们表示衷心的感谢。

限于编者的能力和水平，书中错误之处在所难免，敬请广大读者和专家批评指正。

编　者

2015 年 4 月

出版者的话

计算机应用能力已经成为社会各行业从业人员最重要的工作要求之一，而计算机教材质量的好坏会直接影响人才素质的培养。目前，计算机教材出版市场百花争艳，品种急剧增多，要从林林总总的教材中挑选一本适合课程设置要求、满足教学实际需要的教材，难度越来越大。

人民邮电出版社作为一家以计算机、通信、电子信息类图书与教材出版为主的科技教育类出版社，在计算机教材领域已经出版了多套计算机系列教材。在各套系列教材中涌现出了一批被广大一线授课教师选用、深受广大师生好评的优秀教材。老师们希望我社能有更多的优秀教材集中地呈现在老师和读者面前，为此我社组织了这套"21世纪高等学校计算机规划教材——精品系列"。

本套教材具有下列特点。

（1）前期调研充分，适合实际教学需要。本套教材主要面向普通高等学校的本科学生编写，在内容深度、系统结构、案例选择、编写方法等方面进行了深入细致的调研，目的是在教材编写之前充分了解实际教学的需要。

（2）编写目标明确，读者对象针对性强。每一本教材在编写之前都明确了该教材的读者对象和适用范围，即明确面向的读者是计算机专业、非计算机理工类专业，还是文科类专业的学生，尽量符合目前普通高等教育计算机课程的教学计划、教学大纲以及发展趋势。

（3）精选作者，保证质量。本套教材的作者，既有来自院校的一线授课老师，也有来自IT企业、科研机构等单位的资深技术人员。通过他们之间的合作，使老师丰富的实际教学经验与技术人员丰富的实践工程经验相融合，从而为广大师生编写出适合目前教学实际需求、满足学校新时期人才培养模式的高质量教材。

（4）一纲多本，适应面宽。在本套教材中，我们根据目前教学的实际情况，做到"一纲多本"，即根据院校已学课程和后续课程的不同开设情况，为同一科目提供不同类型的教材。

（5）突出能力培养，适应人才市场要求。本套教材贴近市场对于计算机人才的能力要求，注重理论知识与实际应用的结合，注重实际操作和实践动手能力的培养，为学生快速适应企业实际需求做好准备。

（6）配套服务完善。对于每一本教材，我们在教材出版的同时，都将提供完备的PPT课件，并根据需要提供书中的源程序代码、习题答案、教学大纲等教学资源，部分教材还将在作者的配合下，提供疑难解答、教学交流等服务。

在本套教材的策划组织过程中，我们获得了来自清华大学、北京大学、人民大学、浙江大学、吉林大学、武汉大学、哈尔滨工业大学、东南大学、四川大学、上海交通大学、西安交通大学、电子科技大学、西安电子科技大学、北京邮电大学、北京林业大学等院校老师的大力支持和帮助，同时获得了来自工业和信息化部电信研究院、联想、华为、中兴、同方、爱立信、摩托罗拉等企业以及科研单位的领导和技术人员的积极配合。在此，向他们表示衷心的感谢。

我们相信，"21世纪高等学校计算机规划教材——精品系列"一定能够为我国高等院校计算机教学做出应有的贡献。同时，对于工作欠缺和不妥之处，欢迎老师和读者提出宝贵的意见和建议。

目 录

第 1 部分 嵌入式系统

第 1 章 嵌入式系统概述……2

1.1 嵌入式系统相关概念…………2
1.2 嵌入式系统的特点……………3
1.3 嵌入式系统的体系结构………4
  1.3.1 硬件平台…………………5
  1.3.2 硬件抽象层………………5
  1.3.3 实时操作系统……………6
  1.3.4 实时应用程序……………7
1.4 嵌入式系统的分类……………7
1.5 嵌入式系统的应用……………8
本章小结……………………………10
思考与练习题………………………11

第 2 章 嵌入式系统设计基本概念……12

2.1 嵌入式硬件系统………………12
  2.1.1 嵌入式处理器……………13
  2.1.2 存储器……………………16

2.1.3 外围设备…………………21
2.2 嵌入式操作系统………………26
  2.2.1 嵌入式操作系统的发展…27
  2.2.2 嵌入式实时操作系统的分类……27
  2.2.3 嵌入式实时操作系统的可裁剪性及其实现……28
  2.2.4 常用的嵌入式操作系统…29
2.3 嵌入式系统的基本设计过程…32
  2.3.1 需求分析与规格说明……32
  2.3.2 体系结构设计……………36
  2.3.3 设计硬件构件和软件构件…38
  2.3.4 系统调试与集成…………39
  2.3.5 系统测试…………………39
2.4 本教程选择的软硬件平台……39
  2.4.1 教学硬件平台——ARM…39
  2.4.2 教学软件平台——Linux…39
本章小结……………………………40
思考与练习题………………………40

第 2 部分 嵌入式系统硬件开发技术

第 3 章 ARM 体系结构与编程模式……43

3.1 ARM 微处理器概述……………43
  3.1.1 ARM 微处理器的特点……43
  3.1.2 ARM 微处理器的分类……44
  3.1.3 ARM 体系的变种…………48
  3.1.4 ARM 的命名规则…………49
3.2 ARM 体系结构…………………49
  3.2.1 ARM 微处理器结构………49
  3.2.2 ARM 流水线………………52
  3.2.3 工作状态和运行模式……53
  3.2.4 ARM 微处理器的寄存器组织……54

3.2.5 ARM 微处理器的存储器格式……59
3.3 ARM 的异常处理………………60
  3.3.1 ARM 体系结构支持的异常类型……60
  3.3.2 各类异常的具体描述……61
  3.3.3 对异常的响应……………62
  3.3.4 从异常返回………………63
  3.3.5 异常的进入/退出…………64
3.4 ARM 编程方法…………………65
  3.4.1 ARM 指令概述……………65
  3.4.2 ARM 指令寻址方式………66
  3.4.3 ARM 汇编程序设计………70
  3.4.4 ARM 混合编程……………70

本章小结 ································· 72
思考与练习题 ···························· 73

第 4 章　ARM 指令系统 ············· 74

4.1　ARM 指令集 ······················· 74
　4.1.1　数据处理指令 ················· 74
　4.1.2　跳转指令 ···················· 79
　4.1.3　Load/Store 指令 ············· 81
　4.1.4　程序状态寄存器指令 ········· 85
　4.1.5　协处理器指令 ··············· 85
　4.1.6　异常中断指令 ··············· 87

4.1.7　移位指令（操作）··········· 88
4.2　Thumb 指令集 ····················· 89
　4.2.1　Thumb 指令集与 ARM 指令集的
　　　　区别 ························ 89
　4.2.2　Thumb 数据处理指令 ········· 89
　4.2.3　Thumb 存储器访问指令 ······· 94
　4.2.4　Thumb 跳转指令 ············· 97
　4.2.5　Thumb 软件中断指令 ········· 97
　4.2.6　Thumb 伪指令 ··············· 98
本章小结 ······························· 99
思考与练习题 ···························· 99

第 3 部分　嵌入式系统软件程序设计

第 5 章　嵌入式操作系统 ········· 101

5.1　嵌入式操作系统概述 ··········· 101
5.2　嵌入式操作系统的进程管理 ····· 102
　5.2.1　进程的概念 ················· 102
　5.2.2　上下文切换 ················· 103
　5.2.3　进程状态 ··················· 105
　5.2.4　进程调度 ··················· 106
　5.2.5　进程间通信机制 ············· 111
5.3　嵌入式操作系统的中断处理 ····· 116
　5.3.1　中断向量表 ················· 116
　5.3.2　中断的种类 ················· 116
　5.3.3　实时内核的中断管理 ········· 118
　5.3.4　中断服务程序 ··············· 119
5.4　嵌入式操作系统的内存管理 ····· 119
　5.4.1　内存管理的主要功能 ········· 119
　5.4.2　内存保护 ··················· 120
　5.4.3　虚拟内存 ··················· 122
　5.4.4　内存管理方案 ··············· 122
5.5　常用嵌入式操作系统 ··········· 123
　5.5.1　嵌入式 Linux ··············· 123
　5.5.2　Andriod ···················· 132
本章小结 ······························· 139
思考与练习题 ·························· 140

第 6 章　嵌入式 Linux 开发环境及
　　　　　其在 ARM 上的移植 ······· 141

6.1　嵌入式 Linux 开发环境 ········· 142
　6.1.1　交叉编译工具介绍 ··········· 143
　6.1.2　交叉编译环境的建立 ········· 156
6.2　嵌入式 Linux 在 ARM 平台上的移植 ··· 161
　6.2.1　Linux 内核源代码的组织 ····· 161
　6.2.2　嵌入式 Linux 内核裁剪方法 ··· 163
　6.2.3　嵌入式 Linux 内核定制过程 ··· 166
　6.2.4　内核编译及装载 ············· 169
　6.2.5　文件系统及其实现 ··········· 170
本章小结 ······························· 173
思考与练习题 ·························· 174

第 7 章　设备驱动程序 ··········· 175

7.1　概　述 ··························· 175
　7.1.1　设备驱动原理 ··············· 176
　7.1.2　模块化编程 ················· 177
　7.1.3　设备类型 ··················· 178
　7.1.4　设备号 ····················· 180
7.2　设备文件接口 ··················· 180
　7.2.1　用户访问接口 ··············· 180
　7.2.2　一些重要数据结构 ··········· 181
　7.2.3　I/O 操作 ··················· 185
7.3　中断处理 ······················· 187

7.3.1　注册中断处理程序……………187

7.3.2　中断处理程序实现……………189

7.4　应用实例……………………………190

7.4.1　USB 设备驱动程序实现………190

7.4.2　网络设备——CS8900A 芯片驱动

程序………………………………197

7.4.3　LCD 设备驱动开发……………204

本章小结………………………………………209

思考与练习题…………………………………210

第 8 章　用户图形接口 GUI………211

8.1　嵌入式系统中的 GUI……………211

8.1.1　嵌入式 GUI 的发展需求………212

8.1.2　嵌入式 GUI 的功能特点………212

8.1.3　目前流行的嵌入式 GUI 系统…213

8.2　Qt/Embedded 基础………………217

8.2.1　Qt/Embedded 简介………………217

8.2.2　Qt/Embedded 特点………………218

8.2.3　Qt/Embedded 体系架构…………219

8.3　Qt/Embedded 开发环境…………224

8.3.1　Qt/E 2.x 系列……………………225

8.3.2　Qt/E 3.x 系列……………………227

8.4　Qt/Embedded 开发实例…………228

8.4.1　Qt/Embedded 基本开发流程……228

8.4.2　触摸屏驱动的设计………………231

8.5　智能化用户界面……………………235

8.5.1　Agent 技术………………………236

8.5.2　Agent 技术与用户界面的结合…238

本章小结………………………………………239

思考与练习题…………………………………240

第 4 部分　嵌入式系统开发应用实例

第 9 章　基于 OMAP5912 的开发

应用实例……………………………242

9.1　MAP5912 的结构和特点…………242

9.1.1　ARM926EJ-S 内核………………243

9.1.2　TMS320C55x 内核………………243

9.1.3　存储器管理………………………243

9.1.4　直接存储器访问控制器（DMA）

…………………………………………244

9.1.5　时钟和电源管理…………………245

9.1.6　外围控制模块……………………245

9.2　基于 OMAP5912 的硬件平台设计…246

9.2.1　电源管理模块……………………247

9.2.2　存储模块…………………………248

9.2.3　音频处理模块……………………249

9.2.4　外围接口…………………………250

9.3　基于 OMAP5912 的软件系统设计…251

9.3.1　OMAP5912 系统的软件架构……251

9.3.2　嵌入式 Linux 系统的启动流程…252

9.3.3　Bootloader 及其移植……………252

9.3.4　MontaVista Linux 内核的移植…259

9.3.5　文件系统的移植…………………262

9.3.6　设备驱动程序……………………263

本章小结………………………………………264

思考与练习题…………………………………264

第 10 章　基于 S3C6410 的开发

应用实例…………………………265

10.1　S3C6410 的结构和特点…………265

10.1.1　ARM1176JZF-S 内核…………266

10.1.2　多媒体协处理器………………266

10.1.3　存储器子系统…………………267

10.1.4　显示控制器……………………268

10.1.5　系统外设………………………268

10.1.6　接口……………………………268

10.2　基于 S3C6410 的视频监控系统设计…269

10.2.1　系统的硬件设计………………269

10.2.2　系统的软件设计………………270

本章小结………………………………………273

思考与练习题…………………………………273

缩略语…………………………………………274

参考文献………………………………………277

第 1 部分
嵌入式系统

　　本部分内容旨在引导读者在深入学习之前，对嵌入式系统有一个全貌性的了解。

　　本部分内容包括嵌入式系统概述及系统设计基本概念。该部分分两章进行讲解，其具体内容包括嵌入式系统的定义、特点、体系结构、分类、应用领域以及嵌入式系统的基本设计过程。

第1章
嵌入式系统概述

在本章，我们将讨论嵌入式系统的基本概念，具体讲解嵌入式系统是如何定义的，嵌入式系统的特点、体系结构和分类等问题，并举例说明嵌入式系统的应用领域。

本章学习要求：

- 明确嵌入式系统的概念；
- 描述嵌入式系统的特点；
- 列出嵌入式系统的体系结构；
- 列出嵌入式系统的分类；
- 描述嵌入式系统的应用。

随着移动互联网、物联网、云计算等热门技术的逐步应用和日益普及，以实现智能化为核心的典型应用已经全面渗透日常生活的每一个角落。对于我们每个人来说，需要的已经不仅仅是那种放在桌上处理文档、进行工作管理和生产控制的计算机"机器"。任何一个普通人都可能拥有大小不一、形状各异、使用嵌入式技术的电子产品，小到手表、MP3、移动电话、PDA，大到电视、冰箱、电动脚踏车乃至汽车等智能化产品。

事实上，随着信息产业的变革和发展，IT 行业也已经被重新定义，从 Information Technology（信息技术）领域发展为 Intelligent Technology（智能技术）领域。而嵌入式系统正是这些热门产业应用技术中最核心、最关键的部分，是推动整个智能化电子产业快速发展的中坚力量。移动互联网、物联网、云计算日益成为嵌入式技术典型应用领域。

1.1　嵌入式系统相关概念

什么是**嵌入式系统**呢？

根据美国电气和电子工程师协会（IEEE）的定义，嵌入式系统是用来控制、监视或辅助设备、机器或工厂操作的装置。

中国计算机学会微机专业委员会的定义是，**嵌入式系统**是以嵌入式应用为目的的计算机系统，可分为系统级、板级和片级。

- **系统级**：各种类型的工控机、PC104 模块。
- **板级**：各种类型的带有 CPU 的主板及 OEM 产品。
- **片级**：各种以单片机、DSP、微处理器为核心的产品。

嵌入式系统一般定义为以应用为中心、以计算机技术为基础，软硬件可裁剪，应用系统对功能、可靠性、成本、体积、功耗和应用环境有特殊要求的专用计算机系统。

从技术角度说，嵌入式系统是将应用程序、操作系统和计算机硬件集成在一起的系统。

从系统角度说，嵌入式系统是设计完成复杂功能的硬件和软件，并使其紧密耦合在一起的计算机系统。

从广义上讲，凡是带有微处理器的专用软硬件系统都可称为嵌入式系统，如各类单片机和 DSP 系统。这些系统在完成较为单一的专业功能时具有简洁高效的特点。但由于它们没有操作系统，管理系统硬件和软件的能力有限，在实现复杂多任务功能时，往往困难重重，甚至无法实现。因此，我们更加推荐那些使用嵌入式微处理器构成独立系统，具有自己的操作系统，具有特定功能，用于特定场合的嵌入式系统。

简而言之，一个嵌入式系统就是一个硬件和软件的集合体，它包括硬件和软件两部分。其中，硬件包括嵌入式处理器、控制器、数字信号处理器（DSP）、存储器及外设器件、输入/输出（I/O）端口、图形控制器等；软件部分包括操作系统软件（嵌入式操作系统）和应用程序（应用软件），由于应用领域不同，应用程序千差万别。

1.2　嵌入式系统的特点

20 世纪 70 年代，Intel 公司推出有史以来第一个微处理器 4004。计算机的形态和应用因而出现了历史性的变化。基于高速数值解算能力的微型机表现出的智能化水平引起了控制专业人士的兴趣，他们要求将微型机嵌入一个对象体系，实现对象体系的智能化控制。例如，将微型计算机经电气加固、机械加固，并配置各种外围接口电路，安装到大型舰船中构成自动驾驶仪或轮机状态监测系统。这样一来，计算机便失去了原来的形态与通用的计算机功能。为了区别于原有的通用计算机系统，我们把嵌入到对象体系中实现对象体系智能化控制的计算机，称作嵌入式计算机系统。嵌入式系统的嵌入性本质就是将一个计算机嵌入一个对象体系中。

典型的嵌入式系统几乎让人感觉不到它的存在。嵌入式系统特别强调"量身订做"的原则，开发人员往往需要针对某一种特殊用途开发出一个截然不同的嵌入式系统来，所以我们很难不经过"重大"修改而直接将一个嵌入式系统套用到其他的嵌入式产品上去。

与通用的计算机系统相比，嵌入式系统具有以下显著特点。

1. 系统内核小

由于嵌入式系统一般应用于小型电子装置，系统资源相对有限，因而要求系统内核必须尽可能小。例如，ENEA 公司的 OSE 分布式系统，内核只有 5KB；3Com 公司的 32 位嵌入式操作系统 Palm OS，内核为几十 KB；微软开发的基于掌上电脑类操作的 32 位嵌入式操作系统 Windows CE，核心占 500KB 的 ROM 和 250KB 的 RAM，整个 Windows CE 操作系统包括硬件抽象层、Windows CE 内核、User、GUI、文件系统和数据库，大约共 1.5MB。而传统的操作系统，如 Windows 的内核，则要大得多，Windows 7 内核代码大小约为 25MB。

2. 专用性强

嵌入式系统通常是面向特定任务的，相对于一般通用 PC 计算平台，嵌入式系统的个性化很强，其中软件系统和硬件的结合非常紧密，一般要针对硬件进行软件系统的移植。即使在同一品牌、同一系列的产品中也需要根据硬件的变化和增减不断进行修改。针对不同的任务，往往需要对系统进行较大更改，有时甚至要废弃整个系统并重新进行设计。

3. 运行环境差异大

嵌入式系统使用范围极为广泛，其运行环境差异很大。例如，运行在冰天雪地的南北极、温度很高的汽车里、要求恒温和恒湿的科学实验室等，特别是在恶劣环境中，或者突然断电等情况下，要求系统仍能够正常工作。

4. 可靠性要求高

嵌入式系统不能像通用 PC 一样，"死机"时通过手动重启计算机。嵌入式系统往往要长期在无人值守的环境下运行，甚至是常年运行，因此对可靠性的要求特别高。在一些特殊应用场合，如核电站、航天航空、工业控制、汽车制动等，系统的一个错误就可能造成很大的损失。

5. 高实时性操作系统

现在许多嵌入式系统要胜任的工作越来越复杂，嵌入式操作系统就成为嵌入式系统设计中必不可少的一个环节。嵌入式操作系统除了具备传统操作系统的基本功能外，还具有高实时性。嵌入式任务往往是由时间关键性约束的，必须在某个时间范围内完成。为了适应各种应用需求的变化，嵌入式操作系统还应该具有开放性、可伸缩性的体系结构，具有更好的硬件适应性，即可移植性。

6. 具有固化在非易失性存储器中的代码

嵌入式操作系统和应用软件通常被固化在非易失性存储器（ROM、EPROM、EEPROM 和 FLASH）芯片中。嵌入式系统开机后，必须有代码对系统进行初始化，以便其余的代码能够正常运行，这就是建立运行时的环境。例如，初始化 RAM 放置变量，测试内存的完整性和 ROM 的完整性以及其他初始化任务。为了系统的初始化，几乎所有系统都要在非易失性存储器中存放部分代码（启动代码）。为了提高执行速度和系统可靠性，大多数嵌入式系统常常把所有代码（或者其压缩代码）固化，存放在存储器芯片或处理器的内部存储器件中，而不使用外部存储介质。

7. 嵌入式系统开发工作和环境

嵌入式系统开发需要专门的开发工具和环境。由于嵌入式系统本身不具备自主开发能力，即使设计完成以后，用户通常也不能对其中的程序功能进行修改，因此必须有一套开发工具和环境才能进行开发。这些工具和环境一般基于通用计算机上的软硬件设备，以及各种逻辑分析仪、混合信号示波器等。开发时有主机和目标机，主机用于程序的开发，目标机作为最后的执行机，开发时需要两者交替结合进行。

1.3 嵌入式系统的体系结构

通用计算机一般由下列部分组成：

- 微处理器；
- 大型存储器，包括主存储器（半导体存储器——RAM、ROM 以及可快速访问的高速缓存）和辅助存储器（硬盘、磁盘和磁带中的磁性存储器，以及 CD-ROM 中的光存储器）；
- 输入单元，如键盘、鼠标、数字转换器、扫描仪等；
- 输出单元，如显示器、打印机等；
- 网络单元，如以太网卡、前端基于处理器的驱动程序等；
- I/O 单元，如调制解调器、附有调制解调器的传真机等。

嵌入式系统是将嵌入了软件的计算机硬件作为其最重要部分的系统，它是一种专用于某个应用或产品的特殊的计算机系统。由于其软件通常嵌入在 ROM（只读存储器）中，因此，不像计算机那样需要辅助存储器。早期嵌入式系统自底向上包含 3 个部分：**硬件平台、嵌入式实时操作系统（RTOS）和嵌入式实时应用程序**，如图 1-1 所示。

　　由于嵌入式系统应用的硬件环境差异较大，因此，如何简洁有效地使嵌入式系统能够应用于各种不同的应用环境是嵌入式系统发展中必须解决的关键问题。

　　经过不断的发展，原先嵌入式系统的 3 层结构逐步演化成为一种 4 层结构。这个新增加的中间层次位于操作系统和硬件之间，包含了系统中与硬件相关的大部分功能。它通过特定的上层接口与操作系统进行交互，向操作系统提供底层的硬件信息，并根据操作系统的要求完成对硬件的直接操作。

　　由于引入了一个中间层次，屏蔽了底层硬件的多样性，操作系统不再直接面对具体的硬件环境，而是面向由这个中间层次所代表的、逻辑上的硬件环境，因此，把这个中间层次叫作**硬件抽象层**（Hardware Abstraction Layer，HAL）。图 1-2 显示了引入 HAL 以后的嵌入式系统结构。HAL 的引入大大推动了嵌入式实时操作系统的通用化，从而为嵌入式系统的广泛应用提供了可能。

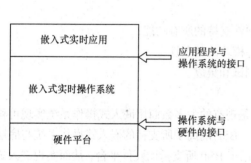

图 1-1　嵌入式系统的基本结构

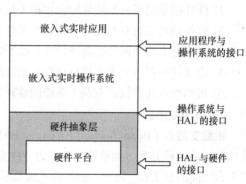

图 1-2　引入 HAL 后的嵌入式系统结构

1.3.1　硬件平台

　　嵌入式系统的硬件平台是以嵌入式处理器为核心，由存储器、I/O 单元电路、通信模块、外部设备等必要的辅助接口组成的，如图 1-3 所示。硬件平台是整个嵌入式实时操作系统和实时应用程序运行的硬件基础。

　　不同的应用通常有不同的硬件环境，硬件平台的多样性是嵌入式系统的一个主要特点。在实际应用中，除了微处理器和基本的外围电路以外，其余的电路都可根据需要和成本进行裁剪、定制。

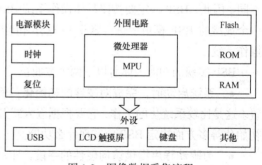

图 1-3　图像数据采集流程

1.3.2　硬件抽象层

　　硬件抽象层是由用户编写的，为定制的硬件和操作系统之间提供接口和支持平台，以解决硬件差异性的代码。当操作系统或应用程序使用硬件抽象层 API 进行设计时，只要硬件抽象层 API 能够在下层硬件平台上实现，那么操作系统和应用程序的代码就可以移植。

在整个嵌入式系统设计过程中，硬件抽象层同样发挥着不可替代的作用。传统的设计流程是采用瀑布式设计开发过程，首先是硬件平台的制作和调试，其次是在已经定型的硬件平台的基础上再进行软件设计。由于硬件和软件的设计过程是串行的，因此需要很长的设计周期；而硬件抽象层能够使软件设计在硬件设计结束前开始进行，使整个嵌入式系统的设计过程成为软硬件设计并行的 V 模式开发过程。这样两者的设计过程大致是同时进行的或是并发的，大大缩短了整个设计周期。

1. 硬件抽象层

硬件抽象层（Hardware Abstraction Layer，HAL）是位于操作系统内核与硬件电路之间的接口层，其目的是将硬件抽象化，为上层的驱动程序提供访问硬件设备寄存器函数包，即可以通过程序来控制所有硬件电路（如 CPU、I/O 设备、存储器等）的操作。这样就使得系统的设备驱动程序与硬件设备无关，从而大大提高了系统的可移植性。从软硬件测试的角度来看，软硬件的测试工作都可分别基于硬件抽象层来完成，这使得软硬件测试工作的并行进行成为可能。

硬件抽象层一般应包含相关硬件的初始化、数据的输入/输出操作、硬件设备的配置操作等功能。

硬件抽象层接口的定义和代码设计应具有以下特点：

① 硬件抽象层具有与硬件的密切相关性；
② 硬件抽象层具有与操作系统的无关性；
③ 接口定义的功能应包含硬件或系统所需硬件支持的所有功能；
④ 定义简单明了，太多接口函数会增加软件模块的复杂性；
⑤ 可测性的接口设计有利于系统的软硬件测试和集成。

2. 板级支持包

板级支持包（Board Support Package，BSP）是现有的大多数商用嵌入式操作系统实现可移植性所采用的一种方案，是硬件抽象层的一种实现。BSP 隔离了所支持的嵌入式操作系统与底层硬件平台之间的相关性，使嵌入式操作系统能够通用于 BSP 所支持的硬件平台，从而实现嵌入式操作系统的可移植性、跨平台性、通用性和复用性。

BSP 是相对于操作系统而言的，不同的操作系统对应于不同定义形式的 BSP。例如，对于同一个 CPU 来说，要实现同样的功能，VxWorks 的 BSP 与 Linux 的 BSP 的写法和接口定义却完全不同。因此，BSP 一定要按照具体操作系统 BSP 的定义形式来写（BSP 的编程过程大多数是在某一个成型的 BSP 模板上进行修改），这样才能与上层操作系统保持正确的接口，良好地支持上层操作系统。

BSP 实现的功能大体有以下两个方面：

● **系统启动时，完成对硬件的初始化**。例如，对系统内存、寄存器以及设备的中断进行设置。这是比较系统化的工作，它要根据嵌入式开发所选的 CPU 类型、硬件以及嵌入式操作系统的初始化等多方面决定 BSP 应实现什么功能。

● **为驱动程序提供访问硬件的手段**。驱动程序经常要访问设备的寄存器，对设备的寄存器进行操作。如果整个系统为统一编址，则开发人员可直接在驱动程序中用 C 语言的函数访问设备寄存器。但是，如果系统为单独编址，则 C 语言就不能直接访问设备中的寄存器，只有汇编语言编写的函数才能实现对外围设备寄存器的访问。BSP 就是为上层的驱动程序提供访问硬件设备寄存器的函数包。

1.3.3　实时操作系统

实时多任务操作系统（Real Time multi-tasking Operation System，RTOS）简称实时操作系统，

主要用来完成嵌入式实时应用的任务调度和控制等核心功能。这些功能是通过内核服务函数形式交给用户调用的，也就是 RTOS 的系统调用，或者叫作 RTOS 的 API。

实时操作系统可根据实际应用环境的要求对内核进行裁剪和重新配置，根据不同的应用，其组成有所不同，但实时内核、网络组件、文件系统和图形接口等几个重要组成部分是不太变化的。实时操作系统的引入大大提高了嵌入式系统开发的效率，减少了系统开发的总工作量，而且提高了嵌入式应用软件的可移植性。

RTOS 的体系结构如图 1-4 所示。

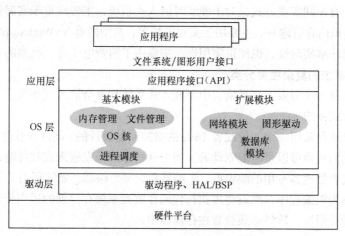

图 1-4　RTOS 的体系结构图

1.3.4　实时应用程序

实时应用程序运行于操作系统之上，利用操作系统提供的实时机制完成特定功能的嵌入式应用。不同的系统需要设计不同的嵌入式实时应用程序。应用程序是面向被控对象和用户的，当需要用户操作时，往往需要提供一个友好的人机界面。

1.4　嵌入式系统的分类

根据不同的分类标准，嵌入式系统有不同的分类方法。

1．按嵌入式微处理器的位数分类

嵌入式系统可分为 4 位、8 位、16 位、32 位和 64 位等，其中，4 位、8 位、16 位嵌入式系统已经获得了大量应用，32 位嵌入式系统正成为主流发展趋势，而一些高度复杂和要求高速处理的嵌入式系统已经开始使用 64 位嵌入式微处理器。

2．按软件实时性需求分类

嵌入式系统可分为**非实时系统**（如 PDA）、**软实时系统**（如消费类产品）和**硬实时系统**（如工业实时控制系统）。

实时系统并非是指"快速"的系统，而是指有限定的响应时间，从而使结果具有可预测性的系统。实时系统与其他普通的系统之间最大的不同就是要满足处理与时间的关系。在实时计算中，系统的正确性不仅依赖于计算的逻辑结果，而且依赖于结果产生的时间。

大多数嵌入式系统都属于实时系统，根据实时性的强弱，可进一步分为"硬实时系统"和"软实时系统"。

硬实时系统是指系统对响应时间有严格要求，如果不能满足响应时限、响应不及时或反应过早，都会引起系统崩溃或致命错误，甚至导致灾难性的后果。比如说，核电站中的堆芯温度控制系统，如果没有对堆芯过热做出及时的处理，后果将不堪设想。

软实时系统是指系统对响应的时间有一定要求，如果在系统负荷较重的时候，响应时间不能满足，会导致系统性能退化，但不会造成太大的危害。例如，程控电话系统允许在 105 个电话中有一个接不通。

不同的系统，有不同实现方式，对于硬实时嵌入式系统，主要注重于实时性和可靠性，一般没有文件系统、虚拟内存管理等，主要用于实时监控等，典型的有 VxWorks、pSOS、uCOS-II 等。软实时嵌入式系统注重实时性，也注重实用性，主要用于消费电子等，典型的有嵌入式 Linux。

3. 按嵌入式系统的复杂程度分类

嵌入式系统可分为小型嵌入式系统、中型嵌入式系统和复杂嵌入式系统。

（1）小型嵌入式系统

小型嵌入式系统是采用一个 8 位或者 16 位的微控制器设计的，硬件和软件复杂度很小，需要进行板级设计。它们甚至可以是电池驱动的。当为这些系统开发嵌入式软件时，主要的编程工具是使用微控制器或者处理器专用的编辑器、汇编器和交叉汇编器，通常利用 C 语言来开发这些系统。C 程序被编译为汇编程序，然后将可执行代码存放到系统存储器的适当位置上。为了满足系统连续运行时的功耗限制，软件必须放置在存储器中。

（2）中型嵌入式系统

中型嵌入式系统是采用一个 16 位或者 32 位的微控制器、DSP 或者精简指令集计算机（RISC）设计的，其硬件和软件复杂度都比较大。对于复杂的软件设计，可以使用的编程工具包括 RTOS、源代码设计工具、模拟器、调试器和集成开发环境（IDE）。软件工具还提供了硬件复杂性的解决方法。汇编器作为编程工具来说用处不大。**中型嵌入式系统**还可以运用已有的 ASSP 和 IP 来完成各种功能，例如，总线接口、加密、解密、离散余弦变换和逆变换、TCP/IP 协议栈和网络连接功能（ASSP 和 IP 可能还必须用系统软件进行适当的配置，才能集成到系统总线上）。

（3）复杂嵌入式系统

复杂嵌入式系统的软件和硬件都非常复杂，需要可升级的处理器或者可配置的处理器和可编程逻辑阵列。它们用于边缘应用，在这些应用中，需要硬件和软件协同设计，并且都集成到最终的系统中。但是，它们却受到硬件单元所提供的处理速度的限制。为了节约时间并提高运行速度，可以在硬件中实现一定的软件功能。例如，加密和解密算法、离散余弦变换和逆变换算法、TCP/IP 协议栈和网络驱动程序功能。系统中某些硬件资源的功能也可以用软件来实现。

这些系统的开发工具要么十分昂贵，要么根本就不存在。有时候，必须为这些系统开发编译器或者可重定目标的编译器（可重定目标的编译器，就是一种可以根据系统中给定的目标配置进行配置的编译器）。

1.5　嵌入式系统的应用

嵌入式系统概念的提出已经有相当长的时间，其历史几乎和计算机的历史一样长。但在以前，它主要用于军事领域和工业控制领域，所以很少被人们关注和了解。随着数字技术的发展和新的体积更小的控制芯片和功能更强的操作系统的出现，它才被广泛应用于人们的日常生活中。由于网络连接的实现，特别是 Internet 设备的出现，嵌入式系统在多个方面的应用迅速增长。嵌入式技术不仅为各种现有行业提供了技术变革、技术升级的手段，同时也创造出许多新兴行业。

　　来自 2012—2013 年年度的行业调查数据显示，目前嵌入式产品应用最多的三大领域依然是消费电子、通信设备、工业控制，所占比例分别是 23%、17% 和 13%，三大领域所占比例之和为 53%，其中消费电子所占比例相较上一年有明显增长，这与智能手机、平板电脑等移动设备的大面积普及有直接关系。而占据 9% 的"其他"一项选择中，参与调查者主要选择的是电力设备、智能电网、物联网、仪器仪表、教育等行业，如图 1-5 所示。这些都充分表明，未来嵌入式系统将会走进 IT 产业的各个领域，成为推动整个产业发展的核心中坚力量。

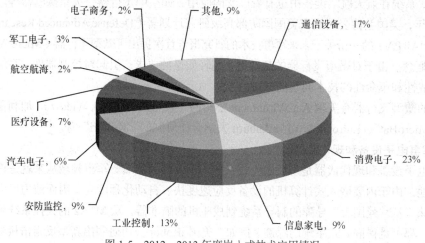

图 1-5　2012—2013 年度嵌入式技术应用情况

1．工业控制

　　工业过程控制即对工业生产过程中的生产流程加以控制。这种控制是建立在对被控对象和环境不断进行监控的基础上的。在控制过程中，嵌入式的计算机处于中心位置，它通过分布在工业生产中的各个传感器收集信息，并对这些信息进行加工处理和判断，然后向执行器件发出控制指令。

　　目前，在工业控制和自动化行业中使用嵌入式系统非常普遍，例如，智能控制设备、智能仪表、现场总线设备、数控机床、机器人等。机器人是很复杂的嵌入式设备，甚至配置多个嵌入式处理器，各个处理器通过网络进行互连。

　　工业嵌入式系统的发展趋势是网络化、智能化和控制的分散化。

2．通信设备

　　众多网络设备都是使用嵌入式系统的典型例子，如路由器、交换机、Web 服务器、网络接入设备等。另外，在后 PC 时代将会产生比 PC 时代多成百上千倍的瘦服务器和超级嵌入式瘦服务器。这些瘦服务器将为人们提供需要的各种信息，并通过 Internet 自动、实时、方便、简单地提供给需要这些信息的对象。设计和制造嵌入式瘦服务器、嵌入式网关和嵌入式因特网路由器已成为嵌入式系统的一大应用方向，这些设备为企业信息化提供了廉价的解决方案。

3．消费电子

　　后 PC 时代的消费电子产品应具有强大的网络和多媒体处理能力、易用的界面和丰富的应用功能。这些特性的实现，都依赖于嵌入式系统提供的强大的数字处理能力和简洁实用的特性。

作为移动计算设备的 PDA 和手机已出现融合趋势，未来必然是两者合一，提供给用户随时随地访问 Internet 的能力。同时它还具有其他信息服务功能，如文字处理、邮件管理、个人事务管理和多媒体信息服务等，而且简单易用、价格低廉、维护简便。

4. 信息家电

信息家电是指所有能提供信息服务或通过网络系统交互信息的消费类电子产品。它是嵌入式系统在消费类电子产品中的另一大应用。例如，前几年打得火热的"维纳斯"与"女娲"之战就是信息家电中的机顶盒之争。如果在冰箱、空调、监控器等家电设备中嵌入计算机并提供网络访问能力，用户就可以通过网络随时随地地了解家中的情况，并控制家中的相应电器。

5. 航空航天设备

嵌入式系统在航天航空设备中也有着广泛的应用，如空中飞行器、火星探测器等。

1992 年，美国兰德公司提交美国国防部高级研究计划署（Defense Advanced Research Projects Agency，DARPA）的一份关于未来军事技术的研究报告首次提出了微型飞行器（Micro Air Vehicle，MAV）的概念。由于对微型飞行器的超微型、超轻质量的要求，引起对控制器件、系统、能源等一系列挑战性和革命性的技术问题的探讨。

典型的微型飞行器有美国 AeroVironment 公司的"黑寡妇"（Black Widow）、加利福尼亚理工学院的"MicroBat"、Lutronix 公司与 Auburn 大学合作研制的"Kolibri"等。

6. 军事电子设备和现代武器

军事电子设备和现代武器是早期嵌入式系统的重要应用领域。军事领域从来就是许多高新技术的发源地，由于内装嵌入式计算机的设备反应速度快、自动化程度高，因而威力巨大，自然很得军方青睐。从"爱国者"导弹的制导系统到战斗机的瞄准器，从 M1A2 的火控系统到单兵系统的通信器，都可觅得嵌入式系统的踪迹。例如，美国 iRobot 公司研制出新型反狙击机器人，它能够察觉躲在暗处的敌人的一举一动。

本章小结

- 嵌入式系统是一个硬件和软件的集合体，包括硬件和软件两部分。其中硬件包括嵌入式处理器、控制器、数字信号处理器（DSP）、存储器及外设器件、输入输出（I/O）端口、图形控制器等；软件部分包括操作系统软件（嵌入式操作系统）和应用程序（应用软件），由于应用领域不同，应用程序千差万别。

- 嵌入式系统具有系统内核小、专用性强、运行环境差异大、可靠性要求高、系统精简和高实时性操作系统、部分代码固化在非易失性存储器中、系统开发需要专门的开发工具和环境等特点。

- 嵌入式系统的体系结构通常自底向上包含 4 个部分：硬件平台、硬件抽象层、嵌入式实时操作系统（RTOS）和实时应用程序。

- 嵌入式系统根据不同的分类标准，有多种不同的分类方法。如按嵌入式处理器的位数，嵌入式系统可分为 4 位、8 位、16 位、32 位和 64 位等；按软件实时性需求，嵌入式系统可分为非实时系统（如 PDA）、软实时系统（如消费类产品）和硬实时系统（如工业实时控制系统）；按系统复杂程度，嵌入式系统可分为小型嵌入式系统、中型嵌入式系统和复杂嵌入式系统。

- 随着数字技术的发展和新的体积更小的控制芯片和功能更强的操作系统的出现，它才被广泛应用于人们的日常生活中。由于网络连接的实现，特别是 Internet 设备的出现，嵌入式系统在多个方面的应用迅速增长。现在，嵌入式产品已经在很多领域得到广泛的使用，如国防、工业控制、通信、办公自动化和消费电子领域等。嵌入式技术不仅为各种现有行业提供了技术变革、技术升级的手段，同时也创造出许多新兴行业。

思考与练习题

1. 嵌入式系统的定义是什么？你是如何理解嵌入式系统的？
2. 列出并说明嵌入式系统不同于其他计算系统的主要特征。
3. 简述嵌入式系统的体系结构。
4. 嵌入式系统是怎样分类的？
5. 什么是实时操作系统，其主要功能是什么？
6. 在日常生活中，你接触过哪些嵌入式产品？它们都有些什么功能？

第 2 章
嵌入式系统设计基本概念

在本章，我们将讨论嵌入式系统设计的基本概念，重点描述嵌入式系统的硬件系统和软件系统，并说明嵌入式系统的基本设计过程。

本章学习要求：

- 描述嵌入式硬件系统的组成；
- 描述嵌入式处理器的特点及分类；
- 列出嵌入式系统中常见的存储器及其特点；
- 描述嵌入式系统存储子系统的结构；
- 列出嵌入式系统中常见的外围设备；
- 描述嵌入式操作系统的发展；
- 列出常用的实时操作系统；
- 理解嵌入式系统的基本设计过程；
- 理解本教程选择软硬件平台的原因。

嵌入式系统的设计与一般的硬件设计和软件开发不同。一般硬件设计和软件开发都有各自的规律性可循，可以独立设计，因此大学、研究生传统的教学体系往往把软件和硬件分开。而嵌入式系统开发过程不仅涉及硬件知识和设计，也涉及软件知识和设计，甚至涉及其他与行业相关的知识（如机械），所以嵌入式系统产品的设计必须综合考虑，否则，产品的开发将无法达到预期的目标。

另外，嵌入式系统不像通用计算机具有完善的人机接口界面，在上面增加一些开发应用程序和环境即可进行对自身的开发。嵌入式系统本身不具备自主开发能力，即使设计完成以后，用户通常也不能对其中的程序功能进行修改，必须有一套开发工具和环境才能进行开发。

因此，要进行良好的嵌入式系统设计，必须首先对嵌入式硬件系统、软件系统及开发工具和开发环境有一个充分的认识。

2.1 嵌入式硬件系统

嵌入式系统的**硬件系统**是由嵌入式处理器、存储器、I/O 接口电路、通信模块以及其他外部设备组成的。**嵌入式处理器**是核心，存储器是构成嵌入式系统硬件的重要组成部分。

嵌入式处理器工作时，必须有**附属电路**支持，如时钟电路、复位电路、调试电路、监视定时器、中断控制电路等，为嵌入式处理器正常工作提供必要的条件，在设计嵌入式系统的硬件电路时，常常将它们与嵌入式处理器设计成一个模块，形成处理器最小系统。嵌入式处理器与通用处理器的最大区别在于嵌入式处理器集成了大量的不同功能的 I/O 模块。用户在开发嵌入式系统时，可以根据系统需求选择合适的嵌入式处理器，而无需再另外配备 I/O 电路。

此外，嵌入式系统通常还包括人机交互界面，用于系统与用户的交互。人机界面常常使用键盘、液晶屏、触摸屏等部件，以方便与用户的交互操作。

2.1.1　嵌入式处理器

嵌入式系统的核心是嵌入式处理器。嵌入式处理器一般具备 **4 个特点**：

● 对实时和多任务有很强的支持能力，能完成多任务并且有较短的中断响应时间，从而使内部的代码和实时操作系统的执行时间减少到最低限度；

● 具有很强的存储区保护功能，这是由于嵌入式系统的软件结构已模块化，而为了避免在软件模块之间出现错误的交叉作用，需要设计强大的存储区保护功能，同时也有利于软件诊断；

● 可扩展的处理器结构，以及能迅速地扩展出满足应用的高性能的嵌入式微处理器；

● 嵌入式处理器的功耗必须很低，尤其是便携式的无线及移动的计算和通信设备中靠电池供电的嵌入式系统更是如此，功耗只能为 mW 甚至 µW 级。

嵌入式系统中的处理器通常分为 3 大类，即微处理器（Micro-Processor Unit，MPU）、微控制器（Micro-Controller Unit，MCU）和数字信号处理器（Digital Signal Processor，DSP）。

微处理器是指功能较强大的 CPU，它不是为任何特定的计算目标而设计的。因此，这种芯片通常用于个人电脑与服务器。

微控制器是针对嵌入式系统而设计的，它将 CPU、存储器以及其他外设都集成在同一块电路板上。

数字信号处理器中的 CPU 是针对快速离散时间信号处理计算的。因此，DSP 非常适用于音频及视频通信。

现代的芯片生产工艺已经允许将重要处理器的内核和各种外围的芯片器件整合在一起，以进一步降低功耗，达到专用的需求，这时，便出现了片上系统 SOC（System On Chip）。由于专业分工越来越明显，各种通用处理器的 Core 作为 SOC 设计公司的"库"，以知识产权核（Intellectual Property Core，IP 核）的方式开放芯片电路的产权，出现了专业的 IP 供应商，如 ARM、MIPS 等。他们提供优质、高性能的嵌入式微处理器内核，由各个半导体厂商生产面向各个应用领域的芯片。

　　　　　　　TI 公司曾把处理器比作各种汽车，DSP 是跑车，追求的是速度；MPU 是轿车，追求的是经济性与速度的折中；MCU 是满足特殊用途的车。

友情提示

1.　嵌入式微处理器（Embedded Microprocessor Unit，EMPU）

嵌入式微处理器的基础是通用计算机中的 CPU。在应用中，早期的嵌入式系统是将微处理器装配在专门设计的电路板上，只保留和嵌入式应用有关的功能，这样可以大幅度减小系统体积和功耗。为了满足嵌入式应用的特殊要求，嵌入式微处理器虽然在功能上和标准微处理器基本是一样的，但在降低工作温度、抗电磁干扰、可靠性等方面一般都做了各种增强。和通用计算机相比，嵌入式微处理器具有体积小、重量轻、成本低和可靠性高的优点。

和工业控制计算机相比，嵌入式微处理器具有体积小、重量轻、成本低和可靠性高的优点，但是在电路板上必须包括 ROM、RAM、总线接口、各种外设等器件，从而降低了系统的可靠性，技术保密性也较差。嵌入式微处理器及其存储器、总线、外设等安装在一块电路板上，称为单板计算机，如 STD-BUS、PC104 等。

嵌入式微处理器主要有 Am186/88、386EX、SC-400、Power PC、Motorola 68000、MIPS、ARM 系列等。图 2-1 所示为 Motorola 68000 系列微处理器芯片的外观。

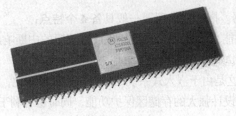 

Motorola XC68000L（SN807）　　　　　　Motorola MC68EC000FN10

图 2-1　Motorola 68000 系列微处理器芯片

当大型的嵌入式软件位于芯片的外部存储器时，要使用微处理器。当系统需要执行比较复杂的计算时，要使用 RISC 核微处理器。

注　意

2.　嵌入式微控制器（Embedded Microcontroller Unit，EMCU）

嵌入式微控制器又称单片机，顾名思义，就是将整个计算机系统集成到一块芯片中。嵌入式微控制器一般以某一种微处理器内核为核心，芯片内部集成存储器（少量 ROM／EPROM、RAM 或两者都有）、总线、总线逻辑、定时/计数器、WatchDog、I/O、串行口等各种必要功能模块。

为适应不同的应用需求，一般一个系列的单片机具有多种衍生产品，每种衍生产品的处理器内核都是一样的，不同的是存储器和外设的配置及封装。这样可以使单片机最大限度地和应用需求相匹配，从而减少功耗和成本。

和嵌入式微处理器相比，微控制器的最大特点是单片化，体积大大减小，从而使功耗和成本下降、可靠性提高。微控制器是目前嵌入式系统工业的主流。微控制器的片上资源一般比较丰富，适合于控制，因此称为微控制器。

由于 MCU 低廉的价格，优良的功能，因而拥有的品种和数量最多。比较有代表性的通用系列包括 8051、P51XA、MCS-251、MCS-96/196/296、C166/167、MC68HC05/11/12/16、68300 等。另外还有许多半通用系列，如支持 USB 接口的 MCU 8XC930/931、C540、C541。

图 2-2 所示为一款具有 TCP/IP 功能的 32 位 MCU 功能框图。

当小型的嵌入式软件或者嵌入式软件的一部分位于芯片的外部存储器时，以及当需要一些片上功能单元（如中断处理、端口、定时器、ADC 和 PWM）时，要使用微控制器。

注　意

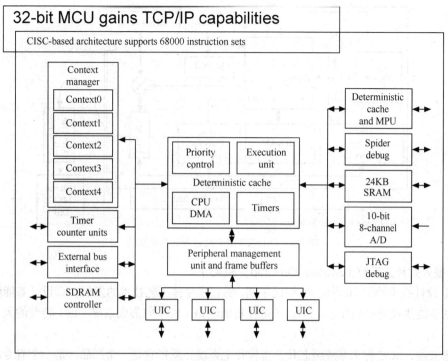

图 2-2　具有 TCP/IP 功能的 32 位 MCU 功能框图

3. 嵌入式数字信号处理器（Embedded Digital Signal Processor，EDSP）

嵌入式数字信号处理器对系统结构和指令进行了特殊设计，使其适合于执行 DSP 算法，编译效率较高，指令执行速度也较高。在数字滤波、FFT、谱分析等各种仪器上，DSP 获得了大规模的应用。DSP 应用正从在通用单片机中以普通指令实现 DSP 功能，过渡到采用嵌入式 DSP。

嵌入式 DSP 有两个发展方向。

① DSP 处理器经过单片化、EMC 改造、增加片上外设成为嵌入式 DSP 处理器，TI 的 TMS320 系列属于此范畴。TMS320 系列处理器包括用于控制的 C2000 系列、移动通信的 C5000 系列，以及性能更高的 C6000 和 C8000 系列。

② 在通用微处理器、微控制器或片上系统（SoC）中增加 DSP 协处理器，如 Intel 的 MCS-296。

推动嵌入式 DSP 发展的一个重要因素是嵌入式系统的智能化。例如，各种带有智能逻辑的消费类产品、生物信息识别终端、带有加解密算法的键盘、ADSL 接入和实时语音压解系统、虚拟现实显示等。这类应用的智能化算法一般都运算量较大，特别是向量运算、指针线性寻址等较多，而这些正是 DSP 处理器的长处所在。

图 2-3 所示是 TMS320 DSP 处理器的功能框图。

当需要对连续的数据流进行处理或进行高精度复杂运算时，可使用 DSP。

注　意

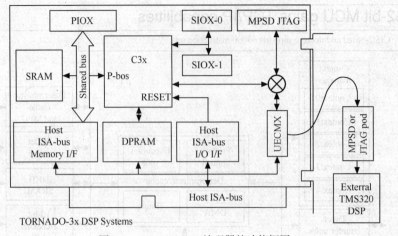

TORNADO-3x DSP Systems

图 2-3　TMS320 DSP 处理器的功能框图

4.　嵌入式片上系统（System On Chip，SOC）

SOC 设计技术始于 20 世纪 90 年代中期，随着半导体工艺技术的发展，IC 设计者能够将越来越复杂的功能集成到单硅片上，SOC 正是在集成电路（IC）向集成系统（IS）转变的大方向下产生的。

一般来说，SOC 称为系统级芯片，也称片上系统，意指它是一个产品，是一个有专用目标的集成电路，其中包含完整系统并有嵌入软件的全部内容。同时它又是一种技术，用以实现从确定系统功能开始，到软/硬件划分，并完成设计的整个过程。

SOC 具有以下特点：

- SOC 应由可设计重用的 IP 核组成，IP 核是具有复杂系统功能的、能够独立出售的 VLSI 块；
- IP 核应采用深亚微米以上工艺技术；
- SOC 中可以有多个 MPU、DSP、MCU 或其复合的 IP 核。

SOC 设计的关键技术主要包括总线架构技术、IP 核可复用技术、软硬件协同设计技术、SOC 验证技术、可测性设计技术、低功耗设计技术、超深亚微米电路实现技术等。SOC 按指令集来划分，主要分 x86 系列（如 SiS550）、ARM 系列（如 OMAP）、MIPS 系列（如 Au1500）和类指令系列（如 M 3Core）等。

为了缩短单片系统的设计周期和提高系统的可靠性，目前最有效的一个途径是通过授权，使用已成熟且经过优化的 IP 内核模块进行设计集成和二次开发，利用胶粘逻辑技术 GLT，把这些 IP 内核模块嵌入 SOC。

注　意

2.1.2　存储器

存储器的物理实质是一组或多组具备数据输入/输出和数据存储功能的集成电路，用于存放计算机工作所必需的数据和程序。嵌入式处理器在运行时，大部分总线周期都用于对存储器的读/写操作，因此，存储器子系统性能的好坏将在很大程度上影响嵌入式系统的整体性能。

在嵌入式系统中最常用的存储器类型分为 3
类：随机存储器（RAM）、只读存储器（ROM）以
及介于两者之间的混合存储器。

嵌入式系统中常用的存储器如图 2-4 所示。

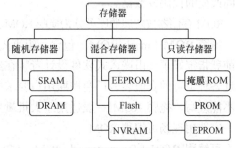

图 2-4　嵌入式常用的存储器类型

**1. 随机存储器（Random Access Memory,
RAM）**

RAM 能够随时在任意地址读出或写入内容。
RAM 的优点是读/写方便、使用灵活，缺点是不能
长期保存信息，一旦停电，所存信息就会丢失。因
此，RAM 用于二进制信息的临时存储或缓冲存储。RAM 在嵌入式系统中主要用于：

- 存放当前正在执行的程序和数据，如用户的调试程序、程序运行时的变量以及掉电时无
需保存的 I/O 数据和参数等；

- 作为中断服务程序中保存 CPU 现场信息的堆栈；

- 作为 I/O 数据缓冲存储器，如声音和图像输出缓存、键盘输入缓存等。

RAM 主要有两大类存储设备，即**静态 RAM（SRAM）**和**动态 RAM（DRAM）**。两者都是易
失性存储器，它们之间的最大差别是存储于其中的数据的寿命。

SRAM 的存储单元电路是以双稳态电路为基础的，因此状态稳定，只要不掉电，信息就不会
丢失。

DRAM 的存储单元是以电容为基础的，电路简单，集成度高，功耗小。但 DRAM 即使不掉
电也会因电容放电而丢失信息，需要定时刷新，因此，使用 DRAM 时，需要配合 DRAM 控制器。
DRAM 控制器的主要用途是在数据消失之前周期性地刷新所存储的数据，所以 DRAM 的内容可
以根据需要保持长时间。

SRAM 和 DRAM 的存储性能比较如下：

- SRAM 比 DRAM 存取速度快；

- 工作时，SRAM 比 DRAM 耗电多；

- DRAM 比 SRAM 的存储密度大；

- 小容量时，SRAM 比较便宜；大容量使用时，使用 DRAM 更经济，容量越大，DRAM 的
综合成本越低。

在实际使用中，有庞大存储要求的应用通常采用 DRAM 作为程序存储器。由于 DRAM 的
最大缺点是速度慢，因此，在设计中使用高速 SRAM 作为高速缓冲存储器来弥补 DRAM 的速
度缺陷。

注　意

存储器块可以附加到嵌入式系统中特定的硬件块中（例如，MAC 操作中
16×32 乘法器单元的存储器块），我们称之为参数化的块 RAM。一个典型的系
统可以有 4～168 个块，一个块可以保存 4KB～32KB 的数据。

2. 只读存储器（Read-Only Memory，ROM）

ROM 中存储的数据可以被任意读取，断电后，ROM 中的数据仍保持不变，但不可以写入数
据。ROM 在嵌入式系统中非常有用，常常用来存放系统软件（如 ROM BIOS）、应用程序等不随

时间改变的代码或数据。

ROM 存储器按发展顺序可分为掩膜 ROM、可编程 ROM（PROM）、可擦写可编程 ROM（EPROM）。

掩膜 ROM（mask ROM）包含一组事先编排的数据或指令。ROM 中的数据或指令在芯片生产前就指定好了，由嵌入式软件设计者（在经过彻底地测试和调试后）提供给厂商一个包含输入地址各种组合的真值表，厂商按照用户要求准备好编程掩膜，并在生产线上对 ROM 编程，封装后不能改写。掩膜 ROM 一般适用于大批量生产的嵌入式产品，在产品研制和实验室小批量生产时，宜选用现场可编程 ROM。

可编程 ROM（Programmed ROM，PROM），即一次性可编程 ROM。刚买来的 PROM 未被编程，通过编程器一次性把数据写入后，就永久地修改了芯片，则 PROM 中的内容就不能再改变了。这种类型的 ROM 最便宜，但无法修改，不够灵活。

可擦写可编程 ROM（Erasable Programmed ROM，EPROM）编程原理与 PROM 一样，但通过紫外线照射，其中的数据可以被擦除，所有存储位复原到"1"。通过这种方法，用户可以多次改写芯片内容。缺点是有任意位发生错误都需要全片擦除改写。

3. 混合存储器

混合存储器既可以随意读写，又可以在断电后保持设备中的数据不变。混合存储设备可分为 3 种：E^2PROM、NVRAM 和 FLASH。

① **E^2PROM**（Electrical Erasable Programmable ROM）是电可擦写可编程存储设备，与 EPROM 类似，不同的是 EEPROM 是用电来实现数据的清除，而不是通过紫外线照射实现的。另外，E^2PROM 允许用户以字节为单位多次用电擦除和改写内容，而且可以直接在机内进行，不需要专用设备，方便灵活，常用作对数据、参数等经常修改又有掉电保护要求的数据存储器。

E^2PROM 与 RAM 写操作的区别在于，在 RAM 中，读和写的时钟周期是相同的，而 E^2PROM 每字节的写周期要几毫秒，比 RAM 长得多。

② **Flash**（闪速存储器，简称闪存）是不需要 V_{pp} 电压信号的 E^2PROM，一个扇区的字节可以在瞬间（与单时钟周期比较是一个非常短的时间）擦除。它比 E^2PROM 优越的方面是，可以同时擦除许多字节，节省了每次写数据前擦除的时间，但一旦一个扇区被擦除，必须逐个字节地写进去，其写入时间很长。目前，大部分 Flash 允许某些扇区被保护，这一点对存储空间有限的嵌入式系统非常有用，即将引导代码放进保护块内而允许更新其他的扇区。

根据工艺的不同，Flash 存储器主要有两类：NOR Flash（或非）和 NAND Flash（与非）。

NOR Flash 是在 E^2PROM 的基础上发展起来的，其特点是容量较小、写入速度较慢，但随机读取速度快，因此在嵌入式系统中，常应用在程序代码的存储中。

NAND Flash 其内部采用非线性宏单元模式，为固态大容量存储器的实现提供了廉价有效的解决方案。NAND Flash 存储器容量较大，改写速度快，适用于大量资料的存储，因而在嵌入式系统中得到了越来越广泛的应用，如数码相机、MP3 随身听记忆卡、体积小巧的 U 盘等。

NOR Flash 和 CPU 的接口属于典型的类 SRAM 接口，不需要增加额外的控制电路。NOR Flash 的特点是可芯片内执行（XIP，eXecute In Place），程序可以直接在 NOR 内运行。而 NAND Flash 和 CPU 的接口必须由相应的控制电路进行转换，当然也可以通过地址线或 GPIO 产生 NAND Flash 接口的信号。NAND Flash 以块方式进行访问，不支持芯片内执行。

存储器系统的层次结构如图 2-5 所示。

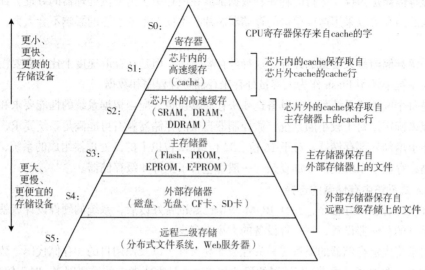

图 2-5 存储器系统层次结构图

4．嵌入式系统存储子系统的结构

嵌入式系统的存储器子系统与通用计算机的存储器子系统的功能并无明显的区别。存储器子系统设计的首要目标是使存储器在工作速度上很好地与处理器匹配，并能满足各种存取的需要。

随着微电子技术的发展，微处理器的工作速度有了很大的提高。而微处理器时钟频率提高比内存速度提高要快，以至于内存速度远远落后于处理器速度。如果大量使用高速存储器，使它们在速度上与处理器相吻合，系统成本将十分昂贵。因此，在实际的嵌入式系统中，常常采用分级的方法来设计整个存储器子系统。图 2-6 所示为这种分级存储系统的组织结构示意图，它把全部存储系统分为 4 级，即寄存器组、高速缓存、内存和外存。它们在存取速度上依次递减，而在存储容量上逐级递增。

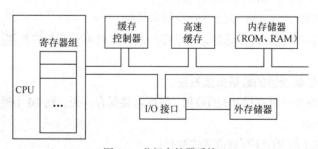

图 2-6 分级存储器系统

最高级存储器是寄存器组。在嵌入式系统中，寄存器组一般是微处理器内含的。有些待使用的数据或者运算的中间结果可以暂存在这些寄存器中。微处理器在对本芯片内的寄存器读/写时，速度很快，一般在一个时钟周期内完成。从总体上说，设置一系列寄存器是为了尽可能减少微处理器直接从外部取数的次数。但是，由于寄存器组集成在微处理器内部，受芯片面积和集成度的限制，寄存器的数量不可能做得很多。

第二级存储器是高速缓冲存储器（Cache）。高速缓存是一种小型、快速的存储器，其存取速度足以与微处理器相匹配，用于在外部存储器之前存储指令和数据的备份，在快速处理时用来存储临时结果。

第三级存储器是内存。运行的程序和数据都放在内存中。由于微处理器的寻址大部分在高速缓存上，因此内存可以采用速度稍慢的存储器芯片，不仅对系统性能的影响不会太大，同时又降低了成本。

最低一级存储器是大容量的外存。这种外存容量大，但是在存取速度上比内存要慢得多。目前，嵌入式系统中常用 Flash 作为大容量外存来存储各种程序和数据。

并不是每个嵌入式系统都必须具备这 4 级存储器设备，应当根据系统的性能要求和所选定处理器的功能来确定。对于较小的系统，微控制器自带的存储器就有可能满足系统要求，而较大的系统可能要求增加外部存储器。对于 16 位、32 位或 32 位以上的微处理器组成的系统，随着系统性能的提高，存储子系统变得更加复杂，一般都包含了全部 4 级存储器。

5. 嵌入式系统中存储器的选择

当软件设计者编写好程序，并且 ROM 映像已经准备好以后，系统的硬件设计者就需要决定使用哪些类型的存储器设备，每一种设备的大小为多少。

应用需求将决定存储器的类型（易失性或非易失性）以及使用目的（存储代码、数据或者两者兼有）。另外，在选择过程中，存储器的尺寸和成本也是需要考虑的重要因素。对于较小的系统，微控制器自带的存储器就有可能满足系统要求，而较大的系统可能要求增加外部存储器。为嵌入式系统选择存储器类型时，需要考虑一些设计参数，包括微控制器的选择、电压范围、电池寿命、读写速度、存储器尺寸、存储器的特性、擦除／写入的耐久性以及系统总成本等。下面通过具体案例给出一种事先估计所需存储器类型和大小的方法。

【示例 2-1】自动洗衣机

① 使用微控制器内部 E^{2}PROM 存储动态数据，第 1 个字节用来存储状态（洗涤 1、漂洗 2、脱水 3），第 2 个字节用来存储当前状态已经运行的时间，第 3 个字节用来存储用户设置的按钮状态。

② 使用内部 4KB 的 ROM 存放嵌入式软件。

③ 使用内部 128B 的 RAM 存储中间变量和堆栈。

因此，对于自动洗衣机来说，选择适合的微控制器，就不需要配置外部存储器设备了。

【示例 2-2】用于 16 参数通道的数据采集系统

① 假设每个通道每分钟存储 4B 的数据，数据需要保存一天，则 16 个通道共需要 92KB，因此选用 128KB 的 Flash。

② 使用内部 8KB 的 ROM 存放嵌入式软件。

③ 由于只需要一个堆栈存储子例程调用的返回地址，因此使用内部 512B 的 RAM 存储中间变量和堆栈。

④ 为了将采集结果以适当的形式保存，需要进行中间计算，再考虑单元转换，大约需要 4KB～8KB 的 RAM。

因此，对于 16 参数通道的数据采集系统来说，需要选择一个具有 8KB 的 PROM 和 512B 的 RAM 的微控制器，128KB 的外部 Flash（或者 EEPROM）和 4KB～8KB 的外部 RAM。

【示例 2-3】移动电话系统

① 由于处理音频的压缩和解压缩、加密与解密算法、DSP 处理算法的需要，假设需要大小

为 1MB 的 ROM 映像。如果 ROM 映像是以压缩的形式存储的，引导程序还要首先运行一个解压程序。解压程序和数据首先保存在 RAM 中，应用程序会从这里开始运行。可按照压缩参数来缩减 ROM 的需求。

② 需要较大的 RAM 来存储解压的程序和数据，以及用作数据缓冲区，假设大小为 1MB。

③ 需要 E^2PROM（假设大小为 16KB）用于保存打入的电话号码，使用 E^2PROM 的原因是当数据发生变化时，需要逐个字节进行变化。可以用一个 16KB 的 Flash 来记录信息。

④ 在 MAC 子单元或其他子单元中使用参数化的块 RAM 提高系统的性能。

因此，移动电话系统将需要下列存储器设备：1MB 的 ROM、16KB 的 E^2PROM、16KB 的 Flash、1MB 的 RAM 和某些子单元中的块 RAM。

简单的系统，如自动洗衣机或者自动售货机，不需要外部存储器设备，设计者可选择具有片上存储器的微控制器。数据采集系统需要 E^2PROM 或者 Flash。移动电话系统需要大于 1MB 的 RAM、大于 1MB 的 ROM 和大于 32KB 的 E^2PROM 或者 Flash。图像、声音或者视频录制系统则需要很大的 Flash 存储器。

注　意

2.1.3　外围设备

除了处理器和存储器，嵌入式系统硬件中还包含一些相关的硬件设备，称为**外围设备**。外设可分为两种类型，即内部外设和外部外设。

内部外设与处理器集成在同一块芯片上，而**外部外设**与处理器不在同一块芯片上。

嵌入式处理器与通用处理器的最大区别在于嵌入式处理器集成了大量的功能单元。用户在开发嵌入式系统时，可以根据系统需求选择合适的嵌入式处理器，而无需再另外配备功能单元电路。随着半导体技术的发展，嵌入式处理器的集成度不断提高，许多嵌入式处理器上集成的功能单元完全满足应用的需求，基本上无需扩展。在实际应用中，嵌入式系统硬件配置非常精简，除了微处理器和基本的外围电路以外，其余的电路可以根据需要和成本进行裁剪、定制。

根据外围设备的功能可分为：通信接口、输入/输出设备、设备扩展接口、电源及辅助设备等。

1. 通信接口

嵌入式系统的**通信接口**可以分为有线传输和无线传输两种。有线传输接口包括传统的 RS-232 接口（串行 UART 接口）、通用串行总线（USB）接口、快速数据传输接口 IEEE 1394、CAN 总线、以太网（Ethernet）接口等，无线传输接口包括红外线（IrDA）、GSM、GPRS 与蓝牙（Bluetooth）接口等。

（1）UART

UART 提供了 RS-232C 数据终端设备接口，这样计算机就可以和调制解调器或其他使用 RS-232C 接口的串行设备进行通信。

在嵌入式系统软件开发调试时，常常通过 UART 来进行各种输入/输出操作。

（2）USB 接口

通用串行总线（Universal Serial Bus，USB）是 1995 年 Microsoft、Compaq、IBM 等公司联合制订的一种新的计算机串行通信协议。USB 是一种快速的、双向的、低价的并且可以进行热插拔的新型串行接口技术，支持各种 PC 与外设之间的连接。

USB 的主要优点有以下几点。

- 支持热插拔（Hot Plug In）和即插即用（Plug & Play），可以在正运行的计算机上安全地连接或断开一个 USB 设备而不需要重启系统。
- 传输速度快。USB1.1 提供低速（1.5Mbit/s）、全速（12Mbit/s）的模式，USB2.0 提供高速（480Mbit/s）的传输速率。全速速率（12Mbit/s）比标准串口速率快大约 100 倍，比标准并口速率也快近 10 倍。
- 可以支持异步传输（如键盘、游戏杆、鼠标）和同步传输（如声音、图像）两种传输方式。
- 数据传输可靠。USB 协议中包含了传输错误管理、错误恢复等功能，有较强的纠错能力。
- 扩展性好。USB 接口可以通过菊花链的形式同时挂接多个 USB 设备，理论上可达 127 个，并且不会损失带宽。
- USB 采用总线供电。USB 总线可提供最大 5V 和最多 500mA 的电源，能满足大部分低功耗外设的电源要求。

嵌入式系统中普遍使用 USB 接口连接各种数字设备，如数码摄像机、数码照相机、移动 U 盘、移动硬盘等。

（3）以太网接口

以太网设备广泛用于通用计算机局域网，并以其高速、可靠、可扩展性以及低价格等特点应用于嵌入式设备中。

在嵌入式系统中实现**以太网接口**的方法通常有以下两种。

一是采用嵌入式处理器与网卡芯片的组合。这种方法对嵌入式处理器没有特殊要求，只需要把以太网芯片连接到嵌入式处理器的总线上即可。该方法通用性强，不受处理器的限制，但是，处理器和网络数据交换通过外部总线（通常是并行总线）实现，速度慢、可靠性不高，并且电路板布线复杂。

另一种方法是直接采用带有以太网接口的嵌入式处理器。这种方法要求嵌入式处理器有通用的网络接口，如 MII（Media Independent Interface）。通常这种处理器是面向网络应用而设计的，处理器和网络数据交换通过内部总线实现，因此速度快、实现简单。

（4）红外线

红外线收发模块主要由 3 部分组成，包括一个红外线发光二极管、一个硅晶 PIN 光检二极管和一个控制电路。其中的红外线发光二极管就是发射红外线波的单元，发射的红外线波长为 0.85～0.9μm；硅晶 PIN 光检二极管用于接收红外线信号，所接收到的信号会传送到控制电路中，再传送到嵌入式系统微处理器进行数据处理或数据存储。

红外线 IrDA 有若干标准，具体数据如表 2-1 所示。

表 2-1　　　　　　　　　　　　　　红外线 IrDA 标准表

	IrDA 1.0	IrDA 1.1	IrDA 1.2	IrDA 1.3
传输距离	1m		2m（低功率传输）	
传输速度	最高 115.2kbit/s	最高 4Mbit/s	最高 115.2kbit/s	最高 4Mbit/s
传输角度	±15°	±15°	±15°	±15°

（5）蓝牙接口（Bluetooth）

蓝牙是一种低带宽、低功耗、近距离的传输协议。自 1999 年蓝牙规范 1.0 版本发布以来，在越来越多的领域得到了应用。例如，工业自动控制、家庭自动化、电信级的音频传输、PDA、手机和 PC 外设等，都可以使用蓝牙技术替代传统的连线。

蓝牙工作在 2.402GHz～2.480GHz 频段，它采用了跳频扩频（FHSS），在 79 个信道上每秒钟 1600 次跳频。查寻状态时，跳变速率为每秒 3200 跳，有效地降低了干扰，即使在多无线杂讯的环境下仍然可以将数据正确地传输到蓝牙接收模块中进行数据处理工作。

蓝牙模块主要由 3 部分组成：无线传输收发单元、基频处理单元以及数据传输接口。如图 2-7 所示，当蓝牙无线信号由无线传输收发单元接收后，会将信号数据传送到基频处理单元进行无线信号处理的工作，处理好的数字信号通过数据传输接口传送到嵌入式系统微处理器中进行数字数据处理的工作。

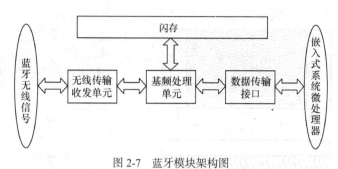

图 2-7　蓝牙模块架构图

表 2-2 对蓝牙和红外线收发模块的一些特点进行了比较。

表 2-2　　　　　　　　　　　蓝牙模块与红外线收发模块的比较

	蓝 牙 模 块	红外线收发模块
传输距离	10m	1m
传输特性	可以在任何角度做传输动作	只能在特定角度范围内做直接的传输动作
安全机制	具有完整安全机制	安全性低
移动性	可以在嵌入式系统移动时做传输动作	需要在静止状态下做传输动作
传输速度	1Mbit/s	4Mbit/s
价格	较高	很低

2. 输入/输出设备

嵌入式系统通常还包括输入/输出设备，用于系统与用户的交互。嵌入式系统中输入设备一般包括触摸屏、语音识别、按键、键盘和虚拟键盘等，输出设备主要有 LCD 显示和语音输出。

（1）触摸屏

触摸屏按其技术原理可分为 5 类：矢量压力传感器式、电阻式、电容式、红外线式和表面声波式。矢量压力传感器式触摸屏已被淘汰，而后 3 种触摸屏比电阻式触摸屏在实际应用上更复杂。因此，在实际应用中电阻式触摸屏使用最多。

电阻触摸屏的工作部分一般由 3 部分组成，如图 2-8 所示，包括两层透明的阻性导体层、两层导体之间的隔离层和电极。阻性导体层选用阻性材料，如铟锡氧化物（ITO），涂在衬底上构成，上层衬底用塑料，下层衬底用玻璃。隔离层为粘性绝缘液体材料，如聚酯薄膜。电极选用导电性

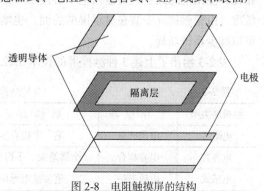

图 2-8　电阻触摸屏的结构

能极好的材料（如银粉墨）构成，其导电性能大约为 ITO 的 1000 倍。

触摸屏工作时，上下导体层相当于电阻网络，如图 2-9 所示。当手指接触屏幕，两层 ITO 导电层出现一个接触点，因其中一面导电层接通 Y 轴方向的 5V 均匀电压场，使得侦测层的电压由零变为非零，控制器侦测到这个接通后，进行 A/D 转换，并将得到的电压值与 5V 相比，即可得触摸点的 Y 轴坐标，同理得出 X 轴的坐标，这就是电阻式触摸屏共同的最基本原理。

电阻屏根据引出线数多少，分为四线、五线等多线电阻触摸屏。五线电阻触摸屏的 A 面是导电玻璃而不是导电涂覆层，导电玻璃的工艺使其寿命得到极大的提高，并且可以提高透光率。

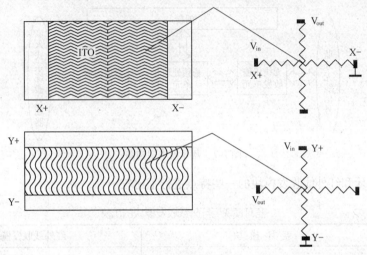

图 2-9　工作时的导体层

电容式触摸屏是一块 4 层复合玻璃屏，玻璃屏的内表面和夹层各涂一层 ITO，最外层是只有 0.0015mm 厚的矽土玻璃保护层，夹层 ITO 涂层为工作面，4 个角引出 4 个电极，内层 ITO 为屏层以保证工作环境。当用户触摸电容屏时，由于人体电场，用户手指和工作面形成一个耦合电容，并且工作面上接有高频信号，于是手指会吸收一个很小的电流。这个电流分别从屏的 4 个角上的电极中流出，且理论上流经 4 个电极的电流与手指头到 4 角的距离成比例。控制器通过对 4 个电流比例的精密计算，得出位置。

电感式触摸屏的工作原理是在触摸笔中安装 LC 谐振线圈，通过改变与安装有激励线圈及感应线圈的触摸屏之间的空间距离，使电磁场发生变化从而计算出触点的位置。因为这种触摸屏是安装在液晶显示屏的后面，而普通的电阻式和电容式触摸屏需要安装在液晶显示屏的前面，两者相比，使用电感式触摸屏输入笔不必接触屏幕，可以减少对屏幕的磨损，同时大大提高输入的灵敏度。由于触摸屏安装在显示屏的后面，也增加了显示的清晰度和亮度，减少背光的使用，进而可以减少系统功耗。

表 2-3 给出了上述 3 种触摸屏的技术比较。

表 2-3　　　　　　　　　　　　　　3 种触摸屏技术的比较

触摸屏类型	工 作 原 理	触 摸 方 式	安 装 方 式	透 明 度	易 用 性
电阻式	电压测量	笔、手指点压	显示屏前	一般	好
电容式	电容耦合	金属笔尖、手指接触	显示屏前	比电阻式好	一般
电感式	电磁谐振	笔尖接近感应	显示屏后	好	好

（2）LCD 接口

嵌入式系统中多数采用**液晶显示器**（Liquid Crystal Display，LCD）。LCD 是一种低成本、低功率的器件，既可显示文字又可显示图像。LCD 显示器根据其工作原理可分为反射式 LCD 和吸收式（又称透视式）LCD。

反射式 **LCD** 的基本原理是：首先入射光线通过一个偏极化板，接着偏极化的光遇到液晶材料，如果激活液晶材料的部分区域，则 LCD 材料的分子整齐排列，使偏极化光能穿过 LCD 材料，否则光线无法通过，最后通过液晶材料的光线碰到一面镜子而反射回来，因此，激活的部分区域亮起来。

吸收式 **LCD** 的工作原理同反射式 LCD 工作原理类似，但使用黑色表面而不使用镜子。该黑色表面在激活区域下面可以吸收光线，因而显得比其他区域暗。

液晶显示器是一种被动光源的显示器，它内部自身不能发光，只能借助周围环境的光源才能看出显示的信息。正因为如此，它显示图案或字符只需要很小的能量。液晶显示所用的液晶材料是一种兼有液体和固体双重性质的有机物，它的棒状结构在液晶盒内一般平行排列，但在电场作用下能改变其排列方向。

目前市面上出售的 LCD 图形点阵显示器有两种类型。一种是显示器本身自带有控制电路的 LCD 显示模块，这种 LCD 可以方便地与各种低档单片机采用总线方式进行接口，但其体积较大。另一种是自身不带有控制电路的 LCD 显示模块。目前的嵌入式微处理器内部集成有 LCD 控制器，它具有将显示缓存中的 LCD 图像数据传送到外部 LCD 驱动电路的逻辑功能。

例如，S3C44B0X 微处理器可以支持彩色/灰度/单色 3 种模式，灰度模式下可支持 4 级灰度和16 级灰度，彩色模式下最多支持 256 色，LCD 实际尺寸可支持 320 列×240 行像素点阵，如图 2-10 所示。

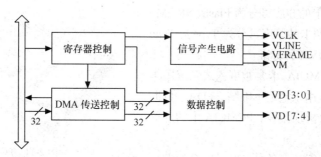

图 2-10　LCD 控制器

内置的 **LCD 控制器**的主要工作是将定位在系统存储器的显示缓冲区中的 LCD 图像数据传送到外部 LCD 驱动器。LCD 控制器提供了下列外部接口信号。

- VCLK：LCD 控制器和 LCD 驱动器之间的像素时钟信号，LCD 控制器在其上升沿发送数据，LCD 驱动器在其下降沿采集数据。

- VLINE：LCD 控制器和 LCD 驱动器之间的行同步脉冲信号，该信号用于 LCD 驱动器将水平线（行）移位寄存器的内容传送给 LCD 屏显示。

- VFRAME：LCD 控制器和 LCD 驱动器之间的帧同步信号，该信号告诉 LCD 屏新的一帧开始了。

- VM：LCD 驱动器使用 VM 信号来改变行和列的电压极性，从而控制像素点的显示或熄灭。

- VD[3:0]：LCD 像素点数据输出端口，与 LCD 模块的 D[3:0]相对应。
- VD[7:4]：LCD 像素点数据输出端口，与 LCD 模块的 D[7:4]相对应。

值得一提的是，由于 LCD 采用的是无源光显示方式，因而在夜晚等无外界光源的情况下是看不见的。为了克服这方面的不足，通常 LCD 制造商根据用户需要配以背景光源，简称背光功能。

附加给 LCD 的**背景光源**一般采用两种方式构成：其一是 EL（场致发光）方式，可连续工作 2000～3000h，缺点是对外界会产生一定的电磁干扰；另一种方式是使用 LED 背景光源，可连续工作 50000h 左右，但往往需要多个 LED 并联或串联，这对 LED 供电电源提出了比较高的电压或电流要求。

3. 设备扩展接口

简单的嵌入式系统，如具有简单的记事本、备忘录以及日程计划等功能的 PDA，所存储的数据量并不需要很大的内存。由于目前的嵌入式系统功能越来越复杂，因而需要的内存容量也越来越大。大的内存使得系统成本提高和体积增大，因此，目前一些高端的嵌入式系统都会预留**可扩展存储设备接口**，为日后用户有特别需求时，可购买符合扩展接口规格的装置直接接入系统使用。扩展设备很多，但所采用的扩展接口却大同小异，如 PDA 所使用的存储卡也可与某些规格的数码相机扩展接口通用。

随着嵌入式系统的广泛应用，对便携式扩展存储设备的要求也越来越迫切。

PCMCIA（Personal Computer Memory Card International Association，PC 内存卡国际联合会）是一个为了开发出低功耗、小体积、高扩展性的卡片型工业存储标准扩展装置所设立的协会，它负责建立一个省电、小体积的整合性电子卡片的标准，提高移动计算机的互换性。根据该标准生产的外形如信用卡大小的产品叫作 **PCMCIA 卡**
（也称 PC 卡）。按照卡的介质可分为 Flash、SRAM、I/O 卡和硬盘卡；按照卡的厚度可分为 Type I、Type II、Type III 和 Type IV 4 种标准。

广泛使用的 PCMCIA 卡常被嵌入式系统用作对外的扩展装置，应用于笔记本电脑、PDA、数据相机、数字电视以及机顶盒等。PCMCIA 卡的外形如图 2-11 所示。

其他常用的扩展卡还有各种 CF 卡、SD 卡、

图 2-11　PCMCIA 卡

Memory Stick 等。目前，高端的嵌入式系统都留有一定的扩展卡接口。

4. 电源及辅助设备

电源是电子产品中一个组成部分，为了使电路性能稳定，往往还需要稳定电源。设计者要根据产品的要求来选择合适的电源。嵌入式系统力求外观小型化、质量轻以及电源使用寿命长，因此，目前电源及辅助设备发展的目标是体积小、易携带和外观设计新颖等，尤其是在便携式嵌入式系统的应用中。

2.2　嵌入式操作系统

嵌入式系统的设计方案有多种，应用领域千差万别。就软件方案而言，简单的系统可以不使

用操作系统，被称为裸机设计。复杂系统一般可以扩展程序存储器，资源相对比较多，系统实现的功能比较复杂，软件开发的工作量和开发的难度比较大，维护费用较高。使用嵌入式操作系统可以有效地提高这些系统的开发效率，减少系统开发的总工作量，并提高嵌入式应用软件的可移植性。

2.2.1 嵌入式操作系统的发展

嵌入式操作系统通常包括与硬件相关的底层驱动软件、系统内核、设备驱动接口、通信协议、图形界面、标准化浏览器等。嵌入式操作系统具有通用操作系统的基本特点，如能够有效管理越来越复杂的系统资源；能够把硬件虚拟化，使得开发人员从繁忙的驱动程序移植和维护中解脱出来；能够提供库函数、驱动程序、工具集以及应用程序。与通用操作系统相比较，嵌入式操作系统在系统实时高效性、硬件的相关依赖性、软件固态化以及应用的专用性等方面具有较为突出的特点。

嵌入式操作系统伴随着嵌入式系统的发展，大致经历了 **4 个阶段**。

第一阶段：无操作系统的嵌入算法阶段。以单芯片为核心的可编程控制器形式的系统具有与监测、伺服、指示设备相配合的功能。它应用于一些专业性极强的工业控制系统中，通过汇编语言编程对系统进行直接控制，运行结束后清除内存。它的系统结构和功能都相对单一，处理效率较低，存储容量较小，几乎没有用户接口。

第二阶段：以嵌入式 CPU 为基础、简单操作系统为核心的嵌入式系统。由于 CPU 种类繁多，因此通用性比较差；系统开销小，效率高；一般配备系统仿真器，操作系统具有一定的兼容性和扩展性；应用软件较专业，用户界面不够友好；系统主要用来控制系统负载以及监控应用程序运行。

第三阶段：通用的嵌入式实时操作系统阶段。以嵌入式操作系统为核心的嵌入式系统，能运行于各种类型的微处理器上，兼容性好；内核精小、效率高，具有高度的模块化和扩展性；具备文件和目录管理、设备支持、多任务、网络支持、图形窗口以及用户界面等功能；具有大量的应用程序接口（API）；嵌入式应用软件丰富。

第四阶段：以基于 Internet 为标志的嵌入式系统。这是一个正在迅速发展的阶段。随着Internet 的发展以及 Internet 技术与信息家电、工业控制技术等结合日益密切，嵌入式设备与 Internet的结合将代表着嵌入式技术的未来。

2.2.2 嵌入式实时操作系统的分类

大多数嵌入式系统应用在实时环境中，因此，嵌入式操作系统一般是实时操作系统（RTOS）。一般的操作系统只注重平均性能，如对于整个系统来说，所有任务的平均响应时间是关键，而不关心单个任务的响应时间。与之相比，嵌入式实时操作系统最主要的特征是性能上的实时性，也就是说，系统的正确性不仅依赖于计算的逻辑结果，也依赖于结果产生的时间。从这个角度来看，**实时系统**可定义为：一个能够在指定的或者确定的时间内，实现系统功能和对外部或内部、同步或异步事件做出响应的系统。

目前，常用的嵌入式实时操作系统分 3 大类：商用系统、专用系统和开放系统。

1. 商用系统

商品化的嵌入式实时操作系统主要有 Wind River 的 VxWorks 和 pSOS+、3Com 的 Palm OS、Microsoft 的 Windows CE 以及苹果的 iOS 等。它们的优点是功能可靠、稳定，技术支持和售后服务比较完善，辅助工具比较齐全，而且提供了高端嵌入式系统要求的许多功能（如文件系统、图形用户界面、网络支持等）。缺点是价格昂贵，而且源代码封闭，影响了开发者学习和使用的积极性。

2. 专用系统

一些专业厂家为本公司产品特制的嵌入式操作系统仅供应用开发者使用。这些操作系统功能相对较弱，但针对性强，其安全可靠性大都超过普通商用系统。例如，由摩托罗拉、西门子和诺基亚等几家大型移动通信设备商合作研制的应用于手机的嵌入式操作系统 Symbian OS。

3. 开放系统

开放系统是近年来发展迅速的一类操作系统，其典型代表是 μC/OS-Ⅱ、嵌入式 Linux 和 Andriod 系统。由于应用系统开发者可以免费获得这些系统的源代码，因而降低了开发成本和开发难度。随着开源软件的兴起，使得我们有机会了解嵌入式操作系统的内部实现成为可能。但其缺点也非常明显，功能简单，技术支持差，系统稳定性也相对较差。因此，它们对开发者的要求较高。

除此之外，还有一些项目研发小组自制的操作系统。但它们的可信度和可靠性都难以保证，也不可能直接用于其他应用。

2.2.3 嵌入式实时操作系统的可裁剪性及其实现

由于宿主对象的多样性，为适应不同的要求，无论在硬件方面还是在软件方面，嵌入式系统必须具有很强的可裁剪性并且便于修改。

所谓操作系统的可裁剪性，就是一个规模大且功能齐全的操作系统，在结构上保证了用户可在其中有选择地保留某些模块，而删减掉一些模块的性能。目标系统设计者的这种做法，也常常叫作对操作系统进行配置。因此，操作系统的可裁剪性也常被叫作操作系统的可配置性。

所谓的配置方法有两种：一种是在系统进行编译连接时进行配置；另一种是在系统运行时进行配置。

在编译连接时进行配置一般都是通过条件编译来实现的，即在操作系统中都有一个配置文件，在这个文件中，系统的设计者可通过对一些配置常数的设置来选择使用或不使用的模块。于是，在对系统编译连接时，编译系统就会按配置常数的设置值对与之对应的模块进行编译或不编译。于是，那些不被编译的模块就自然不包含在系统中而被删掉了，这样就可以大大减小系统所占用的内存。所以，条件编译是实现系统裁剪的有效手段，但这需要一个前提条件，即用户要获得待裁剪的操作系统的源代码。

在系统运行时进行配置是依靠系统在初始化运行阶段执行一些条件转移语句来实现的。只不过这些条件语句是根据事先由目标系统开发人员编写的配置文件中的一些参数来跳转的。所以，也实现了系统功能上的裁剪，但不是物理上的裁剪。也就是说，被裁剪的模块的代码仍然还存在，只不过未被执行。所以，这种方法不能减少系统所占用的内存，只是使运行速度有某种程度的提高。但这种裁剪方法的优点是，目标系统开发人员可以没有源代码，并且操作起来很方便，因此是商品软件经常采用的方法。

当然，在对产品个性化要求极高的今天，由于目标系统的多样性，致使在设计中经常出现单纯依靠裁剪已经不可能获得一个满意的操作系统的情况。那么在这个时候，唯一的解决方法就是修改或者添加功能模块。显然在一个具有微内核的操作系统上修改或添加功能模块是最方便的，这也是嵌入式操作系统大多都采用微内核结构的一个重要原因。

2.2.4　常用的嵌入式操作系统

目前,大约有数十种商业嵌入式操作系统产品和源代码开放的嵌入式操作系统在出售或推广。下面介绍几种常用的嵌入式操作系统。

1. μC/OS—Ⅱ

μC/OS—Ⅱ是一个可裁剪、源码开放、结构小巧、抢先式的实时多任务内核,主要面向中小型嵌入式系统,具有执行效率高、占用空间小、可移植性强、实时性能优良和可扩展性强等特点。μC/OS—Ⅱ最多可支持 64 个任务,分别对应优先级 0～63,其中 0 为最高优先级。实时内核在任何时候都是运行就绪了的最高优先级的任务,是真正的实时操作系统。μC/OS—Ⅱ最大程度地使用 ANSI C 语言开发,现已成功移植到近 40 多种处理器体系上。

μC/OS—Ⅱ结构小巧,最小内核可编译至 2KB(这样的内核没有太大的实用性),即使包含全部功能,如信号量、消息邮箱、消息队列及相关函数等,编译后的 μC/OS—Ⅱ 内核也仅有 6～10KB,所以它比较适用于小型控制系统。μC/OS—Ⅱ具有良好的扩展性能,例如,系统本身不支持文件系统,但是如果需要,也可以自行加入文件系统的内容。

由于 μC/OS—Ⅱ仅是一个实时内核,这就意味着它不像其他实时操作系统那样给用户提供一些 API 函数接口,有很多工作往往需要用户自己去完成。把 μC/OS—Ⅱ移植到目标硬件平台上也只是系统设计工作的开始,后面还需要针对实际的应用需求对 μC/OS—Ⅱ进行功能扩展,包括底层的硬件驱动、文件系统、用户图形接口(GUI)等,从而建立一个实用的 RTOS。μC/OS—Ⅱ的体系结构如图 2-12 所示。

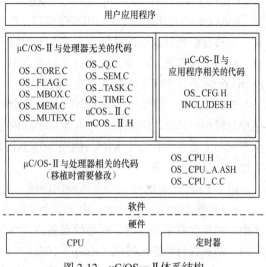

图 2-12　μC/OS—Ⅱ体系结构

2. VxWorks

VxWorks 操作系统是美国 Wind River 公司为分布式环境设计的具备网络功能的实时操作系统。VxWorks 拥有良好的持续发展能力、高性能的内核以及良好的用户开发环境,在实时操作系统领域内占据一席之地。它以良好的可靠性和卓越的实时性被广泛地应用在通信、军事、航空、航天等高精尖技术及实时性要求极高的领域中,如卫星通信、军事演习、导弹制导、飞机导航等。

在美国的 F-16 战斗机、FA-18 战斗机、B-2 隐形轰炸机和"爱国者"导弹上,甚至 1997 年 4 月在火星表面登陆的火星探测器上也都使用了 VxWorks。它是目前嵌入式系统领域中使用最广泛、市场占有率最高的系统。它支持多种处理器,如 x86、i960、Sun Sparc、Motorola MC68xxx、MIPS RX000、Power PC、ARM、Strong ARM 等。大多数的 VxWorks API 是专有的。

3. iOS

iOS 操作系统是由美国苹果公司开发的手持设备操作系统。原名为 iPhone OS,苹果公司于 2007 年 1 月 9 日的 Macword 大会上公布该操作系统,直到 2010 年 6 月 7 日 WWDC 大会改名为 iOS。该操作系统设计精美、操作简单,帮助苹果公司设计的 iPhone 手机迅速地占领市场。随后苹果公司的其他产品,如 iPod Touch、iPad 以及 Apple TV 等都采用该操作系统。iOS 以 Darwin 为基础,与苹果台式机的 Mac OSX 操作系统一样,均属于类 Unix 的商业操作系统。

iOS 系统推出之初很多地方也并不完善，一些原本在功能机上很简单就能实现的功能都不能实现。例如壁纸功能，早期的 iOS 系统不支持桌面背景，在 iOS 4.0 之前都只是黑色的背景桌面；iOS 系统至今也无法支持来电归属地查询以及来电防火墙功能，如若要实现该功能，必须要对手机进行越狱操作，而一旦越狱，手机的安全性就会受到影响。

iOS 系统的优点也十分明显：流畅的操作体验、丰富的应用程序、精美的系统界面以及较高的安全性都是目前其他手机系统所难以媲美的。特别是使用 APP Store 将应用程序整合在一起，不仅保护了程序开发者的利益，也方便了系统使用者对应用程序的搜索。

目前 iOS 系统已经推出了 7.0 版本。扁平化的 UI 设计打破了以往拟物风格的设计理念，而系统视觉效果也更加华丽，3D 动画效果更为突出，并且加入了常用的如 Wifi 开关、飞行模式等功能，使得原本很复杂的操作得到了简化。

4. Palm OS

Palm 是 3Com 公司的产品，其操作系统为 Palm OS。Palm OS 是一种 32 位的嵌入式操作系统。Palm 提供了串行通信接口和红外线传输接口，利用它可以方便地与其他外部设备通信和传输数据。Palm OS 拥有开放的 OS 应用程序接口，开发商可根据需要自行开发所需的应用程序。Palm OS 是一套具有很强开放性的系统，现在有大约数千种专为 Palm OS 编写的应用程序，从程序内容上看，小到个人管理、游戏，大到行业解决方案，Palm OS 无所不包。在强大的软件支持下，基于 Palm OS 的掌上电脑功能得以不断扩展。

Palm OS 是一套专门为掌上电脑开发的 OS。在编写程序时，Palm OS 充分考虑了掌上电脑内存相对较小的情况，因此它只占有非常小的内存。由于基于 Palm OS 编写的应用程序占用的空间也非常小（通常只有几十 KB），因而，基于 Palm OS 的掌上电脑（虽然只有几 MB 的 RAM）可以运行众多应用程序。

由于 Palm 产品的最大特点是使用简便、机体轻巧，因此决定了 Palm OS 具有以下特点。

● 操作系统的节能功能。由于掌上电脑要求使用电源尽可能小，因此在 Palm OS 的应用程序中，如果没有事件运行，则系统设备进入半休眠（doze）的状态；如果应用程序停止活动一段时间，则系统自动进入休眠（sleep）状态。

● 合理的内存管理。Palm 的存储器全部是可读写的快速 RAM。DRAM 类似于 PC 上的 RAM，它为全局变量和其他不需永久保存的数据提供临时的存储空间；存储 RAM（Storage RAM）类似于 PC 上的硬盘，可以永久保存应用程序和数据。

● Palm OS 的数据是以数据库（database）的格式来存储的。数据库是由一组记录（record）和一些数据库头信息组成的。为保证程序处理速度和存储器空间，在处理数据的时候，Palm OS 不是把数据从存储堆（Storage Heap）复制到动态堆（Dynamic Heap）后再进行处理，而是在存储堆中直接处理。为避免错误地调用存储器地址，Palm OS 规定，这一切都必须调用其内存管理器里的 API 来实现。

Palm OS 与同步软件（HotSync）结合可以使掌上电脑与 PC 上的信息实现同步，把 PC 的功能扩展到了掌上电脑。Palm 应用范围相当广泛，如联络及工作表管理、电子邮件及互联网通信、销售人员及组别自动化等。Palm 外围硬件也十分丰富，有数码相机、GPS 接收器、调制解调器、GSM 无线电话、数码音频播放设备、便携键盘、语音记录器、条码扫描、无线寻呼接收器、探测仪。其中 Palm 与 GPS 结合的应用，不仅可以作导航定位，还可以结合 GPS 作天气的监测、地名调查等。

5．Windows CE

Windows CE 是微软开发的一个从整体上为有限资源的平台而设计的多线程、完整优先权、多任务的 32 位嵌入式操作系统。其中，CE 中的 C 代表袖珍（Compact）、消费（Consumer）、通信能力（Connectivity）和伴侣（Companion），E 代表电子产品（Electronics）。

Windows CE 是精简的 Windows 95，它的图形用户界面相当出色。与 Windows 95/98、Windows NT 不同的是，Windows CE 是源代码全部由微软自行开发的嵌入式新型操作系统，其操作界面虽来源于 Windows 95/98，但 Windows CE 是基于 Win32 API 重新开发的、新型的信息设备平台。Windows CE 具有模块化、结构化和基于 Win32 应用程序接口以及与处理器无关等特点。Windows CE 不仅继承了传统的 Windows 图形界面，并且在 Windows CE 平台上可以使用 Windows 95/98 上的编程工具（如 Visual Basic、Visual C++等）、同样的函数和同样的界面风格，这使绝大多数的应用软件只需简单的修改和移植就可以在 Windows CE 平台上继续使用。

Windows CE 的设计目标是：模块化及可伸缩性、实时性能好，通信能力强大，支持多种 CPU。它的设计可以满足多种设备的需要，这些设备包括工业控制器、通信集线器以及销售终端之类的企业设备，还有像照相机、电话和家用娱乐器材之类的消费产品。一个典型的基于 Windows CE 的嵌入式系统通常为某个特定用途而设计，并在不联机的情况下工作，它要求所使用的操作系统体积较小，且其内建有对中断的响应功能。

Windows CE 的特点有以下几点。

- 具有灵活的电源管理功能，包括休眠/唤醒模式。
- 使用了对象存储（object store）技术，包括文件系统、注册表及数据库。它还具有很多高性能、高效率的操作系统特性，包括按需换页、共享存储、交叉处理同步、支持大容量堆（heap）等。
- 拥有良好的通信能力。广泛支持各种通信硬件，也支持直接的局域连接以及拨号连接，并提供与 PC、内部网以及 Internet 的连接，还提供与 Windows 9x/NT 的最佳集成和通信。
- 支持嵌套中断。允许更高优先级别的中断首先得到响应，而不是等待低级别的中断服务线程（IST）完成，这使得该操作系统具有嵌入式操作系统所要求的实时性。
- 更好的线程响应能力。对高级别 IST 的响应时间上限的要求更加严格。在线程响应能力方面的改进帮助开发人员掌握线程转换的具体时间，并通过增强的监控能力和对硬件的控制能力帮助他们创建新的嵌入式应用程序。
- 256 个优先级别，可以使开发人员在控制嵌入式系统的时序安排方面有更大的灵活性。
- Windows CE 的 API 是 Win32 API 的一个子集，支持近 1500 个 Win32 API。有了这些 API，足可以编写任何复杂的应用程序。当然，在 Windows CE 系统中，所提供的 API 也可以随具体应用的需求而定。

在掌上型电脑中，Windows CE 包含如下一些重要组件：Pocket Outlook 及其组件、语音录音机、移动频道、远程拨号访问、世界时钟、计算器、多种输入法、GBK 字符集、中文 TTF 字库、英汉双向词典、袖珍浏览器、电子邮件、Pocket Office、系统设置、Windows CE Services 等软件。

6．嵌入式 Linux

Linux 类似于 UNIX，是一种免费的、源代码完全开放的、符合 POSIX 标准规范的操作系统。Linux 的系统界面和编程接口与 UNIX 很相似，所以 UNIX 程序员可以很容易地从 UNIX 环境转移到 Linux 环境中来。

随着 Linux 的迅速发展，嵌入式 Linux 现在已经有许多的版本，包括强实时的嵌入式 Linux（如新墨西哥工学院的 RT-Linux 和堪萨斯大学的 KURT-Linux）和一般的嵌入式 Linux 版本（如

uClinux 和 Pocket Linux 等）。

其中，RT-Linux 通过把通常的 Linux 任务优先级设为最低，而所有的实时任务的优先级都高于它，以达到既兼容通常的 Linux 任务又保证强实时性能的目的。

另一种常用的嵌入式 Linux 是 uClinux，它是针对没有 MMU 的处理器而设计的。uClinux 不能使用处理器的虚拟内存管理技术，对内存的访问是直接的，并且所有程序访问的地址都是实际的物理地址。uClinux 专为嵌入式系统做了许多小型化的工作。

2.3　嵌入式系统的基本设计过程

多数真正的嵌入式系统的设计实际上是很复杂的，其功能要求非常详细，且必须遵循许多其他要求，如成本、性能、功耗、质量、开发周期等。大多数嵌入式系统非常复杂，这使得无法由个人独立完成设计，而必须由一个开发团队相互协作来完成。这就要求开发人员必须遵循一定的设计过程，明确分工，相互交流，并能达成一致。

设计过程还会因受到内在和外在因素的影响而变化。内在影响包括工作的改进、人员的变动等。外在影响包括消费者的变化、需求的变化、产品的变化以及元器件的变化等。因此，良好的设计方法在嵌入式系统的开发过程中是必不可少的。

首先，好的方法有助于规划一个清晰的工作进度，避免遗漏重要的工作，例如，性能的优化和可靠性测试对于一个合格的嵌入式产品而言是不可或缺的。其次，采用有效的方法可以将整个复杂的开发过程分解成若干可以控制的步骤，通过一些先进的计算机辅助设计工具，按部就班、有条不紊地完成整个项目。最后，通过定义全面的设计过程，可以使整个团队的各个成员更好地理解自身的工作，方便成员之间相互交流与协作。

以自顶向下的角度来看，第 1 步是系统设计从系统需求分析和规格说明，对需设计的系统功能进行分析提炼和细致的描述，这里并不涉及系统的组成；第 2 步是体系结构设计，在这一阶段以大的构件为单位设计系统内部详细构造，明确软、硬件功能的划分；第 3 步是构件设计，它包括系统程序模块设计、专用硬件芯片选择及硬件电路设计；第 4 步是系统集成，在完成了所有构件设计的基础上进行系统集成，构造出所需的完整系统；第 5 步是进行系统测试。如图 2-13 所示。

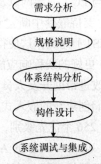

图 2-13　嵌入式系统设计主要步骤

2.3.1　需求分析与规格说明

1．需求描述

显然，在设计一个系统之前，必须清楚要设计什么。在设计的最初阶段，通过与客户进行交流，了解用户的意图，明确客户到底需要开发什么样的产品，这包括产品的功能、性能、价格、开发时间等一系列问题。通常，描述产品需求的文档是由嵌入式系统的总体设计者从用户的视角来写的，由一系列的用户需求组成。然后，对这些需求进行提炼，从中获取一组一致性的需求，整理成正式的规格说明，这些规格说明里包含了进行系统体系结构设计所需要的足够信息。

区分需求和规格说明是必要的，因为在客户关于所需系统的描述和体系结构系统设计师所需的信息之间存在极大的距离。嵌入式系统的客户通常不是嵌入式系统的设计人员，甚至也不是最终产品的使用人员，他们对嵌入式系统的理解是建立在他们想象的与系统之间交互的基础上的，对系统可能有一些不切实际的期望，或者是使用他们自己的语言而不是专业术语来表达其需求。因而，描述用户的需求和获取用户的构想的一个好方法是采用用户的语言，而不用工程性的术语。

通常，需求包括功能部分和非功能部分。当然，我们必须从中获取系统的基本功能，但是，只有功能的描述是不够的。非功能需求包括以下几部分。

（1）性能

系统的处理速度通常是该系统的实用性和最终成本的主要决定因素。性能是软件性能度量（如执行一个用户级函数的大致时间和必须完成的一个特定操作的硬时限）的组合，通常用软件或函数的执行时间来衡量系统的性能。

（2）价格

产品最终的成本或者销售价格也是一个主要的考虑因素。产品的成本包含两个主要部分：生产成本，包括购买构件以及组装它们的花费；不可再生的工程成本（NRE），包括人力成本以及设计系统的其他花费。

（3）系统的尺寸和重量

最终产品的物理特性会因为使用的领域不同而大不相同。例如，一台控制装配线的工业控制系统通常装配在一个标准尺寸的柜子里，它对重量没有什么约束，但是手持设备对系统的尺寸和重量就有很严格的限制。

（4）功耗

对于那些靠电池来供电的系统以及其他一些电器来说，电源是十分重要的。电源问题在需求阶段以电池寿命的方式提出，因为顾客通常不能够以瓦为单位描述允许的功率。

2. 确认需求

确认这一系列的需求不仅需要理解什么是用户需要的，而且需要理解他们是如何表达这些需求的。

精炼系统需求（至少是精炼用户界面部分）的方法是建立一个模型，这个模型可以使用已存数据来模拟功能，并且可以在个人电脑或工作站上运行。它应该让用户了解系统是如何使用的，以及用户如何和它进行交互。通常，设备的非功能模型可以让用户了解系统的特性，如系统的尺寸和重量。

3. 简单的需求表格

对一个大系统进行需求分析是一项复杂而费时的工作，但是，取得相对少量的格式清晰、简单的信息是理解系统需求的一个好的开始。表 2-4 展示了一个需求表格的样本，这个表格在某项工程开始时填写，在考虑系统基本特征时可以将这个表格作为检查表。

表 2-4　　　　　　　　　　　　　　　　需求表格的样本

项　　目	说　　明
名称	
目的	
输入	
输出	
功能	
性能	
生产成本	
功耗	
物理尺寸和重量	

- 名称：这一项十分简单，但却十分有用。给该项工程取一个名字不仅可以方便与他人讨论这个工程，也可以使设计的目的更加明确。

- 目的：这一项可以是简单的一到两行的关于系统将要满足的需求的描述，如果你不能用一两句话来描述你所设计的系统的主要特性的话，说明你还不是十分了解它。

- 输入和输出：这两项内容比较复杂，对系统的输入和输出包含了大量细节。

  ① 数据类型：模拟电信号？数字数据？机械输入？

  ② 数据特性：周期性到达的数据，如数字音频信号?或者是用户的输入?每个数据元素多少位?

  ③ 输入／输出设备的类型：按键?模/数转换器?视频显示器?

- 功能：这一项是关于系统所做工作的更加详细的描述。从输入到输出进行分析是提出功能的一种好方法：当系统接收到输入时，它执行哪些动作?用户通过界面输入的数据，如何对该功能产生影响?不同功能之间是如何相互作用的?

- 性能：许多嵌入式系统都要花费一定的时间来控制物理设备，或是处理从外界输入的数据。大多数情况下，这些计算必须在一定的时间内处理完，对性能的要求必须尽早地明确，因为这些要求在执行过程中得认真加以考虑，以便随时检查我们的系统是否达到了这些要求。

- 生产成本：这中间主要包含了硬件构件的花费。如果你不能确定将要花费在硬件构件上的费用的确切数目，那么，你起码得对最终产品的价格有一个粗略的了解。因为价格最终影响了系统的体系结构：一台将要以 10 美元出售的设备的内部结构和一台打算以 100 美元出售的机器的内部结构肯定是不同的。

- 功耗：对系统的功耗你可能只有一个粗略的了解。但是，没有关于这方面的信息是不行的。通常，决定系统是靠电池供电还是通过墙上的插座供电是系统设计过程中的一个重大决定。靠电池供电的系统必须认真地对功耗问题进行考虑。

- 物理尺寸和重量：用户对系统的物理尺寸和重量有一定的了解，有助于对系统体系结构的设计。一台台式机在对构件的选择上比那些佩带式录音机要宽松得多。

对一个大系统进行更加深入的需求分析，可以使用更详细的表格作为更长需求文档的总结。在介绍完关于这个表格的章节之后，还需要更长的需求文档来描述上面提到的每一项细节。例如，前面用一句话描述的每个单个特征，可能在规格说明中被详细描述为一节。

4. 需求的内部一致性

在写完需求分析以后，你应该对它们的内部一致性进行检查：是否忘记了给某个功能指定输入或输出，是否考虑了系统运行的所有方式，是否把一些不切实际的要求放到了一个电池供电、低成本的机器中了?

为了练习如何获得系统需求，示例 2-4 创建了 GPS 移动地图系统的需求。

【示例 2-4】 GPS 移动地图系统的需求分析

移动地图是一种手持设备，该设备为用户显示他当前所处位置周围地形的一张地图。地图的内容随着用户以及该设备所处的位置的改变而改变。移动地图从 GPS 上得到其位置信息，GPS 是一个卫星导航系统。

针对 GPS 移动地图，我们有什么需求？下面是一些最初的清单。

① 功能性：本系统主要针对高速公路上开车的用户或类似用户，而不是需要使用更专用的数

据库和功能的航海或航空人员。系统应展示可在标准地形图数据库中得到的主要道路和其他陆地标志。

②　用户界面：屏幕至少应该有 400 像素 × 600 像素分辨率。该设备的按钮不应多于 3 个，按下电源按钮时，应在屏幕上弹出菜单系统，允许用户使用两个控制按钮做出选择。

③　性能：地图应该平滑滚动，加电后，显示在 1 秒内出现，系统应可以核查其位置并在 15 秒内显示当前地图。

④　成本：单个设备售价（零售价）不高于 500$。

⑤　物理尺寸和重量：设备应非常适于放在手掌中。

⑥　功耗：4 节 AA 电池至少可以连续运行 8 小时。

基于上述讨论，让我们为移动地图系统编写一份需求表格，如表 2-5 所示。

表 2-5　　　　　　　　　　　　　GPS 移动地图的需求表格

名　　称	CPS 移动地图
目的	为驾驶者提供的用户级移动地图
输入	1 个电源按钮，2 个控制按钮
输出	逆光 LCD，显示 400 像素 × 600 像素分辨率
功能	使用 5 种接收器的 GPS 系统；3 种用户可选的分辨率；总是显示当前的经纬度
性能	0.25s 内即可更新一次屏幕
生产成本	100$
功耗	100mW
物理尺寸和重量	不大于 $2 \times 16m^2$，约 340g

表 2-5 中，加上了设计人员所要使用的某些用工程术语表述的需求。例如，它提供了设备的实际尺寸。生产成本与销售价格有关，通过使用简单的经验法则可以得到：销售价 4～5 倍于所售商品的成本（所有构件的成本之和）。

注　意　　上述许多需求并不是按工程单位规定的，例如，用户要求的物理尺寸可能是相对于手，而不是用厘米标出的。虽然这些需求最终必须转换成可以被设计者使用的某种东西，但是保持顾客这些需求的记录将有助于解决设计后期出现的有关规格说明的问题。

5. 规格说明

规格说明更精确一些，它起到客户和生产者之间的合同的作用。正因为如此，规格说明必须小心编写，以便精确地反映客户的需求，并且作为设计时必须明确遵循的要求。

规格说明应该足够明晰，以便别人可以验证它是否符合系统需求并完全满足客户的期望。它也不能有歧义，设计者应知道什么是他们需要构造的。设计者可能碰到各种不同类型的、由于不明确的规格说明而导致的问题。如果某个特定状况下的某些特性的行为在规格说明中不明确，那么设计者可能实现错误的功能。如果规格说明的全局特征是错的或者是不完整的，那么由该规格说明建造的整个系统体系结构可能就不符合实现的要求。

【示例 2-5】GPS 系统的规格说明包括下列构件：

① 从 GPS 卫星接收到的数据；

② 地图数据；

③ 用户界面；

④ 必须执行的满足客户需求的操作；

⑤ 保持系统运行所需的后备动作，如操纵 GPS 接收机。

2.3.2　体系结构设计

规格说明中通常只描述系统应做什么，而不描述系统该怎么做。描述系统如何实现那些功能是体系结构的任务。

体系结构是系统整体结构的一个计划。它给出嵌入式系统的总体架构，从功能实现上对软硬件进行划分。在此基础上，选定处理器和基本接口器件，根据系统的复杂程度确定是否使用操作系统，以及选择哪种操作系统。此外，还需要选择系统的开发环境。

1. 硬件平台的选择

（1）处理器的选择

嵌入式系统的核心部件是各种类型的嵌入式处理器。据不完全统计，目前全世界嵌入式处理器的品种总量已经超过 1000 种，流行体系有 30 几个系列。但与全球 PC 市场不同的是，没有一种微处理器和微处理器公司可以主导嵌入式系统。仅以 32 位的 CPU 而言，就有 100 种以上嵌入式微处理器。由于嵌入式系统设计的差异性很大，因此选择是多样化的。

设计者在选择处理器时要考虑的主要因素有：处理性能、技术指标、功耗、软件支持工具、是否内置调试工具、供应商是否提供评估板等。

（2）硬件选择的其他因素

首先，需要考虑生产规模。如果生产规模比较大，可以自己设计和制备硬件，这样可以降低成本。反之，最好从第三方购买主板和 I/O 板卡。其次，需要考虑开发的市场目标。如果想使产品尽快发售，以获得竞争力，就要尽可能购买成熟的硬件。反之，可以自己设计硬件，降低成本。另外，软件对硬件的依赖性，即软件是否可以在硬件没有到位的时候并行设计或先行开发，也是硬件选择的一个考虑因素。最后，只要可能，尽量选择使用普通的硬件。在 CPU 及架构的选择上，一个原则是只要有可替代的方案，尽量不要选择 Linux 操作系统尚不支持的硬件平台。

2. 软件平台的选择

嵌入式软件的开发流程主要涉及代码编程、交叉编译、交叉连接、下载到目标板和调试等几个步骤，因此软件平台的选择涉及操作系统、编程语言和集成开发环境 3 个方面。

（1）操作系统的选择

操作系统的选择至关重要。一般而言，在选择嵌入式操作系统时，可以遵循以下原则。

① 市场进入时间制订产品时间表与选择操作系统有关系，而实际产品和一般演示是不同的。商用系统的技术支持和售后服务比较完善，辅助工具比较齐全，因此，选择商用操作系统做产品实际上是在做"减法"。去掉你不要的功能，能很快出产品，但伴随的可能是成本高，核心竞争力差。甚至，某些高效的操作系统可能由于编程人员缺乏这方面的技术，或由于这方面的技术积累不够，从而影响开发进度。

② 可移植性操作系统到硬件的移植是一个重要的问题，是关系到整个系统能否按期完工的一个关键因素。因此，要选择那些可移植性程度高的操作系统，避免操作系统难以向硬件移植而带

来的种种困难，从而加速系统的开发进度。

软件的通用性和软件的性能通常是矛盾的，也就是说，通用往往是以损失某些特定情况下的优化性能为代价的，很难设想开发一个嵌入式浏览器而仅能在某一特定环境下应用。反之，当产品与平台和操作系统紧密结合时，往往你的产品的特色就蕴涵其中。

③ 可利用资源。产品开发不同于学术课题研究，它是以快速、低成本、高质量地推出适合用户需求的产品为目的的。集中精力研发出产品的特色，其他功能尽量由操作系统附加或采用第三方产品，因此操作系统的可利用资源对于选型是一个重要参考条件。有些实时操作系统由于比较封闭，开发时可以利用的资源比较少，因此多数功能需要自己独立开发，从而影响开发进度。现在越来越多的嵌入式系统均要求提供全功能的 Web 浏览器，这就要求有一个高性能、高可靠的图形用户界面（GUI）的支持。

④ 系统定制能力。信息产品不同于传统 PC 的 Wintel 结构的单纯性，用户的需求是千差万别的，硬件平台也都不一样，所以对系统的定制能力提出了要求。因而，需要分析产品是否对系统底层有改动的需求，这种改动是否伴随着产品特色。

⑤ 成本。成本是所有产品不得不考虑的问题。操作系统的选择会对成本有什么影响呢？开放系统是免费的，商用系统需要支付许可证使用费，但这不是问题的答案。成本是需要综合权衡以后进行考虑的——选择某一系统可能会对其他一系列的因素产生影响，如对硬件设备的选型、人员投入、公司管理及与其他合作伙伴的共同开发之间的沟通等许多方面的影响。

⑥ 中文内核支持。国内产品需要对中文的支持。由于操作系统多数采用西文方式，是否支持双字节编码方式，是否遵循 GBK、GB18030 等各种国家标准，是否支持中文输入与处理，是否提供第三方中文输入接口，是针对国内用户的嵌入式产品必须考虑的重要因素。

（2）集成开发环境

在选择集成开发环境（IDE）时主要考虑以下因素：系统调试器的功能、支持库函数、编译器开发商是否持续升级编译器、连接程序是否支持所有的文件格式和符号格式等。

（3）硬件调试工具的选择

好的软件调试程序可以有效地发现大多数的错误，但是如果再选择一个好的硬件调试工具，就会达到事半功倍的效果。常用的硬件调试工具有以下几种。

① 实时在线仿真器。用户从仿真插头向实时在线仿真器（In-Circuit Emulator，ICE）看，ICE应是一个可被控制的 MCU。ICE 提供自己的处理器和存储器，不再依赖目标系统的处理器和内存。电缆或特殊的连接器使 ICE 的处理器能代替目标系统的处理器。用户调试系统时，使用 ICE 的处理器和存储器以及目标板上的 I/O 接口，完成调试之后，再使用目标板上的处理器和存储器实时运行应用代码。ICE 支持常规的调试操作，如单步运行、断点、反汇编、内存检查、源程序级的调试等。

② 逻辑分析仪。逻辑分析仪最常用于硬件调试，但也可用于软件调试。它是一种无源器件，主要用于监视系统总线的事件。

③ ROM 仿真器。ROM 仿真器是用于插入目标上的 ROM 插座中的器件，用于仿真 ROM 芯片。用户可以将程序下载到 ROM 仿真器中，然后调试目标上的程序，就好像程序烧结在 PROM中一样，从而避免了每次修改程序后直接烧结的麻烦。

④ 在线调试或在线仿真。只有在特殊的 CPU 芯片上使用在线调试（On-Chip Debugging，OCD），才能发挥出 OCD 的特点，这种特殊的 CPU 芯片采用特别的硅基材料并且定制 CPU 引脚的串行连接。用低端适配器就可以把 OCD 端口和主工作站以及前端调试软件连接起来。从 OCD

的基本形式看来，它的特点和单一的 ROM 监测器是一致的，但是不像后者那样需要专门的程序以及额外的通信端口。

【示例 2-6】移动地图的总体架构

图 2-14 以框图形式展示了移动地图样例系统的总体架构，这些框图展示了它的主要操作和其间的数据流。

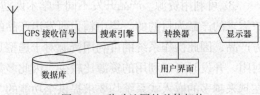

图 2-14　移动地图的总体架构

框图仍很抽象，还没有规定运行在 CPU 上的软件执行什么操作，专用硬件完成什么等。不过，它描述了为实现在规格说明中规定的功能框图，我们还要做许多事情。例如，可以清楚地看到需要搜索地形图数据库和绘制显示的结果。我们已经选择分离哪些功能以便可能并行地完成这些工作，例如，从搜索数据库分离出绘制功能可以有助于更平滑地更新屏幕。

我们只有在设计了一个不偏向于太多实现细节的初始体系结构之后，才可能把系统框图细分成两部分框图：一部分针对硬件，另一部分针对软件。这两部分细化过的框图如图 2-15 所示。

硬件框图清楚地表明了有一个 CPU，周围有存储器和 I/O 设备。尤其是，我们已选择使用两种存储器：一种是针对像素显示的帧缓冲器，另一种是 CPU 使用的通用程序／数据存储器。

软件框图基本上与系统框图一致，但是增加了一个计时器，控制何时读取用户界面上的按钮并在屏幕上绘制数据。为了得到一个真正完整的体系结构描述，我们需要更多细节。例如，软件框图中的单元在硬件框图的什么地方执行，何时操作准时执行等。

体系结构描述必须同时满足功能上和非功能上的需求。不仅要体现所需求的功能，而且必须符合成本、速度、功率和其他非功能上的约束。先从系统体系结构开始，逐步把这一结构细化为硬件和软件体系结构，是确保系统符合所有规格说明的一种好方法。

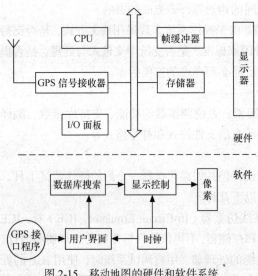

图 2-15　移动地图的硬件和软件系统

2.3.3　设计硬件构件和软件构件

体系结构描述告诉我们需要什么样的构件。构件设计使得构件与体系结构和规格说明相一致。构件通常既包括硬件——现场可编程门阵列（FPGA）、电路板等，还包括软件模块。

一些构件是现成的，可以直接使用。例如，CPU 在任何情况下都是一个标准构件，同样的，还有存储器芯片和很多其他构件。在移动地图中，GPS 接收器显然是预先设计的标准构件，利用标准软件模块，可访问标准地形数据库。这些数据库的数据不仅使用预定义的格式，而且被高度地压缩以节省存储空间。在这些访问函数中使用标准软件不仅节约设计时间，也较快地实现像数据解压缩这样的专用函数。

在大多数情况下，我们必须自己设计一些构件，即使使用标准集成电路，也必须设计连接它们的印刷线路板。同时，很有可能要做大量定制编程。当然，建立嵌入式软件模块时，还要求有较高的设计技能确保系统实时性良好并且在允许的范围内不占用更多的存储空间。在移动地图软件例子中的电能消耗特别重要，你可能要非常小心地读写存储器以减小功耗。例如，由于存储器访问是主要的功耗来源，存储器事务必须精心安排以避免多次读取同样的数据。

2.3.4　系统调试与集成

只有建立构件后，才能将它们合并得到一个可以运行的系统。当然，在系统集成阶段并不是仅仅把所有的构件连接在一起就行，在系统集成中通常都会发现以前设计上的错误，而好的计划能帮助我们快速找到这些错误。

按阶段架构系统并且正确运行选好的测试，经常能更容易地找到这些错误。如果每次只对一部分模块排错，很可能更容易发现和识别简单的错误。只有在早期修正这些简单的错误，才能发现那些只有在系统高负荷时才能确定的、比较复杂或是含混的错误。

我们必须确保在体系结构和各构件设计阶段尽可能容易地按阶段组装系统和相对独立地测试系统功能。因为嵌入式系统使用的调试工具比在桌面系统中可找到的工具有限得多，因此，我们要在系统集成时发现问题，需要详细地观察系统以准确确定错误。

2.3.5　系统测试

对设计好的系统进行测试，看其是否满足规格说明书中给定的功能要求。

针对系统的复杂程度不同，目前有一些常用的系统设计方法，如瀑布设计方法、自顶向下的设计方法、自下向上的设计方法、螺旋设计方法、逐步细化设计方法和并行设计方法等，根据设计对象复杂程度的不同，可以灵活地选择不同的系统设计方法。

2.4　本教程选择的软硬件平台

2.4.1　教学硬件平台——ARM

由于 ARM 公司自成立以来，一直以 IP 核提供者的身份向各大半导体制造商出售知识产权，而自己从不介入芯片的生产销售，加上其设计的芯核具有功耗低、成本低等显著优点，因此获得众多的半导体厂家和整机厂商的大力支持。作为一种 16/32 位的高性能、低成本、低功耗的嵌入式 RISC 微处理器，ARM 微处理器目前已经成为应用最为广泛的嵌入式微处理器。

另外，国内外多家厂商推出了基于 ARM 系列的多功能嵌入式系统学习平台。而与 ARM7 内核芯片相比，ARM9 芯片的功耗更低，速度更快，处理能力更强，架构更合理。因此，我们选择 ARM9 微处理器作为教学硬件平台。

2.4.2　教学软件平台——Linux

从 20 世纪 80 年代开始，陆续出现了一些嵌入式操作系统，比较著名的有 VxWork、pSOS、Neculeus 和 Windows CE 等。但这些专用操作系统都是商业化产品，价格高昂且源代码封闭。目前，适于学习的嵌入式操作系统主要是开放源代码的操作系统 Linux 和 μC/OS。

嵌入式 Linux 操作系统的特点如下。

- 层次结构清晰，高度模块化，使添加部件非常容易。
- 源代码可以免费得到。内核完全开放，不仅可以节省大量的开发费用，而且大大提高了开发者的积极性。
- 优异的网络支持。微内核直接提供网络支持，而不必像其他操作系统要外挂 TCP/IP 包。
- 可应用于多种硬件平台。原型可以在标准平台上开发，然后移植到具体的硬件上，加快了软件与硬件的开发过程。

另外，结合国内实情，当前我国对自主操作系统的大力支持也为源码开放的 Linux 提供了广阔的发展前景。因此，本教程的教学软件平台选择 Linux 操作系统。

本章小结

- 嵌入式系统的硬件系统是由嵌入式处理器、存储器、I/O 接口电路、通信模块以及其他外部设备组成的。其核心是嵌入式处理器；存储器是构成嵌入式系统硬件的重要组成部分；其他附属电路常常与嵌入式处理器设计成一个模块，形成处理器最小系统。
- 硬件系统的核心是嵌入式处理器，嵌入式系统的处理器通常分为 3 大类，即微处理器（Micro-Processor Unit，MPU）、微控制器（Micro-Controller Unit，MCU）和数字信号处理器（DSP）。嵌入式片上系统（System On Chip，SoC）则是将完整计算机所有不同的功能块一次直接集成于一块芯片上。
- 存储器的物理实质是一组或多组具备数据输入/输出和数据存储功能的集成电路，用于存放计算机工作所必需的数据和程序。在嵌入式系统中，最常用的存储器类型分为 3 类：随机存取的 RAM、只读的 ROM 以及介于两者之间的混合存储器。存储器子系统性能的好坏在很大程度上影响嵌入式系统的整体性能。
- 嵌入式操作系统伴随着嵌入式系统的发展大致经历了无操作系统的嵌入算法阶段，以嵌入式 CPU 为基础、简单操作系统为核心的嵌入式系统阶段，通用的嵌入式实时操作系统阶段和以基于 Internet 为标志的嵌入式系统阶段。
- 常用的嵌入式操作系统有 VxWorks、QNX、Palm OS、Windows CE、LynxOS、μC/OS-Ⅱ以及嵌入式 Linux 操作系统。其中，Linux 和 μC/OS 是开放源代码的操作系统。
- 多数真正的嵌入式系统的设计实际上是很复杂的，其功能要求非常详细，且必须遵循许多其他要求，如成本、性能、功耗、质量、开发周期等。因此，良好的设计方法在嵌入式系统的开发过程中是必不可少的。从自顶向下的角度来看，系统设计包括系统需求分析与规格说明、系统结构设计、构件设计、系统集成、系统测试等若干步骤。将整个复杂的开发过程分解成若干可以控制的步骤，通过一些先进的计算机辅助设计工具，按部就班、有条不紊地完成整个项目。
- 本书硬件平台选用 ARM 处理器，软件平台选用嵌入式 Linux 操作系统。

思考与练习题

1. 嵌入式系统的硬件由哪几个部分组成？

2. 通用处理器与嵌入式处理器有哪些相同和不同的地方？

3. 常用的嵌入式处理器通常分成哪几大类？

4. 什么是嵌入式外围设备？简要说明嵌入式外围设备是如何分类的。

5. 嵌入式操作系统的发展经历了哪几个阶段？

6. 现阶段常用的操作系统有哪些？试述几种常用的嵌入式操作系统的特点和适用场合。

7. 嵌入式操作系统的主要任务有哪些？

8. 嵌入式系统的基本设计过程包括哪几个阶段？每一个阶段的主要工作有哪些？

9. 需求分析阶段细分为哪几个步骤？每个步骤完成什么工作？

10. 试通过各种渠道调查目前市场上主要有哪些嵌入式系统开发平台？它们各自有什么特点？

第 2 部分
嵌入式系统硬件开发技术

　　本部分内容旨在使读者对嵌入式系统相关硬件能进行实际操控。

　　本部分内容包括 ARM 体系结构、编程模式与指令系统。该部分分两章进行讲解，其具体内容包括 ARM 微处理器的特点、分类、命名规则，以及 ARM 体系结构及其硬件设计思想、流水线结构、工作状态和运行模式、寄存器组织等，并在此基础上介绍 ARM 编程方法、ARM 微处理器的指令系统。指令系统包括 ARM 指令集和 Thumb 指令集。

第3章
ARM 体系结构与编程模式

在本章，我们将讨论基于 ARM 的处理器体系结构与编程模式。同时，还要介绍 ARM 微处理器的特点、分类、体系变种和命名规则等，重点说明 ARM 体系结构的设计思想、流水线结构、工作状态和运行模式、寄存器组织等，并简单介绍 ARM 编程方法。

本章学习要求：

- 描述 ARM 处理器的设计思想；
- 列出 ARM 体系结构的几种变种；
- 列出主要的 ARM 微处理器系列；
- 列出 ARM 处理器的工作状态、寄存器模式和指令结构。

3.1 ARM 微处理器概述

ARM 是 Advanced RISC Machines 的缩写，它既可以认为是一个公司的名字，也可以认为是对一类微处理器的通称，还可以认为是一种技术的名字。

1990 年 ARM 公司成立于英国剑桥，主要出售芯片设计技术的授权。目前，采用 ARM 技术**知识产权核（IP 核）**的微处理器，即我们通常所说的 ARM 微处理器，已遍及工业控制、消费类电子产品、通信系统、网络系统、无线系统等各类产品市场，ARM 技术正在逐步渗入我们生活的各个方面。

ARM 公司是专门从事基于 RISC 技术芯片设计开发的公司，作为知识产权供应商，它本身不直接从事芯片生产，而是靠转让设计并许可由合作公司生产各具特色的芯片。世界各大半导体生产商从 ARM 公司购买其设计的 ARM 微处理器核，根据各自不同的应用领域加入适当的外围电路，从而形成自己的 ARM 微处理器芯片进入市场。目前，全世界有几十家大的半导体公司都使用 ARM 公司的授权，因此既使得 ARM 技术获得更多的第三方工具、制造、软件的支持，又使整个系统成本降低，使产品更容易进入市场被消费者所接受，更具有竞争力。

3.1.1 ARM 微处理器的特点

ARM 架构与精简指令集计算（RISC）架构类似，因为它包含以下**典型 RISC 架构**特征。

- 统一寄存器文件加载/存储架构，其中的数据处理操作只针对寄存器内容，并不直接针对内存内容。

- 简单寻址模式，所有加载/存储地址只通过寄存器内容和指令字段确定。

ARM 微处理器一般具有如下特点。

- 体积小、低功耗、低成本、高性能。
- 支持 Thumb（16位）/ARM（32位）双指令集。ARM 微处理器支持两种指令集：ARM 指令集和 Thumb 指令集。其中，ARM 指令为 32 位的长度，Thumb 指令为 16 位长度。Thumb 指令集为 ARM 指令集的功能子集，但与等价的 ARM 代码相比较，可节省 30%～40%以上的存储空间，同时具备 32 位代码的所有优点。
- 大量使用寄存器，指令执行速度更快。ARM 处理器共有 37 个 32 位寄存器，其中，31 个通用寄存器；6 个状态寄存器，用以标识 CPU 的工作状态及程序的运行状态。
- 大多数数据操作都在寄存器中完成。
- 寻址方式灵活简单，执行效率高。
- 指令长度固定。
- 先进的取指及分支预测技术。
- 流水线结构。
- 使用桶形移位器（barrel shifter），可以提高数字逻辑运算速率。
- 全球合作伙伴众多。

3.1.2   ARM 微处理器的分类

ARM 微处理器从设计到市场，在各个领域得到应用，发展越来越快，已经是设计者在设计电路系统时选用的不可或缺的方案之一。

1. 基于指令集体系结构的分类

从芯片体系架构的版本发展上看，ARM 已经历经了 ARMv1～ARMv6、ARMv7-A/R、ARMv8-A 的版本创新、改进与升级。如图 3-1 所示，是目前较新版本构架的发展路线。

ARM 架构是构建每个 ARM 处理器的基础。ARM 架构随着时间的推移不断发展，其中包含的架构功能可满足不断增长的新功能、高性能需求以及新兴市场的需要。ARM 架构支持跨跃多个性能点的实现，并已在许多细分市场中成为主导的架构。ARM 架构支持非常广泛的性能点，因而可以利用最新的微架构技术获得极小的 ARM 处理器实现和非常有效的高级设计实现。其中，实现规模、性能和低功耗是 ARM 架构的关键特性。ARM 已经开发了架构扩展，从而为 Java 加速 (Jazelle®)、安全性 (TrustZone®)、SIMD 和高级 SIMD(NEON™)技术提供了支持。

拥有相同指令集版本的 ARM 芯片，虽然出自不同的生产厂商，但它们使用的指令和应用软件是相互兼容的。了解一款 ARM 微处理器，需要对其定型，也就是应该知道该微处理器是采用哪个版本架构的、属于哪个内核系列、型号是什么。

（1）ARMv4 体系增加了半字存储操作、对调试的支持以及支持嵌入的

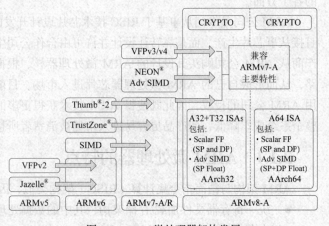

图 3-1   ARM 微处理器架构发展

ICE。其中，ARMv4T 架构的微处理器中开始具备 Thumb 指令集，这是 16 位的指令系统，可以编译产生更加紧凑的执行代码，与相应的 32 位的可执行代码比较，节省了 35%以上的存储器空间。同时，该体系仍保留了 32 位系统的所有优点。

ARMv4 以前版本的微处理器现在已经废弃了，目前还在应用中的 ARMv4 版本架构的微处理器包括 ARM7 系列微处理器及 Intel StrongARM 微处理器。

（2）ARMv5 体系增加了 DSP 指令支持和对 Java 指令的支持。其中，ARMv5TE 版本的 ARM 微处理器在 Thumb 指令集上有了很大的改进，同时在 ARM ISA 的基础上扩展出了增强型数字信号处理（Enhanced DSP）指令集，这就是 ARMv5 后面"T"与"E"的含义。

ARMv5TEJ 版本在 ARMv5TE 版本的基础上扩展了"Jazelle"技术，这是一种支持 Java 加速的技术，特别适用于小存储容量的脚本程序设计。相比运行在 Java 虚拟机上的软件，"Jazelle"技术的 Java 字节代码加速能使 Java 执行速率提高 8 倍，同时在能量消耗上降低 80%。这个功能提高了开发者设计系统平台时应用 ARM 微处理器的灵活性，并且以后可以在建立的操作系统上运行 Java 代码。

（3）ARMv6 体系增加了媒体指令。ARMv6 指令集合中，加入了超过 60 条 SIMD 单指令多数据流指令。扩展的 SIMD 被优化后用于包括视频、音频编解码等很多软件应用开发领域，其性能比以前提升了 4 倍。

（4）ARMv7 体系归入 CortexTM 微处理器系列，定义了三种独立的内核型：A 类型，面向高端应用，支持基于虚拟地址的操作系统；R 类型，面向实时处理系统应用；M 类型，优化后面向微控制器及低价格的应用。所有的 ARMv7 版本构架的微处理器支持 Thumb®-2 技术，该技术基于工业级 Thumb 代码压缩技术而建立，仍向下支持以前的版本技术。ARMv7 版本构架的微处理器扩展支持 NEON™技术，该技术将数字信号处理及多媒体处理性能提高了 4 倍，改善了浮点运算性能，满足最新的 3D 图形及游戏需求，同时也满足传统的嵌入式控制领域的应用需求。

（5）ARMv8-A 将 64 位架构支持引入 ARM 架构中，其中包括：

- 64 位通用寄存器、SP（堆栈指针）和 PC（程序计数器）；
- 64 位数据处理和扩展的虚拟寻址；
- 两种主要执行状态：AArch64 和 AArch32，分别为 64 位和 32 位执行状态。

这些执行状态支持 3 个主要指令集。

① A32（或 ARM）：32 位固定长度指令集，通过不同架构变体增强部分 32 位架构执行环境，现在称为 AArch32；

② T32（Thumb）：是以 16 位固定长度指令集的形式引入的，随后在引入 Thumb-2 技术时增强为 16 位和 32 位混合长度指令集。部分 32 位架构执行环境现在称为 AArch32；

③ A64：提供与 ARM 和 Thumb 指令集类似功能的 32 位固定长度指令集。随 ARMv8-A 一起引入，它是一种 AArch64 指令集。

ARM ISA 不断被改进，从而以满足前沿应用程序开发人员日益增长的要求，同时保留了必要的向后兼容性，以保护软件开发投资。在 ARMv8-A 中，还对 A32 和 T32 进行了一些增补，以保持与其 A64 指令集一致。同时，ARMv8-A 还增加了密码扩展作为可选功能。

2. 基于微处理器内核的分类

ARM 系列处理器核及其特点如下。

（1）ARM7 系列

ARM7 系列微处理器核包括：ARM7TDMI 为整数处理核；ARM720T 为带 MMU 的处理器核，

支持操作系统；ARM7EJ-S 带 DSP 和 Jazelle™ 技术，能够实现 Java 加速功能。

ARM7 系列微处理器的特点是：

- 冯·诺伊曼体系结构；
- ARM720T 带有 MMU 和 8KB 的指令数据混合 Cache；
- ARM7EJ-S 执行 ARMv5TEJ 指令，5 级流水线，提供 Java 加速指令，没有存储器保护。

（2）ARM9 系列

ARM9 系列微处理器核包括：ARM920T 带有独立的 16KB 数据和指令 Cache；ARM922T 带有独立的 8KB 数据和指令 Cache；ARM940T 包括更小数据和指令 Cache 以及一个 MPU。

ARM9 系列微处理器的特点是：

- 基于 ARM9TDMI，带 16 位的 Thumb 指令集，增强代码密度最多到 35%；
- 在 0.13μm 工艺下最高性能可达到 300MIPS（Dhrystone 2.1 测试标准）；
- 集成了数据和指令 Cache；
- 32 位 AMBA 总线接口的 MMU 支持；
- 可在 0.18μm、0.15μm 和 0.13μm 工艺的硅芯片上实现。

（3）ARM9E 系列

ARM9E 系列微处理器核包括：ARM926EJ-S 采用 Jazelle 技术，有 MMU、可配置的数据和指令 Cache 及 TCM 接口；ARM946E-S 具有可配置的数据和指令 Cache 及 TCM 接口；ARM966E-S 针对要求高性能和低功耗的可预测的指令执行时间的硬实时应用设计；ARM968E-S 是最小功耗的 ARM9 系列处理器，针对嵌入式实时应用设计。

ARM9E 系列微处理器的特点是：

- ARM9E 是针对微控制器、DSP 和 Java 的单处理器解决方案；
- ARM Jazelle 技术提供 8 倍的 Java 加速性能（ARM926EJ-S）；
- 5 级整数流水线；
- 在 0.13μm 工艺下最高性能可达到 300MIPS（Dhrystone 2.1 测试标准）；
- 可选择的向量浮点单元 VFP9 协处理器指令优化浮点性能，对于 3D 图形加速和实时控制可达到 215MFLOPS；
- 高性能的 AHB 总线，带 MMU；
- 可在 0.18μm、0.15μm 和 0.13μm 工艺的硅芯片上实现。

（4）ARM11 系列

ARM11 系列微处理器核包括：ARM11 MPCore 为可综合的多处理器核，可配置 1～4 个处理器；ARM1136J(F)-S 具有可配置的数据和指令 Cache，可提供 1.9 位的 MPEG4 编码加速功能；ARM1156T2(F)-S 带集成浮点协处理器，带内在保护单元 MPU；ARM1176JZ(F)-S 带针对 CPU 和系统安全架构扩展的 TrustZone 技术。

ARM11 系列微处理器的特点是：

- 增强的 Thumb、Jazelle、DSP 扩展技术；
- 带片上和系统安全 TrustZone 技术支持；
- 在 0.13μm 工艺下最高性能可达到 550MHz；
- MPCore 在 0.13μm 工艺下最高性能可达到 740MIPS（Dhrystone 2.1 测试标准）；
- 支持多媒体指令 SIMD；
- 采用三种电源模式：全速/待命/休眠；

- 集成 DMA 的 TCM；
- 低功耗、高性能。

（5）SecurCore 系列

SecurCore 系列微处理器核包括：SC100 是第一个 32 位安全处理器；SC110 在 SC100 基础上增加了密钥协处理器；SC200 为带 Jazelle 技术的高级安全处理器；SC210 在 SC200 基础上增加了密钥协处理器。

SecurCore 系列微处理器的特点是：

- SecurCore 是专门为智能卡、安全 IC 提供的 32 位安全处理器，为电子商务、银行、网络、移动多媒体、公共交通提供安全解决方案；
- 具有灵活的保护单元，以确保操作系统和应用数据的安全；
- 采用软内核技术，防止外部对其进行扫描探测；
- 可集成用户自己的安全特性和其他协处理器。

（6）Cortex 系列

Cortex 系列微处理器核包括：Cortex-A 是面向应用的微处理器，针对复杂操作系统和应用程序设计；Cortex-R 是针对实时系统的嵌入式处理器；Cortex-M 是针对成本敏感应用优化的深度嵌入式处理器。

Cortex 系列微处理器的特点是：

- 该系列于 2004 年发布，提供增强的媒体和数字处理能力；
- 支持 ARM、Thumb、Thumb-2 指令集；
- Thumb-2 指令集提供了更高的代码存储密度，进一步降低成本。

（7）Intel 系列

Intel 系列微处理器核包括：StrongARM 属于 ARMv4 体系结构；XScale 属于 ARMv5TE 体系，增加了 MMX 指令。

Intel 系列微处理器的特点是：

- StrongARM 主要应用于手持设备和 PDA，5 级流水线，具有独立的数据和指令 Cache，不支持 Thumb 指令集，目前已停产；
- XScale 是目前 Intel 公司主推的高性能嵌入式处理器，分通用处理器、网络处理器和 I/O 处理器 3 类。其中，通用处理器有 PXA25x、PXA26x、PXA27x 3 个系列，被广泛应用于智能手机、PDA 领域。

ARM 微处理器核与体系结构版本的对应关系如表 3-1 所示。

表 3-1　　　　　　　　　　　ARM 微处理器核与体系结构版本的对应关系

版本	版本变种	系列号	微处理器核
v4	v4T	ARM7	ARM7TDMI、ARM720T
	v4	ARM8	StrongARM、ARM8、ARM810
	v4T	ARM9	ARM9TDMI、ARM920T、ARM940T
v5	v5TE		ARM926EJ-S
		ARM10	ARM10TDMI、ARM1020E
v6	v6	ARM11	ARM11、ARM11562-S、ARM1156T2F-S、ARM11JZF-S
v7	v7	ARM Cotex	ARM Cortex-A8、ARM Cortex-R4、ARM Cortex-M3

3.1.3 ARM 体系的变种

我们将在 ARM 体系中增加的某些特定功能称为 ARM 体系的某种变种（variant），下面介绍 ARM 体系的一些变种形式。

（1）Thumb 指令集（T 变种）

Thumb 指令集是将 ARM 指令集的一个子集重新编码而形成的一个指令集。ARM 指令长度为 32 位，Thumb 指令长度为 16 位。这样，使用 Thumb 指令集可以得到密度更高的代码，这对那些需要严格控制产品成本的设计非常有意义。但是，与 ARM 指令集相比，Thumb 指令集具有一定的局限性，即完成相同的操作，Thumb 指令集通常需要更多的指令。因此，在对系统运行时间要求苛刻的应用场合，ARM 指令集更为适合。Thumb 指令集没有包含进行异常处理时需要的一些指令，所以在异常中断的低级处理时，还是需要使用 ARM 指令。这些限制决定了 Thumb 指令需要和 ARM 指令配合使用。

（2）长乘法指令（M 变种）

M 变种增加了两条用于进行长乘法操作的 ARM 指令：其中一条指令用于实现 32 位整数乘以 32 位整数生成 64 位整数的长乘法操作；另一条指令用于实现 32 位整数乘以 32 位整数，然后再加上 32 位整数，生成 64 位整数的长乘加操作。在需要这种长乘法的应用场合，使用 M 变种比较合适。然而，在有些应用场合中，乘法操作的性能并不重要，如在系统实现时就不适合增加 M 变种的功能。

（3）增强型 DSP 指令（E 变种）

E 变种包含了可附加在 ARM 中的 DSP 指令，这些指令用于增强处理器对一些典型 DSP 算法的处理性能。E 变种在 v5 版本中第一次推出。DSP 扩展广泛应用于智能手机以及需要大量信号处理的类似嵌入式系统，从而避免使用其他硬件加速器。DSP 扩展经过优化，适用于众多软件应用（包括伺服马达控制、Voice over IP（VOIP）和视频/音频编解码器等）。

E 变种的特点：

- 单周期 16×16 和 32×16 MAC 实现；
- 与基于 ARM7 处理器的 CPU 产品相比，DSP 性能提高了 2~3 倍；
- 零开销饱和扩展支持；
- 用于加载和存储寄存器对的新指令，包含增强的寻址模式；
- 新的 CLZ 指令改进了算术运算标准化，提高了除法性能；
- 在 ARMv5TE、ARMv6 和 ARMv7 体系结构中完全受支持。

（4）Java 加速器 Jazelle（J 变种）

ARM 的 Jazelle 技术将 Java 的优势和先进的 32 位 RISC 芯片完美地结合在一起。Jazelle 技术提供了 Java 加速功能，可以得到比普通基于软件的 Java 虚拟机高得多的性能。与非 Java 加速核相比，Jazelle 使 Java 代码运行速度提高了 8 倍，而功耗降低了 80%。

Jazelle 技术使得程序员可以在一个单独的处理器上同时运行 Java 应用程序、已经建立好的操作系统、中间件以及其他应用程序。与使用协处理器和双处理器相比，使用单独的处理器可以在提供高性能的同时保证低功耗和低成本。

（5）ARM 媒体功能扩展（SIMD 变种）

ARM 媒体功能扩展为嵌入式应用系统提供了高性能的音频/视频处理技术。新一代的 Internet 应用系统、移动电话和 PDA 等设备需要提供高性能的流式媒体，包括音频和视频等，而且这些设备还需要提供更加人性化的界面，包括语音识别和手写输入识别等。这就要求处理器能够提供很强的数字信号处理能力，同时还必须保持低功耗，以延长电池的使用时间。

SIMD 变种的主要特点是：可以同时进行两个 16 位操作数或者 4 个 8 位操作数的运算；提供了小数算术运算，用户可以定义饱和运算的模式；两套 16 位操作数的乘加/乘减运算，32 位乘以 32 位的小数 MAC，同时 8 位/16 位选择操作。

SIMD 变种主要应用领域包括 Inter 设备、流媒体、MPEG4 和 H264 编/解码、语音和手写识别、FFT 处理、复杂的算术运算和 Viterbi 处理。这些扩展将性能提高了将近 75%或更多。

3.1.4　ARM 的命名规则

ARM 产品通常以 ARM[x][y][z][T][D][M][I][E][J][F][-S]形式出现。表 3-2 所示为 ARM 的命令规则中这些后缀的具体含义。

另外，还有一些附加的要点如下。

● ARM7TDMI 之后的所有 ARM 内核，即使"ARM"标志后没有包含"TDMI"字符，也都默认包含了 TDMI 的功能特性。

● JTAG 是由 IEEE 1149.1 标准测试访问端口和边界扫描结构来描述的，它是 ARM 用来发送和接收处理器内核与测试仪器之间调试信息的一系列协议。

● 嵌入式 ICE 宏单元是建立在处理器内部用来设置断点和观察点的调试硬件。

● 可综合意味着处理器内核是以源代码形式提供的，这种源代码形式可被编译成一种易于 EDA 工具使用的形式。

表 3-2　　　　　　　　　　　　　　ARM 的命令规则中的后缀及含义

后 缀 变 量	含　　义	后 缀 变 量	含　　义
x	系统，如 ARM7、ARM9	I	嵌入式跟踪宏单元
y	存储管理/保护单元	E	增强型 DSP 指令（E 变种）
z	Cache	J	Java 加速器 Jazelle（J 变种）
T	Thumb16 位译码器（T 变种）	F	向量浮点单元
D	JTAG 调试器	S	可综合版本
M	长乘法指令（M 变种）		

例如，ARM920T 处理器系列，其中处理器核为 ARM9TDMI。

3.2　ARM 体系结构

3.2.1　ARM 微处理器结构

通常处理器的体系结构主要定义指令集（ISA）和基于这一体系结构下处理器的程序员模型。尽管每个处理器性能不同，所面向的应用不同，但是每个处理器的实现都要遵循这一体系结构。ARM 体系结构为嵌入系统发展商提供很高的系统性能，同时保持了优异的功耗和面积效率。

1. RISC 设计思想

ARM 体系结构总的设计思路是在不牺牲性能的同时尽可能简化处理器，同时，从体系结构的层面上支持灵活的处理器扩展。这种简化和开放的思路使 ARM 处理器采用了很简单的结构——**精简指令集计算机**（Reduced Instruction Set Computer，RISC）结构来实现。

传统的复杂指令集计算机（Complex Instruction Set Computer，CISC）结构有其固有的缺点，即随着计算机技术的发展而

图3-2　CISC 与 RISC 的不同

不断引入新的复杂的指令集，而为支持这些新增的指令，计算机的体系结构会越来越复杂。然而，在 CISC 指令集的各种指令中，其使用频率却相差悬殊，大约有 20%的指令会被反复使用，占整个程序代码的 80%，而余下的 80%的指令却不经常使用，在程序设计中只占 20%。显然，这种结构是不太合理的。

基于以上的不合理性，1979 年美国加州大学伯克利分校提出了 RISC 的概念。

RISC 并非只是简单地去减少指令。RISC 是一种设计思想，其目标是设计出一套能在高时钟频率下单周期执行、简单而有效的指令集。RISC 的设计重点在于降低由硬件执行的指令的复杂度，因为软件比硬件容易提供更大的灵活性和更高的智能。所以，RICS 设计对编译器有更高的要求。相反，传统的 CISC 则更侧重于硬件执行指令的功能性，使 CISC 指令变得更复杂。图 3-2 比较了两者的不同。

RISC 设计思想主要由下面 4 个设计准则来实现。

● 指令集

RISC 处理器减少了指令种类。RISC 的指令种类只提供简单的操作，使其一个周期就可以执行一条指令。编译器或者程序员通过几条简单指令的组合来实现一个复杂的操作（如除法操作）。RISC 采用定长指令集，每条指令的长度都是固定的，允许流水线在当前指令译码阶段去取其下一条指令。而在 CISC 处理器中，指令长度通常不固定，执行也需要多个周期。

● 流水线

指令的处理过程被拆分成几个更小的、能够被流水线并行执行的单元。在理想情况下，流水线每周期前进一步，可获得最高的吞吐率。而 CISC 指令的执行需要调用微代码的一个微程序。

● 寄存器

RISC 处理器拥有更多的通用寄存器，每个寄存器都可存放数据或地址。寄存器可为所有的数据操作提供快速的局部存储访问。而 CISC 处理器都是用于特定目的的专用寄存器。

● Load/Store 结构

处理器只处理寄存器中的数据。独立的 Load 和 Store 指令用来完成数据在寄存器和外部存储器之间的传送，因为访问存储器很耗时，所以把存储器访问和数据处理分开。这样做有一个好处，就是可反复地使用保存在寄存器中的数据而避免多次访问存储器，从而达到提高程序执行性能的目的。

这些设计准则使得 RISC 结构的处理器更为简单，因此，内核能够工作在更高的时钟频率。相反，传统的 CISC 处理器因为结构更为复杂，只能工作在较低的时钟频率。当然，和 CISC 架构相比较，尽管 RISC 架构有上述的优点，但绝不能认为 RISC 架构就可以取代 CISC 架构。

表 3-3 总结了 RISC 和 CISC 之间的主要区别。

表 3-3	RISC 和 CISC 之间的主要区别	
指　标	RISC	CISC
指令集	一个周期执行一条指令，通过简单指令的组合实现复杂操作；指令长度固定	指令长度不固定，执行需要多个周期
流水线	流水线每周期前进一步	指令的执行需要调用微代码的一个微程序
寄存器	更多通用寄存器	用于特定目的的专用寄存器
Load/Store 结构	独立的 Load 和 Store 指令完成数据在寄存器和外部存储器之间的传输	处理器能够直接处理存储器中的数据

事实上，RISC 和 CISC 各有优势，而且界限并不那么明显。经过 20 多年的发展，CISC 处理器也引入了许多 RISC 的设计思想，RISC 和 CISC 之间的界线已经变得越来越模糊了。现代的 CPU往往采用 CISC 的外围，内部加入了 RISC 的特性，如超长指令集 CPU 就是融合了 RISC 和 CISC的优势，成为未来的 CPU 发展方向之一。

2. ARM 设计思想

ARM 指令集属于 RISC 指令集，但 ARM 内核并不是一个纯粹的 RISC 体系结构，这是为了使它能够更好地适应其主要应用领域——嵌入式系统。在某种意义上，人们甚至可以认为 ARM内核的成功正是因为它没有在 RISC 概念上沉入太深。现代系统的关键并不在于单纯的处理器速度，而在于有效的系统性能和功耗。为了使 ARM 指令集能够更好地满足嵌入式应用的需要，ARM指令集和单纯的 RISC 定义有以下几个方面的不同。

- **一些特定的指令周期数可变**。并不是所有的 ARM 指令都是单周期的。例如，多寄存器装载/存储的 Load/Store 指令的执行周期就是不确定的，必须根据被传送的寄存器个数来定。如果是访问连续的存储器地址，就可以改善性能，因为连续的内存访问通常比随机访问要快。同时，代码密度也得到了提高，因为在函数的起始和结尾，多个寄存器的传输是很常用的操作。

- **内嵌桶形移位器产生了更为复杂的指令**。内嵌桶形移位器是一个硬件部件，在一个输入寄存器被一条指令使用之前，内嵌桶形移位器可以处理该寄存器中的数据。它扩展了许多指令的功能，以此改善了内核性能，提高了代码密度。

- **Thumb 16 位指令集**。ARM 内核增加了一套称为 Thumb 指令的 16 位指令集，使得内核既能够执行 16 位指令，也能够执行 32 位指令，从而增强了 ARM 内核的功能。16 位指令与 32位的定长指令相比较，代码密度可以提高约 30%。

- **条件执行**。只有当某个特定条件满足时指令才会被执行，这个特性可以减少分支指令的数目，从而改善性能，提高代码密度。

- **增强指令**。如添加了强大的数字信号处理器（DSP）指令，以支持 16×16 位乘法操作及饱和操作。

ARM 的设计思想是非常精巧的，在最大限度地简化了处理器内部的组件后，再对现有的硬件进行最大程度的利用。实际上，ARM 体系结构的简化设计思想不仅体现在指令集的设计上，在其体系结构的其他方面（如内存管理、中断异常处理的模式）也体现了出来。这些增强的特性使得 ARM 处理器成为当今最通用的 32 位嵌入式处理器内核之一。

ARM 体系结构是 CPU 产品所使用的一种体系结构。ARM 公司开发了一套拥有知识产权的RISC 体系结构的指令集，每个 ARM 处理器都有一个特定的指令集架构，而一个特定的指令集架构又可以由多种处理器实现。

特定的指令集架构随着嵌入式市场的发展而发展。由于所有产品均采用一个通用的软件体系，因而相同的软件可在所有产品中运行（理论上如此）。

3.2.2 ARM 流水线

流水线技术通过多个功能部件并行工作来缩短程序执行时间，提高处理器的效率和吞吐率。ARM7 是冯·诺依曼结构，采用了典型的 3 级流水线；ARM9 是哈佛结构，采用 5 级流水线技术；ARM11 则使用了 8 级流水线。通过增加流水线级数，可简化流水线的各级逻辑，进一步提高处理器的性能。

图 3-3　ARM7 单周期指令最佳流水线

在 ARM7 中，执行单元完成了大量的工作，包括与操作数相关的寄存器和存储器的读写操作、ALU 操作和相关器件之间的数据传输，因此占用了多个时钟周期。三级流水线的最佳运行如图 3-3 所示。

ARM9 增加了两个功能部件，分别访问存储器并写回结果，同时，ARM9 将读寄存器的操作转移到译码部件上，使得流水线各部件的功能更平衡。ARM9 处理能力平均可达到高 1.1Dhrystone，指令吞吐量增加了约 13%。五级流水线的最佳运行如图 3-4 所示。

指令					
MOV R0,R1	取指	译码	执行		回写
LOD R3,[R4]		取指	译码	执行	访存	回写
STR R9,[R13]			取指	译码	执行	访存	回写
MOV R6,R7				取指	译码	执行		回写
时钟周期				T_1	T_2	T_3	T_4

图 3-4　ARM9 的五级最佳流水线

随着流水线深度（级数）的增加，每一段的工作量被削减了，这使得处理器可以工作在更高的频率，同时改进了性能。负面作用是增加了系统的延时，即内核在执行一条指令前，需要更多的周期来填充流水线。流水线级数的增加也意味着在某些段之间会产生数据相关。五级流水线的缺点是存在一种互锁，即寄存器冲突。读寄存器是在译码阶段，写寄存器是在回写阶段。如果当前指令（A）的目的操作数寄存器和下一条指令（B）的源操作数寄存器一致，B 指令就需要等 A 回写之后才能译码。这就是五级流水线中的寄存器冲突。

ARM11 处理器的流水线和以前的 ARM 内核不同，它由 8 级流水线组成，比以前的 ARM 内核提高了至少 40% 的吞吐量。8 级流水线可以使 8 条指令同时被执行。

从通常的角度说，过长的流水线往往会削弱指令的执行效率。一方面，如果随后的指令需要用到前面指令的执行结果作为输入，它就需要等到前面的指令已执行完。ARM11 处理器通过 forwarding 来避免这种流水线中的数据冲突，它可以让指令执行的结果快速进入后面指令的流水线中。另一方面，如果指令执行的正常顺序被打断（如出现跳转指令），普通流水线处理器往往要付出更大的代价，ARM11 通过实现跳转预测技术来保持最佳的流水线效率。这些特殊技术的使用，使 ARM11 处理器优化到更高的流水线吞吐量的同时，还能保持和 5 级流水线一样的有效性。

ARM 系列微处理器流水线比较如图 3-5 所示。

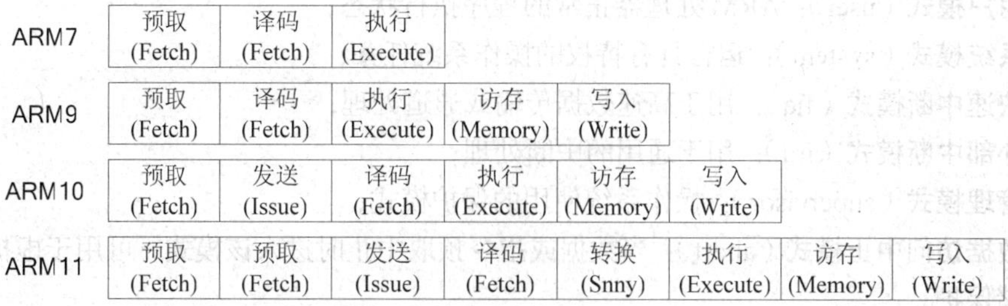

ARM7	预取 (Fetch)	译码 (Fetch)	执行 (Execute)				
ARM9	预取 (Fetch)	译码 (Fetch)	执行 (Execute)	访存 (Memory)	写入 (Write)		
ARM10	预取 (Fetch)	发送 (Issue)	译码 (Fetch)	执行 (Execute)	访存 (Memory)	写入 (Write)	
ARM11	预取 (Fetch)	预取 (Fetch)	发送 (Issue)	译码 (Fetch)	转换 (Snny)	执行 (Execute)	访存 (Memory)	写入 (Write)

图 3-5　ARM 系列流水线的比较

ARM 系列微处理器性能比较如表 3-4 所示。

表 3-4　　　　　　　　　　ARM 系列微处理器性能比较

项目	ARM7	ARM9	ARM10	ARM11
流水线	3	5	6	8
典型频率（MHz）	80	150	260	335
功耗（mW/MHz）	0.06	0.19（+cache）	0.5（+cache）	0.4（+cache）
性能 MIPS**/MHz	0.97	1.1	1.3	1.2
架构	冯·诺依曼	哈佛	哈佛	哈佛
乘法器	8×32	8×32	16×32	16×32

3.2.3　工作状态和运行模式

1. ARM 微处理器的工作状态

从编程的角度看，ARM 微处理器的工作状态一般有两种，并可在两种状态之间切换：

- 第一种为 **ARM 状态**，此时处理器执行 32 位的字对齐的 ARM 指令；
- 第二种为 **Thumb 状态**，此时处理器执行 16 位的半字对齐的 Thumb 指令。

当 ARM 微处理器执行 32 位的 ARM 指令集时，工作在 ARM 状态；当 ARM 微处理器执行 16 位的 Thumb 指令集时，工作在 Thumb 状态。在程序的执行过程中，微处理器可以随时在两种工作状态之间切换，并且，处理器工作状态的转变并不影响处理器的工作模式和相应寄存器中的内容。

ARM 指令集和 Thumb 指令集均有切换处理器状态的指令，并可在两种工作状态之间切换，但 ARM 微处理器在开始执行代码时应该处于 ARM 状态。

进入 ARM 状态：当操作数寄存器的状态位（位 0）为 0 时，执行 BX 指令时可以使微处理器从 Thumb 状态切换到 ARM 状态。此外，在处理器进行异常处理时，把 PC 指针放入异常模式链接寄存器中，并从异常向量地址开始执行程序，也可以使处理器切换到 ARM 状态。

进入 Thumb 状态：当操作数寄存器的状态位（位 0）为 1 时，可以采用执行 BX 指令的方法，使微处理器从 ARM 状态切换到 Thumb 状态。此外，当处理器处于 Thumb 状态时发生异常（如 IRQ、FIQ、Undef、Abort、SWI 等），则异常处理返回时自动切换到 Thumb 状态。

2. ARM 微处理器的运行模式

ARM 微处理器支持 7 种运行模式，分别为：

- **用户模式**（user）：ARM 处理器正常的程序执行状态；
- **系统模式**（system）：运行具有特权的操作系统任务；
- **快速中断模式**（fiq）：用于高速数据传输或通道处理；
- **外部中断模式**（irq）：用于通用的中断处理；
- **管理模式**（supervisor）：操作系统使用的保护模式；
- **数据访问中止模式**（abort）：当数据或指令预取中止时进入该模式，可用于虚拟存储及存储保护；
- **未定义指令中止模式**（undefined）：当未定义的指令执行时进入该模式，可用于支持硬件协处理器的软件仿真。

ARM 微处理器的运行模式可以通过软件改变，也可以通过外部中断或异常处理改变。

大多数的应用程序运行在用户模式下，当处理器运行在用户模式下时，某些被保护的系统资源是不能被访问的。

除用户模式以外，其余的所有 6 种模式称为**非用户模式或特权模式**（Privileged Mode）。而除去用户模式和系统模式以外的 5 种又称为**异常模式**（Exception Mode），常用于处理中断或异常，以及需要访问受保护的系统资源等情况。

3.2.4 ARM 微处理器的寄存器组织

ARM 处理器共有 37 个寄存器，均为 32 位，被分为若干个组（BANK），这些寄存器包括：
- 31 个通用寄存器包括程序计数器（PC 指针）；
- 6 个状态寄存器，用以标识 CPU 的工作状态及程序的运行状态。

ARM 微处理器共有 37 个 32 位寄存器，其中 31 个为通用寄存器，6 个为状态寄存器。但是这些寄存器不能被同时访问，具体哪些寄存器是可编程访问的，取决于微处理器的工作状态及具体的处理器运行模式。但在任何时候，通用寄存器 R14～R0、程序计数器（PC）、1 个或 2 个状态寄存器都是可访问的。

1. ARM 状态下的寄存器组织

（1）通用寄存器

通用寄存器包括 R0～R15，可以分为 3 类：
- 未分组寄存器 R0～R7；
- 分组寄存器 R8～R14；
- 程序计数器（PC）R15。

① 未分组寄存器 R0～R7。在所有的运行模式下，未分组寄存器都指向同一个物理寄存器，它们未被系统用作特殊的用途。因此，在中断或异常处理进行运行模式转换时，由于不同的处理器运行模式均使用相同的物理寄存器，可能会造成寄存器中数据的破坏，因此这一点在进行程序设计时应引起注意。

② 分组寄存器 R8～R14。对于分组寄存器，它们每一次所访问的物理寄存器与处理器当前的运行模式有关。

对于 R8～R12 来说，每个寄存器对应两个不同的物理寄存器，当使用 fiq 模式时，访问寄存器 R8_fiq～R12_fiq；当使用除 fiq 模式以外的其他模式时，访问寄存器 R8_usr～R12_usr。

对于 R13、R14 来说，每个寄存器对应 6 个不同的物理寄存器，其中的一个物理寄存器是用户模式与系统模式共用的，另外 5 个物理寄存器对应于其他 5 种不同的运行模式。

采用以下的记号来区分不同的物理寄存器:

> R13_<mode>
>
> R14_<mode>

即 R13_usr、R14_usr、R13_fiq、R14_fiq、R13_irq、R14_irq、R13_svc、R14_svc、R13_abt、R14_abt、R13_und、R14_und。

寄存器 R13 在 ARM 指令中常用作堆栈指针, 但这只是一种习惯用法, 用户也可使用其他的寄存器作为堆栈指针。而在 Thumb 指令集中, 某些指令强制性地要求使用 R13 作为堆栈指针。

由于处理器的每种运行模式均有自己独立的物理寄存器 R13, 在用户应用程序的初始化部分一般都要初始化每种模式下的 R13, 使其指向该运行模式的栈空间。这样, 当程序的运行进入异常模式时, 就可以将需要保护的寄存器放入 R13 所指向的堆栈, 而当程序从异常模式返回时, 则从对应的堆栈中恢复。采用这种方式可以保证异常发生后程序的正常执行。

寄存器 R14 也称作子程序连接寄存器 (Subroutine Link Register) 或连接寄存器 (LR)。当执行 BL 子程序调用指令时, 可以 R14 中得到 R15 (程序计数器 (PC)) 的备份。其他情况下, R14 可用作通用寄存器。与之类似, 当发生中断或异常时, 对应的分组寄存器 R14_svc、R14_irq、R14_fiq、R14_abt 和 R14_und 用来保存 R15 的返回值。

寄存器 R14 常用在下述情况: 在每一种运行模式下, 都可用 R14 保存子程序的返回地址。当用 BL 或 BLX 指令调用子程序时, 将程序计数器 (PC) 的当前值复制给 R14, 执行完子程序后, 又将 R14 的值复制回程序计数器 (PC), 即可完成子程序的调用返回。以上的描述可用以下指令完成:

■　执行以下任意一条指令:

> MOV　PC,LR
>
> BX　　LR

■　在子程序入口处使用以下指令将 R14 存入堆栈:

> STMFD　SP! ,{<Regs>,LR}

对应的, 使用以下指令可以完成子程序返回:

> LDMFD　SP! ,{<Regs>,PC}

R14 也可作为通用寄存器。

③ 程序计数器 (PC) R15。寄存器 **R15** 用作程序计数器。在 ARM 状态下, 位[1:0]为 0, 位[31:2]用于保存 PC; 在 Thumb 状态下, 位[0]为 0, 位[31:1]用于保存 PC。虽然 R15 可以用作通用寄存器, 但是有一些指令在使用 R15 时有一些特殊限制, 若不注意, 执行的结果将是不可预料的。在 ARM 状态下, PC 的 0 和 1 位是 0; 在 Thumb 状态下, PC 的 0 位是 0。

由于 ARM 体系结构采用了多级流水线技术, 因而对于 ARM 指令集而言, PC 总是指向当前指令的下两条指令的地址, 即 PC 的值为当前指令的地址值加 8 个字节。

在 ARM 状态下, 任意时刻可以访问以上所讨论的 16 个通用寄存器和 1~2 个状态寄存器。在异常模式下, 则可访问特定模式分组寄存器。表 3-5 列出了 ARM 状态各模式下的寄存器, 并说明了在每一种运行模式下, 哪一些寄存器是可以访问的。

表3-5   ARM状态各模式下的寄存器组织

寄存器类别	寄存器在汇编中的名称	各模式下实际访问的寄存器						
		用户	系统	管理	中止	未定义	中断	快中断
通用寄存器	R0(a1)	R0						
	R1(a2)	R1						
	R2(a3)	R2						
	R3(a4)	R3						
	R4(v1)	R4						
	R5(v2)	R5						
	R6(v3)	R6						
	R7(v4)	R7						
	R8(v5)	R8						R8_fiq*
	R9(SB,v6)	R9						R9_fiq*
	R10(SL,v7)	R10						R10_fiq*
	R11(FP,v8)	R11						R11_fiq*
	R12(IP)	R12						R12_fiq*
	R13(SP)	R13		R13_svc*	R13_abt*	R13_und*	R13_irq*	R13_fiq*
	R14(LR)	R14		R14_svc*	R14_abt*	R14_und*	R14_irq*	R14_fiq*
	R15(PC)	R15						
状态寄存器	R16(CPSR)	CPSR						
	SPSR	无		SPSR_svc	SPSR_abt	SPSR_und	SPSR_irq	SPSR_fiq

注：* 表示分组寄存器

（2）状态寄存器

状态寄存器包括当前程序状态寄存器（CPSR）和5个程序状态寄存器（SPSR_svc、SPSR_abt、SPSR_irq、SPSR_und、SPSR_fig）。

寄存器R16用作当前程序状态寄存器（Current Program Status Register，CPSR）。CPSR可在任何运行模式下被访问，它包含条件码标志位、中断禁止位、当前处理器模式标志位以及其他一些相关的控制和状态位。

每一种异常模式下又都有一个专用的物理状态寄存器，称为备份的程序状态寄存器（Saved Program Status Register，SPSR）。当特定的异常发生时，SPSR用于保存CPSR的当前值，而当异常中断程序退出时，可以用SPSR中保存的值来恢复CPSR。

CPSR格式与SPSR格式相同，它们每一位的安排如图3-6所示。

① 条件码标志位。N（Negative）、Z（Zero）、C（Carry）、V（Overflow）均为**条件码标志位**（Condition Code Flags）。它们的内容可被算术或逻辑运算的结果所改变，并且可以决定某条指令是否被执行。

在ARM状态下，绝大多数的指令都是有条件执行的。

在Thumb状态下，仅有分支指令是有条件执行的。

条件码标志位各位的具体含义如表3-6所示。

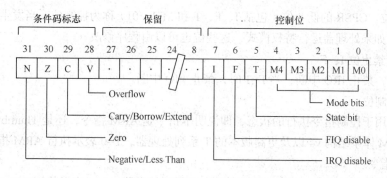

图 3-6　程序状态寄存器格式

表 3-6　　　　　　　　　　　　　　　　　　　条件码标志的具体含义

标　志　位	含　　　　义
N	当用两个补码表示的带符号数进行运算时，N=1 表示运算的结果为负数；N=0 表示运算的结果为正数或零
Z	Z=1 表示运算的结果为零；Z=0 表示运算的结果为非零
C	可以有 4 种方法设置 C 的值。 ① 加法运算（包括比较指令 CMN）：当运算结果产生了进位时（无符号数溢出），C=1，否则 C=0。 ② 减法运算（包括比较指令 CMP）：当运算时产生了借位（无符号数溢出），C=0，否则 C=1。 ③ 对于包含移位操作的非加/减运算指令，C 为移出值的最后一位。 ④ 对于其他的非加/减运算指令，C 的值通常不改变
V	可以有两种方法设置 V 的值： ① 对于加/减法运算指令，当操作数和运算结果为二进制的补码表示的带符号数时，V=1 表示符号位溢出。 ② 对于其他的非加/减运算指令，V 的值通常不改变

以下指令会影响 CPSR 中的条件码标志位：

● 比较指令，如 CMP、CMN、TEQ 及 TST 等；

● 当一些算术运算指令和逻辑指令的目标寄存器不是 R15 时，这些指令会影响 CPSR 中的条件码标志位；

● MSR 指令可以通过通用寄存器向 CPSR/SPSR 中写入新值；

● MRC 指令将 R15 作为目标寄存器时，可以把协处理器产生的条件标志位的值传送到 ARM 处理器；

● 一些 LDM 指令的变种指令可以将 SPSR 的值复制到 CPSR 中，这种操作主要用于从异常中断程序中返回；

● 一些带"位设置"的算术和逻辑指令的变种指令也可以将 SPSR 的值复制到 CPSR 中，这种操作主要用于从异常中断程序中返回。

在 ARM v5 的 E 系列处理器中，CRSR 的 bit[27]称为 Q 标志位，主要用于指示增强的 DSP 指令是否发生了溢出。同样，SPSR 中的 bit[27]也称为 Q 标志位，用于在异常中断发生时保存和恢复 CPSR 中的 Q 标志位。

在 ARM v5 以前的版本及 ARM v5 的非 E 系列的处理器中，Q 标志位没有被定义。

② 控制位。CPSR 的低 8 位（包括 I、F、T 和 M[4：0]）称为控制位，当发生异常时这些位可以被改变。如果处理器运行特权模式，这些位也可以由程序修改。

■ 中断禁止位 I、F

当 I=1 时，禁止 IRQ 中断；当 F=1 时，禁止 FIQ 中断。

■ T 控制位

T 控制位用于控制指令执行的状态，即说明本指令是 ARM 指令，还是 Thumb 指令。

对于 ARM 体系结构 v4 以及更高版本的 T 系列处理器，T=0 表示执行 ARM 指令；T=1 表示执行 Thumb 指令。

对于 ARM 体系结构 v5 以及更高版本的非 T 系列处理器，T=0 表示执行 ARM 指令；T=1 表示强制下一条执行的指令产生未定义指令中断。

■ 运行模式控制位 M[4：0]

M0、M1、M2、M3、M4 是模式位，这些位决定了处理器的运行模式，具体含义如表 3-7 所示。

表 3-7 运行模式位 M[4：0]的具体含义

M[4：0]	处理器模式	可访问的寄存器
10000	User	PC、CPSR、R14～R0
10001	FIQ	PC、CPSR、SPSR_fiq、R14_fiq～R8_fiq、R7～R0
10010	IRQ	PC、CPSR、SPSR_irq、R14_irq、R13_irq、R12～R0
10011	Supervisor	PC、CPSR、SPSR_svc、R14_svc、R13_svc、R12～R0
10111	Abort	PC、CPSR、SPSR_abt、R14_abt、R13_abt、R12～R0
11011	Undefined	PC、CPSR、SPSR_und、R14_und、R13_und、R12～R0
11111	System	PC、CPSR（ARM v4 及以上版本）、R14～R0

由表 3-7 可知，并不是所有的运行模式位的组合都是有效的。由于用户模式和系统模式不是异常中断模式，因而它们没有 SPSR。当在用户模式或系统模式中访问 SPSR 时，将会产生不可预知的结果。

③ 保留位。状态寄存器（PSR）中的其余位为保留位。当改变 PSR 中的条件码标志位或者控制位时，保留位不要被改变，同时在程序中也不要使用保留位来存储数据。保留位主要用于 ARM 版本的扩展。

2. Thumb 状态下的寄存器组织

Thumb 状态下的寄存器集是 ARM 状态下寄存器集的一个子集，程序可以直接访问 8 个通用寄存器（R7～R0）、程序计数器（PC）、堆栈指针（SP）、连接寄存器（LR）和 CPSR。同时，在每一种特权模式下都有一组 SP、LR 和 SPSR。图 3-7 所示为 Thumb 状态下的寄存器组织。

3. ARM 状态与 Thumb 状态寄存器的关系

在 ARM 工作状态和 Thumb 工作状态下，其寄存器组织的对应关系如图 3-8 所示。

- Thumb 状态下和 ARM 状态下的 R0～R7 是相同的；
- Thumb 状态下的 SP 对应于 ARM 状态下的 R13；
- Thumb 状态下的 LR 对应于 ARM 状态下的 R14；
- Thumb 状态下的程序计数器对应于 ARM 状态下 R15；
- Thumb 状态下和 ARM 状态下的 CPSR 和所有的 SPSR 是相同的。

User	System	Supervisor	Abort	IRQ	FIQ	Undefined
			R0			
			R1			
			R2			
			R3			
			R4			
			R5			
			R6			
			R7			
R13(SP)	R13_svc	R13_abt	R13_irq	R13_fiq	R13_und	
R14(LR)	R14_svc	R14_abt	R14_irq	R14_fiq	R14_und	
			R15(PC)			
			CPSR			
	SPSR_svc	SPSR_abt	SPSR_irq	SPSR_fiq	SPSR_und	

◣ 分组寄存器

图 3-7　Thumb 状态下的寄存器组织

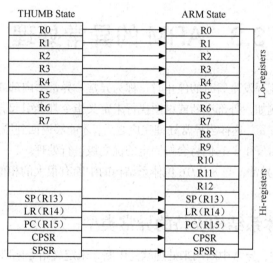

图 3-8　Thumb 状态下的寄存器组织与 ARM 状态下的寄存器组织的关系

4. 访问 Thumb 状态下的高位寄存器

在 Thumb 状态下，高位寄存器 R8～R15 并不是标准寄存器集的一部分，但可使用汇编语言程序受限制地访问这些寄存器，将其用作快速的暂存器。使用带特殊变量的 MOV 指令，数据可以在低位寄存器和高位寄存器之间进行传送。高位寄存器的值可以使用 CMP 和 ADD 指令进行比较或加上低位寄存器中的值。

3.2.5　ARM 微处理器的存储器格式

ARM 体系结构将存储器看作是从 0 地址开始的字节的线性组合。32 位 ARM 体系结构所支持的最大寻址空间为 4GB（2^{32} 字节），这些字节的单元地址是一个无符号的 32 位数值，其取值范围为 $0 \sim 2^{32}-1$。

当程序正常执行时，每执行一条 ARM 指令，当前指令计数器加 4 字节；每执行一条 Thumb 指令，当前指令计数器加两字节。

ARM 体系结构可以用两种方法存储字数据，分别为**大端格式**（big-endian）和**小端格式**（little-endian），具体说明如下。

1. 大端格式

在这种格式中，字数据的高字节存储在低地址中，而字数据的低字节存放在高地址中，如图 3-9 所示。

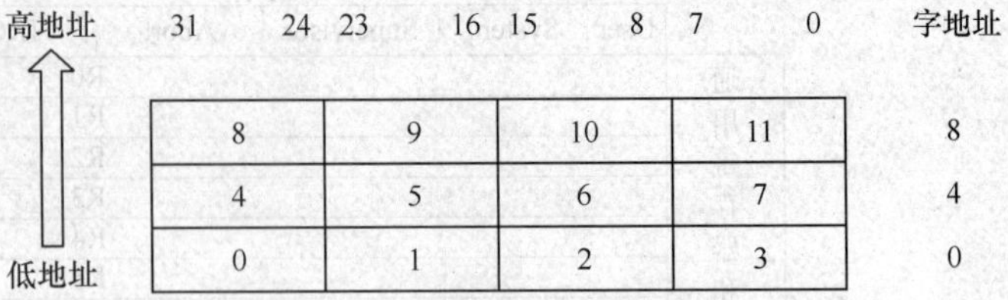

2. 小端格式

与大端存储格式相反，在小端存储格式中，低地址中存放的是字数据的低字节，高地址存放的是字数据的高字节，如图 3-10 所示。

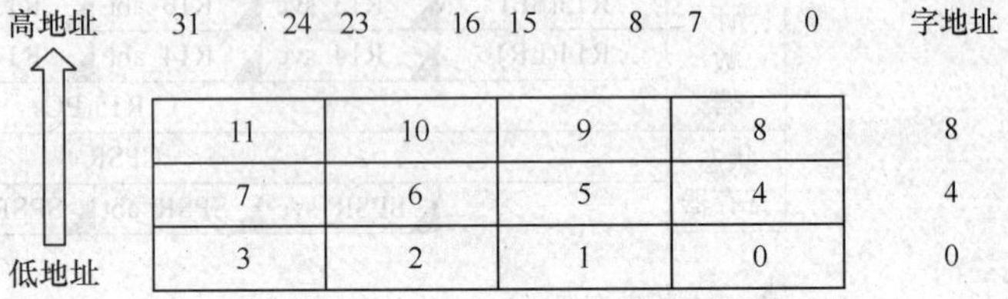

图 3-9　以大端格式存储字数据

图 3-10　以小端格式存储字数据

3.3　ARM 的异常处理

当正常的程序执行流程发生暂时的停止时，称为异常。异常由内部或外部中断源产生并引起处理器处理一个事件，例如，外部中断或试图执行未定义指令都会引起异常。在处理异常之前，当前处理器的状态必须保留，这样当异常处理完成之后，才能够返回到原来的程序状态继续执行。处理器允许多个异常同时发生，它们将会按固定的优先级进行处理。

ARM 体系结构中的异常，与 8 位/16 位体系结构的中断有很大的相似之处，但异常与中断的概念并不完全等同。

3.3.1　ARM 体系结构支持的异常类型

在 ARM 体系结构中，异常中断用来处理软件中断、未定义指令陷阱（它不是真正的"意外"事件）、系统复位功能（它在逻辑上发生在程序执行前而不是程序执行中，尽管处理器在运行中可能再次复位）和外部事件。这些"不正常"事件都被划归"异常"，因为在处理器的控制机制中，它们都使用同样的流程进行异常处理。

ARM 异常按引起异常事件的不同可分为以下 3 类。

■　**指令执行引起的直接异常**

软件中断、未定义指令（包括所要求的协处理器不存在时的协处理器指令）和指令预取中止（因为取指过程中的存储器故障而导致的无效指令）属于这一类。

■　**指令执行引起的间接异常**

数据中止（在读取和存储数据时出现的存储器故障）属于这一类。

■　**外部产生的与指令流无关的异常**

复位、IRQ 和 FIQ 属于这一类。

ARM 体系结构所支持的异常类型及处理这些异常的微处理器模式如表 3-8 所示。异常出现后，从异常类型对应的异常向量（Exception Vectors）位置开始执行程序。

当多个异常同时发生时，系统根据固定的优先级决定异常的处理次序。复位是优先级最高的异常，这是因为复位从确定的状态启动微处理器，使得所有其他未解决的异常都没有关系了。

最复杂的异常是指 FIQ、IRQ 和第 3 个异常（不是复位）同时发生的情形。FIQ 比 IRQ 的优先级高，会将 IRQ 屏蔽，所以 IRQ 将被忽略，直到 FIQ 处理程序明确地将 IRQ 使能或返回用户代码为止。如果第 3 个异常是数据中止，则因为进入数据中止异常但并未将 FIQ 屏蔽，所以处理器将在进入数据中止处理程序后，立即进入 FIQ 处理程序。数据中止将"记"在返回路径中，当 FIQ 处理程序返回时进行处理。如果第 3 个异常不是数据中止，则立即进入 FIQ 处理程序。当 FIQ 和 IRQ 都完成后，程序返回到产生第 3 个异常的指令，在余下的所有情况下，异常将重现，并做相应的处理。

表 3-8　　　　　　　　　　　　　　ARM 体系支持的异常类型

异　　常	模式	优先级	地　　址	高向量地址
复位（Reset）	管理	1（最高）	0x00000000	0xFFFF0000
数据中止（Data Abort）	中止	2	0x00000010	0xFFFF0010
快速中断请求（FIQ）	FIQ	3	0x0000001C	0xFFFF001C
外部中断请求（IRQ）	IRQ	4	0x00000018	0xFFFF0018
指令预取中止（Prefetch Abort）	中止	5	0x0000000C	0xFFFF000C
未定义指令	未定义	6	0x00000004	0xFFFF0004
软件中断	管理	7（最低）	0x00000008	0xFFFF0008
保留	保留		0x00000014	0xFFFF0014

3.3.2　各类异常的具体描述

1. 未定义指令异常（Undefined Instruction）

当 ARM 处理器遇到不能处理的指令时，会产生**未定义指令异常**。采用这种机制，可以通过软件仿真扩展 ARM 或 Thumb 指令集。在仿真未定义指令后，无论是在 ARM 状态还是 Thumb 状态，处理器执行以下程序返回：

```
MOVS  PC,R14_und
```

以上指令可恢复 PC（从 R14_und）和 CPSR（从 SPSR_und）的值，并返回到未定义指令后的下一条指令。

2. 软件中断异常（Software Interrupt）

执行**软件中断指令**（SWI）时产生的异常，可用于进入管理模式，常用于请求执行特定的管理功能。无论是在 ARM 状态还是 Thumb 状态，软件中断处理程序执行以下指令从 SWI 模式返回：

```
MOV  PC,R14_svc
```

以上指令恢复 PC（从 R14_svc）和 CPSR（从 SPSR_svc）的值，并返回到 SWI 的下一条指令。

3. 中止异常（Abort）

产生中止异常意味着对存储器的访问失败。ARM 微处理器在存储器访问周期内可检查程序是否发生中止异常。

中止异常包括两种类型。

● **指令预取中止**：发生在指令预取时。若处理器预取指令的地址不存在，或该地址不允许当前指令访问，存储器就会向处理器发出中止信号。但只有当预取的指令被执行时，才会产生指令预取中止异常。

● **数据中止**：发生在数据访问时。若处理器数据访问指令的地址不存在，或该地址不允许当前指令访问时，就会产生数据中止异常。

当指令预取访问存储器失败时，存储器系统会向 ARM 处理器发出存储器中止（Abort）信号，预取的指令被记为无效。但只有当处理器试图执行无效指令时，指令预取中止异常才会发生，如果指令未被执行，例如，在指令流水线中发生了跳转，则预取指令中止不会发生。

若数据中止发生，则系统的响应与指令的类型有关。

当确定了中止的原因后，无论是在 ARM 状态还是 Thumb 状态，Abort 处理程序均会执行以下指令从中止模式返回：

```
SUBS  PC,R14_abt,#4          ；指令预取中止
SUBS  PC,R14_abt,#8          ；数据中止
```

以上指令恢复 PC（从 R14_abt）和 CPSR（从 SPSR_abt）的值，并重新执行中止的指令。

4. 快速中断请求异常（Fast Interrupt Request，FIQ）

当处理器的快速中断请求引脚有效，且 CPSR 中的 F 位为 0 时，产生 FIQ 异常。**FIQ 异常**是为了支持数据传输或者通道处理而设计的。在 ARM 状态下，系统有足够的私有寄存器，从而可以避免对寄存器保存的需求，并减小了系统上下文切换的开销。

若将 CPSR 的 F 位置为 1，则会禁止 FIQ 中断；若将 CPSR 的 F 位清零，处理器则会在指令执行时检查 FIQ 的输入。注意：只有在特权模式下才能改变 F 位的状态。

可由外部通过对处理器上的 nFIQ 引脚输入低电平产生 FIQ。不管是在 ARM 状态还是在 Thumb 状态下进入 FIQ 模式，FIQ 处理程序均会执行以下指令从 FIQ 模式返回：

```
SUBS  PC,R14_fiq,#4
```

该指令将寄存器 R14_fiq 的值减去 4 后，复制到程序计数器（PC）中，进而实现从异常处理程序中的返回，同时将 SPSR_mode 寄存器的内容复制到当前程序状态寄存器 CPSR 中。

5. 外部中断请求异常（Interrupt Request，IRQ）

当处理器的外部中断请求引脚有效，且 CPSR 中的 I 位为 0 时，产生 IRQ 异常。系统的外设可通过该异常请求中断服务。**IRQ 异常**属于正常的中断请求，可通过对处理器的 nIRQ 引脚输入低电平产生，IRQ 的优先级低于 FIQ，当程序执行进入 FIQ 异常时，IRQ 可能被屏蔽。

若将 CPSR 的 I 位置为 1，则会禁止 IRQ 中断；若将 CPSR 的 I 位清零，处理器会在指令执行完之前检查 IRQ 的输入。注意只有在特权模式下才能改变 I 位的状态。

不管是在 ARM 状态还是在 Thumb 状态下进入 IRQ 模式，IRQ 处理程序均会执行以下指令从 IRQ 模式返回：

```
SUBS  PC,R14_irq,#4
```

该指令将寄存器 R14_irq 的值减去 4 后，复制到程序计数器（PC）中，从而实现从异常处理程序中的返回，同时将 SPSR_mode 寄存器的内容复制到当前程序状态寄存器 CPSR 中。

6. 复位异常（Reset）

复位异常是指当处理器的复位电平有效时，就会产生复位异常，程序将跳转到复位异常处理程序处执行。

3.3.3 对异常的响应

当一个异常出现以后，除了复位异常立即中止当前指令外，处理器还可尽量完成当前指令，

然后脱离当前的指令去处理异常。ARM 微处理器对异常的响应过程如下。

① 将下一条指令的地址存入相应的连接寄存器（LR），以便程序在处理异常返回时能从正确的位置重新开始执行。

若异常是从 ARM 状态进入，LR 中保存的是下一条指令的地址（当前 PC + 4 或 PC + 8，与异常的类型有关）；若异常是从 Thumb 状态进入，则在 LR 中保存当前 PC 的偏移量，这样，异常处理程序就不需要确定异常是从何种状态进入的。例如，在软件中断异常 SWI 发生时，指令"MOV PC,R14_svc"总是返回到下一条指令，不管 SWI 是在 ARM 状态执行，还是在 Thumb 状态执行。

② 将 CPSR 复制到相应的 SPSR 中。

③ 设置当前状态寄存器 CPSR 中的相应位。

● 设置 CPSR 模式控制位 CPSR[4：0]，使处理器进入相应的执行模式。

● 设置中断标志位（CPSR[6]=1），禁止 IRQ 中断。

● 当进入 Reset 或 FIQ 模式时，还要设置中断标志位（CPSR[7]=1），禁止 FIQ 中断。

④ 给程序计数器（PC）强制赋值，使程序从相应的异常向量地址（见表 4-5）开始执行中断处理程序。一般来说，向量地址处将包含一条指向相应程序的转移指令，从而可跳转到相应的异常处理程序处。

如果异常发生时，处理器处于 Thumb 状态，则当异常向量地址加载入 PC 时，处理器自动切换到 ARM 状态。

ARM 微处理器对异常的响应过程用伪码可以描述为：

```
R14_<Exception_Mode> = Return Link
SPSR_<Exception_Mode> = CPSR
CPSR[4:0] = Exception Mode Number
CPSR[5] = 0                            ;当运行于 ARM 工作状态时
CPSR[6] = 1                            ;禁止新的 IRQ 中断
If <Exception_Mode> = = Reset or FIQ then
    CPSR[7] = 1                        ;当响应 FIQ 异常时,禁止新的 FIQ 异常
PC = Exception Vector Address
```

3.3.4　从异常返回

复位异常处理程序执行完后，不需要返回，因为系统复位后将开始整个用户程序的执行。而其他异常一旦处理完毕，便需恢复用户任务的正常执行，这就要求异常处理程序代码能精确地恢复异常发生时的用户状态。ARM 微处理器会执行以下几步操作从异常返回：

① 所有修改过的用户寄存器必须从处理程序的保护堆栈中恢复（出栈）；

② 将连接寄存器（LR）的值减去相应的偏移量后送到 PC 中；

③ 将 SPSR_mode 寄存器内容复制回 CPSR 中，使得 CPSR 从相应的 SPSR 中恢复，即恢复被中断的程序工作状态；

④ 若在进入异常处理时设置了中断禁止位，要在此清除。

需要强调的是，第 2 步、第 3 步不能独立完成。这是因为，如果先恢复 CPSR，则保存返回地址的当前异常模式的 R14 就不能再访问了；如果先恢复 PC，异常处理程序将失去对指令流的控制，使得 CPSR 不能恢复。

为确保指令总是按正确的操作模式读取，以保证存储器保护方案不被绕过，还有更加微妙的困难。因此，ARM 提供了两种返回处理机制，利用这些机制，可使上述两步作为一条指令的一

部分同时完成。当返回地址保存在当前异常模式的 R14 时，使用第 1 种机制；当返回地址保存在堆栈时，使用第 2 种机制。只有当 R14 的值在存入堆栈之前进行过调整，才可使用堆栈的返回机制。

第 1 种机制：返回地址保存在 R14。

① 从 SWI 或未定义指令中断返回，使用：

    MOVS   PC,R14

② 从 IRQ、FIQ 或指令预取中止返回，使用：

    SUBS   PC,R14,#4

③ 从数据中止返回并重新存取数据，使用：

    SUBS   PC,R14,#8

当目的寄存器是 PC 时，操作码后面的 S 修饰符表示特殊形式的指令。

注意返回指令是如何在必要时对返回地址进行调整的：

● IRQ 和 FIQ 必须返回前一条指令，以便执行因进入异常而被"占据"的指令；
● 指令预取中止必须返回前一条指令，以便执行在初次请求访问时造成存储器故障的指令；
● 数据中止必须返回前面第 2 条指令，以便重新执行因进入异常而被占据的指令之前的数据传送指令。

第 2 种机制：异常处理程序把返回地址复制到堆栈（在这种情况下，SPSR 也和 PC 一样必须保存），可使用一条多寄存器传送指令来恢复用户寄存器并实现返回。

    LDMFD   R13!, (R0—R3,PC) ^   ; 恢复和返回

这里，寄存器列表（其中必须包括 PC）后面的 "^" 表示这是一条特殊指令。在从存储器装入 PC 的同时，CPSR 也得到恢复。由于寄存器是按照升序装入的，因而 PC 是从存储器传送的最后一个数据。

堆栈指针 R13 属于特权操作模式的寄存器，每个特权模式都可有它自己的堆栈指针，这个堆栈指针必须在系统启动时进行初始化。

3.3.5 异常的进入/退出

表 3-9 总结了进入异常处理时保存在相应 R14 中的 PC 值，及在退出异常处理时推荐使用的指令。

表 3-9　　　　　　　　　　　　　　　　　异常进入/退出

异常类型	返回指令	以前的状态		注　意
		ARM R14_x	Thumb R14_x	
保留	MOV PC,R14	PC+4	PC+2	1
未定义	MOVS PC,R14_und	PC+4	PC+2	1
软件中断	MOVS PC,R14_svc	PC+4	PC+2	1
指令预取中止	SUBS PC,R14_abt,#4	PC+4	PC+4	1
数据中止	SUBS PC,R14_abt,#8	PC+8	PC+8	3
FIQ	SUBS PC,R14_fiq,#4	PC+4	PC+4	2
IRQ	SUBS PC,R14_irq,#4	PC+4	PC+4	2
复位	NA	—	—	4

3.4　ARM 编程方法

3.4.1　ARM 指令概述

ARM 微处理器的指令集仅能处理寄存器中的数据，并且处理后的结果都要再放回寄存器中。因此，要处理存储器中的数据时，需要先通过专门的加载/存储指令来访问系统存储器，将存储器中的数据传送到寄存器中，然后处理相应的寄存器中的数据，等到运算完以后再通过专门的加载/存储指令来访问系统存储器，从而相应的寄存器中的数据放回存储器。

1. 指令长度及数据类型

ARM 微处理器的指令长度可以是 32 位（在 ARM 状态下），也可以是 16 位（在 Thumb 状态下）。

ARM 微处理器中支持字节（8 位）、半字（16 位）、字（32 位）3 种数据类型，其中，字需要 4 字节对齐（地址的低 2 位为 0）、半字需要 2 字节对齐（地址的最低位为 0）。

2. ARM 微处理器的指令的分类与格式

ARM 微处理器的指令集是加载/存储型的，也即指令集仅能处理寄存器中的数据，而且处理结果都要放回寄存器中。而对系统存储器的访问则需要通过专门的 Load/Store 指令来完成。ARM 微处理器的指令集可以分为数据处理指令、跳转指令、程序状态寄存器处理指令、Load/Store 指令、协处理器指令和软件中断指令 6 大类，具体的指令及功能参见附录 I。

ARM 指令使用的基本格式如下：

　　　　\<opcode\> \{\<cond\>\} \{S\}　\<Rd\>，\<Rn\> \{，\<operand2\>\}

指令格式中所用的英文缩写符号说明如下：

- opcode：操作码；指令助记符，如 LDR、STR 等。
- cond：可选的条件码；执行条件，如 EQ、NE 等。
- S：可选后缀；若指定 S，则根据指令执行结果更新 CPSR 中的条件码。
- Rd：目的寄存器。
- Rn：存放第 1 个操作数的寄存器。
- operand2：第 2 个操作数。

指令基本格式中"\<\>"和"\{ \}"的说明如下：

- "\<\>"内的项是必须的，例如，\<opcode\>是指令助记符，这是必须书写的。
- "\{ \}"内的项是可选的，例如，\{\<cond\>\}为指令执行条件，是可选项。若不书写，则使用默认条件 AL（无条件执行）。

指令格式举例如下：

```
LDR  R0,[R1]           ；读取 R1 地址上的存储单元内容,执行条件 AL
BEQ  DATAEVEN          ；条件执行分支指令,条件相等则跳转到 DATAEVEN
ADDS  R2,R1,#1         ；加法指令,R2<-R1+1,影响 CPSR 寄存器（S）
SUBNES  R2,R1,#0x20    ；条件执行的减法运算,执行条件 NE,R1-0x20->R2,影响 CPSR 寄存器（S）
```

3. 指令的条件域

当处理器工作在 ARM 状态时，几乎所有的指令都可以根据 CPSR 中条件码的状态和指令的条件域有条件地执行，如表 3-10 所示。当指令的执行条件满足时，指令被执行，否则指令被忽略。

表 3-10　　　　　　　　　　　　　　指令的条件码

条 件 码	助记符后缀	标　　志	含　　义
0000	EQ	Z 置位	相等
0001	NE	Z 清零	不相等
0010	CS	C 置位	无符号数大于或等于
0011	CC	C 清零	无符号数小于
0100	MI	N 置位	负数
0101	PL	N 清零	正数或零
0110	VS	V 置位	溢出
0111	VC	V 清零	未溢出
1000	HI	C 置位 Z 清零	无符号数大于
1001	LS	C 清零 Z 置位	无符号数小于或等于
1010	GE	N 等于 V	带符号数大于或等于
1011	LT	N 不等于 V	带符号数小于
1100	GT	Z 清零且（N 等于 V）	带符号数大于
1101	LE	Z 置位或（N 不等于 V）	带符号数小于或等于
1110	AL	忽略	无条件执行

　　每一条 ARM 指令包含 4 位的条件码，位于指令的最高 4 位[31:28]。条件码共有 16 种，每种条件码可用 2 个字符表示，这 2 个字符可以添加在指令助记符的后面和指令同时使用。例如，跳转指令 B 可以加上后缀 EQ 变为 BEQ 表示"相等则跳转"，即当 CPSR 中的 Z 标志置位时发生跳转。在 16 种条件标志码中，只有 15 种可以使用，第 16 种（1111）为系统保留。

3.4.2　ARM 指令寻址方式

　　所谓寻址方式就是处理器根据指令中给出的地址信息来寻找物理地址的方式。目前 ARM 指令系统支持的基本寻址方式有 8 种，分别为立即寻址、寄存器寻址、寄存器移位寻址、寄存器间接寻址、基址变址寻址、相对寻址、多寄存器寻址和堆栈寻址。

1. 立即寻址

　　立即寻址也叫立即数寻址，是一种特殊的寻址方式。这种寻址方式的操作数本身就是在指令中被给出，人们只要取出指令也就取到了操作数，这个操作数被称为立即数，其对应的寻址方式也就叫作立即寻址。例如以下指令：

```
ADD    R0,R0,#1           ;R0←R0+1
ADD    R0,R0,#0x3f        ;R0←R0+0x3f
```

　　在以上的两条指令中，第 2 个源操作数即为立即数，要求以"#"为前缀，对于以十六进制表示的立即数，还要求在"#"后加上"0x"或"&"；在"#"后加"0b"表示二进制值数；在"#"后加"0d"或默认时表示十进制值数。

　　如果一个 32 位立即数直接用在 32 位指令编码中，就有可能完全占据 32 位编码空间，从而使指令的操作码等无法在编码中体现。在 ARM 指令编码中，32 位有效立即数是通过循环右移偶数位而间接得到的。

2. 寄存器寻址

寄存器寻址就是利用寄存器中的数值作为操作数，指令中的地址码给出的是寄存器编号。这种寻址方式是各类微处理器经常采用的一种方式，也是一种执行效率较高的寻址方式。例如以下指令：

ADD　R0,R1,R2	;R0←R1+R2

该指令的执行效果是将寄存器 R1 和 R2 的内容相加，并将其结果存放在第 3 个寄存器 R0 中。其中，人们必须注意的是写操作数的顺序：首先是结果寄存器，其次是第 1 操作数寄存器，最后是第 2 操作数寄存器。

3. 寄存器移位寻址

寄存器间接寻址就是以寄存器中的值作为操作数的地址，而操作数本身存放在存储器中。

寄存器移位寻址的操作数由寄存器的数值做相应移位而得到。移位的方式在指令中以助记符的形式给出，而移位的位数可用立即数或寄存器寻址方式表示。

例如以下指令：

ADD　R0,R1,R2,ROR #5	;R0=R1+R2 循环右移 5 位
MOV　R0,R1,LSL R3	;R0=R1 逻辑左移 R3 位

移位操作在 ARM 指令集中不作为单独的指令使用。ARM 指令集共有 5 种位移操作：LSL 逻辑左移、LSR 逻辑右移、ASR 算术右移、ROR 循环右移、RRX 带扩展的循环右移。

4. 寄存器间接寻址

寄存器间接寻址就是以寄存器中的值作为操作数的地址（这个寄存器相当于指针的作用，在基址加变址的寻址方式中，它作为基址寄存器来存放基址地址），而操作数本身存放在存储器中。例如以下指令：

ADD　R0,R1,[R2]	;R0←R1+[R2]
LDR　R0,[R1]	;R0←[R1]
STR　R0,[R1]	;[R1]←R0

在第 1 条指令中，以寄存器 R2 的值作为操作数的地址，在存储器中取得一个操作数后与 R1 相加，其结果存入寄存器 R0 中。

第 2 条指令将以 R1 的值为地址的存储器中的数据传送到 R0 中。

第 3 条指令将 R0 的值传送到以 R1 的值为地址的存储器中。

5. 基址变址寻址

基址变址寻址就是将寄存器（该寄存器一般称作基址寄存器）的内容与指令中给出的地址偏移量相加，从而得到一个操作数的有效地址，用于访问基址附近的存储器单元。寄存器间接寻址实质上是偏移量为 0 的基址变址寻址，这种寻址方式有很高的执行效率且编程技巧很高，如果结合条件标志码，可编出短小但功能强大的汇编程序。

指令可在系统存储器合理范围内的基址上加上不超过 4KB 的偏移量（指令编码中偏移为 12 位）来计算传送地址。

变址寻址方式可分为前变址、自动变址、后变址和偏移地址 4 种寻址方式。

（1）前变址模式

LDR　R0,[R1,#4]	;R0←[R1+4]

这是一个前变址的模式，也就是说，R1（基址寄存器）存放的地址先变化，然后才执行指令的操作。采用这种模式可使用一个基址寄存器来访问位于同一个区域的多个存储器单元。这条指令

将基址寄存器 R1 的内容加上偏移量 4 形成操作数的有效地址，从而取得操作数存入寄存器 R0 中。

（2）自动变址模式

有时为了修改基址寄存器的内容使之指向数据传送地址，可使用自动变址模式来实现基址寄存器自动修改，这样可让程序追踪一个数据表。例如：

```
    LDR   R0,[R1,#4]!              ;R0←[R1+4],R1←R1+4
```

"!"表示在完成数据传送后将更新基址寄存器，更新的方式是每执行完一次操作，基址寄存器会自动加上前变址的字节数。本例中，每执行完一次操作，R1（基址寄存器）的内容加 4。

在 ARM 中自动变址并不花费额外的时间，因为这个过程是在数据从存储器中取出的同时在处理器的数据路径中完成的，它严格地等效于先执行一条简单的寄存器间接取数指令，再执行一条数据处理指令向基址寄存器加一个偏移量，避免了额外的指令时间和代码空间开销，即 ARM 的这种自动变址不消耗额外的时间。

（3）后变址模式

后变址寻址模式是基址寄存器的内容在完成操作后发生变化。其实质是基址寄存器不加偏移作为传送地址使用，完成操作后再加上立即数偏移量来变化基址寄存器内容。

```
    LDR   R0,[R1],#4              ;R0←[R1],R1←R1+4
```

这条指令中，先以寄存器 R1 的内容作为操作数的有效地址，从而取得操作数存入寄存器 R0 中，然后，R1 的内容自增 4 个字节，预备下一次的数据读/写。

（4）偏移地址

在上述例子中基址寄存器的地址偏移一直是一个立即数。其实，它同样可以是另一个寄存器，并且在加到基址寄存器前还可经过移位操作。例如：

```
    LDR   R0,[R1,R2]              ;R0←[R1+R2]
    LDR   R0,[R1,R2,LSL#2]        ;R0←[R1+R2 * 4]
```

一般常用的是立即数偏移的形式，而地址偏移为寄存器形式的指令很少使用。

6. 相对寻址

与基址变址寻址方式相类似，相对寻址以程序计数器（PC）的当前值为基地址，指令中的地址标号作为偏移量，将两者相加之后得到操作数的有效地址。例如，以下程序段完成了子程序的调用和返回，跳转指令 BL 采用了相对寻址方式：

```
    BL   NEXT                ;跳转到子程序 NEXT 处执行
    ...
    NEXT                     ;子程序入口地址
    ...
    MOV  PC,LR               ;从子程序返回
```

7. 多寄存器寻址

多寄存器寻址又称为块复制寻址，是多寄存器传送指令 Load/Store 的寻址方式。Load/Store 指令可把存储器中的一个数据块加载到多个寄存器中，也可把多个寄存器中的内容保存到存储器中。寻址操作中的寄存器可以是 R0～R15 这 16 个寄存器的子集或所有寄存器。例如：

```
    LDMIA   R0,{R1-R5}        ;R1←[R0], R2←[R0+4], R3←[R0+8], R4←[R0+12], R5←[R0+16]
```

该指令的后缀 IA 表示在每次执行完加载/存储操作后，R0 按字长度增加，因此，指令可将连续存储单元的值分别装入 R1～R5 中。

LDM/STM 指令依据其后缀名（如 IA、DB）的不同，其寻址的方式也有很大不同。这些后缀

可定义存储器地址的增长是向上还是向下的，以及地址的增减与指令操作的先后顺序（即操作先进行，还是地址的增减先进行）。具体的寻址方式如表 3-11 所示。

表 3-11　　　　　　　　　　　　多寄存器 Load 和 Store 指令的堆栈和块复制对照

		递　增		递　减	
		满	空	满	空
增值	先增	STMIB STMFA			LDMIB LDMED
	后增		STMIA STMEA	LDMIA LDMFD	
减值	先减		LDMDB LDMEA	STMDB STMFD	
	后减	LDMDA LDMFA			STMDA STMED

如表 3-11 所示，指令分为两组：一组用于数据的存储与读取，对应于 IA、IB、DA、DB；另一组用于堆栈操作，即进行压栈与出栈操作，对应于 FD、ED、FA、EA。

后缀的具体含义如下：

- IA（Increment After）　　　　　　操作完成后地址递增
- IB（Increment Before）　　　　　地址先增而后完成操作
- DA（Decrement After）　　　　　操作完成后地址递减
- DB（Decrement Before）　　　　　地址先减而后完成操作
- FD（Full Decrement）　　　　　满递减堆栈
- ED（Empty Decrement）　　　　空递减堆栈
- FA（Full Aggrandizement）　　　满递增堆栈
- EA（Empty Aggrandizement）　　空递增堆栈

8. 堆栈寻址

堆栈是一种数据结构，按**先进后出**（First In Last Out，FILO）的方式工作，使用一个称作堆栈指针（SP）的专用寄存器指示当前的操作位置，堆栈指针总是指向栈顶。

当堆栈指针指向最后压入堆栈的数据时，称为**满堆栈**（Full Stack）。而当堆栈指针指向下一个将要放入数据的空位置时，称为**空堆栈**（Empty Stack）。

同时，根据堆栈的生成方式，又可以分为递增堆栈和递减堆栈。当堆栈由低地址向高地址生成时，称为**递增堆栈**（Ascending Stack）。当堆栈由高地址向低地址生成时，称为**递减堆栈**（Decending Stack）。

这样就有 4 种类型的堆栈工作方式。微处理器支持这 4 种类型的堆栈工作方式，即：

- 满递增堆栈：堆栈指针指向最后压入的数据，且由低地址向高地址生成。
- 满递减堆栈：堆栈指针指向最后压入的数据，且由高地址向低地址生成。
- 空递增堆栈：堆栈指针指向下一个将要放入数据的空位置，且由低地址向高地址生成。
- 空递减堆栈：堆栈指针指向下一个将要放入数据的空位置，且由高地址向低地址生成。

在 ARM 指令中，堆栈寻址也是通过 Load/Store 指令来实现的，例如：

```
STMFD   SP! {R1-R7,LR}          ;将 R1～R7,LR 入栈

LDMFD   SP! {R1-R7,LR}          ;数据出栈,放入 R1～R7,LR 寄存器
```

在 Thumb 指令中，堆栈寻址通过 PUSH/POP 指令来实现，例如：

PUSH	{R1-R7,LR}	;将 R1～R7,LR 入栈
POP	{R1-R7,PC}	;数据出栈,放入 R1～R7,PC 寄存器

3.4.3　ARM 汇编程序设计

1. ARM 汇编语言的语句格式

在汇编语言程序中，指令语句是组织编译程序的最小单位，它一般具有一定的格式，如下代码所示，即在 ADS1.2 集成开发环境中编写汇编程序的语句格式：

[标号][指令或伪指令][；注释]

一个具体的实例代码如下所示：

START LDR R0,=ARRAY_B

2. ARM 汇编语言程序的基本结构

在 ARM 汇编语言程序中，一般以程序段为单位来组织代码。段可以分为代码段与数据段，一个汇编程序中应该有一个代码段，而数据段根据使用情况可以没有，也可以有一个或多个。

例如，下面所示的程序源代码是应用在 ARM 微处理器的汇编程序，该程序实现简单的累加计算，其中有一个代码段 ARRAY 与一个数据段 Data_Init。程序中既使用了汇编指令，也使用了汇编伪指令。这个汇编程序已经在 ADS1.2 环境中编译通过，能够正确地执行软件仿真。

COUNT	EQU 10	; 常量声明
	AREA ARRAY,CODE,READONLY	;声明代码段 ARRAY
	ENTRY	;标识程序入口
	CODE32	;声明 32 位 ARM 指令
START	LDR R0,=ARRAY_B	;用户的汇编代码
	LDR R2,=ARRAY_A	
	LDR R3,=COUNT	
LOOP	LDR R1,[R0],#4	;无限循环结构中的汇编代码
	ADD R1,R1,#1	
	STR R1,[R2],#4	
	SUBS R3,R3,#1	
	BNE LOOP	
HALT	B HALT	
	AREA Data_Init,DATA,ALIGN=2	
ARRAY_B	DCD 0,1,2,3,4,5,6,7,8,9	;数据空间定义
ARRAY_A	DCD 0,0,0,0,0,0,0,0,0,0	
	END	

3.4.4　ARM 混合编程

在建立嵌入式系统的基础应用平台时，从 BootLoader 设计到 Linux 内核移植，再到根文件系统的制作与安装，在这 3 个阶段里，只有 BootLoader 中的启动代码部分应用了汇编语言编程，其他部分基础不涉及用户的汇编编程问题。在嵌入式系统应用平台上开发程序时，主要包括驱动程序开发、应用程序开发以及开源代码的移植与修改 3 个主要方面，它们统称为应用系统的程序设计。在应用系统的程序设计中，可以采用汇编语言编程，也可以采用 C 语言编程。

为了减小编程的工作量、提高代码的可移植性、提高程序的可重用性，以及便于程序的阅读与管理，只有在设计硬件层的核心代码时才会考虑应用汇编语言编程。由于 ARM 处理器的运算速率高，SDRAM 存储器的存取速率及存储量也很高，因此大部分的代码应用 C 语言来实现。这就会出现在同一个程序代码文件中可能既有汇编语言程序段又有 C 语言程序段的情况，同时会出现使用汇编语言与 C 语言编程时如何相互调用的问题。

在汇编语言与 C 语言混合编程时，若汇编代码只是对一些寄存器的操作，由于代码较为简洁，则可以考虑使用在 C 语言代码中直接嵌入汇编代码的方法；否则，将汇编语言程序组织为一个单独的代码文件，以文件的形式加入工程项目中，按 ATPCS（ARM/Thumb Procedure Call Standard，ARM/Thumb 过程调用标准）的规定与 C 语言程序互传参数、相互调用。

ATPCS 规定了一些汇编语言程序与 C 语言程序之间相互调用的基本规则，其中包括寄存器的使用规则，堆栈的使用规则与参数的传递规则等内容。

1. 汇编程序调用 C 程序的实现

汇编程序调用 C 程序需要用伪指令 IMPORT 预先声明要调用的 C 语言函数，然后通过寄存器 R0～R3 来传递参数，接着通过 BL 指令来调用 C 函数，最后将结果返回到 R0～R3。

基本的应用方法如表 3-12 所示。

表 3-12　　　　　　　　　　　　汇编程序调用 C 程序的基本应用方法

C 源文件中的求和函数	调用 C 程序的汇编程序结构

int add(int x, int y)
{
　　　　return (x+y);
}
	IMPORT add
	…
	MOV R0,1
	MOV R1,2
	BL add
	…

说明：R0、R1 传递参数，结果存至 R0，值为 3。

2. C 程序调用汇编程序的实现

C 程序调用汇编子程序需要在汇编程序中使用 EXPORT 伪指令声明被调用的子程序，然后在 C 程序中使用 extern 关键字声明要调用的汇编子程序为外部函数。

基本的应用方法如表 3-13 所示。

表 3-13　　　　　　　　　　　　C 程序调用汇编程序的基本应用方法

汇编源文件中的求和函数	调用汇编程序的 C 程序结构

EXPORT add
　　　…
add
　　　ADD R0,R0,R1
　　　MOV PC,LR
　　　…
	extern int add(int x, int y);
	void main()
	{
	　　　int a=1,b=2,c;
	　　　c=add(a,b);
	　　　…
	}

说明：a、b 的值分别传给了 R0、R1，结果由 R0 赋给 c。

3．C 程序中内嵌汇编语句

在 C 语言中嵌入汇编语句可以实现一些高效的操作与运算，对于实时处理系统来说这项功能也十分必要。ADS 汇编器支持大部分 ARM 指令和 Thumb 指令，需要注意的是，不能在内嵌的汇编代码中直接访问 C 语言代码中定义的变量。

嵌入式汇编语句的语法格式为：

```
__asm {
    指令[;指令]
    ...
    指令
}
```

其中，"__asm"为内嵌汇编语句的关键字，在输入代码时需要特别注意，asm 前面有两个下画线。指令之间使用分号分隔，如果将一条指令分为多行书写，除最后一行代码外，其他各行都以"\"连字符号结束。

本章小结

- ARM 内核采用精简指令集计算机（Reduced Instruction Set Computer，RISC）体系结构。其设计思想非常精巧，在最大限度地简化了处理器内部的组件后，再对现有的硬件进行最大程度的利用。实际上，ARM 体系结构的简化设计思想不仅体现在了指令集的设计上，在其体系结构的其他方面（如内存管理和中断异常处理的模式）也体现了出来。这些增强的特性使得 ARM 处理器成为当今最通用的 32 位嵌入式处理器内核之一。

- 我们将在 ARM 体系中增加的某些特定功能称为 ARM 体系的某种变种（variant），ARM 体系中常见的变种形式有 Thumb 指令集（T 变种）、长乘法指令（M 变种）、增强型 DSP 指令（E 变种）、Java 加速器 Jazelle（J 变种）和 ARM 媒体功能扩展（SIMD 变种）。

- 从芯片体系架构的版本发展上看，ARM 已经历经了 ARMv1～ARMv6、ARMv7-A/R、ARMv8-A 版本的创新、改进与升级。

- 从编程的角度看，ARM 微处理器有 ARM 和 Thumb 两种工作状态，并可在两种状态之间切换。ARM 处理器共有 37 个寄存器，其中包括 31 个通用寄存器和 6 个状态寄存器。ARM 微处理器在较新的体系结构中支持两种指令集：ARM 指令集和 Thumb 指令集。其中，ARM 指令为 32 位的长度，Thumb 指令为 16 位长度。

- ARM7 是冯·诺依曼结构，采用了典型的 3 级流水线；ARM9 则是哈佛结构，采用了 5 级流水线技术；ARM11 则使用了 8 级流水线。通过增加流水线级数，可简化流水线的各级逻辑，进一步提高处理器的性能。

- 在 ARM 体系结构中，异常中断用来处理软件中断、未定义指令陷阱、系统复位功能和外部事件。这些"不正常"事件都被划归"异常"，因为在处理器的控制机制中，它们都使用同样的流程进行异常处理。

- 所谓寻址方式就是处理器根据指令中给出的地址信息来寻找物理地址的方式。目前 ARM 指令系统支持的基本寻址方式有 8 种，分别为立即寻址、寄存器寻址、寄存器移位寻址、寄存器间接寻址、基址变址寻址、相对寻址、多寄存器寻址和堆栈寻址。

思考与练习题

1. 简述 ARM 微处理器的特点及分类。
2. 列举目前常用的 ARM 微处理器的型号及功能特点。
3. ARM 体系结构发展过程中，主要有哪些变种？请对各变种做简要介绍。
4. ARM 体系结构版本的命名规则有哪些？简单说明 ARM7TDMI 的含义。
5. 试比较 RISC 和 CISC 体系结构的异同，为什么 ARM 内核要采用 RISC 体系结构？
6. 简述 ARM 的设计思想及其与单纯的 RISC 定义的不同。
7. 试阐述 ARM 状态和 Thumb 状态下的寄存器组织，以及两种状态寄存器的关系。
8. ARM 支持哪些异常，如何处理这些异常？
9. 简述 ARM 指令的寻址方式。
10. ARM 支持哪几种混合编程方式，分别是如何实现的？

第 4 章
ARM 指令系统

在本章，我们将讨论 ARM 微处理器的指令系统，具体讲解 ARM 指令集、Thumb 指令集以及各类指令对应的寻址方式。

本章学习要求：

- 列出 ARM 指令集的分类与具体应用；
- 列出 Thumb 指令集的分类与具体应用。

ARM 指令系统中字（Word）的长度为 32 位，半字（Half-Word）为 16 位、字节（Byte）的长度为 8 位。

4.1 ARM 指令集

ARM 指令集总体分为 6 大类：

- 数据处理指令；
- 跳转指令（转移指令）；
- Load/Store 指令；
- 程序状态寄存器访问指令；
- 协处理器指令；
- 异常中断指令。

4.1.1 数据处理指令

数据处理指令可分为数据传送指令、算术逻辑运算指令和比较指令等，共 22 种主要助记符。

- 数据传送指令：用于在寄存器和存储器之间进行数据的双向传输。
- 算术逻辑运算指令：完成常用的算术与逻辑的运算，该类指令不但将运算结果保存在目的寄存器中，而且同时更新 CPSR 中的相应条件标志位。
- 比较指令：不保存运算结果，只更新 CPSR 中相应的条件标志位。

1. MOV 数据传送指令

MOV 指令的格式为：

```
MOV {条件} {S} 目的寄存器, 源操作数
```

MOV 指令可将一个寄存器、被移位的寄存器或一个立即数加载到目的寄存器中。其中，S 选

项决定指令的操作是否影响 CPSR 中条件标志位的值，当没有 S 时，指令不更新 CPSR 中条件标志位的值。

应用示例：

```
MOV  R1,R0                ;将寄存器 R0 的值传送到寄存器 R1
MOV  PC,R14               ;将寄存器 R14 的值传送到 PC,常用于子程序返回
MOV  R1,R0, LSL#3         ;将寄存器 R0 的值左移 3 位后传送到 R1
```

2. MVN 数据取反传送指令

MVN 指令的格式为：

MVN {条件} {S} 目的寄存器, 源操作数

MVN 指令可将一个寄存器、被移位的寄存器或一个立即数加载到目的寄存器中。与 MOV 指令不同之处是该值在传送之前被按位取反了，即把一个被取反的值传送到目的寄存器中。其中，S 决定指令的操作是否影响 CPSR 中条件标志位的值，当没有 S 时指令不更新 CPSR 中条件标志位的值。

应用示例：

```
MVN  R0,#0               ; 将立即数 0 取反传送到寄存器 R0 中, 完成后 R0=-1
```

3. ADD 加法指令

ADD 指令的格式为：

ADD {条件} {S} 目的寄存器, 操作数 1, 操作数 2

ADD 指令用于把两个操作数相加,并将结果存放到目的寄存器中。操作数 1 应是一个寄存器,操作数 2 可以是一个寄存器、被移位的寄存器或一个立即数。

应用示例：

```
ADD  R0,R1,R2                 ;R0=R1+R2
ADD  R0,R1,#256              ;R0=R1+256
ADD  R0,R2,R3,LSL#1         ;R0=R2+(R3<<1)
```

4. ADC 带进位加法指令

ADC 指令的格式为：

ADC {条件} {S} 目的寄存器, 操作数 1, 操作数 2

ADC 指令用于把两个操作数相加, 再加上 CPSR 中的 C 条件标志位的值, 并将结果存放到目的寄存器中。该指令用于实现超过 32 位的数的加法。注意不要忘记设置 S 后缀来更改进位标志。操作数 1 应是一个寄存器, 操作数 2 可以是一个寄存器、被移位的寄存器或一个立即数。

例如, 以下指令序列完成两个 128 位数的加法, 第 1 个数由高到低存放在寄存器 R7～R4, 第 2 个数由高到低存放在寄存器 R11～R8, 运算结果由高到低存放在寄存器 R3～R0：

```
ADDS  R0,R4,R8              ;加低端的字,S 表示结果影响条件标志位的值
ADCS  R1,R5,R9             ;加第 2 个字,带进位
ADCS  R2,R6,R10           ;加第 3 个字,带进位
ADC   R3,R7,R11           ;加第 4 个字,带进位
```

5. SUB 减法指令

SUB 指令的格式为：

SUB {条件} {S} 目的寄存器, 操作数 1, 操作数 2

SUB 指令用于把操作数 1 减去操作数 2，并将结果存放到目的寄存器中。操作数 1 应是一个寄存器, 操作数 2 可以是一个寄存器、被移位的寄存器或一个立即数。该指令可用于有符号数或

无符号数的减法运算。

应用示例：

```
SUB  R0,R1,R2                  ;R0=R1-R2
SUB  R0,R1,#256               ;R0=R1-256
SUB  R0,R2,R3,LSL#5           ;R0=R2-(R3<<5)
```

6. RSB 反向减法指令

RSB 指令的格式为：

RSB {条件} {S} 目的寄存器, 操作数 1, 操作数 2

RSB 指令称为逆向减法指令，用于把操作数 2 减去操作数 1，并将结果存放到目的寄存器中。操作数 1 应是一个寄存器，操作数 2 可以是一个寄存器、被移位的寄存器或一个立即数。该指令可用于有符号数或无符号数的减法运算。

应用示例：

```
RSB  R0,R1,R2                  ;R0=R2-R1
RSB  R0,R1,#256               ;R0=256-R1
RSB  R0,R2,R3,LSL#1          ;R0=(R3<<1)-R2
```

7. SBC 带借位减法指令

SBC 指令的格式为：

SBC {条件} {S} 目的寄存器, 操作数 1, 操作数 2

SBC 指令用于把操作数 1 减去操作数 2，再减去 CPSR 中的 C 条件标志位的反码，并将结果存放到目的寄存器中。操作数 1 应是一个寄存器，操作数 2 可以是一个寄存器、被移位的寄存器或一个立即数。该指令使用进位标志来表示借位，这样就可以做大于 32 位的减法，注意不要忘记设置 S 后缀来更改进位标志。该指令可用于有符号数或无符号数的减法运算。

例如，以下指令序列完成两个 64 位数的减法，第 1 个数由高到低存放在寄存器 R3～R2，第 2 个数由高到低存放在寄存器 R5～R4，运算结果由高到低存放在寄存器 R1～R0：

```
SUBS R0,R2,R4                  ;低 32 位相减,S 表示结果影响条件标志位的值
SBC  R1,R3,R5                  ;高 32 位相减
```

8. RSC 带借位的反向减法指令

RSC 指令的格式为：

RSC {条件} {S} 目的寄存器, 操作数 1, 操作数 2

RSC 指令用于把操作数 2 减去操作数 1，再减去 CPSR 中的 C 条件标志位的反码，并将结果存放到目的寄存器中。操作数 1 应是一个寄存器，操作数 2 可以是一个寄存器、被移位的寄存器或一个立即数。该指令使用进位标志来表示借位，这样就可以做大于 32 位的减法，但注意不要忘记设置 S 后缀来更改进位标志。该指令可用于有符号数或无符号数的减法运算。

指令示例同 SBC 指令，完成两个 64 位数的减法，第 1 个数由高到低存放在寄存器 R3～R2，第 2 个数由高到低存放在寄存器 R5～R4，运算结果由高到低存放在寄存器 R1～R0：

```
SUBS R0,R2,R4                  ;低 32 位相减,S 表示结果影响条件标志位的值
RSC  R1,R5,R3                  ;高 32 位相减
```

9. MUL 32 位乘法指令

MUL 指令的格式为：

MUL {条件} {S} 目的寄存器, 操作数 1, 操作数 2

MUL 指令完成操作数 1 与操作数 2 的乘法运算，并把结果放置到目的寄存器中，同时可以根

据运算结果设置 CPSR 中相应的条件标志位。操作数 1 和操作数 2 均为寄存器，且均为 32 位的有符号数或无符号数。

应用示例：

```
MUL   R0,R1,R2              ;R0=R1×R2
MULS  R0,R1,R2              ;R0=R1×R2,同时设置 CPSR 中的相关条件标志位
```

10. MLA 32 位乘加指令

MLA 指令的格式为：

> MLA {条件} {S} 目的寄存器, 操作数 1, 操作数 2, 操作数 3

MLA 指令完成操作数 1 与操作数 2 的乘法运算，再将乘积加上操作数 3，并把结果放置到目的寄存器中，同时可以根据运算结果设置 CPSR 中相应的条件标志位。操作数 1、操作数 2 和操作数 3 均为寄存器，且均为 32 位的有符号数或无符号数。

应用示例：

```
MLA   R0,R1,R2,R3           ;R0=R1×R2+R3
MLAS  R0,R1,R2,R3           ;R0=R1×R2+R3,同时设置 CPSR 中的相关条件标志位
```

11. SMULL 64 位有符号数乘法指令

SMULL 指令的格式为：

> SMULL {条件} {S} 目的寄存器 Low, 目的寄存器低 High, 操作数 1, 操作数 2

SMULL 指令完成操作数 1 与操作数 2 的乘法运算，并把结果低 32 位的放置到目的寄存器 Low 中，结果高 32 位的放置到目的寄存器 High 中，同时可以根据运算结果设置 CPSR 中相应的条件标志位。操作数 1 和操作数 2 均为寄存器，且均为 32 位的有符号数。

应用示例：

```
SMULL  R0,R1,R2,R3         ;R0=（R2×R3）的低 32 位
                           ;R1=（R2×R3）的高 32 位
```

12. SMLAL 64 位有符号数乘加指令

SMLAL 指令的格式为：

> SMLAL {条件} {S} 目的寄存器 Low, 目的寄存器低 High, 操作数 1, 操作数 2

SMLAL 指令完成操作数 1 与操作数 2 的乘法运算，并把结果低 32 位的同目的寄存器 Low 中的值相加后又放置到目的寄存器 Low 中，结果高 32 位的同目的寄存器 High 中的值相加后又放置到目的寄存器 High 中，同时可以根据运算结果设置 CPSR 中相应的条件标志位。其中，操作数 1 和操作数 2 均为寄存器，且均为 32 位的有符号数。

目的寄存器 Low 在指令执行前存放 64 位加数的低 32 位，指令执行后存放低 32 位的结果；目的寄存器 High 在指令执行前存放 64 位加数的高 32 位，指令执行后存放高 32 位的结果。

应用示例：

```
SMLAL  R0,R1,R2,R3         ;R0=（R2×R3）的低 32 位＋R0
                           ;R1=（R2×R3）的高 32 位＋R1
```

13. UMULL 64 位无符号数乘法指令

UMULL 指令的格式为：

> UMULL {条件} {S} 目的寄存器 Low, 目的寄存器低 High, 操作数 1, 操作数 2

功能同 SMULL 指令，但指令中操作数 1 和操作数 2 均为 32 位的无符号数。

应用示例：

```
UMULL R0,R1,R2,R3        ;R0=（R2×R3）的低 32 位
                         ;R1=（R2×R3）的高 32 位,其中 R2,R3 为无符号数
```

14. UMLAL 64 位无符号数乘加指令

UMLAL 指令的格式为：

UMLAL {条件} {S} 目的寄存器 Low, 目的寄存器低 High, 操作数 1, 操作数 2

功能同 SMLAL 指令，但指令中操作数 1 和操作数 2 均为 32 位的无符号数，目的寄存器 High 和 Low 的值为 64 位无符号数的高 32 位和低 32 位。

应用示例：

```
UMLAL R0,R1,R2,R3        ;R0=（R2×R3）的低 32 位 + R0
                         ;R1=（R2×R3）的高 32 位 + R1
                         ;R2,R3 的值为 32 位无符号数;R1,R0 的值为 64 位无符号数
```

15. AND 逻辑与指令

AND 指令的格式为：

AND {条件} {S} 目的寄存器, 操作数 1, 操作数 2

AND 指令用于对两个操作数进行逻辑与运算，并把结果放置到目的寄存器中。操作数 1 应是一个寄存器，操作数 2 可以是一个寄存器、被移位的寄存器或一个立即数。该指令常用于屏蔽操作数 1 的某些位。

应用示例：

```
AND R0,R0,#5             ;该指令保持 R0 的第 0 位和第 2 位,其余位清零
```

16. ORR 逻辑或指令

ORR 指令的格式为：

ORR {条件} {S} 目的寄存器, 操作数 1, 操作数 2

ORR 指令用于对两个操作数进行逻辑或运算，并把结果放置到目的寄存器中。操作数 1 应是一个寄存器，操作数 2 可以是一个寄存器、被移位的寄存器或一个立即数。该指令常用于设置操作数 1 的某些位。

应用示例：

```
ORR R0,R0,#3            ;该指令将 R0 的第 0 位和第 1 位设置为 1,其余位不变
```

17. EOR 逻辑异或指令

EOR 指令的格式为：

EOR {条件} {S} 目的寄存器, 操作数 1, 操作数 2

EOR 指令用于对两个操作数进行逻辑异或运算，并把结果放置到目的寄存器中。操作数 1 应是一个寄存器，操作数 2 可以是一个寄存器、被移位的寄存器或一个立即数。该指令常用于反转操作数 1 的某些位。

应用示例：

```
EOR R0,R0,#5           ;该指令将 R0 的第 0 位和第 1 位取反,其余位不变
```

18. BIC 位清除指令

BIC 指令的格式为：

BIC {条件} {S} 目的寄存器, 操作数 1, 操作数 2

BIC 指令用于清除操作数 1 的某些位，并把结果放置到目的寄存器中。操作数 1 应是一个寄存器，操作数 2 可以是一个寄存器、被移位的寄存器或一个立即数。操作数 2 为 32 位的掩码，如

果在掩码中设置了某一位，则清除这一位；未设置的掩码位保持不变。

应用示例：

```
BIC R0,R0,#11              ;该指令将 R0 中的第 0、1 和 3 位清 0,其余的位保持不变。
```

19. CMP 比较指令

CMP 指令的格式为：

> CMP {条件} 操作数 1, 操作数 2

CMP 指令用于把一个寄存器的内容和另一个寄存器的内容或立即数进行比较，同时更新 CPSR 中条件标志位的值。该指令进行一次减法运算，但不存储结果，只更改条件标志位。标志位表示的是操作数 1 与操作数 2 的关系（大、小或相等）。该指令不需要显式地指定 S 后缀来更改状态标志。其中，操作数 1 为寄存器或立即数。

应用示例：

```
CMP R0,#5                  ;计算 R0-5,根据结果设置 CPSR 的标志位
ADDGT R0,R0,#5             ;如果 R0>5,则执行 ADDGT 指令
```

20. CMN 反值比较指令

CMN 指令的格式为：

> CMN {条件} 操作数 1, 操作数 2

CMN 指令用于把一个寄存器的内容和另一个寄存器的内容或立即数取反后进行比较，同时更新 CPSR 中条件标志位的值。该指令实际完成操作数 1 和操作数 2 相加，并根据结果更改条件标志位。

应用示例：

```
CMN R1,R0                  ;将寄存器 R1 的值与寄存器 R0 的值相加,根据结果设置 CPSR 的标志位
CMN R1,#100                ;将寄存器 R1 的值与立即数 100 相加,根据结果设置 CPSR 的标志位
```

21. TST 位测试指令

TST 指令的格式为：

> TST {条件} 操作数 1, 操作数 2

TST 指令用于把一个寄存器的内容和另一个寄存器的内容或立即数进行按位与运算，根据运算结果更新 CPSR 中条件标志位的值。操作数 1 是要测试的数据，而操作数 2 是一个位掩码。该指令一般用来检测操作数 1（寄存器）是否设置了特定的位。

应用示例：

```
TST R1,#%1                 ;用于测试在寄存器 R1 中是否设置了最低位 (%表示二进制数)
TST R1,#0xffe              ;将寄存器 R1 的值与立即数 0xffe 按位与,并根据结果设置 CPSR 的标志位
```

22. TEQ 相等测试指令

TEQ 指令的格式为：

> TEQ {条件} 操作数 1, 操作数 2

TEQ 指令用于把一个寄存器的内容和另一个寄存器的内容或立即数进行按位作逻辑异或运算，根据运算结果更新 CPSR 中条件标志位的值。该指令通常用于比较操作数 1 和操作数 2 是否相等。

应用示例：

```
TEQ R0,#5                  ;判断 R0 的值是否和 5 相等
```

4.1.2　跳转指令

跳转指令用于实现程序的跳转和程序状态的切换。在 ARM 程序中有两种方法可以实现程序

的跳转：

- 使用专门的跳转指令；
- 直接向程序计数器 PC（R15）写入跳转地址值。

通过向程序计数器 PC 写入跳转地址值，可以实现在 4GB 的地址空间中的任意跳转。在跳转之前结合使用"MOV LR，PC"等类似指令，可以保存将来的返回地址值，从而实现在 4GB 连续的线性地址空间的子程序调用。

ARM 指令集中的跳转指令可以完成从当前指令向前或向后的 32MB 的地址空间的跳转，但跳转空间受到一定的限制。跳转指令包括 4 种助记符。

1. B 跳转指令

B 指令的格式为：

```
B {条件} <addr>
```

B 指令是最简单的跳转指令。一旦遇到一个 B 指令，ARM 处理器将立即跳转到给定的目标地址，从那里继续执行。目标地址 PC=PC+addr<<2。注意存储在跳转指令中的 addr 是相对当前 PC 值的一个偏移量，而不是一个绝对地址。它是 24 位有符号数，左移两位后有符号扩展为 32 位，表示的有效偏移为 26 位（前后 32MB 的地址空间）。

应用示例：

```
B Label              ;程序无条件跳转到标号 Label 处执行
CMP R1,#0            ;当 CPSR 寄存器中的 Z 条件码置位时,程序跳转到标号 Label 处执行
BEQ Label
```

2. BL 带返回的跳转指令

BL 指令的格式为：

```
BL {条件} <addr>
```

功能同 B 指令，但 BL 指令执行跳转操作的同时，还将 PC（R15）的值保存到 LR 寄存器（R14）中。该指令是实现子程序调用的一个基本且常用的手段。程序的返回可通过把 LR 寄存器的值复制到 PC 寄存器中来实现。

应用示例：

```
BL Label            ;当程序无条件跳转到标号 Label 处执行时,同时将当前的 PC 值保存到 R14 中
……
Label
……
MOV R15, R14        ;子程序返回
```

3. BLX 带返回和状态切换的跳转指令

BLX 指令的格式为：

```
BLX  <addr>  或 BLX  <Rn>
```

BLX 指令从 ARM 指令集跳转到目标地址处，并将 PC 的值保存到 LR 寄存器（R14）中。如果目标地址处为 Thumb 指令，则程序状态从 ARM 状态切换到 Thumb 状态。该指令用于子程序调用和程序状态的切换。

应用示例：

```
BLX T16             ;跳转到标号 T16 处执行, T16 后面的指令为 Thumb 指令
……
CODE16              ;在 Thumb 程序段之前要用 CODE16 声明
```

```
        T16                    ;后面指令为 Thumb 指令
        ......
```

4. BX 带状态切换的跳转指令

BX 指令的格式为：

> BX {条件} <Rn>

BX 指令跳转到目标地址处，从那里继续执行。目标地址为寄存器 Rn 的值和 0xFFFFFFFE 进行操作的结果。目标地址处的指令既可以是 ARM 指令，也可以是 Thumb 指令。

应用示例：

```
        ADR  R0,exit           ;标号 exit 处的地址装入 R0 中
        BX   R0                ;跳转到 exit 处
```

4.1.3 Load/Store 指令

ARM 微处理器支持 Load/Store 指令在寄存器和存储器之间传送数据，Load 指令将存储器中的数据装载到寄存器中，Store 指令则完成相反的操作，把寄存器中的数据存入内存。该集合的指令使用频繁，在指令集中最为重要，因为其他指令只能操作寄存器，当数据存放在内存中时，必须先把数据从内存装载到寄存器，执行完后再把寄存器中的数据存储到内存中。

Load/Store 指令分为 3 类：单一数据传送指令（LDR 和 STR 等）、多数据传送指令（LDM 和 STM）、数据交换指令（SWP 和 SWPB）。

1. LDR 字数据加载指令

LDR 指令的格式为：

> LDR {条件} 目的寄存器, <addr>

LDR 指令从 addr 所表示的内存地址中将一个 32 位字数据装载到目的寄存器中。该指令通常用于从存储器中读取 32 位字数据到通用寄存器，然后对数据进行处理。同时还可以把合成的有效地址写回到基址寄存器。存储器地址可以是一个简单的值、一个偏移量，也可以是一个被移位的偏移量。

寻址方式：Rn—基址寄存器；Rm—变址寄存器；Index—偏移量，12 位的无符号数。

```
LDR  Rd, [Rn]                  ;把内存中地址为 Rn 的字数据装入寄存器 Rd 中
LDR  Rd, [Rn,Rm]               ;将内存中地址为 Rn+Rm 的字数据装入寄存器 Rd 中
LDR  Rd, [Rn,#index]           ;将内存中地址为 Rn+index 的字数据装入 Rd 中
LDR  Rd, [Rn,Rm,LSL#5]         ;将内存中地址为 Rn+Rm×32 的字数据装入 Rd
LDR  Rd, [Rn,Rm]!              ;将内存中地址为 Rn+Rm 的字数据装入 Rd，并将新地址 Rn+Rm 写入 Rn
LDR  Rd, [Rn,#index]!          ;将内存中地址为 Rn+index 的字数据装入 Rd，将新地址 Rn+index 写入 Rn
LDR  Rd, [Rn,Rm, LSL#5]!       ;将内存中地址为 Rn+Rm×32 的字数据装入 Rd，将新地址 Rn+Rm×32 写入 Rn
LDR  Rd, [Rn],Rm               ;将内存中地址为 Rn 的字数据装入寄存器 Rd，并将新地址 0xRn+Rm 写入 Rn
LDR  Rd, [Rn],#index           ;将内存中地址为 Rn 的字数据装入寄存器 Rd，并将新地址 Rn+index 写入 Rn
LDR  Rd, [Rn],Rm,LSL#5         ;将内存中地址为 Rn 的字数据装入寄存器 Rd，并将新地址 Rn+Rm×32 写入 Rn
```

应用示例：

```
    LDR  R0,[R1]               ;将存储器地址为 R1 的字数据读入 R0
    LDR  R0,[R1,R2]            ;将存储器地址为 R1+R2 的字数据读入 R0
    LDR  R0,[R1,#8]           ;将存储器地址为 R1+8 的字数据读入 R0
    LDR  R0,[R1,R2]!          ;将存储器地址为 R1+R2 的字数据读入 R0，并将新地址 R1 + R2 写入 R1
```

```
LDR  R0,[R1,#8]!          ;将存储器地址为 R1+8 的字数据读入 R0,并将新地址 R1+8 写入 R1
LDR  R0,[R1],R2           ;将存储器地址为 R1 的字数据读入 R0,并将新地址 R1+R2 写入 R1
LDR  R0,[R1,R2,LSL#2]!    ;将存储器地址为R1+R2×4的字数据读入R0,并将新地址R1+R2×4写入R1
LDR  R0,[R1],R2,LSL#2     ;将存储器地址为 R1 的字数据读入 R0,并将新地址 R1+R2×4 写入 R1
```

2. LDRT 用户模式的字数据加载指令

LDRT 指令的格式为：

LDR {条件} T 目的寄存器, <addr>

功能同 LDR 指令,但无论处理器处于何种模式,都将该指令当作一般用户模式下的内存操作。addr 所表示的有效地址必须是字对齐的,否则从内存中读出的数值需进行循环右移操作。

3. LDRB 字节数据加载指令

LDRB 指令的格式为：

LDR {条件} B 目的寄存器, <addr>

功能同 LDR 指令,但 LDRB 指令只是从存储器中读取一个 8 位的字节数据,而不是一个 32 位的字数据,同时将目的寄存器的高 24 位清 0。

应用示例：

```
LDRB  R0,[R1]            ;将存储器地址为 R1 的字节数据读入 R0,并将 R0 的高 24 位清零
LDRB  R0,[R1,#8]         ;将存储器地址为 R1+8 的字节数据读入 R0,并将 R0 的高 24 位清零
```

4. LDRBT 用户模式的字节数据加载指令

LDRBT 指令的格式为：

LDR {条件} BT 目的寄存器, <addr>

同 LDRB 指令,但无论处理器处于何种模式,都将该指令当作一般用户模式下的内存操作。

5. LDRH 半字数据加载指令

LDRH 指令的格式为：

LDR {条件} H 目的寄存器, <addr>

同 LDR 指令,但 LDRH 指令只从存储器中读取一个 16 位的半字数据,而不是一个 32 位的字数据,同时将目的寄存器的高 16 位清零。

应用示例：

```
LDRH  R0,[R1]           ;将存储器地址为 R1 的半字数据读入 R0,并将 R0 的高 16 位清零
LDRH  R0,[R1,#8]        ;将存储器地址为 R1+8 的半字数据读入 R0,并将 R0 的高 16 位清零
LDRH  R0,[R1,R2]        ;将存储器地址为 R1+R2 的半字数据读入 R0,并将 R0 的高 16 位清零
```

6. LDRSB 有符号的字节数据加载指令

LDRSB 指令的格式为：

LDR {条件} SB 目的寄存器, <addr>

同 LDRB 指令,但 LDRSB 指令将目的寄存器的高 24 位设置成所装载的字节数据符号位的值。

应用示例：

```
LDRSB  R0,[R1]          ;将存储器地址为 R1 的一个字节数据装入 R0,
                        ;并将 R0 的高 24 位设置成该字节数据的符号位
```

7. LDRSH 有符号的半字数据加载指令

LDRSH 指令的格式为：

LDR {条件} SH 目的寄存器, <addr>

同 LDRH 指令，但 LDRSH 指令将目的寄存器的高 16 位设置成所装载的半字数据符号位的值。

应用示例：

```
LDRSH R0,[R1]        ;将存储器地址为 R1 的一个 16 位半字数据装入 R0，
                     ;并将 R0 的高 16 位设置成该半字数据的符号位
```

8. STR 字数据存储指令

STR 指令的格式为：

STR {条件} 源寄存器, <addr>

STR 指令把源寄存器中的一个 32 位字数据保存到 addr 所表示的内存地址中，同时还可以把合成的有效地址写回到基址寄存器。addr 可以是一个简单的值、一个偏移量，也可以是一个被移位的偏移量。寻址方式可参考指令 LDR。

应用示例：

```
STR  R0,[R1],#8      ;将 R0 中的字数据写入以 R1 为地址的存储器中，并将新地址 R1 + 8 写入 R1
STR  R0,[R1,#8]      ;将 R0 中的字数据写入以 R1 + 8 为地址的存储器中
```

9. STRB 字节数据存储指令

STRB 指令的格式为：

STR {条件} B 源寄存器, <addr>

STRB 指令把源寄存器中的低 8 位字节数据保存到 addr 所表示的内存地址中。其他用法同 STR 指令。

应用示例：

```
STRB  R0,[R1]        ;将寄存器 R0 中的低 8 位数据写入以 R1 为地址的存储器中
STRB  R0,[R1,#8]     ;将寄存器 R0 中的低 8 位数据写入以 R1 + 8 为地址的存储器中
```

10. STRBT 用户模式的字节数据存储指令

STRBT 指令的格式为：

STR {条件} BT 源寄存器, <addr>

同 STRB 指令，但无论处理器处于何种模式，都将该指令当作一般用户模式下的内存操作。

11. STRH 半字数据存储指令

STRH 指令的格式为：

STR {条件} H 源寄存器, <addr >

STRH 指令把源寄存器中的低 16 位半字数据保存到 addr 所表示的内存地址中，而且 addr 所表示的地址必须是半字对齐的。其他用法同 STR 指令。

应用示例：

```
STRH  R0,[R1]        ;将寄存器 R0 中的低 16 位数据写入以 R1 为地址的存储器中
STRH  R0,[R1,#8]     ;将寄存器 R0 中的低 16 位数据写入以 R1 + 8 为地址的存储器中
```

12. STRT 用户模式的字数据存储指令

STRT 指令的格式为：

STR{条件}T 源寄存器, <addr >

同 STR 指令，但无论处理器处于何种模式，都将该指令当作一般用户模式下的内存操作。

13. LDM 批量数据加载指令

LDM 指令的格式为：

> LDM{条件}{类型} 基址寄存器{!}, <regs>{^}

LDM 指令从一片连续的内存单元读取数据到寄存器列表 regs 所指示的多个寄存器中，内存单元的起始地址为基址寄存器的值。该指令一般用于多个寄存器数据的出栈。

其中，{类型}为以下几种情况。

- IA：每次传送后地址加 1。
- IB：每次传送前地址加 1。
- DA：每次传送后地址减 1。
- DB：每次传送前地址减 1。
- FD：满递减堆栈。
- ED：空递减堆栈。
- FA：满递增堆栈。
- EA：空递增堆栈。

{!}为可选后缀。若选用该后缀，则当指令执行完毕后，将最后的地址写入基址寄存器，否则基址寄存器的内容不改变。基址寄存器不允许为 R15，寄存器列表可以为 R0～R15 的任意组合。

{^}为可选后缀。当寄存器列表中包含 R15 时，选用该后缀表示除了正常的数据传送之外，还将 SPSR 复制到 CPSR。同时，该后缀还表示指令所用寄存器为用户模式下的寄存器。

应用示例：

```
LDMFD   R13!,{R0,R4-R12,PC}        ;将堆栈内容恢复到寄存器（R0,R4 到 R12,LR）
```

14. STM 批量数据存储指令

STM 指令的格式为：

> STM{条件}{类型} 基址寄存器{!}, <regs>{^}

STM 指令将各个寄存器的值存入一片连续的内存单元中，内存单元的起始地址为基址寄存器的值，各个寄存器由寄存器列表 regs 表示。该指令一般用于多个寄存器数据的入栈。

{^}：指示指令所用的寄存器为用户模式下的寄存器。

其他参数用法同 LDM 指令。

应用示例：

```
STMEA   R13!,{R0-R12,PC}        ;将寄存器 R0～R12 以及程序计数器 PC 的值保存到 R13 指示的堆栈中
```

15. SWP 字数据交换指令

SWP 指令的格式为：

> SWP{条件} 目的寄存器, 源寄存器 1, [源寄存器 2]

SWP 指令从源寄存器 2 所指向的内存装载一个字数据到目的寄存器中，同时将源寄存器 1 中的字数据存储到源寄存器 2 所指向的内存地址中。显然，当源寄存器 1 和目的寄存器为同一个寄存器时，指令交换该寄存器和存储器的内容。

应用示例：

```
SWP  R0,R1,[R2]           ;将 R2 所指向的存储器中的字数据传送到 R0，
                         ;同时将 R1 中的字数据传送到 R2 所指向的存储单元
SWP  R0,R0,[R1]           ;该指令完成将 R1 所指向的存储器中的字数据与 R0 中的字数据交换
```

16. SWPB 字节数据交换指令

SWPB 指令的格式为：

> SWP{条件}B 目的寄存器, 源寄存器 1, [源寄存器 2]

SWPB 指令从源寄存器 2 所指向的内存装载一个字节数据到目的寄存器的低 8 位中，目的寄存器的高 24 清 0，同时将源寄存器 1 中的低 8 位数据存储到源寄存器 2 所指向的内存地址中。显然，当源寄存器 1 和目的寄存器为同一个寄存器时，指令交换该寄存器和存储器的内容。

应用示例：

```
SWPB  R0,R1,[R2]              ;将 R2 所指向的存储器中的字节数据传送到 R0,R0 的高 24 位清零,
                             ;同时将 R1 中的低 8 位数据传送到 R2 所指向的存储单元
SWPB  R0,R0,[R1]              ;该指令完成将 R1 所指向的存储器中的字节数据与 R0 中的低 8 位数据交换
```

4.1.4　程序状态寄存器指令

ARM 微处理器支持程序状态寄存器访问指令，在程序状态寄存器和通用寄存器间传送数据。程序状态寄存器指令共有两条：MRS 和 MSR，两者结合可用于修改程序状态寄存器的值。

1. MRS 程序状态寄存器到通用寄存器的数据传送指令

MRS 指令的格式为：

MRS{条件} 通用寄存器, CPSR/SPSR

MRS 指令将程序状态寄存器的内容传送到通用寄存器中。该指令一般用在以下几种情况。
- 当需要改变程序状态寄存器的内容时，可用 MRS 将程序状态寄存器的内容读入通用寄存器，修改后再写回程序状态寄存器。
- 当进入中断服务程序或进程切换时，该指令可用于保存当前程序状态寄存器的值。

应用示例：

```
MRS  R0,CPSR                  ;状态寄存器 CPSR 的值存入寄存器 R0 中
MRS  R0,SPSR                  ;状态寄存器 SPSR 的值存入寄存器 R0 中
```

2. MSR 通用寄存器到程序状态寄存器的数据传送指令

MSR 指令的格式为：

MSR{条件} CPSR/SPSR_<域>, 操作数

MSR 指令将操作数的内容传送到程序状态寄存器的特定域中，操作数可以为通用寄存器或立即数。<域>用于设置程序状态寄存器中需要操作的位，32 位的程序状态寄存器可分为 4 个域：
- 位[31：24]为条件标志位域，用 f 表示；
- 位[23：16]为状态位域，用 s 表示；
- 位[15：8]为扩展位域，用 x 表示；
- 位[7：0]为控制位域，用 c 表示。

当退出中断服务程序或进程切换时，该指令可恢复或改变程序状态寄存器的值。在使用时，一般要在 MSR 指令中指明将要操作的域。

应用示例：

```
MSR  CPSR,R0                  ;传送 R0 的内容到 CPSR
MSR  CPSR_c,R0                ;传送 R0 的内容到 CPSR,但仅仅修改 CPSR 中的控制位域
```

4.1.5　协处理器指令

ARM 微处理器可支持多达 16 个协处理器，辅助 ARM 完成各种协处理操作。在程序执行的过程中，各个协处理器只执行针对自身的协处理指令，忽略 ARM 处理器和其他协处理器的指令。ARM 的协处理器指令可分为 3 类，主要用于 ARM 处理器初始化 ARM 协处理器的数据处理

操作，在 ARM 处理器的寄存器和协处理器的寄存器之间传送数据，以及在 ARM 协处理器的寄存器和存储器之间传送数据。

1. CDP 协处理器数操作指令

CDP 指令的格式为：

> CDP{条件} 协处理器编码,协处理器操作码 1,目的寄存器,源寄存器 1,源寄存器 2,协处理器操作码 2

CDP 指令用于 ARM 处理器通知 ARM 协处理器执行特定的操作，若协处理器不能成功完成特定的操作，则产生未定义指令异常。其中协处理器操作码 1 和协处理器操作码 2 为协处理器将要执行的操作，目的寄存器和源寄存器均为协处理器的寄存器，指令不涉及 ARM 处理器的寄存器和存储器。

应用示例：

```
CDP  P3,2,C12,C10,C3,4        ;该指令完成协处理器 P3 的初始化
```

2. LDC 协处理器数据加载指令

LDC 指令的格式为：

> LDC{条件}{L} 协处理器编码,目的寄存器,[源寄存器]

LDC 指令将源寄存器所指向的存储器中的字数据传送到目的寄存器中，若协处理器不能成功完成传送操作，则产生未定义指令异常。其中，{L}选项表示指令为长读取操作，如用于双精度数据的传输。

应用示例：

```
LDC  P3,C4,[R0]              ;将 ARM 处理器的寄存器 R0 所指向的内存中的字数据传送到
                            ;协处理器 P3 的寄存器 C4 中
```

3. STC 协处理器数据存储指令

STC 指令的格式为：

> STC{条件}{L} 协处理器编码, 源寄存器,[目的寄存器]

STC 指令将源寄存器中的字数据传送到目的寄存器所指向的存储器中，若协处理器不能成功完成传送操作，则产生未定义指令异常。其中，{L}选项表示指令为长读取操作，如双精度数据的传输。

应用示例：

```
STC  P3,C4,[R0]              ;将协处理器 P3 的寄存器 C4 中的字数据传送到
                            ;ARM 处理器的寄存器 R0 所指向的内存中
```

4. MCR ARM 处理器寄存器到协处理器寄存器的数据传送指令

MCR 指令的格式为：

> MCR{条件} 协处理器编码,协处理器操作码 1,源寄存器,目的寄存器 1,目的寄存器 2,协处理器操作码 2

MCR 指令将 ARM 处理器寄存器中的数据传送到协处理器寄存器中，若协处理器不能成功完成操作，则产生未定义指令异常。其中协处理器操作码 1 和 2 为协处理器将要执行的操作，源寄存器为 ARM 处理器的寄存器，目的寄存器 1 和 2 均为协处理器的寄存器。

应用示例：

```
MCR  P3,3,R0,C4,C5,6      ;该指令将 ARM 处理器寄存器 R0 中的数据传送到协处理器 P3 的寄存器 C4 和 C5 中
```

5. MRC 协处理器寄存器到 ARM 处理器寄存器的数据传送指令

MRC 指令的格式为：

> MRC{条件} 协处理器编码,协处理器操作码 1,目的寄存器,源寄存器 1,源寄存器 2,协处理器操作码 2

MRC 指令将协处理器寄存器中的数据传送到 ARM 处理器寄存器中，若协处理器不能成功完成

操作，则产生未定义指令异常。其中协处理器操作码 1 和协处理器操作码 2 为协处理器将要执行的操作，目的寄存器为 ARM 处理器的寄存器，源寄存器 1 和源寄存器 2 均为协处理器的寄存器。

应用示例：

```
MRC  P3,3,R0,C4,C5,6            ;该指令将协处理器 P3 的寄存器中的数据传送到 ARM 处理器寄存器中
```

4.1.6　异常中断指令

ARM 微处理器所支持的异常中断指令有两条：

1. SWI 软件中断指令

SWI 指令的格式为：

```
SWI{条件}  immed_24
```

SWI 指令产生软件中断，以便用户程序能调用操作系统的系统例程，操作系统在 SWI 的异常处理程序中提供相应的系统服务。immed_24 为 24 位的立即数，用于指定用户程序调用系统例程的类型，相关参数通过通用寄存器传递。当指令中 24 位的立即数被忽略时，系统例程类型由通用寄存器 R0 的内容决定，其参数通过其他通用寄存器传递。

应用示例：

```
SWI  0x02                    ;该指令调用操作系统编号位 02 的系统例程
```

指令操作的伪代码：

```
if  ConditionPassed(cond)  then
    R14_svc = adderss of next instruction after the SWI instruction
    SPSR_svc = CPSR
    CPSR[4:0] = 0b10011      /*Enter Supervisor mode*/
    CPSR[5] = 0              /*Execute in ARM state, T Bit = 0*/
                            /*CPSR[6] is unchanged, fiq不变*/
    CPSR[7] = 1             /*Disable normal interrupt, I Bit=1, 禁止 irq*/
    if high vectors configured then
        PC = 0xFFFF0008
    else
        PC = 0x00000008
```

2. BKPT 断点中断指令

BKPT 指令的格式为：

```
BKPT  immed_16
```

BKPT 指令产生软件断点中断，可用于程序的调试。immed_16 为 16 位的立即数，用于保存软件调试中额外的断点信息。

指令操作的伪代码：

```
if  (not overdiden by debug hardware)  then
    R14_abt = adderss of BKPT instruction + 4
    SPSR_abt = CPSR
    CPSR[4:0] = 0b10111      /*中止模式*/
    CPSR[5] = 0             /*使程序处于 ARM 状态, T Bit = 0*/
                            /*CPSR[6] is unchanged, fiq不变*/
    CPSR[7] = 1            /*禁止正常中断, I Bit=1, 禁止 irq*/
    if high vectors configured then
        PC = 0xFFFF000C
    else
        PC = 0x0000000C
```

4.1.7 移位指令（操作）

ARM 微处理器内嵌的桶型移位器（Barrel Shifter）支持数据的各种移位操作，移位操作在 ARM 指令集中不作为单独的指令使用，它只能作为指令格式中的一个字段，在汇编语言中表示为指令中的选项。例如，数据处理指令的第 2 个操作数为寄存器时，就可以加入移位操作选项对它进行各种移位操作。移位操作包括如下 6 种类型，其中 ASL 和 LSL 是等价的，可以自由互换。

1. LSL 逻辑左移（或 ASL 算术左移）操作

LSL（或 ASL）操作的格式为：

    通用寄存器,LSL（或 ASL） 操作数

LSL（或 ASL）可对通用寄存器中的内容进行逻辑（或算术）的左移操作，按操作数所指定的数量向左移位，低位用 0 来填充。操作数既可以是通用寄存器，也可以是立即数（0~31）。

应用示例：

    MOV R0,R1,LSL#2   ;将 R1 中的内容左移 2 位后传送到 R0 中

2. LSR 逻辑右移操作

LSR 操作的格式为：

    通用寄存器,LSR 操作数

LSR 可对通用寄存器中的内容进行右移的操作，按操作数所指定的数量向右移位，左端用 0 来填充。操作数可以是通用寄存器，也可以是立即数（0~31）。应用示例：

    MOV R0,R1,LSR#2   ;将 R1 中的内容右移 2 位后传送到 R0 中，左端用 0 来填充

3. ASR 算术右移操作

ASR 操作的格式为：

    通用寄存器,ASR 操作数

ASR 可对通用寄存器中的内容进行右移的操作，按操作数所指定的数量向右移位，左端用第 31 位的值来填充。操作数可以是通用寄存器，也可以是立即数（0~31）。应用示例：

    MOV R0,R1,ASR#2   ;将 R1 中的内容右移 2 位后传送到 R0 中，左端用第 31 位的值来填充

4. ROR 循环右移操作

ROR 操作的格式为：

    通用寄存器,ROR 操作数

ROR 可对通用寄存器中的内容进行循环右移的操作，按操作数所指定的数量向右循环移位，左端用右端移出的位来填充。其中，操作数可以是通用寄存器，也可以是立即数（0~31）。显然，当进行 32 位的循环右移操作时，通用寄存器中的值不改变。应用示例：

    MOV R0,R1,ROR#2   ;将 R1 中的内容循环右移 2 位后传送到 R0 中

5. RRX 带扩展的循环右移操作

RRX 操作的格式为：

    通用寄存器,RRX 操作数

RRX 可对通用寄存器中的内容进行带扩展的循环右移的操作，按操作数所指定的数量向右循环移位，左端用进位标志位 C 来填充。其中，操作数可以是通用寄存器，也可以是立即数（0~31）。应用示例：

    MOV R0,R1,RRX#2   ;将 R1 中的内容进行带扩展的循环右移 2 位后传送到 R0 中

4.2　Thumb 指令集

Thumb 指令集可以看作 ARM 指令压缩形式的一个子集，用于支持存储系统数据总线为 16 位的应用系统。

Thumb 指令长度为 16 位，与等价的 32 位代码相比较，Thumb 指令集在保留 32 位代码优势的同时，有效地节省了系统的存储空间。但 Thumb 指令集中的数据处理指令操作数仍然是 32 位的，指令寻址地址也是 32 位的。

Thumb 指令集可分为以下 5 类：

- 数据处理指令；
- 存储器访问指令；
- 跳转指令；
- 软件中断指令；
- 伪指令。

4.2.1　Thumb 指令集与 ARM 指令集的区别

Thumb 指令体系不完整，只支持通用功能。必要时仍需要使用 ARM 指令，如进入异常时。

所有的 Thumb 指令都有对应的 ARM 指令，Thumb 编程模型也对应于 ARM 编程模型。在应用程序的编写过程中，只要遵循一定的调用规则，Thumb 子程序和 ARM 子程序就可以互相调用。当处理器在执行 ARM 程序段时，称 ARM 处理器处于 ARM 工作状态，当处理器在执行 Thumb 程序段时，称 ARM 处理器处于 Thumb 工作状态。

Thumb 指令集较 ARM 指令集有如下限制：

- 只有 B 指令可以条件执行，其他指令都不能条件执行；
- 分支指令的跳转范围有更多限制；
- 数据处理指令的操作结果必须放入其中一个；
- 单寄存器访问指令，只能操作 R0～R7；
- LDM 和 STM 指令可以对 R0～R7 的任何子集进行操作；

4.2.2　Thumb 数据处理指令

Thumb 数据处理指令涵盖了编译器需要的大多数操作。大部分的 Thumb 数据处理指令采用 2 地址格式，不能在单指令中同时完成一个操作数的移位及一个 ALU 操作。数据处理操作比 ARM 状态的更少，并且访问寄存器 R8～R15 受到限制。数据处理指令分为数据传送指令和算术逻辑运算指令两类。

数据传送指令如表 4-1 所示。

表 4-1　　　　　　　　　　　　　　　　　数据传送指令

助记符	操作	影响标志
MOV　Rd, #expr	Rd←expr，Rd 为 R0～R7	影响 N、Z
MOV　Rd, Rm	Rd←Rm，Rd、Rm 均可为 R0～R15	Rd 和 Rm 均为 R0～R7 时，影响 N、Z，清零 C、V
MVN　Rd, Rm	Rd←（~Rm），Rd、Rm 均为 R0～R7	影响 N、Z
NEG　Rd, Rm	Rd←（-Rm），Rd、Rm 均为 R0～R7	影响 N、Z、C、V

1. MOV 指令

MOV 指令的格式为：

```
MOV   Rd, #expr
MOV   Rd, Rm
```

MOV 指令将 8 位立即数或寄存器传送到目标寄存器中。Rd 为目标寄存器，必须在 R0 至 R7 之间。expr 为 8 位立即数，即 0～255。Rm 为源寄存器，可为 R0～R15。

应用示例：

```
MOV R1,#0x10              ;R1=0x10
```

2. MVN 指令

MVN 指令的格式为：

```
MVN   Rd, Rm
```

MVN 指令将寄存器 Rm 按位取反后传送到目标寄存器 Rd 中。指令的执行会更新 N 和 Z 标志，对标志 C 和 V 无影响。

应用示例：

```
MVN  R1,R2               ;将 R2 取反，结果存于 R1
```

3. NEG 指令

NEG 指令的格式为：

```
NEG   Rd, Rm
```

NEG 指令将寄存器 Rm 乘以-1 后传送到目标寄存器 Rd 中。指令会更新 N、Z、C 和 V 标志。Rd 为目标寄存器，必须在 R0 至 R7 之间。Rm 为源寄存器，为 R0～R15。

应用示例：

```
NEG R1,R0                ;R1=-R0
```

4. ADD 指令

低寄存器的 ADD 指令格式为：

```
ADD   Rd, Rn, Rm
ADD   Rd, Rn, #expr3
ADD   Rd, #expr8
```

ADD 指令将两个数据相加，结果保存到 Rd 寄存器中。Rd 为目标寄存器，必须在 R0 至 R7 之间。Rn 为第 1 个操作数寄存器，必须在 R0 至 R7 之间。Rm 为第 2 个操作数寄存器，必须在 R0 至 R7 之间。exper3 为 3 位立即数，即 0～7。expr8 为 8 位立即数，即 0～255。

应用示例：

```
ADD  R1, R1, R0          ;R1=R1+R0
ADD  R1, R1, #7          ;R1=R1+7
ADD  R1, #200            ;R1=R1+200
```

高寄存器的 ADD 指令格式为：

```
ADD   Rd, Rm
```

Rm 在 R0 至 R15 之间。应用示例：

```
ADD  R1, R10             ;R1=R1+R10
```

SP 操作的 ADD 指令格式为：

```
ADD   SP, #expr
```

SP 为目标寄存器，也是第一个操作数寄存器。expr 为立即数，在-508 至+508 之间的 4 的整数倍的数。

应用示例:

```
ADD SP, #-500          ;SP=SP-500
```

5. SUB 指令

低寄存器的 SUB 指令格式为:

> SUB Rd, Rn, Rm
>
> SUB Rd, Rn, #expr3
>
> SUB Rd, #expr8

SUB 指令将两个数据相减,结果保存到 Rd 寄存器中。参数同 ADD 指令。

应用示例:

```
SUB R1, R1, R0         ;R1=R1-R1
SUB R1, R1, #7         ;R1=R1-7
SUB R1, #200          ;R1=R1-200
```

SP 操作的 SUB 指令格式为:

> SUB SP, #expr

SP 为目标寄存器,也是第一个操作数寄存器。expr 为立即数,在-508 至+508 之间的 4 的整数倍的数。应用示例:

```
SUB SP, #-380         ;SP=SP+380
```

6. ADC 指令

ADC 指令的格式为:

> ADC Rd, Rm

ADC 指令将 Rd 和 Rm 的值相加,再加上 CPSR 中的 C 条件标志位,结果保存到 Rd 寄存器。Rd 为目标寄存器,也是第 1 个操作数,必须在 R0 至 R7 之间。Rm 为第 2 个操作数寄存器,必须在 R0 至 R7 之间。以下代码为 64 位加法示例:

```
ADD R0, R2
ADC R1, R3             ;(R1、R2)=(R1、R0)+(R3、R2)
```

7. SBC 指令

SBC 指令的格式为:

> SBC Rd, Rm

SBC 指令用寄存器 Rd 减去 Rm,再减去 CPSR 中的 C 条件标志位的非,结果保存到 Rd 寄存器。参数同 ADC 指令。以下代码为 64 位减法示例:

```
SUB R0, R2
SBC R1, R3             ;(R1、R2)=(R1、R0)-(R3、R2)
```

8. MUL 指令

MUL 指令的格式为:

> MUL Rd, Rm

MUL 乘法指令用寄存器 Rd 乘以 Rm,结果保存到 Rd 寄存器。参数同 ADC 指令。

应用示例:

```
MUL R0, R1            ;R0=R0×R1
```

9. AND 指令

AND 指令的格式为:

> ADN Rd, Rm

AND 指令将寄存器 Rd 的值与寄存器 Rm 的值按位作逻辑"与"操作，结果保存到 Rd 寄存器。参数同 ADC 指令。应用示例：

```
MOV  R1, #0x0F
AND  R0, R1                  ;R0=R0&R1, 清零 R0 高 24 位
```

10. ORR 指令

ORR 指令的格式为：

```
ORR  Rd, Rm
```

ORR 指令将寄存器 Rd 的值与寄存器 Rm 的值按位作逻辑"或"操作，结果保存到 Rd 寄存器。参数同 ADC 指令。

应用示例：

```
MOV  R1, #0x0F
ORR  R0, R1                  ;R0=R0 | R1, 置位 R0 低 4 位
```

11. EOR 指令

EOR 指令的格式为：

```
EOR  Rd, Rm
```

EOR 指令将寄存器 Rd 的值与寄存器 Rm 的值按位作逻辑"异或"操作，结果保存到 Rd 寄存器。参数同 ADC 指令。

应用示例：

```
MOV  R1, #0x0F
EOR  R0, R1                  ;R0=R0^R1, 取反 R0 低 4 位
```

12. BIC 指令

BIC 指令的格式为：

```
BIC  Rd, Rm
```

BIC 指令将寄存器 Rd 的值与寄存器 Rm 的值的反码作逻辑"与"操作，结果保存到 Rd 寄存器。参数同 ADC 指令。

应用示例：

```
MOV  R1, #0x02
BIC  R0, R1                  ;清零 R0 的第 2 位，其他位不变
```

13. ASR 指令

ASR 指令的格式为：

```
ASR  Rd, Rs
ASR  Rd, Rm, #expr
```

ASR 指令将数据算术右移，将符号位复制到左侧空出的位，移位结果保存到 Rd 寄存器。Rd 为目标寄存器，也是第 1 个操作数，必须在 R0 至 R7 之间。Rs 为寄存器控制移位中包含移位位数的寄存器，必须在 R0 至 R7 之间。Rm 为立即数移位的源寄存器，必须在 R0 至 R7 之间。expr 为立即数移位位数，值为 1~32。

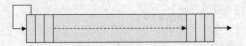

若移位位数为 32，则 Rd 清零，最后移出的位保留在标志 C 中；若移位位数大于 32，则 Rd 和标志 C 均被清零；若移位位数为 0，则不影响 C 标志。

应用示例：

```
ASR  R1, R2
ASR  R3, R1, #2
```

14. LSL 指令

LSL 指令的格式为：

> LSL　Rd, Rs
>
> LSL　Rd, Rm, #expr

LSL 指令将数据逻辑左移，空位清零，移位结果保存到 Rd 寄存器。参数同 ASR 指令。

若移位位数为 32，则 Rd 清零，最后移出的位保留在标志 C 中；若移位位数大于 32，则 Rd 和标志 C 均被清零；若移位位数为 0，则不影响 C 标志。

应用示例：

```
LSL  R6, R7
LSL  R1, R6, #2
```

15. LSR 指令

LSR 指令的格式为：

> LSR　Rd, Rs
>
> LSR　Rd, Rm, #expr

LSR 指令将数据逻辑右移，空位清零，移位结果保存到 Rd 寄存器。参数同 ASR 指令。

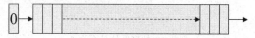

若移位位数为 32，则 Rd 清零，最后移出的位保留在标志 C 中；若移位位数大于 32，则 Rd 和标志 C 均被清零；若移位位数为 0，则不影响 C 标志。

应用示例：

```
LSR  R6, R7
LSR  R1, R6, #2
```

16. ROR 指令

ROR 指令的格式为：

> ROR　Rd, Rs

ROR 指令将数据循环右移，寄存器右侧移出的位放入左侧空出的位上，移位结果保存到 Rd 寄存器。Rd 为目标寄存器，也是第 1 个操作数，必须在 R0 至 R7 之间。Rs 为寄存器控制移位中包含移位位数的寄存器，必须在 R0 至 R7 之间。

应用示例：

```
ROR  R3, R0
```

17. CMP 指令

CMP 指令的格式为：

> CMP　Rn, Rm
>
> CMP　Rn, #expr

CMP 指令使用寄存器 Rn 的值减去寄存器 Rm 的值，根据操作的结果更新 CPSR 中的 N、Z、C 和 V 标志位。Rn 为第 1 个操作数寄存器，必须在 R0 至 R7 之间。Rm 为第 2 个操作数寄存器，必须在 R0 至 R7 之间。expr 为立即数，值为 0～255。

应用示例：

```
CMP  R1, #10            ;R1 与 10 比较，设置相关标志位
CMP  R1, R2             ;R1 与 R2 比较，设置相关标志位
```

18. CMN 指令

CMN 指令的格式为：

> CMN   Rn, Rm

CMN 指令使用寄存器 Rn 的值加上寄存器 Rm 的值，根据操作的结果更新 CPSR 中的 N、Z、C 和 V 标志位。Rn 为第 1 个操作数寄存器，必须在 R0 至 R7 之间。Rm 为第 2 个操作数寄存器，必须在 R0 至 R7 之间。

应用示例：

```
CMN  R0, R2               ;R0 与-R2 比较，设置相关标志位
```

19. TST 指令

TST 指令的格式为：

> TST   Rn, Rm

TST 指令将寄存器 Rn 的值与寄存器 Rm 的值按位作逻辑"与"操作，根据操作的结果更新 CPSR 中的 N、Z、C 和 V 标志位。参数同 CMN 指令。

应用示例：

```
MOV  R0, #0x01
TST  R1, R0              ;判断 R1 的最低位是否为 0
```

4.2.3   Thumb 存储器访问指令

1. LDR/STR——加载/存储指令

单寄存器访问指令如表 4-2 所示。

表 4-2   单寄存器访问指令

助记符	说明	操作	影响标志
LDR/STR Rd,addressing	加载/存储字数据	Rd←[Rn,#immed_5 × 4]， Rd、Rn 为 R0～R7	无
LDRH/STRH Rd,addressing	加载/存储无符号半字数据	Rd←[Rn,#immed_5 × 2]， Rd、Rn 为 R0～R7	无
LDRB/STRB Rd,addressing	加载/存储无符号字节数据	Rd←[Rn,#immed_5 × 1]， Rd、Rn 为 R0～R7	无
LDRSH Rd,addressing	加载有符号半字数据	Rd←[Rn,Rm]，Rd、Rn、Rm 为 R0～R7	无
LDRSB Rd,addressing	加载有符号字节数据	Rd←[Rn,Rm]，Rd、Rn、Rm 为 R0～R7	无

根据指令的寻址方式不同，可以分为以下 3 类：

- 立即数偏移寻址；
- 寄存器偏移寻址；
- PC 或 SP 相对偏移寻址。

（1）立即数偏移寻址

以这种寻址方式对存储器访问时，存储器的地址以一个寄存器的内容为基址，在偏移一个立即数后指明。指令格式如下：

LDR	Rd, [Rn, #immed_5×4]	;加载内存中的字数据到寄存器 Rd 中
STR	Rd, [Rn, #immed_5×4]	;将 Rd 中的字数据存储到指定地址的内存中
LDRH	Rd, [Rn, #immed_5×2]	;加载内存中的半字数据到寄存器 Rd 的低 16 位中
STRH	Rd, [Rn, #immed_5×2]	;存储 Rd 中的低 16 位半字数据到指定的内存单元
LDRB	Rd, [Rn, #immed_5×1]	;加载内存中的字节数据到寄存器 Rd 中
STRB	Rd, [Rn, #immed_5×1]	;存储 Rd 中的低 8 位字节数据到指定的内存单元

其中，Rd 表示加载或存储的寄存器，必须为 R0～R7。Rn 表示基址寄存器，必须为 R0～R7。immed_5×N 表示立即数偏移量，其取值范围为 $(0～31)×N$。

应用示例：

```
LDR   R0,[R1,#0x4]
STR   R3,[R4]
LDRH  R5,[R0,#0x02]
STRH  R1,[R0,#0x08]
LDRB  R3,[R6,#20]
STRB  R1,[R0,#31]
```

值得注意的是，进行字数据访问时，必须保证传送地址为 32 位对齐。进行半字数据访问时，必须保证传送地址为 16 位对齐。

（2）寄存器偏移寻址

这种寻址方式是以一个寄存器的内容为基址，以另一个寄存器的内容为偏移量，两者相加作为存储器的地址。指令格式如下：

LDR	Rd, [Rn,Rm]	;加载一个字数据
STR	Rd, [Rn,Rm]	;存储一个字数据
LDRH	Rd, [Rn,Rm]	;加载一个无符号半字数据
STRH	Rd, [Rn,Rm]	;存储一个无符号半字数据
LDRB	Rd, [Rn,Rm]	;加载一个无符号字节数据
STRB	Rd, [Rn,Rm]	;存储一个无符号字节数据
LDRSH	Rd, [Rn,Rm]	;加载一个有符号半字数据
LDRSB	Rd, [Rn,Rm]	;存储一个有符号半字数据

其中，Rd 表示加载或存储的寄存器，必须为 R0～R7。Rn 表示基址寄存器，必须为 R0～R7。Rm 表示内含数偏移量的寄存器，必须为 R0～R7。

应用示例：

```
LDR    R3,[R1,R0]
STR    R1,[R0,R2]
LDRH   R6,[R0,R1]
STRH   R0,[R4,R5]
LDRB   R2,[R5,R1]
STRB   R1,[R3,R2]
LDRSH  R7,[R6,R3]
LDRSB  R5,[R7,R2]
```

（3）相对偏移寻址

这种寻址方式是以 PC 或 SP 寄存器的内容为基址，以一个立即数为偏移量，两者相加作为存储器的地址。指令格式如下：

```
LDR    Rd, [PC,#immed_8×4]
LDR    Rd, label
LDR    Rd, [SP,#immed_8×4]
STR    Rd, [SP,#immed_8×4]
```

其中，Rd 表示加载或存储的寄存器，必须为 R0～R7。immed_8×4 表示偏移量，取值范围是(0～255)×4。label 表示程序相对偏移表达式，Label 必须在当前指令之后 1KB 范围内。

应用示例：

```
LDR  R0,[PC,#0x08]          ;读取 PC+0x08 地址上的字数据，保存到 R0 中
LDR  R7,LOCALDAT            ;读取 LOCALDAT 地址上的字数据，保存到 R7 中
LDR  R3,[SP,#1020]          ;读取 SP+1020 地址上的字数据，保存到 R3 中
STR  R2,[SP]               ;存储 R2 寄存器的数据到 SP 指向的存储单元(偏移量为 0)
```

值得注意的是，以 PC 作为基地址的相对偏移寻址指令只有 LDR，而没有 STR 指令。

2. PUSH/POP——寄存器入栈及出栈指令

寄存器入栈及出栈指令实现低寄存器和可选的 LR 寄存器入栈及低寄存器和可选的 PC 寄存器出栈操作。堆栈地址由 SP 寄存器设置，堆栈是满递减堆栈。指令格式如下：

```
PUSH   {reglist[,LR]}
POP    {reglist[,PC]}
```

其中，reglist 为入栈/出栈低寄存器列表，必须为 R0～R7。LR 为入栈时的可选寄存器。PC 为出栈时的可选寄存器。

应用示例：

```
PUSH {R0-R7,LR}            ;将低寄存器 R0～R7 全部入栈，LR 也入栈
POP  {R0-R7,PC}            ;将堆栈中的数据弹出到低寄存器 R0～R7 及 PC 中
```

3. LDMIA/STMIA——多寄存器加载/存储指令

多寄存器加载/存储指令可以在一组寄存器和一块连续的内存单元之间传输数据。LDMIA 为加载多个寄存器，STMIA 为存储多个寄存器。使用它们允许一条指令传送 8 个低寄存器 R0～R7 的任何子集。指令格式如下：

```
LDMIA  Rn!, reglist
STMIA  Rn!, reglist
```

其中，Rn 为加载/存储的起始地址寄存器，必须为 R0～R7。reglist 为加载/存储的寄存器列表，寄存器必须为 R0～R7。

LDMIA/STMIA 主要用于数据复制和参数传送。进行数据传送时，每次传送后地址加 4。若 Rn 在寄存器列表中：

- 对于 LDMIA 指令，Rn 的最终值是加载的值，而不是增加后的地址；
- 对于 STMIA 指令，若 Rn 是寄存器列表中的最低数字的寄存器，则 Rn 存储的值为 Rn 在初值，其他情况不可预知。

应用示例：

```
LDMIA R0!,{R2-R7}        ;加载 R0 指向的地址上的多字数据，保存到 R2～R7 中，R0 的值更新。
STMIA R1!,{R2-R7}        ;将 R2～R7 的数据存储到 R1 指向的地址上，R1 值更新
```

4.2.4　Thumb 跳转指令

跳转指令又称为分支指令，如表 4-3 所示。

表 4-3　　　　　　　　　　　　　　　数据传送指令

助记符	说明	操作	影响标志
B　label	跳转指令	PC←label	B{cond}
BL　label	带链接的跳转指令	LR←PC-4，PC←label	无
BX　Rm	带状态切换的跳转指令	PC←label，切换处理器状态	无

1. B 跳转指令

B 指令格式为：

    B{cond}   label

B 指令跳转到指定的地址执行程序，它是 Thumb 指令集中唯一的有条件执行指令。如果使用了条件执行，那么跳转范围为-252～+256 字节。如果没有使用条件执行，那么跳转范围在 ± 2K 内。label 表示程序标号。

应用示例：

```
B    WAITB              ;WAITB 标号在当前指令的 ± 2K 范围内
BEQ  LOOP1              ;LOOP1 标号在当前指令的-252～+256 范围内
```

2. BL 带链接的跳转指令

BL 指令格式为：

    BL   label

BL 指令在跳转到指定地址执行程序前，将下一条指令的地址复制到 R14 链接寄存器中。label 表示程序标号。

应用示例：

```
ADD R0,R1
BL  RstInit
```

由于 BL 指令通常需要大的地址范围，很难用 16 位指令格式实现，为此，Thumb 采用两条这样的指令组合成 22 位半字偏移（符号扩展为 32 位），使指令转移范围为 ± 4MB。

3. BX 带状态切换的跳转指令

BX 指令格式为：

    BX   Rm

BX 指令是带状态切换的跳转指令，跳转地址由 Rm 指定，同时根据 Rm 的最低位的值切换处理器状态，当最低两位均为 0 时，切换到 ARM 状态。Rm 为保存有目标地址的寄存器。

应用示例：

```
ADR  R0,ArmFun          ;将 ARM 程序段地址存入 R0
BX   R0                 ;跳至 R0 指定的地址，并切换到 ARM 状态
```

4.2.5　Thumb 软件中断指令

SWI 指令用于产生软中断，从而实现从用户模式变换到管理模式，CPSR 保存到管理模式的 SPSR 中，同时程序跳转到 SWI 向量。在系统模式下也可以使用 SWI 指令，处理器同样能切换到管理模式。（参数传递的方法参看 ARM 指令 SWI 的使用）

SWI 指令格式为：

```
SWI   immed_8
```

其中，immed_8 为 8 位立即数，值为 0～255 的整数。

应用示例：

```
SWI   1                  ;软中断，中断立即数为 0
SWI   0x55               ;软中断，中断立即数为 0x55
```

4.2.6　Thumb 伪指令

1．ADR 伪指令

ADR 指令格式为：

```
ADR   register, expr
```

ADR 伪指令将基于 PC 相对偏移的地址值读取到寄存器中。其中，register 为加载的目标寄存器。expr 为地址表达式，偏移量必须是正数并小于 1KB，expr 必须是局部定义的，不能被导入。

应用示例：

```
ADR   R0,TxTab           ;该指令到 TxTab 段地址范围不超过 1KB
......
TxTab
DCB   "ARM7TDMI", 0
```

2．LDR 伪指令

LDR 指令格式为：

```
LDR   register, =expr/label-expr
```

LDR 伪指令加载 32 位的立即数或一个地址值到指定寄存器。在汇编编译源程序时，LDR 伪指令被编译器替换成一条合适的指令。其中，register 为加载的目标寄存器。expr 为 32 位立即数，label-expr 为基于 PC 的地址表达式或外部表达式。

应用示例：

```
LDR   R0,=0x12345678     ;加载 32 位立即数 0x123456778，该指令到 LTORG 段地址范围不超过 1KB
LDR   R0,=DATA_BUF+60    ;加载 DATA_BUF 地址+60
...
LTORG                    ;声明文字池
```

3．NOP 伪指令

NOP 指令格式为：

```
LDR   register, =expr/label-expr
```

NOP 伪指令在汇编时将被替换成一条 Thumb 空操作的指令。例如，可能为"MOV R0,R0"指令。NOP 伪指令可用于延时操作。

应用示例（延时子程序）：

```
Delay
NOP                      ;空操作
NOP
NOP
SUB   R1,R1,#1           ;循环次数减一，不需要加'S'标志，就可以影响 CPSR 标志位
BNE   Delay              ;如果循环没有结束，跳转 Delay 继续
MOV   PC,LR              ;子程序返回
```

本章小结

- ARM 指令系统包括 ARM 指令集和和 Thumb 指令集两个部分。
- ARM 指令集可分为数据处理指令、跳转指令（转移指令）、Load/Store 指令、程序状态寄存器访问指令、协处理器指令和异常中断指令 6 大类。
- Thumb 指令集是 ARM 指令压缩形式的一个子集，用于支持存储系统数据总线为 16 位的应用系统。Thumb 指令长度为 16 位，与等价的 32 位代码比较，Thumb 指令集在保留 32 位代码优势的同时，有效地节省了系统的存储空间。
- Thumb 指令集可分为数据处理指令、存储器访问指令、跳转指令、软件中断指令和伪指令 5 类。

思考与练习题

1. ARM 指令有哪几种寻址方式？试分别叙述其各自的特点并举例说明。

2. 简述 ARM 指令集的分类。

3. 假设 R0 的内容为 0x8000，寄存器 R1、R2 内容分别为 0x01 和 0x10，存储器内容为空。执行下述指令后，说明 PC 如何变化？存储器及寄存器的内容如何变化？

        STMIB   R0!，{R1，R2}
        LDMIA   R0!，{R1，R2}

4. 如何从 ARM 指令集跳转到 Thumb 指令集？ARM 指令集中的跳转指令与汇编语言中的跳转指令有什么区别？

5. ARM 指令集支持哪几种协处理器指令？试分别简述并列举其特点。

第 3 部分
嵌入式系统软件程序设计

本部分内容旨在使读者对嵌入式系统相关软件能进行初步设计。

本部分内容包括嵌入式操作系统、嵌入式 Linux 开发环境及其在 ARM 上的移植、设备驱动程序，以及用户图形接口 GUI。该部分分 4 章进行讲解，其具体内容包括嵌入式操作系统的进程管理、中断处理、内存管理以及典型嵌入式操作系统 Linux 和 Andriod；嵌入式 Linux 开发环境及其在 ARM 上的移植方法和过程；设备驱动程序的基本概念以及 USB 设备、网络设备和 LCD 驱动程序开发实例；用户图形接口在嵌入式系统中的发展需求和功能特点；Qt/Embedded 的特点、体系架构、开发环境和开发实例；最后简单介绍智能化用户界面 Agent 技术。

第5章
嵌入式操作系统

在本章，我们将从概念入手，详细讨论嵌入式操作系统的基本知识，包括嵌入式操作系统的进程、进程调度、进程间的通信机制、嵌入式操作系统的中断及时钟管理、内存管理，最后介绍常用的嵌入式 Linux 操作系统的内存管理机制、进程与中断管理机制、调度机制等，并简单介绍 Andriod 系统。

本章学习要求：

- 描述嵌入式操作系统中进程的概念；
- 描述进程的基本状态及状态转换；
- 列出进程调度常用的几种策略；
- 描述两种基本的进程间通信机制——信号和管道；
- 描述嵌入式系统中断管理和时钟管理机制；
- 描述嵌入式系统内存管理的主要功能和虚拟内存的概念；
- 描述 Linux 操作系统的内存管理机制；
- 描述 Linux 操作系统的进程与中断管理机制、调度机制及文件管理系统。
- 介绍 Andriod 系统的系统架构、应用程序组件、数据存储与访问、进程与线程等。

在嵌入式大型应用中，为了使嵌入式开发更方便、快捷，就需要一个具备相应内存管理、中断处理、任务间通信、定时器响应以及多任务处理等功能且安全稳定的软件模块集合，嵌入式操作系统就是嵌入式应用软件的基础和开发平台。嵌入式操作系统的引入，大大提高了嵌入式系统的功能，方便了嵌入式应用软件的设计，提高了嵌入式系统开发的效率，但同时也占用了宝贵的嵌入式资源。因此，一般在比较大型或需要多任务的应用场合才考虑使用嵌入式操作系统。

目前大多数嵌入式操作系统必须提供多任务管理、存储管理、周边资源管理和中断管理功能。

5.1　嵌入式操作系统概述

嵌入式系统与通用计算机提供通用的软硬件平台不同，它是针对特定需求的定制系统，一般资源少、便携化，要求利用比较少的资源配置来实现特定的功能。如何在较小尺寸、较少资源占用的情况下，快速响应外部多种特定的事件，成为嵌入式系统的主要需求。

嵌入式系统核心部分要有以下的模块。

（1）中断处理

在没有嵌入式系统之前，一般的工控都是用前后台机制实现的。在嵌入式系统相中，中断是整个系统的推动力，中断处理是响应外部事件的主要途径。

（2）时间管理

对于实时操作系统来说，时间管理是系统的核心，整个系统就是由一定间隔的时钟中断驱动的。一般的实时操作系统主要有两种时间管理：OS 定时器和 RTC 定时器。

（3）资源管理与资源共享

由于资源的有限性，在嵌入式系统中，资源的管理也非常的重要，CPU、IO、内存等是系统基本的资源，如何有效的应用和管理是一个很大的话题。同时如何共享、如何提供任务间资源的互斥，也是稳定系统必不可缺的条件。

（4）多任务

在嵌入式系统中，任务也可以叫进程。多任务系统一般有多个任务同时存在于系统中，任务在嵌入式系统中有各种各样的状态，如运行态、IDLE 态等。

（5）任务的实时调度与切换

多任务的管理及其实时调度，决定了系统的主要特征。任务的调度与切换，也是嵌入式多任务系统的一个基本问题。

（6）进程间（任务间）通信

不同任务间的通讯，在不同的系统中有不同的实现方法，大体与 POSIX 的 IPC 相似。但在硬实时嵌入式系统中，事件和消息用得较多。

LINUX 系统，还有虚拟内存管理和文件系统管理。

5.2　嵌入式操作系统的进程管理

在并发系统中，如何合理地分配计算机的硬件和软件资源，从而使应用程序高效、安全地运行，一直是人们致力解决的一个问题。为了解决这个问题，人们引入了"进程"这个概念。

进程是设计复杂的嵌入式系统时需要的一个重要工具，它提供了处理多个需同时操作的任务的基本方法。像过程或函数可以把源代码组织成易于管理的功能单元一样，进程可以把可执行代码组织成易于管理的单元。当把系统功能清晰地分解成许多互相交互的进程时，就可以利用操作系统的相关技术来管理这些进程及进程间的交互。

5.2.1　进程的概念

进程是可并发执行的、具有独立功能的程序在一个数据集合上的运行过程，是操作系统进行资源分配和保护的基本单位。一个进程可以简单地认为是一个程序在系统内的唯一执行。也就是说，进程包括它的指令代码和数据，也包括程序计数器（PC）和 CPU 中所有的寄存器，还包括存放在进程堆栈中的临时数据、返回地址以及变量。

乍看起来，操作系统似乎是以程序为单位来进行资源分配的，其实不然。既然程序可以并发运行，那么就可能同时存在着同一个程序的两个甚至多个运行。例如，可以同时打开两个或多个 Word 文档，也就是说，同时可以有两个或多个 Word 程序在运行，那么，系统只给一个 Word 分配资源是不行的。

我们说，**一个程序的两个复制**（使用各自的数据区）**是两个不同的进程**。对于进程的数据集合来说，它不仅包括 CPU 的寄存器，而且应该包括它的主存储单元，因为程序的执行结果将会保存在这两个地方。

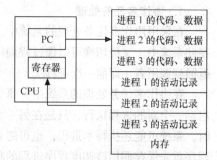

图 5-1　单 CPU 上的多进程示意

嵌入式系统中最宝贵的资源是 CPU，通常只有一个，而进程却是多个。如图 5-1 所示，图中描述了若干个进程如何同时存在于 CPU 中。对于当前正在执行的进程，如进程 2，有一个指向它的指令代码的程序计数器。除了进程的指令代码和数据，还需要给每个进程保存一个单独的**进程状态记录**。这个记录通常称为**活动记录**，包含了重新激活进程的数据。在开始执行时，进程 2 的状态从活动记录中复制到 CPU 中。其他不处于执行中的进程也有自己的活动记录，记录着这些进程停止时 CPU 的内部状态，这些状态用于在后续的某个时间重新激活这些进程。

在嵌入式系统中，常用的进程形式是轻量级进程，也就是通常所说的**线程**。线程在 CPU 的寄存器中存有各自不同值的集合，但是它们共存于一个主存储空间中，因此，一个线程很可能会不经意间毁掉系统上一个正在执行的线程数据。但是，嵌入式系统还是会普遍采用线程，因为这样可以大大降低存储单元管理的复杂性。

在台式计算机上，操作系统需要对进程空间进行全面保护，因此，需要对存储单元进行管理，以便可以把物理内存映射到不同的逻辑内存空间上，保证进程不会互相冲突。但是，在嵌入式系统上，所运行的那些程序在发行之前都经过了严格的测试，因此，使用轻量级进程（线程）模型更有意义，它可以减少存储管理单元的消耗。

如果一个程序可以执行许多次，而每次都不必从原始复制中重新载入，则称该程序为**重入的**。也有一些程序是不可重入的，例如，某程序执行时首先读一些全局变量，然后再写这些变量，如果重新执行该程序，将会看到这些全局变量具有不同的值。不可重入程序会导致一些程序需运行多次才会出现的缺陷变得不容易查找。因此，一个进程不是必须写成重入程序，但是如果进程都是重入的，那么系统的调试就会更容易一些。

在上述例子中，所有的进程都存储于主存中。虽然在台式计算机上，可以把不在执行的进程代码及其数据保存到磁盘上，但大多数嵌入式系统从体积和价格方面考虑，一般都不配有磁盘，因此，进程都存储在主存中。

注　意

5.2.2　上下文切换

在嵌入式系统中，CPU 一次只可能执行一个进程。但是，如果在进程活动记录中记录了一个进程的完整状态信息，就可以强制 CPU 停止执行该进程而去执行另一个进程。切换的方法是通过改变程序计数器的值，使其指向新进程的代码，同时把新进程的数据移入寄存器和主存中。这种使 CPU 从一个正在执行的进程转向另一个进程的机制称为**上下文切换**（又称**文境切换**）。

文境切换必须是没有任何缺陷的，并且在 CPU 内能非常迅速地执行。下面讨论两种文境切换的形式：协作多任务处理和抢先多任务处理。

1. 协作多任务处理

在采用协作多任务处理的系统中,正在执行的进程将主动放弃 CPU 等资源,让给另一个进程。在此系统中,文境切换可以像过程调用一样实现,但并不是标准的过程调用,因为它不可能马上返回到调用者（即前一次进程）。

在协作多任务处理的系统中,每个进程中包含一个对文境切换函数的调用,该函数调用并不启动一个新的进程执行,只是在另一个进程中进行状态复制。当一个进程主动调用文境切换函数时,系统可能还执行本进程,也可能去执行另外一个进程,这主要由进程调度程序来决定。调度程序首先保存调用该调度程序进程的状态信息,然后决定接下来要调用哪个进程,并把 CPU 的状态设置为新进程状态。

在 ARM 中的协作文境切换机制中,如果使用轻量级进程,那么,所需做的工作就是保存用户模式下微处理器的寄存器中旧进程状态的代码,然后从另一个进程中恢复它们的值。

保存旧进程状态的代码如下,RAM 中的寄存器 R13 总是保存着一个指向当前进程的文境的指针。

```
STMIA  R13,｛R0-R14｝
MRS    R0,SPSR
STMDB  R13,｛R0,R15｝
```

在上述一段程序中,**STMIA 指令**是多存储指令,它把所有的用户寄存器都保存在 R13 所指向的内存空间,IA 后缀表示每一个寄存器保存后,地址值自动加 1,使寄存器以升序保存;指示符号设置了 STM 指令中的 S 位,使得用户模式寄存器被保存。**MRS 指令**读取状态寄存器的内容,并把它们存入寄存器 R0 中。**STMDB 指令**保存状态寄存器和 PC（即 R15）到文境中。

恢复新进程文境的代码如下,假设变量 NextProC 中存有指向该文境块的指针。

```
ADR    R0,NextProC           ;获取文境块指针
LDR    R13,〔R0〕
LDMDB  R13,{R0,R15}          ;获得状态寄存器和 PC
MSR    SPSR,R0
LDMIA  R13,｛R0-R14｝
MOVS   PC,R14                ;重新保存状态寄存器
```

协作多任务处理的文境切换模式常用于嵌入式系统中,但是它可能会诱发导致系统不可操作的错误。进程对 CPU 的控制权的让出必须是进程自愿的,因此一个简单的编程错误就可能导致系统加锁,对输入没有响应,变得不可操作。即使没有逻辑错误,协作多任务处理机制也会出现问题。如一个进程在让出 CPU 控制权之前,若其执行时间过长,系统的实时性能就会受到影响。协作多任务处理模式没有解决如某一进程出错就可能引起整个系统崩溃这样的问题。

2. 抢先多任务处理

抢先多任务处理的文境切换模式,采用了中断机制来实现文境切换。像过程调用一样,中断机制保存旧进程状态后,就把 CPU 的控制权交给新的进程。但是,中断是强制旧进程把控制权交给新进程。抢先多任务处理的处理机制不仅可以降低单个进程错误引起的后果,而且可以使 CPU 的运行时间得到更有效地分配,以满足某些进程的实时性要求。

抢先多任务处理的基本硬件配置需要一个定时器部件,在大多数嵌入式系统中使用的微处理器内部都集成有定时器。定时器周期性地产生 CPU 中断信号。在定时器的中断服务程序中,它把旧的进程状态信息保存到进程活动记录中,并选择下一个需要执行的进程,切换进程的文境。

从总体来看，抢先多任务处理的文境切换与协作多任务处理的文境切换有许多相似之处，唯一的区别在于触发事件。协作式采用了进程主动触发，自愿放弃 CPU 的控制权；而抢先式采用定时器中断触发，进程是被动地交出 CPU 的控制权。

注 意

5.2.3　进程状态

前面讲过，进程是处理器执行程序代码的运行过程。既然是一个过程，那么它就一定存在着不同的状态，并且会在不同状态之间进行转换。

在不同的操作系统中，进程所具有的状态不尽相同，但不论哪种操作系统，进程的基本调度状态可归为 3 种：**就绪状态**、**运行状态**和**阻塞状态**。进程的基本状态及转换关系如图 5-2 所示。

如果一个进程已经获得了除处理器以外的所有必需资源，那么这个进程就处于**就绪状态**。也就是说，这个进程已经具备了运行的条件。

一个处于就绪状态的进程一旦获得了

图 5-2　进程的基本状态及状态转换

处理器的使用权，那么这个进程对应的程序代码就会被执行而使进程处于**运行状态**。

一个正在运行的进程，可以有两种原因被暂停运行：一是系统根据某种规则而暂停运行；二是因为自身的需要，即需要等待一个事件（如等待 I/O 设备或其他进程给它提供数据，或等待其他系统资源时）而暂停运行。由于前一种原因而被暂停运行的进程会被转换为**就绪状态**；而由于后一种原因被暂停的进程会进入**阻塞状态**，一旦被阻塞的进程所等待的事件发生了，而且进程也获得了这个信息，那么这个进程就会重新进入就绪状态。

在不同的操作系统中，进程状态的名称也不尽相同。例如，运行状态也叫作执行状态，阻塞状态根据具体实际也可叫作挂起状态、等待状态等。

注 意

从图 5-2 中也可看到，系统总是要在处于就绪状态的进程里选择一个就绪进程使其转换为运行状态的。这个在就绪进程中选择一个进程，并使之运行的工作就叫**进程调度**，这是操作系统的一项重要任务。

进程的调度状态必须包含在进程活动记录中。同时，活动记录中还应包含进程优先级和进程的起始地址，这些数据都是操作系统调度一个进程所需要的。

支持进程调度的数据结构在一定程度上依赖于进程是否可以在执行期间被创建。如果系统运行一个固定的进程集合，那么进程调度状态的记录可以存入一个数组中；如果进程可以在运行期间的空闲时刻被创建，那么进程的状态记录必须在一个链表中保存。

目前许多嵌入式系统在设计时，没有采用在空闲时刻创建进程的方法，但这种方法在许多情况下却是非常有利的。如果嵌入式系统中，有一些非周期性的或者很少发生的事件发生时，临时创建一个进程去处理是必要的，因为只在需要的时候创建进程会省下很多内存空间。

如果微处理器支持保护模式，那么操作系统一般都在保护模式下运行。虽然系统设计者设计的程序会经过严格的测试才加载到系统中执行，但是也不能保证程序无错误。在保护模式下运行时，就可以防止编程中的错误（如一个进程干涉其他进程运行的错误）引起整个系统的崩溃。

5.2.4 进程调度

一个进程的生存期，将使用许多系统资源。例如，使用 CPU 运行它的指令，使用文件系统中的文件，间接或直接地使用系统中的物理设备等。操作系统必须跟踪进程及进程所使用的资源，这样才能管理进程。

进程是并发机制的实体和基础，调度则是实现并发机制的手段。所谓**进程调度**，是指在系统中所有的就绪进程里，按照某种策略确定一个合适的进程并让处理器运行它。进程调度应使用恰当的调度算法以确保公平。

进程调度程序必须从系统所有能运行的进程中找出下一个最应该执行的进程。所谓能运行的程序是指只等待 CPU 运行，而其他条件已经就绪的进程。一个简单的进程调度算法是基于进程优先级的，即每个进程被分配一个优先级，调度器将在已就绪的进程队列中选取优先级最高的进程执行。但是，如果一个进程执行直到它需等待时才让出 CPU，那么这个进程就可能占用 CPU 较长时间，这是不合适的。合适的方法是每次进程只执行一段少量的时间，当这一段时间用完后，在下一段时间内，选择另一个就绪的、优先级最高的进程执行，这段执行的少量时间被称为时间片。

嵌入式系统中的进程有许多是实时性的，实时性的进程可以用几种不同类型的时间属性描述。一个进程集合上的时间属性往往对进程调度方案有很大影响，即一个调度策略必须定义时间属性需求，以此来确定一个调度方案是否有效。下面首先讨论嵌入式系统设计中不同类型的进程时间属性需求，然后再讨论进程调度策略。

1. 时间属性需求

进程的两个重要的时间属性需求是进程启动时间和进程期限。

启动时间是进程从等待状态进入就绪状态的时间。对于非周期性执行的进程来说，由于它是由某个事件启动的（例如，外部数据或者由其他进程计算出的数据到达时启动)，因而启动时间一般都是从触发事件开始计算。但实际上，系统在事件触发后，还需要一段时间来使进程就绪。对于周期性执行的进程来说，启动时间有两种可能性，一种是在简单系统中，进程可能在周期的一开始就已经就绪，启动时间即开始计算；另一种是在复杂的系统中，周期开始以后还需特定数据（也是事件触发）到来才开始启动时间的计算，如图 5-3 所示。

进程期限描述了什么时候进程的运行必须结束。非周期性进程的进程期限一般从进程启动时间开始计算，因为它是唯一合理的参考时间。一般来说，周期性进程的进程期限发生在一个周期结束之前的某个时刻。对

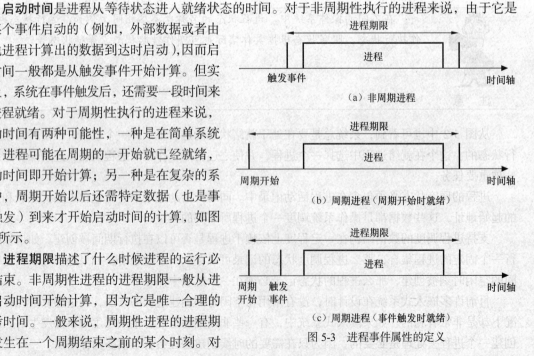

（a）非周期进程

（b）周期进程（周期开始时就绪）

（c）周期进程（事件触发时就绪）

图 5-3 进程事件属性的定义

于一些调度简单的系统，其进程期限就发生在周期的结束时刻。

速率需求也是常见的时间属性需求。速率需求描述了进程调度器必须以多快的频率来启动进程。频率的倒数是周期，因此这个参数被称为**启动时间间隔**。周期性进程的启动时间间隔一般等于它的循环周期。但是，若进程采用流水线执行，那么进程的启动时间间隔可以小于它的周期。即使是在单 CPU 系统中，一个进程的启动时间间隔也有可能比周期小。例如，如果进程的执行时间远小于其循环周期，那么它就可以启动程序的多个复制命令，相互之间只有很小的时间偏移。

2．调度策略的性能指标

调度策略定义了如何从活动状态的进程队列中选择一个进程并把它转化为执行状态的方法。每个多任务操作系统都使用了某种进程调度策略，选择适合于环境的、好的调度策略，不仅可以保证系统满足其时间属性要求，而且会对 CPU 运行系统功能程序所消耗的功率产生影响。

CPU 利用率（utilization）表示对于给定的一组任务，这些任务所使用的整个 CPU 资源的比率。Liu 和 Layland 曾经证明，对于一个给定的调度算法，其 CPU 利用率存在着一个理论上的上限，如 EDF 算法的最大 CPU 利用率为 1。

CPU 利用率是评价调度策略的一个关键指标。在实际的应用中，即使不考虑文境切换所需的时间，也不可能百分之百地利用 CPU 执行时间做有用的工作。但是，对同样的时间属性需求，不同的调度策略会使 CPU 的利用率不同，即有些调度策略可能比其他一些调度策略有更高的 CPU 利用率。最好的调度策略是依赖于被调度进程的时间属性要求特点的。

可调度性（schedulability）表示对于给定的一组任务，如果所有任务都能满足截止时间的要求，这些任务就是可调度的。对于在线调度算法，当一个新的任务需要加入到系统中时，应进行可调度性分析，如果加入任务后会导致某些任务不能满足调度性，则该任务就不能添加到系统中去。可调度性的程度可以通过所有任务截止时间都能得到满足的情况下的最大 CPU 利用率来进行衡量。

描述调度策略的性能还可用调度开销这一指标。

调度开销是指选择下一个要执行的进程所需花费的时间，它发生在任何文境切换之前。一般来说，越是完善的调度策略，操作系统在执行调度器程序时占用的 CPU 时间就会越多。而且，一般都是通过应用具有更高开销的、更复杂的调度策略来换取理论上较高的 CPU 利用率。因此，最终确定在操作系统中采用何种调度策略时，必须同时考虑理论上的 CPU 利用率及实际的调度开销。

3．几种调度策略

实时调度方法大致可以划分为以下 4 类：

- 离线（off-line）和在线（on-line）调度；
- 抢占式（preemptive）和非抢占式（non-preemptive）调度；
- 静态（static）和动态（dynamic）调度；
- 最佳（optimal）和试探性（heuristic）调度。

（1）离线调度和在线调度

根据获得调度信息的时机，调度算法分为离线调度和在线调度两类。

对于**离线调度算法**，运行过程中使用的调度信息在系统运行之前就确定了，如时间驱动的调度（clock-driven scheduling）。离线调度算法具有确定性，但缺乏灵活性，适用于那些特性能够预先确定且不容易发生变化的应用。

在线调度算法的调度信息则在系统运行过程中动态获得，如优先级驱动的调度（如 EDF、RMS 等）。在线调度算法在形成最佳调度决策上具有较大的灵活性。

（2）抢占式调度和非抢占式调度

根据任务在运行过程中能否被打断的处理情况，调度算法分为抢占式调度和非抢占式调度两类。

在**抢占式调度算法**中，正在运行的任务可能被其他任务所打断。在非抢占式调度算法中，一旦任务开始运行，该任务只有在运行完成后才主动放弃 CPU 资源，或是因为等待其他资源被阻塞的情况下才会停止运行。实时内核大都采用抢占式调度算法，使关键任务能够打断非关键任务的执行，确保关键任务的截止时间能够得到满足。相对来说，抢占式调度算法要更复杂些，且需要更多的资源，并可能在使用不当的情况下会造成低优先级任务出现长时间得不到执行的情况。典型的抢占式调度算法是**基于优先级的可抢占调度算法**。

在基于优先级的可抢占调度方式中，如果出现具有更高优先级的任务处于就绪状态时，当前任务将停止运行，把 CPU 的控制权交给具有更高优先级的任务，使更高优先级的任务得到执行。因此，实时内核需要确保 CPU 总是被具有最高优先级的就绪任务所控制。这意味着当一个具有比当前正在运行任务的优先级更高的任务处于就绪状态的时候，实时内核应及时进行任务切换，保存当前正在运行任务的上下文，切换到具有更高优先级的任务的上下文。

图 5-4 所示为多个任务在基于优先级的可抢占调度方式下的运行情况示意图。任务 1 被具有更高优先级的任务 2 所抢占，然后任务 2 又被任务 3 抢占。当任务 3 完成运行后，任务 2 继续执行。当任务 2 完成运行后，任务 1 才又得以继续执行。

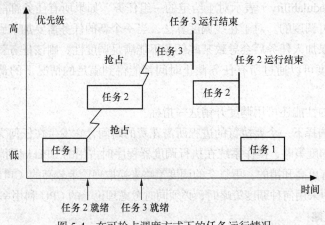

图 5-4　在可抢占调度方式下的任务运行情况

非抢占式调度算法常用于那些任务需要按照预先确定的顺序进行执行，且只有当任务主动放弃 CPU 资源后，其他任务才能得到执行的情况。常用的非抢占式调度算法是时间片轮转调度算法。

时间片轮转调度（round-robin scheduling）算法是指当有两个或多个就绪任务具有相同的优先级，且他们是就绪任务中优先级最高的任务时，任务调度程序按照这组任务就绪的先后次序调度第一个任务。让第一个任务运行一段时间后，调度第二个任务；让第二个任务运行一段时间后，调度第三个任务；依此类推，到该组最后一个任务也得以运行一段时间后，接下来又让第一个任务运行。这里，任务运行的这段时间称为**时间片**（time slicing）。

在时间片轮转调度方式中，当任务运行完一个时间片后，该任务即使还没有停止运行，也必须释放处理器让下一个与他相同优先级的任务运行，使实时系统中优先级相同的任务具有平等的运行权利。释放处理器的任务被排到同优先级就绪任务链的链尾，等待再次运行。

图 5-5 所示为多个任务在时间片轮转调度方式下的运行情况示意图。任务 1 和任务 2 具有相

同的优先级，按照时间片轮转的方式轮流执行。当高优先级任务 3 就绪后，正在执行的任务 2 被抢占，高优先级任务 3 得到执行。当任务 3 完成运行后，任务 2 才重新在未完成的时间片内继续执行。随后任务 1 和任务 2 又按照时间片轮转的方式执行。

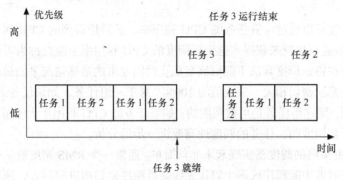

图 5-5　在时间片轮转调度方式下的任务运行情况

采用时间片轮转调度算法时，任务的时间片大小要适当选择。时间片大小的选择会影响系统的性能和效率：时间片太大，时间片轮转调度就没有意义；时间片太小，任务切换过于频繁，处理器开销大，真正用于运行应用程序的时间将会减少。另外，不同的实时内核在实现时间片轮转调度算法上可能有一些差异：有的内核允许同优先级的各个任务有不一致的时间片，有的内核要求相同优先级的任务具有一致的时间片。

（3）静态调度和动态调度

根据任务优先级的确定时机，调度算法分为静态调度和动态调度两类。

在**静态调度算法**中，任务的优先级需要在系统运行前进行确定，且在运行过程中不会发生变化。

通常来说，静态调度中确立任务优先级的主要依据有以下 4 个方面。

● **执行时间**：以执行时间为依据的调度算法为最短执行时间优先（smallest execution time first）和最长执行时间优先（largest execution time first）。

● **周期**：以周期为依据的调度算法为短周期任务优先（smallest period first）和长周期任务优先（largest period first）。

● **任务的 CPU 利用率**：任务的 CPU 利用率为任务计算时间与任务周期的比值。以任务的 CPU 利用率为依据的调度算法为最小 CPU 利用率优先（smallest task utilization first）和最大 CPU 利用率优先（largest task utilization first）。

● **紧急程度**：根据任务的紧急程度，以人为的方式进行优先级的静态安排。人为安排优先级是嵌入式实时软件开发中使用非常多的一种方法。该方法以系统分析设计人员对系统需求的理解为基础，确定出系统中各个任务之间的相对优先情况，并据此确定出各个任务的优先级。

最经典的静态调度算法是**比率单调调度算法**（Rate-monotonic Scheduling Algorithm，RMS），RMS 是基于以下假设基础进行分析的：

① 所有任务都是周期任务；

② 任务的相对截止时间等于任务的周期；

③ 任务在每个周期内的计算时间都相等，保持为一个常量；

④ 任务之间不进行通信，也不需要同步；

⑤ 任务可以在计算的任何位置被抢占，不存在临界区。

RMS 是一个静态的固定优先级调度算法，任务的优先级与任务的周期表现为单调函数关系，任务周期越短，任务的优先级越高；任务周期越长，任务的优先级就越低。RMS 是静态调度中的最优调度算法，即如果一组任务能够被任何静态调度算法所调度，则这些任务在 RMS 下也是可调度的。

任务的可调度性可以通过计算任务的 CPU 利用率，然后把得到的 CPU 利用率同一个可调度的 CPU 利用率上限进行比较来获得。这个可调度的 CPU 利用率上限被称为可调度上限。**可调度上限**表示给定任务在特定调度算法下能够满足截止时间要求的最坏情况下的最大 CPU 利用率。可调度上限与调度算法密切相关，最大值为 100%。对于一组任务，如果任务的 CPU 利用率小于或等于可调度上限，则这组任务是可被调度的；如果任务的 CPU 利用率大于可调度上限，就不能保证这组任务是可被调度的，任务的调度性需要进一步的分析。

采用 RMS 调度策略的调度器实现起来非常简单。通常一个 RMS 调度器运行在操作系统的定时器中断中，即定时器中断程序代码中以优先级高低顺序来扫描进程列表，选择优先级最高的活动进程去运行。因为优先级是静态设定的，进程可以在系统开始执行之前以优先级高低的顺序排列好。RMS 调度程序有较低的近似复杂度和较低的实际执行时间，这可以把速率单调分析中的零文境交换假设和 RMS 系统实际执行的差异降到最低。

静态调度算法适用于能够完全把握系统中所有任务及其时间约束（如截止时间、运行时间、优先顺序和运行过程中的到达时间）特性的情况。静态调度比较简单，但缺乏灵活性，不利于系统扩展。

注　意

在**动态调度算法**中，任务的优先级可根据需要进行改变，也可随着时间按照一定的策略自动发生变化。动态调度算法主要有两种：**最近执行者优先调度和最短空闲时间优先调度**算法。

■　**最近执行者优先调度**（Earliest Deadline First，EDF）

EDF 是在嵌入式操作系统设计时采用的一个著名的调度策略。它是以动态方式来分配进程优先级的，即在进程的执行期间，根据它的启动时间来改变其优先级。它可以达到比 RMS 更高的 CPU 利用率。

EDF 调度策略也很简单：它以进程期限的顺序来指定进程优先级。优先级最高的进程是距离进程期限最近的进程，优先级最低的进程是距离进程期限最远的进程。显然，每个进程结束后，调度器都必须对所有进程的优先级重新计算。采用最近执行者优先调度策略的调度器，其调度过程的最后时刻所完成的工作和 RMS 是相同的，即选择优先级最高的活动进程进行执行。

EDF 进程调度策略可以使 CPU 的利用率达到 100%。如果 CPU 的利用率小于或者等于 100%，那么就存在可行的进程调度。如系统过载或进程错过了期限，那么在错过进程期限之前，CPU 将以 100% 的负荷运行。通常情况下，很难区分系统是在满负荷状态下运行还是进程将要错过其期限。

EDF 调度器的实现比 RMS 调度器的实现要复杂得多。实现 EDF 调度策略的主要问题在于如何使进程按照其进程期限的时间长短排序。因为进程到达其期限的时间在进程执行期间是变化的，因此，不可能像 RMS 调度策略中那样，事先固定把进程的优先级排序，然后存放在一个数组中。避免进程期限在每一次变化时都需对所有进程活动记录进行重新排序。

■　**最短空闲时间优先调度算法**（Least-Laxity-First Scheduling，LLFS）

任务的优先级根据任务的空闲时间进行动态分配。任务的空闲时间越短，任务的优先级越高；

任务的空闲时间越长，任务的优先级越低。任务的空闲时间可通过下式来表示：

任务的空闲时间=任务的绝对截止时间−当前时间−任务的剩余执行时间

 动态调度的出现是为了确保低优先级任务也能被调度。这种公平性对于所有任务都具有同等重要程度的系统比较合适，对于需要绝对可预测性的系统一般不使用动态调度。动态调度有足够的灵活性来处理变化的系统情况，但需要消耗更多的系统资源。

注　意

5.2.5　进程间通信机制

操作系统内核的重要功能之一是协调进程间的活动，这需要通过进程间的相互通信来完成。进程间通信机制（Inter Process Communication，IPC）是由操作系统提供的，作为进程抽象的一部分。信号和管道是两种基本的进程间通信机制。

1．进程间通信

一个进程可以以两种方式中的一种来发送信息，即阻塞方式和非阻塞方式。当一个进程发送了阻塞信息后，该进程就进入阻塞状态直到它接收到响应为止。非阻塞发送信息则允许进程在发送信息之后继续执行。这两种方式都很有用。

嵌入式系统中进程间通信主要采用两种形式：共享内存和消息传递。二者在逻辑上没有什么区别，进程通信采用哪种方式，主要依赖实际需要。进程间通信也可以采用信号和管道的方式。

（1）共享内存方式

图 5-6 所示是一种基于系统总线的、共享内存方式的进程间通信示意图。两个进程通过共享内存单元进行通信，进程 P1 和进程 P2 的软件设计为操作已知的共享单元地址。如果 P1 想要给 P2 发送信息，它就把信息写入共享单元中，然后 P2 从共享单元中读出这些信息。

图 5-6　基于总线的共享内存通信

图 5-6 所示中的两个进程通过共享内存单元块进行信息交互。实际使用时，在共享单元块中必须设置一个标志单元，该标志告诉进程 P2 什么时候从进程 P1 来的信息已经准备好。若进程 P1 数据没有准备好时，该标志单元值设为 0，若数据准备好时设置为 1。例如，CPU 写数据，把标志单元置 1。如果这个标志单元只被进程 P1 使用的话，那么可以使用标准的内存写操作实现；但如果该标志单元用于进程 P1 和进程 P2 之间的双向读写时，那么操作上必须注意，应考虑可能会出现两个进程处于临界时序时引起的竞争，即当进程 P1 和进程 P2 都想往共享单元写数据时：

① 进程 P1 读标志单元，为 0；

② 进程 P2 也读标志单元，为 0；

③ 进程 P1 把标志单元置为 1，向共享区写数据；

④ 进程 P2 错误地也把标志单元置为 1，写入数据，覆盖了进程 P1 写入的数据。

为了避免这种情况的出现，要求 CPU 总线必须能支持测试置位（test-and-set）原子操作，这在大部分的 CPU 上是可以实现的。

测试置位操作首先需要读出一个单元的值，然后把该单元设置为一个特定的值，并返回它的测试结果。如果单元已经被设置，那么其他的设置都是不起作用的，测试置位指令返回 FALSE。如果单元没有被设置，测试置位指令返回 TRUE，同时该单元也被设置。

例如，下面在 ARM 中使用 SWP（swap）指令来实现测试置位原子操作：

```
SWP    Rd,Rm,Rn
```

SWP 指令有 3 个操作数：Rd、Rm 和 Rn。其功能是：由 Rn 指向的内存单元被装入并保存在 Rm 中，然后，Rm 的值又被写入 Rn 指向的内存单元。当 Rd 和 Rn 是同一个寄存器时，指令交换寄存器的值，并把它存在 Rd 和 Rn 指向的地址。

（2）消息传递方式

消息传递方式是共享内存通信方式的补充，如图 5-7 所示，每个通信实体有自己的发送和接收单元。消息并不是存储在通信链路中，而是保

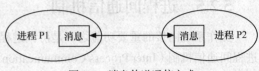

图 5-7　消息传递通信方式

存在发送和接收方的端点处。与之对应的，共享内存通信中所有的数据存储在数据链路和内存中。

对于单元操作相对独立的应用程序来说，使用消息传递通信比使用共享内存通信要好。另外，对许多 8 位的微控制器来说，通常也不会使用外部共享内存进行通信，它们之间通信往往采用消息传递的方法。

2．信号

信号是操作系统中使用最早的进程间通信机制之一，主要用于向一个或多个进程发异步事件信号，许多嵌入式操作系统也采用了信号机制。信号实际上是一个中断的模拟，它不仅可以由硬件产生，也可以由软件产生。例如，信号可以通过键盘中断产生，也可以由进程访问虚拟内存中一个不存在的地址而引起的错误产生。信号由一个进程产生，然后由操作系统传递给另一个进程。信号机制是比较简单的，这是因为除了信号本身，它并不传递数据。表 5-1 中列举了一个实时操作系统 POSIX 定义的基本信号类型。

表 5-1　　　　　　　　　　　　　　POSIX 的基本信号类型

	名　称	描　述
终止	SIGABRT	异常终止进程
	SIGTERM	终止进程
	SIGHUP	终止挂起
	SIGINT	交互终止
	SIGKILL	不可避免的进程终止
	SIGQUIT	异常终止
异常	SIGFPE	浮点异常
	SIGILL	非法指令异常
	SIGSEGV	内存访问异常
	SIGPIPE	管道访问异常
	SIGALARM	实时时钟到期
用户定义	SIGUSR1	用户自定义
	SIGUSR2	用户自定义

其中一些信号（SIGFPE，SIGILL，SIGSEGV）用来为操作系统抽象 CPU 的异常，一些信号（SIGALRM，SIGPIPE）与操作系统服务相关，还有一些信号（SIGABRT，SIGHUP，SIGINT，SIGKILL，SIGQUIT，SIGTERM）用来终止进程。信号 SIGUSR1 和信号 SIGUSR2 没有被 POSIX 直接使用，而是供特定目的的用户进程使用。

上述信号的功能是嵌入式操作系统中进程间通信最基本的功能，而仅依靠错误和进程终止信号来创建一个功能丰富的通信进程集合是很困难的。它通过进程产生信号的方法，即 Kill()函数来返回：

```
Kill（0，SIGABRT）
```

Kill()命令把 SIGABRT 信号发送给所有子进程。Kill 命令可以发送任何一种类型的信号，但是一个进程在接收信号后可以通过声明一个处理给定类型信号的函数来控制所发生的情况。进程使用 Sigaction()函数为一个信号声明处理程序，使用 sigaction 数据结构来描述它需要处理哪个信号。例如，可以为 SIGUSR1 声明一个处理程序，如下代码所示：

```
# include <signal.h>
extern void usrl_handler（int）              /*描述 SIGUSR1 信号的句柄二*/
struct sigaction  act,oldact;
int retval;
act.sa_flags = 0;                           /*设置数据结构*/
sigemptyset（&act, sa_mask）;               /*初始化信号集为空*/
act.sa_handler = usrl_handler;              /*增加 SIGUSR1 的句柄到集合中*/
retval = sigaction（SIGUSR1,&act,&oldact）;  /*告诉操作系统该句柄的信息*/
```

实时信号用 SIGRTMIN 和 SIGRTMAX 之间的数字来标识。尽管它们都已经以大写字母命名（UNIX 中约定用大写字母对常量进行命名），但实际上这些信号的值在执行过程中是可以改变的。因此，这些边界引用信号是一个很好的方式，例如，SIGRTMIN+1。

Sigqueue()函数用来发送一个信号：

```
if（sigqueue（destpid, SIGRTMAX-1,sval) <0)              /* error */
```

上述代码向进程号为 destpid 的进程发送了信号 SIGRTMAX-1。如果在发送信号时出错，函数将返回一个负数。

一个信号可以用 UML 信号来描述。一个操作系统的信号除了条件码外，没有其他的参数，而 UML 信号是一个对象。因此，它可以带参数作为对象的属性。图 5-8 显示了 UML 中描述信号的使用。这个类的 sigbehavior()行为负责发送信号，在图中由 <<send>>指明，信号对象由<<signal>>指示。

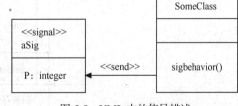

图 5-8　UML 中的信号描述

理论上讲，信号量是采用共享内存进程间通信的安全的机制。POSIX 支持信号量机制，同时也支持直接共享内存机制。

POSIX 通过_POSIX_SMAPHORES 选项支持计数信号量。计数信号量允许多个进程同时访问同一资源，如果一个信号量最多允许访问 N 个资源，那么直到 N 个进程同时通过信号量它才堵塞。一旦发生堵塞，被堵塞的进程只有当某一个进程放弃了它的信号量以后才能恢复。一个简单方法是使计数信号量的计数值减到 0，即当信号量的计数值为 0 时，进程必须等待直到另外的进程放弃信号量并增加了信号量计数为止。

系统中可以存在许多信号量，每个都被系统给定一个变量名。这些变量名与文件名类似，但是它们不是任意的路径名，即变量名总是以"/"开始，中间没有其他的"/"符号。下面的程序代码段描述了如何创建一个被称为"/seml"的新信号量，以及如何关闭它。

```
int    i,oflags;
sem_t    *my_semaphore ;
my_semaphore = sem_open("/seml",oflags );        /*其他需要的语句*/
i = sem_close(my_semaphore);
```

P 和 V 信号量在 POSIX 中对应的名称分别为 sem_wait()和 sem_post()。POSIX 还提供了一个 sem_trywait()函数，用来测试信号量，它不会被堵塞。它们的使用示例如下：

```
int    i;
i = sem_wait (my_semaphore );                    /* 信号量 */
...
i = sem_post (my_semphore );                      /* 信号量 */
i = sem_trywait (my_semphore );                   /* 测试信号量 */
```

在_POSIX_SHARED_MEMORY_OBJECTS 选项下支持 POSIX 共享内存。共享内存函数可创建能被若干个进程使用的内存块。下面的 shm_open()函数打开了一个共享内存对象：

Objdesc = shm_open（"/mernobjl", O_RDONLY）；

上面的程序代码创建了具有读写访问功能的名为"/memobjl"的共享内存对象，而 O_RDONLY 模式只允许读。该函数返回了一个整数值，我们可以把这个整数值作为共享内存对象的描述符。用 ftruncate 函数来设置进程共享内存对象的大小，如下列代码所示：

if（ftruncate（objdesc,1000）<0）   /* 语句 */

在使用共享内存对象之前，必须使用 mmap()函数把它映射到进程存储空间中。POSIX 假定共享内存对象一直处于一个后备存储器设备中（如磁盘中），然后映射到进程的地址空间。图 5-9 显示了基本 mmap()函数参数的定义。由 shm_open()返回的值 objdesc 是位于后备存储器设备中的共享内存的起始地址。mmap()允许进程只映射从偏移量开始的一个空间的子集，映射空间的长度是 len，进程空间块开始的位置是 addr。mmap()要求为映射内存设置保护模式。

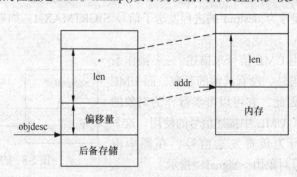

图 5-9   mmap()函数的参数示意

下面是 mmap()的调用例子：

if（mmap（addr,len,O_RDWR,MAP_SHARED,objdesc,0）== NULL）
    {/*语句*/}

MAP_SHARED 参数告诉函数 mmap()把其拥有的写功能分配给共享这块内存的所有进程。当进程完成时，可以使用 munmap()函数去掉到内存的映射，如下代码所示：

if（mummap（startadrs,len）<0）   {/*语句*/}

上述程序操作使函数去掉了进程从 startadrs 开始到 startadrs+len 这段共享内存的映射。最后采用如下代码所示的 close() 函数来释放共享内存块。

```
close（objdesc）；
```

只有一个进程可调用 shm_open() 创建共享内存对象，并且调用 close() 撤销共享内存对象。每个进程（包括那个创建共享内存对象的进程）必须使用 mmap() 和 munmap() 函数把共享内存映射到自己的地址空间。

3. 管道

管道是单向的字节流，它可以把一个进程的标准输出与另一个进程的标准输入连接起来，是进程间通信的另一种机制。下面我们通过公开源代码的 Linux 操作系统中的 Shell 命令来说明管道机制的原理，Linux 的 Shell 语法是典型的管道操作。

例如命令：

```
# ls | pr | lpr
```

上述管道操作把列出目录中所有文件 ls 命令的标准输出重定向为分页命令 pr 的标准输入，然后 pr 命令的标准输出又被管道操作重定向为 lpr 命令的标准输入（lpr 命令的作用是在默认的打印机上打印）。命令中的垂直线"|"是 Shell 的管道符号。Shell 负责建立进程间的这些临时性的管道，而进程本身并不知道这些重定向操作，仍然按照通常的方式进行操作。

在 Linux 系统中，管道用两个指向同一个临时性 VFS 索引节点（内存中的索引节点）的文件数据结构来实现。这个临时性的 VFS 索引节点指向内存中的一个物理页面。每个文件数据结构保护指向不同文件操作进程向量的指针。其中，一个进程用于写管道，另一个进程用于从管道中读数据。从一般读写普通文件的系统调用的角度来看，这种实现方法隐藏了下层的差异。当写进程执行管道操作时，数据被复制到共享的数据页面中；当读进程读管道时，数据又从共享数据页面中复制出来。对管道的访问必须同步，以使读进程和写进程步调一致。Linux 使用了锁、等待队列和信号量 3 种方式来实现同步。

（1）写进程

写进程使用标准的写库函数来写管道。使用文件操作的库函数要求传递文件描述符来索引进程的文件数据结构集合。每个文件数据结构代表一个打开的文件或是一个打开的管道。Linux 写系统调用使用代表该管道的文件数据结构指向的写例程，而写例程又使用代表该管道的 VFS 索引结点中保存的信息来管理写请求。

如果有足够大的空间把所有的数据写入管道中，并且该管道没有被读进程锁定，那么 Linux 为写进程锁定管道，并把待写的数据从进程空间复制到共享数据页中。如果管道被读进程锁定或者没有足够大的空间存放数据，那么当前的进程将被强制进入活动状态，放到管道对应的所有结点的等待队列中，然后系统调用进程调度器来选择合适的进程进入执行状态。睡眠的进程是可中断的，它可以接收信号，也可以在管道中有足够大空间来容纳写数据或在管道被解锁时被读进程唤醒。写数据完成后，管道的 VFS 索引结点被解锁，系统会唤醒所有睡眠在读索引结点等待队列中的读进程。

（2）读进程

从管道中读数据的过程与向管道中写数据的过程非常相似。进程可以做非阻塞的读操作，但它仍依赖于打开管道的模式。进程使用非阻塞读时，如果管道中无数据或者该管道被锁定，读系统则会立即返回出错信息。通过这种办法，进程可以继续运行。另一种处理是进程在索引结点的等待队列中等待写进程完成。一旦所有的进程都完成了管道操作，管道的索引结点和共享数据页就会立即被释放。

Linux 也支持命名管道（named pipes）。因为这种管道遵循先进先出的规则，所以也被称为先进先出（First In First Out，FIFO）管道。普通的管道是临时性的对象，而 FIFO 管道是通过 mkfifo 命令创建的文件系统中的实体。只要有适当的权限，进程就可以自由地使用 FIFO 管道。但 FIFO 管道的打开方式与普通管道有所不同：普通管道（包括两个文件数据结构对应的 VFS 索引结点以及共享数据页）在进程每次运行时都会创建一次，而 FIFO 是一直存在的，需要用户打开和关闭。使用 FIFO 管道时 Linux 还必须处理以下两种情况：

- 读进程先于写进程打开管道；
- 读进程在写进程写入数据之前读入。

除此之外，FIFO 管道的使用方式与普通管道的使用方式完全相同，都使用相同的数据结构和操作。

5.3　嵌入式操作系统的中断处理

实时系统通常都需要处理来自外部环境的事件，如按键、视频输出的同步、通信设备的数据收发等。这些事件都要求能够在特定的时间范围内得到及时处理。例如，当键盘上的键被按下后，系统应该尽快把相应的字符显示出来，否则会给用户造成系统没有响应的情形。中断即为解决该类问题的有效机制。

中断最初被用来替换 I/O 操作的轮询处理方式，以提高 I/O 处理的效率。随后，中断又包含了自陷（也称为内部中断或是软件中断）的功能。后来，中断的概念得到进一步扩大，被定义为导致程序正常执行流程发生改变的事件（不包括程序的分支情况），可以称为广义中断。

5.3.1　中断向量表

中断控制是所有计算机系统的一个核心模块，不同的硬件平台有不同的中断机制。不管怎样，中断机制最核心的部分是中断向量表，每一种硬件体系根据自己的实现提供一张中断向量表。

中断向量表提供了所有支持的中断定义以及相应的中断服务程序。当发生异常时，首先要保存当前的处理器状态，然后进入相应的异常向量地址。一般来说，异常向量地址是一个跳转指令，使程序进入相应的异常处理过程。

在 X86 中，中断向量表存储于存储器的前 1024 字节中，包括 256 种不同的 4 字节中断向量。

在 ARM 中，中断向量表存储于存储器的低端或者高端地址的前 0x1c（依赖于硬件的具体配置），支持 7 种类型的异常，其中第一个中断向量是复位中断向量，当系统复位后，开始重新执行。

5.3.2　中断的种类

根据中断向量表，可以把这些中断具体分为异步中断、软件中断和同步中断。

异步中断（interrupt）是由于 CPU 外部的原因而改变程序执行流程的过程，属于异步事件，又称为硬件中断。

软件中断（software interrupt）：又称自陷（trap），表示通过处理器所拥有的软件指令，可预期地使处理器正在执行的程序的执行流程发生变化，以执行特定的程序。自陷是显式的事件，需要无条件地执行。软件中断是一种非常重要的机制，系统可通过该机制在用户模式下执行特权模式下的操作。软件中断也是软件调试的一个重要手段。

同步中断（exception），也即是我们通常所说的异常，是 CPU 自动产生的自陷，以处理异常事件，如被 0 除、执行非法指令和内存保护故障等。异常没有对应的处理器指令，当异常事件发生时，处理器也需要无条件地挂起当前运行的程序，执行特定的处理程序。

在 X86 中，除前 32 个向量作为 Intel 专用中断向量外，其他 224 个向量都作为用户自定义中断。0～31 的向量对应于异常和非屏蔽中断。32～47 的向量（即由 I/O 设备引起的中断）分配给屏蔽中断。48～255 的向量用来标识软中断。Linux 只用了其中的一个向量（即 128 或 0 乘以 80 向量）用来实现系统调用。

在 ARM 中，除了定义的 5 个向量异常外，有两个向量专门用于中断，这两个中断被分为快中断和慢中断。由于快中断有专门的寄存器保存上下文，避免了许多上下文切换开销，因而快中断能够比慢中断快，而且在处理快中断时，慢中断会被屏蔽掉。这两个中断提供了系统的所有中断入口，系统可通过查询相应的中断控制器来区分具体的中断。

使用中断的目的在于提高系统效率。中断使得 CPU 可以在事件发生时才予以处理，而不必让微处理器连续不断地查询（Polling）是否有事件发生。通过两条特殊指令，即**关中断**（Disable interrupt）和**开中断**（Enable interrupt）可以让微处理器不响应或响应中断。在实时环境中，关中断的时间应尽量的短，因为关中断时间太长可能会引起中断丢失。

对于实时系统来说，中断通常都是必不可少的机制，以确保具有时间关键特性的功能部分能够得到及时执行。实时内核大都提供了管理中断的机制，该机制方便了中断处理程序的开发，提高了中断处理的可靠性，并使中断处理程序与任务有机地结合起来。

中断还可以有以下几种分类方法。

（1）可屏蔽中断和不可屏蔽中断

根据硬件中断是否可以被屏蔽，中断分为可屏蔽中断和不可屏蔽中断。由于中断的发生是异步的，程序的正常执行流程随时有可能被中断服务程序打断，如果程序正在进行某些重要运算，中断服务程序的插入将有可能改变某些寄存器的数据，造成程序的运行发生错误。因此，在程序某段代码的运行过程中就可能需要屏蔽中断，并通过设置屏蔽标志对中断暂时不做响应。

能够被屏蔽掉的中断称为**可屏蔽中断**。对于可屏蔽中断，外部设备的中断请求信号一般需要先通过 CPU 外部的中断控制器，再与 CPU 相应的引脚相连。可编程中断控制器可以通过软件进行控制，以禁止或是允许中断。而另一类中断是在任何时候都不可屏蔽的，称为**不可屏蔽中断**。一个比较典型的例子是掉电中断，当发生掉电时，无论程序正在进行什么样的运算，它都肯定无法正常运行下去。在这种情况下，急需进行的是一些掉电保护的操作。对这类中断，应随时进行响应。

（2）边缘触发中断和电平触发中断

从中断信号的产生来看，根据中断触发的方式，中断分为边缘触发中断和电平触发中断。

在**边缘触发**方式中，中断线从低变到高或是从高变到低时，中断信号就被发送出去，并只有在下一次的从低变到高或是从高变到低时才会再度触发中断。由于该事件发生的时间非常短，有可能出现中断控制器丢失中断的情况，并且，如果有多个设备连接到同一个中断线，即使只有一个设备产生了中断信号，也必须调用中断线对应的所有中断服务程序来进行匹配，否则会出现中断的软件丢失情况。对于**电平触发**方式，在硬件中断线的电平发生变化时产生中断信号，并且中断信号的有效性将持续保持下去，直到中断信号被清除。这种方式能够降低中断信号传送丢失的情况，且能通过更有效的方式来服务中断。每个为该中断服务后的 ISR 都要向外围设备进行确认，然后取消该设备对中断线的操作。

（3）向量中断、直接中断和间接中断

根据中断服务程序的调用方式，可把中断分为向量中断、直接中断和间接中断。

向量中断是通过中断向量来调用中断服务程序的方式。除向量中断外，还存在中断服务程序调用的直接中断和间接中断方式。在**直接中断**调用方式中，中断对应的中断服务程序的入口地址是一个固定值，当中断发生的时候，程序执行流程将直接跳转到中断服务程序的入口地址，执行中断服务程序。对于**间接中断**，中断服务程序的入口地址由寄存器提供。

系统大都采用向量中断的处理方式。中断硬件设备的硬件中断线（也称为中断请求 IRQ）被中断控制器汇集成中断向量（interrupt vector），每个中断向量对应一个中断服务程序，用来存放中断服务程序的入口地址或是中断服务程序的第一条指令。系统中通常包含多个中断向量，存放这些中断向量对应中断服务程序入口地址的内存区域被称为中断向量表。

5.3.3 实时内核的中断管理

在实时多任务系统中，中断服务程序通常包括 3 个方面的内容：

- **中断前导**：保存中断现场，进入中断处理；
- **用户中断服务程序**：完成对中断的具体处理；
- **中断后续**：恢复中断现场，退出中断处理。

在实时内核中，中断前导和中断后续通常由内核的中断接管程序来实现。硬件中断发生后，中断接管程序获得控制权，先由中断接管程序进行处理，然后将控制权交给相应的用户中断服务程序。用户中断服务程序执行完成后，又回到中断接管程序。

微处理器一般允许中断嵌套，也就是说在中断服务期间，微处理器可以识别另一个更重要的中断并服务于那个更重要的中断，如图 5-10 所示。

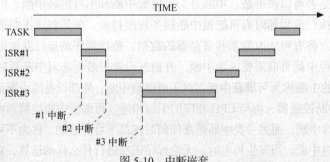

图 5-10 中断嵌套

在允许中断嵌套的情况下，在执行中断服务程序的过程中，如果出现高优先级的中断，当前中断服务程序的执行将被打断，以执行高优先级中断的中断服务程序。当高优先级中断的处理完成后，被打断的中断服务程序才又得到继续执行。发生中断嵌套时，如果需要进行任务调度，任务的调度将延迟到最外层中断处理结束时才能发生。虽然可能在最外层中断被继续处理之前就存在高优先级任务就绪，但中断管理只是把就绪任务放到就绪队列，不会发生任务调度，只有当最外层中断处理结束时才会进行任务调度，以确保中断能够被及时地处理。

基于中断接管机制的中断管理方式对中断的处理存在着一定的延迟，不能满足某些关键事件的处理或是系统故障的响应，对这类事件应该进行最高优先级的零延迟处理。因此，实时内核还提供对高优先级中断的预留机制，这些中断的处理由用户中断服务程序独立完成，不经过中断接管程序的处理。

实时内核通常还提供如下中断管理功能：

- **挂接中断服务程序**：把一个函数（用户中断服务程序）同一个虚拟中断向量表中的中断向量联系在一起。当中断向量对应中断发生的时候，被挂接的用户中断服务程序就会被调用执行；
- **获得中断服务程序入口地址**：根据中断向量，获得挂接在该中断向量上的中断服务程序的入口地址；
- **获取中断嵌套层次**：在允许中断嵌套的处理中，获取当前的中断嵌套层次信息；
- **开中断**：使能中断；
- **关中断**：屏蔽中断。

5.3.4　中断服务程序

当发生中断的时候，对应中断向量中注册的**中断服务程序**就会被调用执行。中断服务程序的注册即以中断号为索引，把处理中断的函数地址放置到中断向量的地址表中。中断服务程序的启动完全由 CPU 来负责，不需要操作系统的处理。

在中断服务程序中可以使用实时内核提供的应用编程接口，但一般只能使用不会导致调用程序可能出现阻塞情况的编程接口，如可以进行挂起任务、唤醒任务、发送消息等操作，但不要使用分配内存、获得信号量等可能导致中断服务程序的执行流程被阻塞的操作。这主要是由于对中断的处理不受任务调度程序的控制，并优先于任务的处理。如果中断出现被阻塞的情况，将导致中断不能被及时处理，其余工作也就无法按时继续进行，这将严重影响整个系统的确定性。

由于内存分配和内存释放过程中通常都要使用**信号量**，以实现对维护内存使用情况的全局数据结构的保护。因此，中断服务程序不能进行这类操作，也不能使用包含了这些操作的编程接口。这通常也意味中断服务程序不能使用关于对象创建和删除方面（如任务创建与任务删除）的操作。

在实时系统中，完整的中断服务程序通常由实时内核和用户共同提供。实时内核实现关于中断服务程序的公共部分的内容，如保存寄存器和恢复寄存器等；中断服务程序中由用户提供的内容通常被称为是用户中断服务程序，实现对特定中断内容的处理。因此，如果要在用户中断服务程序中使用关于浮点处理方面的内容，就需要清楚实时内核是否对浮点上下文进行了保护。由于大多数中断的处理都不涉及浮点内容，因而实时内核的中断管理中一般没有对浮点上下文进行处理。如果用户中断服务程序需要使用浮点操作，就需要在用户中断服务程序中实现对浮点上下文的保护与恢复，以确保任务的浮点上下文不会被破坏。

5.4　嵌入式操作系统的内存管理

进程管理是嵌入式操作系统内核的核心，其他的功能如内存管理、中断管理及设备驱动等，都是围绕它来进行的。

内存管理子系统是嵌入式操作系统内核中重要的功能之一。由于处理器直接运行和处理的程序和数据只能存放在内存中，因此内存的管理质量是否优良将直接影响系统。

5.4.1　内存管理的主要功能

不同的操作系统的内存管理机制可能会不同，但一个完善的内存管理其主要功能有以下几个方面。

■ **虚拟内存空间**

操作系统采用虚拟内存功能使系统显得它有比实际大得多的内存空间，虚拟内存可以比系统中的物理内存大好多。

■ **保护**

系统中的每个进程都有自己的虚拟地址空间，这些虚拟地址空间相互之间完全分离，因此运行一个应用的进程不会影响其他的进程。同样，硬件的虚拟内存机制允许内存区域被写保护，这样就保护了代码和数据不被恶意应用重写。

■ **内存映射**

内存映射用来把映像和数据文件映像到一个进程的地址空间。在内存映射中，文件的内容被直接链接到进程的虚拟地址空间。

■ **公平物理内存分配**

内存管理系统给予系统中运行的每个进程一份公平的系统物理内存。

■ **共享虚拟内存**

尽管虚拟内存允许进程拥有分隔的虚拟地址空间，但有时还需要进程共享内存，如进程间通信需要共享内存。

5.4.2　内存保护

内存保护可通过硬件提供的内存管理单元（Memory Manage Unit，MMU）来实现。目前，大多数处理器都集成了 MMU，这种在处理器内部实现 MMU 的方式，能够大幅度降低那些通过在处理器外部添加 MMU 模块的处理方式所存在的内存访问延迟。MMU 现在大都被设计作为处理器内部指令执行流水线的一部分，使得使用 MMU 不会降低系统性能，相反，如果系统软件不使用 MMU，还会导致处理器的性能降低。在某些情况下，不使能 MMU，跳过处理器的相应流水线，可能导致处理器的性能降低 80%左右。

早期的嵌入式操作系统大都没有采用 MMU，这一方面是出于对硬件成本的考虑；另一方面则是出于实时性的考虑。嵌入式系统发展到现在，硬件成本越来越低，MMU 所带来的成本因素基本上可以不用考虑。原来的嵌入式 CPU 的速度较慢，采用 MMU 通常会造成对时间性能的不满足，而现在 CPU 的速度也越来越快，并且采用新技术后，已经将 MMU 所带来的时间代价降低到比较低的程度，因此，嵌入式 CPU 具有 MMU 的功能已经是一种必要的趋势。

未采用 MMU 时，内存模式一般都是平面模式，应用可以任意访问任何内存区域、任何硬件设备，程序中出现非法访问时，开发人员是无从知晓的，也非常难于定位。如果没有 MMU 的功能，将无法防止程序的无意破坏，无法截获各种非法的访问异常，当然更不可能防止应用程序的蓄意破坏。

对于安全性、可靠性要求高的应用来讲，如果不采用 MMU，几乎不可能达到应用的要求。在嵌入式实时操作系统中，MMU 通常被用来进行内存保护，MMU 可以实现操作系统与应用程序的隔离、应用程序和应用程序之间的隔离，可以防止应用程序破坏操作系统的代码、数据以及应用程序对硬件的直接访问。对于应用程序来讲，也可以防止别的应用程序对自己的非法入侵，从而破坏应用程序自身的运行。使用 MMU 便于发现更多的潜在问题，并且也便于问题的定位，从而起到保护内存的作用。

1. MMU 的功能

MMU 通常具有如下功能。

（1）内存映射。**内存映射**就是把应用程序使用的地址集合（逻辑地址）翻译为实际的物理内存地址（物理地址），如图 5-11 所示。

图 5-11　内存映射示意图

大多数处理器的典型页面大小为 4K 字节，有些处理器也可能使用大于 4K 字节的页面，但页面大小总是 2 的幂，以对发生在 MMU 中的地址映射行为流水线化。

当页放置到物理内存时，页面将放置到**页框架**（page frame）中。页框架是物理内存的一部分，具有与页面同样的大小，且开始地址为页面大小的整数倍。

MMU 包含着能够把逻辑地址映射为物理地址的表，称为**页表**。操作系统能够在需要的时候对这种映射关系进行改变：

- 应用程序对内存的需求发生变化或是添加或删除应用程序的时候；
- 在应用程序中的任务发生上下文切换的时候。

（2）检查逻辑地址是否在限定的地址范围内，防止页面地址越界。通过限长寄存器检查逻辑地址，确保应用程序只能访问逻辑地址空间所对应的、限定的物理地址空间，MMU 将在逻辑地址超越限长寄存器所限定的范围时产生异常。

（3）检查对内存页面的访问是否违背特权信息，防止越权操作内存页面。根据内存页面的特权信息控制应用程序对内存页面的访问，如果对内存页面的访问违背了内存页面的特权信息，MMU 将产生异常。

（4）提供权限等级，防止应用程序的故意破坏。MMU 通常还提供权限等级，不同的权限等级对硬件访问的权限不一样。操作系统一般运行在核心态，具有所有的特权，而应用则一般运行在用户态，具有一般权限，以防止应用程序的故意破坏。

2. MMU 的使用方法

MMU 通常具有如下不同功能程度的使用方式。

（1）0 级，内存的平面使用模式。如果没有使用 MMU，应用程序和系统程序能够对整个内存空间进行访问。采用平面使用模式的系统比较简单、性能也比较高，适合于程序简单、代码量小和实时性要求比较高的领域。这也是大多数传统的嵌入式操作系统采用的模式。

（2）1 级，处理具有 MMU 和内存缓存的嵌入式处理器。该模式通常只是打开 MMU，并通过创建一个域（domain 为内存保护的基本单位，每个域对应一个页表）的方式来使用内存，并对每次内存访问执行一些必要的地址转换操作。该模式仍然只是拥有 MMU 打开特性的平面内存模式。

（3）2 级，内存保护模式。该模式下 MMU 被打开，且创建了静态的域（应用程序的逻辑地址同应用程序在物理内存中的物理地址之间的映射关系在系统运行前就已经确定），以保护应用和操作系统在指针试图访问其他程序的地址空间时不会被非法操作。该模式通常使用消息传送机制实现数据在被 MMU 保护起来的各个域之间的移动。

（4）3 级，虚拟内存使用模式。该模式通过操作系统使用 CPU 提供的内存映射机制，内存页被动态地分配、释放或是重新分配。从内存映射到基于磁盘的虚拟内存页的过程是透明的。

0 级模式为大多数传统嵌入式实时操作系统的使用模式，同 1 级模式一样，都是内存的平面使用模式，不能实现内存的保护功能。2 级模式是目前大多数嵌入式实时操作系统所采用的内存管理模式，既能实现内存保护功能，又能通过静态域的使用方式保证系统的实时特性。3 级模式适合于应用比较复杂、程序量比较大，并不要求实时性的应用领域。

5.4.3　虚拟内存

众所周知，若处理器有 32 位地址线，那么其最大寻址空间就是 2^{32}，约为 4GB。但是，通常设计者是不会给嵌入式系统配备如此多的实际内存的。假如 32 位的系统中配备了 4MB 的内存，占用的存储空间为 0x00000000～0x003FFFFF，则 0x0040000～0xFFFFFFFF 这一大段存储空间就没有实际的存储器与之对应了，或者说是浪费了。那么，如何能既不扩展实际存储器，又充分利用处理器的寻址空间呢？通常，操作系统就是采用虚拟存储技术来实现虚拟内存。在虚拟内存的概念下，程序员在设计程序时，完全可以不顾及实际内存的多少，只要不超过计算机处理器的寻址空间就可以了。

虚拟内存为用户提供一种不受物理存储器结构和容量限制的存储管理技术，是桌面/服务器操作系统为在所有任务中使用有限物理内存的通常方法，每个任务从内存中获得一定数量的页面，并且，当前不访问的页面将被置换出去，为需要页面的其他任务腾出空间。

为了讨论方便，把处理器所提供的地址空间叫作虚拟地址空间（或逻辑地址空间），而真正的实际配备的存储器所提供的地址空间叫作物理地址空间。那么，程序员就可在虚拟地址空间上编写应用程序，而且每个应用程序的首地址都为 0，长度以处理器的寻址空间为限。一般来说，这些程序是存储在磁盘中的。

一个有限的主存空间又怎么能运行或读取如此大的程序及数据结构呢？因为计算机在运行某个程序时并不是同时使用全部信息的，所以可以把当前要运行或使用的那些部分先放到内存中使用，当用到另外一部分时，就把前面已存在内存但现在不用的部分卸回磁盘，而把要用的部分放到主存中来使用。图 5-12 所示为虚拟内存的概念图。

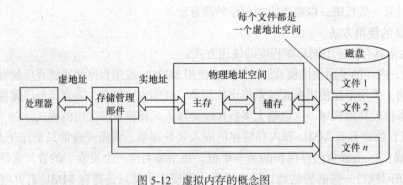

图 5-12　虚拟内存的概念图

5.4.4　内存管理方案

一般的嵌入式系统中最基本的内存管理方案有两种——静态分配和动态分配。

静态分配是指在编译或链接时将程序所需的内存空间分配好。采用这种分配方案的程序段，其大小一般在编译时就能够确定；而**动态分配**是指系统运行时根据需要动态地分配内存。这两种策略的选取一直是嵌入式系统设计中一个令人头痛的问题。

一般的嵌入式系统都支持静态分配，因为像中断向量表、操作系统映像这类的程序段，其程序大小在编译和链接时是可以确定的。而是否支持动态分配主要基于两个方面的考虑：首先是实时性和可靠性的要求，其次是成本的要求。对于实时性和可靠性要求极高的系统（硬实时系统），不允许延时或者分配失效，必须采用静态内存分配，如航天器上的嵌入式系统多采用静态内存分配。除了基于成本的考虑外，用于汽车电子和工业自动化领域的一些系统也没有动态内存分配，如 windriver 著名的 VxWorks 系统。

仅仅采用静态分配的问题是使系统失去了灵活性，因为静态分配必须在设计阶段就预先知道所需要的内存并对之做出分配，必须在设计阶段就预先考虑到所有可能的情况。一旦中间出现没有考虑到的情况，正在运行的系统就无法处理。这样的分配方案必然导致很大的浪费，因为内存分配必须按照最坏情况进行最大的配置，而实际运行时很可能只使用其中的一小部分。而且，在硬件平台不变的情况下，不可能灵活地为系统添加功能，从而使得系统的升级变得困难。

虽然动态内存分配会导致响应和执行时间不确定、内存碎片等问题，但是它的实现机制灵活，给程序实现带来极大的方便，甚至有的应用环境中动态内存分配是最必不可少的。例如，嵌入式系统中使用的网络协议栈，在特定的平台下，为了，比较灵活地调整系统的功能，在系统中各个功能之间做出权衡，必须支持动态内存分配。例如，为了使系统能够及时地在支持的 vlan 数和支持的路由条目数之间做出调整，或者为了使不同的版本支持不同的协议，类似于 malloc 和 free 这类的函数是必不可少的。

大多数的系统是硬实时和软实时综合。系统中的一部分任务有严格的时限要求，而另一部分只是要求完成得越快越好。按照 RMS 理论，这样的系统必须采用抢先式任务调度；而在这样的系统中，就可以采用动态内存分配来满足部分对可靠性和实时性要求不高的任务。采用动态内存分配的最大好处就是使设计具有很大的灵活性，可以方便地将原来运行于非嵌入式操作系统的程序移植到嵌入式系统中。

5.5　常用嵌入式操作系统

嵌入式操作系统是复杂嵌入式系统中必不可少的支撑平台，它与台式机的通用操作系统相比，既有许多相同之处，也有一些特殊的地方。其主要的差别在于，嵌入式操作系统的时间属性要求高，即在规定的进程期限内完成对某事件的处理。嵌入式操作系统的基本设计原则是：尽量地缩短系统平均响应时间并提高系统的吞吐率，在单位时间内为尽可能多的用户请求提供服务。市场上已有许多成熟的嵌入式操作系统软件，如 pSOS、VxWorks、Windows CE、μC/OS-II、Linux、iOS、Andriod 等，下面重点介绍嵌入式 Linux 系统和 Andriod 系统。

5.5.1　嵌入式 Linux

Linux 作为一个典型的现代网络型操作系统，其中所涉及的技术实现涵盖了操作系统技术的最新成果。它是一个多用户、多任务操作系统，支持分时处理和软实时处理，并带有微内核特征（如模块加载/卸载机制），具有很好的定制特性。由于它是开放源码的，很多科学技术人员在不断对它完善的同时，还增加了越来越多的新功能，如支持硬实时任务处理等。Linux 作为一个现代操作系统的典型实现，可以说是一个计算机业与时俱进的产物，它不断更新，不断完善，其新功能的加入和完善速度超过了现今世界任何一种操作系统。功能的不断增加和完善、灵活多样的实现、可定制、开放源码等特性，使得它的应用日益广泛，大到服务器和计算机集群，小到 PDA和控制器，可以说是无处不见。而 Linux 在嵌入式系统应用方面尤其显示出其优越性。

1. Linux 的内存管理机制

Linux 内存管理程序通过映射机制把用户程序的逻辑地址映射到物理地址，在用户程序运行时，如果发现程序中要用的虚拟地址没有对应的物理内存时，就发出请页要求。如果有空闲的内存可供分配，就请求分配内存，并把正在使用的物理页记录在页缓存中；如果没有足够的内存可供分配，那么就调用交换机制，腾出一部分内存。

为了支持虚拟存储器的管理，Linux 系统采用分页（paging）的方式来载入进程。所谓**分页**即是把实际的存储器分割为相同大小的段，如每个段 1024 个字节，这样 1024 个字节大小的段称为一个**页面**（page）。

在 Linux 的内存管理机制中，分段极少用到，它倾向于使用分页，主要原因有二：

① 当所有进程共享一个线性地址空间时，内存管理会变得更简单；

② 可让 Linux 有更强的可移植性——有些 RISC 处理器对分段的支持很有限。

为了更清楚地说明 Linux 的内存管理机制，图 5-13 所示为一个基于分页的虚拟内存抽象模型。

在该模型中，有进程①和进程②两个进程。它们都在各自的虚拟内存空间中分别被划分为 8 个虚拟分页（Virtual Page），并有固定的编号。而物理内存空间也被分为与虚拟分页同样大小的 5 个不同的页帧（Page Frame），并有固定的编号。各进程通过其进程分页表实现其虚拟分页到物理内存页帧的映射，以备进程加载。如图 5-13 所示，进程①的分页 VPN7 通过对应的分页表映射到物理内存的页帧 PFN0。

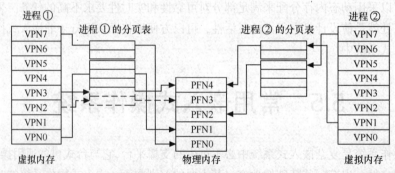

图 5-13 一个抽象的虚拟内存模型

在这个虚拟内存模型中，一个逻辑地址通常包括 2 个部分，它所在的虚拟分页的固定编号（分页编号）和它在该分页中的地址偏移（页内偏移）。而在分页表中，与每个虚拟分页对应的**分页表条目**在理论上讲包括 3 方面的信息：该条目是否有效；该条目所描述的物理内存页帧编号；访问控制信息，如读写控制、是否可执行代码等。

（1）地址转换与进程分区表

逻辑地址仅存在于进程虚拟地址空间，计算机硬件只认识物理地址，因此在程序执行过程中需要完成一个逻辑地址向物理地址转换的过程。在基于分页机制的虚拟内存管理模式中，逻辑地址向物理地址的一般转换过程如图 5-14 所示。

首先，从系统中取出进程要访问的逻辑地址所包含的信息，即分页编码和页内偏移；然后根据前面获得的信息，在进程分页表中查出对应的物理内存中的页帧编码，但由于页帧和虚拟分页大小完全相同，因而页内偏移一般是原封不动地下传；最后根据所取得的页帧编码和下传来的页内偏移得到该逻辑地址在物理内存中的物理地址。通常这一过程是由硬件（如 MMU）来实现的，当然也可由软件实现。

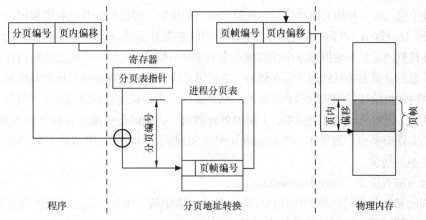

图 5-14　分页地址转换机制

在大多数系统中，每个进程只有一个分页表，由于现代计算机的寻址空间很大，因而每个进程可能占用很大的虚拟内存空间，但分给每个分页表的物理内存空间都不是很大。为了解决这个问题，**大多数虚拟内存解决方案是将分页表存放在虚拟内存空间，而不是直接放在物理内存空间。**这就是说进程分页表像其他分页一样需要同样的分页管理机制。当一个进程在运行时，至少它的分页表的一部分需要放在物理内存中，这其中就包括正在运行的分页的分页表条目。

有些处理器，如 Intel X86 系列、StrongARM 系列，使用二级解决方案来组织大型的分页表。在这种方案中，针对每个进程有一个分页目录（第一级），用于管理指向分页表（第二级）的条目。这样，如果每个分页目录的长度是 L1，而每个分页表的条目的最大数目是 L2 的话，那么每个进程就可以有多到 L1 × L2 的分页。

而有些处理器，如 Alpha 处理器，则采用三级解决方案。显然，依照上面二级解决方案类推，如果每一级的参数依次为 L1、L2、L3，则每个进程就可以有多到 L1 × L2 × L3 的分页。

Linux 操作系统总是假定处理器采用**三级解决方案**，如图 5-15 所示。每一个分页表中的条目包括一个指向下一级分页表的页帧编码。而**一个虚拟地址至少包括 4 个部分：3 个级别的分页表索引和一个页内偏移地址。**另外，计算机系统（一般是 MMU）本身需要提供一个预先设定的页目录基址。

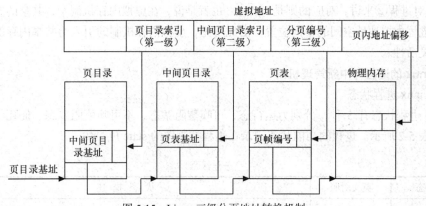

图 5-15　Linux 三级分页地址转换机制

要将一个虚拟地址转换为一个物理地址，需要按顺序进行以下步骤：在第一级，根据预设页目录基址和虚拟地址中的第一级索引（页目录索引）得到一个分页表条目的地址，这个条目包含中间页目录基址（第二级）和相关控制信息；在第二级，根据第一级得到的基址和虚拟地址中相应级的索引（中间页目录索引）得到一个包含页表基址和相关控制信息的分页表条目的地址；而在第三级，根据第二级得到的基址和虚拟地址中相应级的索引（分页编号）得到一个包含物理内存页帧编号和相关控制信息的分页表条目的地址；在最后，根据第三级得到的物理地址页帧的基址结合虚拟地址中给出的页内地址偏移得到实际的物理地址，从而最终完成虚拟地址到物理地址的转换过程。

但事实上，正如前面所提到过的，不同的处理器可以识别的分页地址转换解决方案是不同的。Linux 为了实现跨平台，提供了一系列的宏定义来实现从其假定的三级解决方案向处理器实际使用的解决方案的转换。

（2）分页加载请求（Page Demanding）

当进程的某个分页被加载到物理内存时，其分页表中就会增加一项，用于实现在该分页内的所有虚拟地址到对应的物理地址的转换过程。

当某个虚拟地址在该进程所有装载入的分页所包括的范围以外的时候，该虚拟地址就没有对应的物理地址存在。如图 5-13 所示的情况，对进程①而言，当虚拟地址位于分页 VPN2 所包括的地址范围内时，虚拟内存管理就会产生一个寻页错误中断，要求操作系统将该分页载入内存中，同时该进程进入阻塞状态。

而当操作系统响应请求将该页载入物理内存之后，VPN2 被载入物理内存页帧 PFN3，同时进程①的分页表增加一个新条目（见图 5-13），该进程将被重新激活并继续原来的操作。

（3）分页替换（Page Replacement）

在 Linux 中，分页替换操作也称为**页交换**（Page Swapping）。在执行这个操作之前，首先需要判断该替换的分页。在 Linux 系统中采用 LRU 分页替换算法，根据该算法选择准备被替换的分页，而后判断该分页在载入内存之后是否有改动。如果没有的话，可以直接被替换，如果有改动，则需要该分页在外围存储设备中做永久保存之后才可以被替换。

（4）共享虚拟内存（Sharing Virtual Memory）

虚拟内存机制可以让共享内存变得很容易。所有的内存访问都需通过分页表，而每个进程都有其独立的分页表。如果两个进程需要共享一个物理内存页帧，则这个页帧编号只需要同时出现在这两个进程分页表条目中就行了。

图 5-13 所示为两个进程共享物理内存页帧 PFN4。对进程①而言，该页帧对应的虚拟分页是 VFN3，而对进程②来讲，对应的则是 VFN1。也就是说，在虚拟内存机制中，共享的虚拟内存可以处于各进程虚拟地址空间的不同位置。由此可见，虚拟内存机制的引入给共享内存的实现带来了一定的灵活性。

2. Linux 的进程与中断管理机制

（1）Linux 进程状态

Linux 进程状态有 5 种，分别为运行态、可唤醒阻塞态、不可唤醒阻塞态、僵死状态和停滞状态，如表 5-2 所示。进程的当前状态记录在进程控制块的 state 成员中。

表 5-2 进程状态

进程状态	英文对照	状 态 描 述
运行态	Running	进程正在或准备运行。进程被标识为运行态，可能会被放到可运行进程队列中。之所以出现这种情况，是因为在 Linux 中标识和入列并非原子操作，可以认为进程处于随时可以运行的（准备）就绪状态

续表

进程状态	英文对照	状 态 描 述
可唤醒阻塞态	Interruptible	进程处于等待队列中，待资源有效时被激活，也可由其他进程通过发送信号或者由定时器中断唤醒后进入就绪队列
不可唤醒阻塞态	Uninterruptible	进程处于等待队列中，待资源有效时被激活，不可由其他信号或定时器中断唤醒
僵死状态	Zombie	进程已经结束运行且释放大部分资源，但尚未释放进程控制块
停滞状态	Stopped	进程运行停止，通常是由进程接收到一个信号所致。当某个进程处于调试状态时，也可能被暂停运行

　　用户进程一经创建就开始了这 5 种进程状态的转移，如图 5-16 所示。进程创建时的状态为不可唤醒阻塞态。当它的所有初始化工作完成之后，被其父进程激活，状态被标识为运行态，进入可运行进程队列。依据一定的进程调度算法，某个处于可运行进程队列的进程可被选中，从而获得处理器使用权。

　　在使用过程中，有 4 种情况发生。

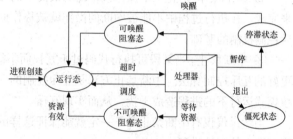

图 5-16　Linux 状态转移图

　　● 　第 1 种情况是当分配给它的时间片结束之后，该进程会要求放弃其处理器使用权而后回到可运行进程队列中去。

　　● 　第 2 种情况是进程在运行过程中需要用到某个资源，但是该资源并非空闲，则进程转为不可唤醒阻塞态；当资源申请得到满足之后，进程会自动转成运行态。

　　● 　第 3 种情况是进程因为受到某种系统信号影响或者通过系统调用转入停滞状态，此时，进程同样会因为某种信号激发而转入运行态。

　　● 　第 4 种情况是进程自行退出结束其任务进入僵死状态，等待系统收回它所占有的资源。

　　（2）Linux 进程控制块

　　进程控制块（Process Control Blocks，PCB）是操作系统最重要的数据结构之一。Linux 系统中作为进程控制块的数据结构叫作 task_struct。这个进程控制块负责记录和跟踪进程在系统中的全部信息。虽然 task_struct 数据结构庞大而复杂，但其成员可按功能分成如下 9 种。

　　● 　**进程状态**：即上面所提到的 5 种状态的其中一种。

　　● 　**调度信息**：操作系统调度时需要的信息，以便对进程实施公平调度。

　　● 　**进程标识**：需要特别指出的是 Linux 从其安全角度出发，它的进程标识多达 8 个，不过可分为用户标识和用户组标识两大类。

　　● 　**进程间通信**：Linux 支持的进程间通信机制不仅包括 UNIX 系统中的信号、管道和信号量机制，也支持 UNIX System V 进程间通信的共享内存、信号量和消息队列机制。

　　● 　**进程间关联**：从进程派生角度看，进程间有父子关系、兄弟关系；而从进程管理角度看，进程往往处于一个进程的双向链表中，进程间有前后关系。进程需要维护相应的指针来阐明这些关系。

　　● 　**时间和定时器**：进程需要维护其创建时间，从而决定分配给它的处理器时间片的消耗情况。另外，进程在发送信号等方面需要和定时器打交道，因此需要维护与进程相关的内部定时器。

- **使用文件的信息**：进程在运行期间会打开某个文件，因此需要维护它所打开文件的相关信息。

- **虚拟内存与物理内存关系的信息**：进程一般都要用到虚拟内存，Linux 内核需要相关信息来跟踪进程对内存的使用状况。

- **处理器相关信息**：各个寄存器的内容等。

（3）Linux 内核同步机制

① 非抢占式。Linux 内核是非抢占式的，具体表现在 3 个方面。首先，任何进程如果以内核模式运行的话，除非它自愿交出处理器的控制权，否则，其他任何进程都没法打断它的运行；其次，一个进程如正在内核模式下运行，这个时候，中断或异常处理可以中断它的正常运行，但是当处理完中断后，该进程将重获处理器控制权；最后，中断或异常处理过程只能被中断或异常处理中断。

② 原子操作。防止某个操作被中断的最简单的方法就是将这个操作通过硬件技术用一个指令来完成。在执行过程中不能被中断的操作就被称作原子操作，它是实现很多更复杂、更灵活的互斥控制机制的基础。

③ 中断禁止。当某段可执行代码过于冗长而不能用原子操作来实现的时候，我们就需要考虑更好的互斥控制算法。中断禁止方法是互斥控制的一个主要方法，它能够确保硬件中断不会对内核模式运行下的进程造成干扰，从而实现互斥。

当然，仅仅有中断禁止并不一定就能保证这样的进程运行不受影响。例如，一个"缺页"异常就可以挂起该进程。

④ 内核信号量。如果想要保护互斥资源的话，一个想当然的方法就是给这个互斥资源加上一把"锁"，这样其他进程就没法访问。当互斥资源访问完毕就解除这把"锁"，这样其他进程就可以访问该资源。在 Linux 中，这样的"锁"有两种：一种是内核信号量；另一种是自旋锁。前者在单处理器系统和多处理器系统都能使用，而后者则只能用在多处理器系统中。

在 Linux 中定义在信号量上的两个原子操作分别为：

- **减一操作 down()**：当进程希望访问互斥资源的话，它调用该操作，信号量的值减 1；

- **加一操作 up()**：当进程访问互斥资源完毕，它调用该操作，信号量的值加 1。

在 Linux 中信号量由一个结构来表示，即 semaphore。在初始化时，它的值初始化为 1，当然也可以初始化为其他的正整数，这样能允许多个进程同时访问互斥资源。这个结构主要有两个成员：

- **整型变量 count**：也就是信号量的值，如果该变量值非负的话，进程可以访问互斥资源，该变量值的改变只能由上面的两个原子操作来完成；

- **等待进程链表指针 wait**：如果某个希望访问互斥资源的进程在执行完减一操作之后发现信号量的值为负值的话，进程将会挂起并进入该链表。

⑤ 自旋锁。**自旋锁**的思想就是在不断循环中坚持反复尝试获取一个资源（一把"锁"）直到成功为止。这通常是通过类似 TSI 机器指令的操作进行循环来实现的。自旋锁最重要的特点就是进程在等待"锁"被释放时一直占据着 CPU。一般而言，只能在极短的操作过程中才使用自旋锁，特别是绝不能在阻塞操作中持有锁，甚至为了保证尽量短时间地占有锁，可在取得自旋锁以前阻塞当前处理器的中断。

自旋锁的基本前提是进程在某个处理器上**忙等**（busy and wait）一个资源，而另外一个进程在不同的处理器上正使用这个资源，这只有在多处理器系统中才可能。在单处理器系统中，如果一个系统试图获取一个已被占用的自旋锁的话，就会陷入死循环。而多处理器算法对于任意数目的处理器都应该适用。这要求进程必须严格遵守一个规则，那就是当它持有自旋锁时绝不能放弃对处理器的控制权（对于 Linux 而言，就是绝不能在释放自旋锁之前调用系统的进程调度函数）。这样，在单处理器系统中就可以保证进程不会陷入死循环。

（4）Linux 进程间通信

Linux 支持多种进程间通信机制。我们这里只看其中比较重要的 5 种，就是**信号**（Signal）、**管道**（Pipe and Named Pipe）、**信号量**（Semaphore）、**消息队列**（Message Queue）和**共享内存**（Shared Memory）。

① 管道。管道允许两个进程进行生产者/消费者模式的数据通信。它是一个 FIFO 队列，一个进程从队列的一端不断地写入数据，而另一端则是另外一个进程不断从中读出。当一个管道被创建时，它有一个固定的大小。

当管道还有空间时，写进程就可以不断地向其中写数据，否则要么退出，要么转入阻塞状态到管道有剩余空间为止。相对地，当管道中有数据的时候，读进程就会不断地从中读取它所需要的数据；如果其中没有数据的话，读进程要么退出，要么进入阻塞状态等候有新的数据可读。

管道可分为两种类型：一种是非命名管道，即我们通常所说的管道；另外一种是命名管道。一般的管道只能供存在"血缘"关系的进程共享，而命名管道则没有这个限制。

② 消息队列。消息是一个有着特定类型的字符块。而消息队列则是在 Linux 内核中维护的一个消息链表。对于每一个消息队列都有一个唯一的队列标识。在 Linux 中，一个队列的初始化由函数 msgqueue_initialize 来完成，而新消息的入列则由调用函数 msgqueue_addmsg 来完成，从某个队列取出一个消息则调用函数 msgqueue_getmsg 来完成。

消息在发送时会表明其类型，而消息的接收者可以依据 FIFO 规则或者只根据类型来接收消息。当消息队列已经满员了的时候，需要向该消息队列发送消息的进程就只好挂起等待了。而当一个进程试图从一个空消息队列中读取消息的时候依然会挂起等待，但是，如一个进程在试图读取已经存在的某个特定类型消息时失败了，该进程则不会因此挂起。

③ 共享内存。进程间通信最快的方式应为共享内存机制。共享内存，顾名思义，就是一个内存区域由多个进程共享。进程在读写该区域的时候和对其他内存区域进行读写时采用的方式没什么两样。当然，对每个进程而言，它对这块区域的访问权限不见得是一样的，有的可能是只读的，有的或许是只写的，而有的则是可读可写的。

我们要明确的是，互斥并不见得就是共享内存机制必须提供的，但是在进程访问共享内存区域的时候则必要有互斥的存在，也就是说，访问进程应该提供互斥控制。

④ 信号量。用于进程间通信的信号量机制要比内核信号量更复杂更灵活。

第一，每个用于进程间通信的信号量都有一组信号量值，而不是如内核信号量那样只有一个值，这样就可以同时保护若干个相互独立的互斥资源了。需要注意的是，当信号量在初始化时需要指明其拥有的信号量值的数目。

第二，进程间通信的信号量机制引入了故障保护功能。如果一个进程死掉了，但没有及时恢复它所占用过的信号量时，这些信号量会在故障保护机制的作用下自动恢复到它的初始状态，这样可以防止使用同一个信号量的其他进程陷入死锁。

下面是使用进程间通信的信号量机制的一般程序流程。

第 1 步，通过系统调用 sys_semget() 来获得信号量标识。

第 2 步，通过系统调用 sys_semop() 来对相关信号量值执行检测和减一操作。如果所有检测成功的话，执行减一操作，当退出该调用之后，申请进程就会被允许进入相应的互斥资源。如果检测发现某些互斥资源正在使用中，申请进程通常会挂起等待直到这些互斥资源被释放为止。

第 3 步，当使用完互斥资源之后，再次通过系统调用 sys_semop() 来对所有相关信号量值执行加一操作。

第 4 步，这是一个可选择操作，就是通过系统调用 sys_semctl() 将上面用到的信号量从系统中清除。

⑤ 信号。信号是一种通过软件方法通知进程某个异步事件已经发生的进程间的通信机制。它和硬件中断比较类似，只是所有信号没有优先级之分。

信号在内核内部或者进程间传递。一个信号的传递是通过刷新对应进程表的某个变量来实现的。信号的处理可以在进程被唤醒之后，也可以在它刚从某个系统调用返回时。

（5）Linux 中断与定时服务

Linux 在实现过程中有几个概念：bottom half、tasklet 和 softirq。

① bottom half。在处理硬件中断的时候，一般是要关闭中断允许的，以免再次中断。问题是，如果关闭的时间过长，就有可能失掉重要的外部中断信号，因此，关闭中断的时间不宜太长。但有的时候某个中断处理过程占用时间会很长，为了解决这个矛盾，Linux 采用了将中断处理例程一分为二的办法，即分为 top half 和 bottom half 两部分。

通常，top half 读取必要的数据并保存在某个特定的缓冲区中，通知 bottom half 后即退出。中断处理例程的代码在执行过程中不能被中断，但由于时间很短，系统是可以忍受的，而剩余工作则会交给 bottom half 部分在适当的时候完成。在这一部分的执行过程中，系统就可以继续接收新的中断了。

② tasklet。tasklet 是 Linux 2.4 版本引入的一个新概念，我们可以把它理解为一种多线程的 bottom half 机制。它与 bottom half 的主要区别在于不同的 tasklet 可以同时运行在不同的处理器上，这样就可以更加有效地利用多处理器的计算能力了。

③ softirq。softirq 与 bottom half 和 tasklet 联系紧密。它与 bottom half 的区别是，softirq 是支持多处理器的。与 tasklet 不同的是，一个 tasklet 只能在一个处理器上运行，而 softirq 则没有这个限制。

3. Linux 的调度机制

Linux 属于典型的多用户、多任务操作系统。它采用分时技术，进程交替执行，实现所谓的"假并行"。它主要有 3 种调度算法：一个是基于优先级的循环执行法；二是 FIFO 算法；三是传统的基于优先级的循环执行法。前两种调度算法都是软实时的，而第 3 种调度算法则并非实时的。

Linux 进程的优先级是动态变化的。调度程序周期性地检查进程的工作状态并对其优先级进行修改。这样，一个长时间没有取得处理器控制权的进程将会被赋予较高的优先级，而对一个长时间占用处理器时间的进程则赋给较低的优先级，从而让各进程在计算资源的占用方面获得平衡。

Linux 进程分为实时和普通两种。由于 Linux 同时对这两种进程进行调度，为了保证实时进程总是先于普通进程执行，实时进程总是赋给更高的优先级。普通进程的优先级赋值是 0～999，而实时进程则至少是 1000。

需要特别指明的是，Linux 核心是非抢占式的，只能实现软实时，普通的 Linux 内核是不适合硬实时应用的。

4．Linux 的文件系统管理

Linux 的一大特色就是能够支持很多种文件系统，这其中比较常用的包括 EXT2、EXT3、VFAT、NTFS、ISO9660、JFFS、ROMFS、NFS 等，并且持续有更新的文件系统得到支持。每一种文件系统都有着自己独特的组织结构和操作，这给统一管理带来了一定的麻烦。而 Linux 引入**虚拟文件系统**（Virtual File System，VFS）用于对这些文件系统的统一管理，事实证明这种方法是很奏效的。

VFS 只存在于内存中，它在系统启动时创建，在系统关闭时注销。VFS 的作用就是对各类文件系统做进一步抽象，最终实现各类文件系统展现在用户面前的是一个统一的操作界面，并且能够提供一个统一的应用编程接口。

在所有可用的文件系统中，最重要的一种就是 EXT2。它是 Linux 自行设计并且具有较高效率的一种文件系统，并作为 Linux 可执行文件的标准文件组织形式。

文件操作难免会出现数据在内存和外围存储设备之间的大量传输。如何解决内存和外围存储设备 I/O 之间在数据传输速度方面的差异，也是 Linux 文件管理系统需要面对的问题。Linux 的办法是采用缓冲技术和哈希表技术。

由于 Linux 是一个网络型操作系统且采用多用户多道程序设计，因而 Linux 在文件访问控制方面做了周详的考虑，引入了访问权限按用户组进行控制的方法。而在并发访问控制方面，引入了文件锁方法。

（1）文件系统管理

在 Linux 中，普通文件和目录文件保存在称为块物理设备的磁盘或者磁带上。一个 Linux 系统支持若干个块物理设备，每个设备可以定义一个或者多个文件系统。

每个文件系统是由逻辑块的序列组成的，一个文件系统所在的存储空间一般被划分为几个用途不相同的部分，即引导块、超级块、索引节点（inode）区以及数据区等。

- **引导块**：处于文件系统的开头，通常为一个扇区，其中存放引导程序，用于读入并启动操作系统。
- **超级块**：用于记录文件系统的管理信息。特定的文件系统定义了特定的超级块。
- **索引节点区**：一个文件（或目录）占用一个索引节点。第一个索引节点是该文件系统的根节点。利用根节点，可以把一个文件系统挂在另外一个文件系统的非叶子节点上。
- **数据区**：用于存放文件数据或者管理数据。

在 Linux 实时运行时所支持的文件系统都维护在一个文件系统注册链表中。该链表的每一个节点对应一个文件系统，其中包含了文件系统类型等信息，并且维护了一个指针用于指向下一个文件系统节点。文件系统类型的注册和注销可以通过两种途径来完成：一种是在编译 Linux 内核时确定，并在系统初始化时通过内嵌的函数调用向注册链表登记；另外一种就是利用 Linux 的模块加载/卸载机制。

与任何一种 Unix 操作系统一样，Linux 并不是通过设备标识来访问某个文件系统，而是将它们通过文件系统加载（mount）机制形成一个统一的树形结构以便访问。同样，也可以通过对应的文件系统卸载（unmout）机制将某个业已加载上去的文件系统从所形成的树形结构中剔除。

（2）虚拟文件系统

虚拟文件系统是物理文件系统与服务之间的一个接口。它对 Linux 实时运行时所支持的每一

个物理的文件系统进行抽象，使得不同的文件系统在 Linux 内核以及系统中运行的其他进程看来都是相同的。

虚拟文件系统的功能包括：记录可用的文件系统类型；将设备同对应的文件系统联系起来；处理一些面向文件的通用操作；涉及针对文件系统的操作时，虚拟文件系统把它们映射到与控制文件、目录以及 inode 相关的物理文件系统。

当某个进程发布了一个面向文件的系统调用时，Linux 内核将调用虚拟文件系统中相应的函数。这个函数主要处理一些与物理结构无关的操作，并且把它重定向为真实文件系统中相应的函数调用，后者则用来处理那些与物理结构相关的操作。

5.5.2 Andriod

Android 一词的本义指"机器人"，它是由 Google 公司于 2007 年 11 月推出的基于 Linux 平台的开源手机操作系统。2008 年 10 月第一部 Andriod 手机问世，随后迅速地扩展到平板电脑、电视及数码相机等领域。

Android 是一个包括操作系统、中间件、用户界面和关键应用软件的移动设备软件堆。也就是说，Android 是基于 Java 并运行在 Linux 内核上的轻量级操作系统。随着科技的发展，移动电话正向着智能化的方向迈步，并逐步成为多种工具的功能载体，而 Android 就是这样一个智能手机的平台，一个多种工具的功能载体。其主要功能包括如下几点。

- 通信工具：除了传统的语音通话功能外，Android 平台还具有短消息功能，以及通常移动电话都具有的个人信息系统管理方面的功能（如电话本等）；
- 网络工具：Android 平台在网络方面的功能主要包括浏览器、IM（即时信息）、邮件等，基本包含了网络方面的大部分功能；
- 媒体播放器：Android 平台具有支持更多的音频/视频格式，支持更高分辨率的视频、更流畅地播放，以及和网络结合的流媒体方面等功能；
- 媒体获取设备：随着移动电话与媒体获取设备的集成日益增强，Android 平台提供了照相机、录音机、摄像机等功能；
- 多类型的连接设备：Android 平台提供了多种连接方式，如 USB、GPS、红外、蓝牙、无线局域网等。

1. Andriod 的系统架构

Android 系统从下至上分为四层：Linux 内核、Android 核心库及 Android 运行时环境（Android Runtime）、应用程序框架以及应用程序等，如图 5-17 所示。

（1）Linux 内核（Linux Kernel）

Android 建立在 Linux 内核之上，但是 Android 不是 Linux。Android 没有支持本地窗口系统，没有支持 glibc 运行库，也没有包含完整的 Linux 内核程序。Android 的核心系统服务依赖于 Linux 2.6，此外，Android 系统还增加了内核的驱动程序，如显示驱动、蓝牙驱动、相机驱动、闪存卡驱动、Binder IPC 驱动、输入设备驱动、USB 驱动、WiFi 驱动、音频系统驱动、电源管理等，为 Android 系统的运行提供了基础性支持。

Linux 内核作为硬件和软件之间的抽象层，它隐藏具体硬件细节而为上层提供统一的服务。这样分层的好处就是使用下层提供的服务而为上层提供统一的服务，屏蔽本层及以下层的差异，以致当本层及以下层发生了变化时，不会影响到上层。也就是说，各层各尽其职，各层提供固定的 SAP（Service Access Point），即高内聚、低耦合。

图 5-17　Android 系统架构

　　由于移动设备通过电池提供电力，而电池容量十分有限，因此 Android 系统的电源管理在标准的 Linux Power Manager（PM）之上采取更激进的能耗管理策略，并支持多种类型的唤醒锁。

　　（2）Android 核心库（Libraries）

　　Android 包含一个 C/C++库的集合，以供 Android 系统的各个组件使用。这些功能通过 Android 的应用程序框架（Application Framework）展现给开发者。下面列出一些核心库：

　　● 系统 C 库——由 BSD 继承衍生的标准 C 系统函数库（libc），调整为基于嵌入式 Linux 设备的库；

　　● 媒体库——基于 PacketVideo 的 OpenCORE。这些库支持播放和录制多种流行的音频和视频格式，以及多种媒体格式的编码/解码格式，包括 MPEG4、H.264、MP3、AAC、AMR、JPG、PNG 等；

　　● 界面管理——显示子系统的管理器，管理访问显示子系统和无缝组合多个应用程序的二维和三维图形层；

　　● LibWebCore——新式的 Web 浏览器引擎，驱动 Android 浏览器和可嵌入的 Web 视图；

　　● SGL——Skia 图形库，基本的 2D 图形引擎；

　　● 3D 库——基于 OpenGL ES 1.0 APIs 的实现。该库使用硬件 3D 加速或使用高度优化的 3D 软加速；

　　● FreeType——位图（Bitmap）和矢量（Vector）字体渲染；

　　● SQLite——所有应用程序都可以使用的强大而轻量级的关系数据库引擎。

　　（3）Android 运行时环境（Android Runtime）

　　在 Linux 内核层上还有一个 Android 运行时层，该层包括 Dalvik 虚拟机及 Java 核心库，提供 Java 编程语言核心库的大多数功能。

　　Dalvik 虚拟机是 Android 使用的 Java 虚拟机。每一个 Android 应用程序是 Dalvik 虚拟机中的实例，运行在它们自己的进程中。Dalvik 虚拟机支持每个设备可有多个虚拟机进程。Dalvik 虚拟机可执行的文件格式是.dex，.dex 格式是专为 Dalvik 设计的一种压缩格式，适合内存和处理器速度有限的系统。

大多数虚拟机（包括 JVM）都是基于栈的，而 Dalvik 虚拟机则是基于寄存器的。两种架构各有优劣。一般而言，基于栈的机器需要更多的指令，而基于寄存器的机器指令更大。Dalvik 虚拟机运行优化的 dex 格式文件和 Dalvik 字节码，Java .class/.jar 在创建的时候就被转换成为了.dex 格式。Dalvik 虚拟机依赖于 Linux 内核提供基本功能，如线程和底层内存管理。

（4）Android 应用程序框架（Application Framework）

通过提供开放的开发平台，Android 使开发者能够访问核心应用程序所使用的 API 框架。这样使得组件的重用得以简化，任何应用程序都能发布它的功能，且任何其他应用程序可以使用这些功能（需要服从框架执行的安全限制）。从而，使开发者可以编制极其丰富和新颖的应用程序，自由地利用设备硬件优势、访问位置信息、运行后台服务、设置闹钟、向状态栏添加通知等。

每个应用程序其实是一组服务和系统，包括：

● 视图（View）——丰富的、可扩展的视图集合，用来构建应用程序。其包括列表（ListView）、网格（Grid）、文本框（EditText/TextView）、按钮（Button）等，甚至是可嵌入的网页浏览器（WebView）；

● 内容提供器（Content Providers）——使应用程序可以访问其他应用程序（如通讯录）的数据，或共享自己的数据；

● 资源管理器（Resource Manager）——提供对于非代码资源的访问，如本地化字符串、图形和布局文件；

● 通知管理器（Notification Manager）——使应用程序能够在状态栏显示自定义提示信息；

● 活动管理器（Activity Manager）——管理应用程序生命周期，提供常用的导航回退功能。

（5）Android 应用程序

Android 装配一个核心应用程序集合，连同系统一起发布，这些应用程序包括电子邮件客户端、SMS 程序、日历、地图、浏览器、联系人和其他设置等。所有应用程序都是用 Java 语言编写的，由用户开发的 Android 应用程序和 Android 核心应用程序是同一层次的。

从上面可知 Android 的架构是分层的，非常清晰，分工很明确。Android 本身是一套软件堆叠（Software Stack），或称为"软件叠层架构"，叠层主要分成 3 层：操作系统、中间件、应用程序。

2. Android 开发框架

Android 系统作为一个开放的系统，它体积庞大，而对于不同的开发者来说，在开发过程中并不需要掌握整个 Android 系统，只需要进行其中某一部分的开发。由此，开发者从功能上将 Android 开发分为移植开发移动电话系统、Android 应用程序开发，以及 Android 系统开发 3 种。

从商业模式的角度来讲，移植开发移动电话系统和 Android 应用程序开发是 Android 开发的主流。移植开发移动电话系统主要是由移动电话的制造者来进行开发，其产品主要是 Android 手机；而公司、个人和团体一般进行 Android 应用程序的开发，从而产生各种各样的 Android 应用程序。

对于 Android 移植开发，其主要工作集中于 Linux 内核中的相关设备驱动程序及 Android 本地框架中的硬件抽象层接口的开发；对于 Android 应用程序开发，其开发的应用程序在 Android 系统的第 4 层，即应用程序层；对于 Android 系统的开发，涉及 Android 系统的各个层次，一般情况下是从底层到上层的整体开发。

Android 开发框架包括基本的应用功能开发、数据存储、网络访问 3 大块。

3. 应用程序组件

Android 应用程序使用 Java 作为开发语言。aapt 工具把编译后的 Java 代码连同其他应用程序需要的数据和资源文件一起打包到一个 Andriod 包文件中。这个文件使用.apk 做为扩展名，它是分发应用程序并安装到移动设备的媒介，用户只需下载并安装此文件到他们的设备。单一.apk 文件中的所有代码被认为是一个应用程序。

Android 的核心功能之一，就是一个应用程序可以利用其他应用程序的元素（假设这些应用程序允许的话）。例如，如果你的应用程序需要显示一个图像的滚动列表，且其他应用程序已经开发了一个合适的滚动条并可以提供给别的应用程序用，你就可以调用这个滚动条来工作，而不用自己再开发一个。你的应用程序并没有吸纳或链接其他应用程序的代码，它只是在有需求的时候启动了其他应用程序的那个功能部分。

当应用程序的任何部分被请求时，系统必须能够启动一个应用程序的进程，并实例化该部分的 Java 对象。与其他系统上的应用程序不同，Android 应用程序没有一个单一的程序入口（例如，没有 main()函数），而是为系统能够实例化和运行提供了基本的组件。Android 应用程序共有 4 种类型的组件：

（1）活动（Activity）

Activity 是在 Android 应用开发中最频繁、最基本的模块。在 Android 中，Activity 类主要与界面资源文件相关联（res/layout 目录下的 xml 资源，也可以不含任何界面资源），包含控件的显示设计、界面交互设计、事件的响应设计以及数据处理设计、导航设计等 Application 设计的方方面面。因此，对于一个 Activity 来说，它就是手机上的一个界面，相当于一个网页，有所区别的是，每个 Activity 运行结束时都返回一个返回值，类似一个函数。Android 系统会自动记录从首页到其他页面的所有跳转记录，并且自动将以前的 Activity 压入系统堆栈，用户可以通过编程的方式删除历史堆栈中的 Activity Instance。

（2）服务（Service）

服务没有可视化的用户界面，而是在一段时间内在后台运行。比如说，一个服务可以在用户做其他事情的时候在后台播放背景音乐、从网络上获取一些数据或者计算一些东西并提供给需要这个运算结果的 activity 使用。每个服务都继承自 Service 基类。Android 中的 Service 和 Windows 中的 Service 完全是一个概念，用户可以通过 Context.startService()启动一个 Service，也可通过 Context.bindService 来绑定一个 Service。

（3）广播接收者（Broadcast Receiver）

广播接收器是一个专注于接收广播通知信息，并做出对应处理的组件。Broadcast Receiver 为各种不同的 Android 应用程序间进行进程间的通信提供了可能。如当电话呼叫来临时，可以通过 Broadcast Receiver 发布广播消息。

广播接收者没有用户界面。然而，他们可能启动一个 activity 去响应收到的信息，或者他们可能使用 NotificationManager 去通知用户。通知可以使用多种方式获得用户的注意（闪烁的背光、振动设备、播放声音等）。典型的通知是在状态栏放一个持久的图标，用户可以打开它并获取消息。

（4）内容提供者（Content Provider）

内容提供者将一些特定的应用程序数据供给其他应用程序使用。数据可以存储于文件系统、SQLite 数据库或其他方式。内容提供者继承于 Content Provider 基类，为其他应用程序取用和存储它管理的数据实现了一套标准方法。Content Provider 提供了应用程序之间数据交换的机制。一个应用程序通过实现一个 Content Provider 的抽象接口将自己的数据暴露出去，并且隐蔽了具体的数据存储实现，这样实现了 Android 应用程序内部数据的保密性。标准的 Content Provider 提供了基本的 CRUD（Create、Read、Update、Delete）接口，并且实现了权限机制，保护了数据交互的安全性。

（5）manifest 文件

当 Android 启动一个应用程序组件之前，它必须知道那个组件是存在的。所以，应用程序会在一个 manifest 文件中声明它的组件，这个文件会被打包到 Android 包中。这个.apk 文件还将涵括应用程序的代码、文件以及其他资源。

manifest 文件以 XML 作为结构格式，而且对于所有应用程序，都叫作 AndroidManifest.xml。为声明一个应用程序组件，它还会做很多额外工作，如指明应用程序所需链接到的库的名称（除了默认的 Android 库之外）以及声明应用程序期望获得的各种权限。但 manifest 文件的主要功能仍然是向 Android 声明应用程序的组件。

（6）激活组件和关闭组件

当接收到（Content Resolver）发出的请求后，内容提供者被激活。而其他三种组件：activity、服务和广播接收者被一种叫作 intent 的异步消息所激活。每种组件的激活方法是不同的。

intent 是一个保存着消息内容的 Intent 对象。对于 activity 和服务来说，它指明了请求的操作名称以及作为操作对象的数据的 URI 和其他一些信息。比如说，它可以承载对一个 activity 的请求，让它为用户显示一张图片，或者让用户编辑一些文本。而对于广播接收器而言，Intent 对象指明了声明的行为。例如，它可以对所有感兴趣的对象声明照相按钮被按下。

内容提供者仅在响应 Content Resolver 提出请求的时候激活，而一个广播接收者仅在响应广播信息的时候被激活。所以，没有必要去显式地关闭这些组件。

而 activity 则不同，它提供了用户界面，并与用户进行会话。所以只要会话依然持续，哪怕对话过程暂时停顿，它都会一直保持激活状态。与此相似，服务也会在很长一段时间内保持运行。所以，Android 为关闭 activity 和服务提供了一系列的方法。

4. 数据存储与访问

Android 中提供的存储方式包括 Shared Preferences、文件存储、SQLite 数据库存储方式、Content Provider 以及网络方式 5 种，具体介绍如下。

（1）Shared Preferences

Shared Preferences 是 Android 平台上的一种轻量级的数据保存方式，主要用来存储一些简单的配置信息，如一些默认欢迎语、登录的用户名和密码等。通过 Shared Preferences 可以将 NVP（Name-Value Pair，名称-值对）保存在 Android 的文件系统中，而且 Shared Preferences 对文件系统的操作过程完全屏蔽，这使得开发人员仅需通过调用 Shared Preferences 对 NVP 进行保存和读取。Shared Preferences 不仅能够保存数据，还能够实现不同应用程序间的数据共享。

Shared Preferences 支持 3 种访问模式。

● 私有（MODE_PRIVATE）：只有创建程序有读取或写入 Shared Preferences 的权限。

● 全局读（MODE_WORLD_READABLE）：不仅创建程序有读取或写入 Shared Preferences 的权限，其他应用程序也有读取操作的权限，但没有写入操作的权限。

● 全局写（MODE_WORLD_WRITEABLE）：创建程序和其他程序都可以对其进行写入操作，但没有读取的权限。

在使用 Shared Preferences 之前，需先定义 Shared Preferences 的访问模式。

（2）文件存储

由于 Android 使用的文件系统是基于 Linux 的文件系统，这就允许程序开发人员建立和访问程序自身的私有文件，也可以访问保存在资源目录中的原始文件和 XML 文件，还可以保存文件在 SD 卡等外部存储设备中。

① 内部存储。Android 系统允许应用程序创建仅能够自身访问的私有文件，文件保存在设备的内部存储器上的/data/data/<package name>/files 目录中。和传统 Java 中实现 I/O 的程序类似，在 Android 中，其提供了 openFileInput 和 openFileOutput 方法读取设备上的文件。

② 外部存储。一般手机的存储空间不是很大，存放些小文件还行，如果要存放像视频这样的大文件就存在困难。对于像视频这样的大文件，可以把它存放在 SD 卡。

SD 卡（Secure Digital Memory Card）是 Android 的外部存储设备，是一种广泛使用于数码设备上的记忆卡。SD 卡中的文件为全局可访问的，而且可以被用户操作，因此，SD 卡适用于保存大尺寸的文件或者是一些无需设置访问权限的文件，可以保存录制的大容量的视频文件和音频文件等。Android 系统对 SD 卡提供了便捷的访问方法。

③ 资源文件。资源文件是在代码中使用到的并且在编译时被打包到应用程序的附加文件。Android 支持多种不同的文件，包括 XML、PNG 和 JPEG 文件。而 Android 平台中会存在很多不同的资源和资源定义文件。每一种资源定义文件的语法和格式及保存的位置取决于其依赖的对象。通常，创建资源可以通过以下 3 种文件：XML 文件（除位图和原始格式文件外）、位图文件（作为图片）和原始格式文件（所有其他的类型，如声音文件）。

XML（eXtensible Markup Language）主要用来存储数据，使得其易于在任何应用程序中读写数据，尽管不同的应用软件也可以支持它的数据交换格式。事实上，在 Android 程序中有两种不同类型的 XML 文件：一种是作为资源，被编译进应用程序；另一种是作为资源的描述，被应用程序使用。

（3）SQLite 数据库存储方式

SQLite 是 Android 所带的一个标准的数据库，它是在 2000 年由 D.Richard Hipp 发布的支持 SQL 语句的轻量级的嵌入式数据库。SQLite 数据库的特点：更加适用于嵌入式系统，嵌入使用它的应用程序中；占用内存非常少，运行高效可靠，可移植性好；提供了零配置（zero-configuration）运行模式。

SQLite 数据库不仅提高了运行效率，而且屏蔽了数据库使用和管理的复杂性。其程序仅需要进行最基本的数据操作，而其他操作可以交给程序内部的数据库引擎完成。通过继承 SQLiteOpenHelper 类提供的 CRUD 接口来进行数据库操作，方便了应用程序的数据存储操作。

（4）内容提供者方式（Content Providers）

Content Provider 是在应用程序间共享数据的一种接口机制，它使其他的应用程序保存或读取此 Content Provider 的各种数据类型。应用程序可以指定需要共享的数据，而其他应用程序则可以在不知数据来源、路径的情况下，提供查询、添加、删除和更新共享数据等操作的接口。许多 Android 系统的内置数据也通过 Content Provider 提供给用户使用，如通信录、音视频文件和图像文件等。

Content Provider 的数据模式类似于数据库的数据表，每行是一条记录，每列具有相同的数据类型。每条记录都包含一个 long 型的字段_ID，用来唯一标识每条记录。Content Provider 可以提供多个数据集，调用者可使用 URI 对不同的数据集的数据进行操作。

（5）网络方式

Android 还提供了通过网络来实现数据存储和获取的方法。我们可以调用 WebService 返回数据或是解析 HTTP 协议实现网络数据交互。

以上介绍了 5 种存储方式，在开发过程中，设计者需要根据设计目标、性能需求、空间需求等找到合适的数据存储方式。Android 中的数据存储都是私有的，其他应用程序无法直接访问，除非通过 Content Resolver 类获取其他程序共享的数据。采用文件方式对外共享数据，需要进行文件操作读写数据；采用 shared preferences 共享数据，需要使用 sharedpreferences API 读写数据。而使用 Content Provider 共享数据的好处是统一了数据访问方式。

5. Android 的进程与线程

当应用程序的第一个组件需要运行时，Android 就创建一个只有一个线程的 Linux 进程。默认情况下，应用程序所有组件都在这个进程中的线程中执行。然而，你可以安排组件运行在其他进程中，且你可以为进程衍生出其他线程。

（1）进程

组件运行于哪个进程中由 manifest file 控制。组件元素——<activity>、<service>、<receiver>、<provider>，都有一个 process 属性可以指定组件运行在哪个进程中。这个属性可以设置为每个组件运行在自己的进程中，或者某些组件共享一个进程而其他的不共享。他们还可以设置为不同应用程序的组件运行在同一个进程中——假设这些应用程序共享同一个 Linux 用户 ID 且被分配了同样的权限。<application>元素也有 process 属性，为所有的组件设置一个默认值。

当内存剩余较小且其他进程请求较大内存并需要立即分配时，Android 会暂时中止一些优先级较低的进程。当它们再次运行时，会重新开始一个进程。当决定终结哪个进程时，Android 会权衡他们对用户重要性的相对权值。例如，与运行在屏幕可见的活动进程相比（前台进程），Android 更容易关闭一个后台进程。决定是否终结进程，取决于运行在进程中的组件状态。

（2）线程

虽然你可能会将你的应用程序限制在一个进程中，但有时候你会需要衍生一个线程做一些后台工作。因为用户界面必须很快地响应用户的操作，所以活动寄宿的线程不应该做一些耗时的操作（如网络下载）。任何不可能在短时间完成的操作应该分配到别的线程。

线程在代码中是用标准的 Java 线程对象创建的，Android 提供了一些方便的类来管理线程——Looper 用于在线程中运行消息循环、Handler 用户处理消息、Handler Thread 用户设置一个消息循环的线程。

① 远程过程调用（Remote procedure calls，RPC）。Android 有一个轻量级的远程过程调用机制——方法在本地调用却在远程（另外一个进程中）执行，结果返回给调用者。这需要将方法调用和它伴随的数据分解为操作系统能够理解的层次，从本地进程和地址空间传输到远程进程和地址空间，并重新组装调用。返回值以相反方向传输。Android 提供了做这些工作的所有代码，这样我们可以专注于定义和执行 RPC 接口本身。

一个 RPC 接口仅包含方法。所有的方法同步地执行（本地方法阻塞直到远程方法执行完成），即使没有返回值。简言之，该机制工作原理如下：首先，你用简单的接口定义语言（interface definition language，IDL）声明一个你想实现的 RPC 接口；然后用 aidl 工具为这个声明生成一个 Java 接口定义，提供给本地和远程进程。

通常情况下，远程过程有一个服务管理（因为服务能通知系统关于进程和它连接的其他进程的信息）。它包含由 aidl 工具生成的接口文件和实现了 RPC 方法的 Stub 子类。服务的客户端只需要包括 aidl 工具生成的接口文件。

服务与它的客户端建立连接的过程如下。

● 服务的客户端（在本地端的）应该实现 onServiceConnected()和 onServiceDisconnected()方法，因此当与远程服务建立连接成功和断开连接时会通知它，然后调用 bindService()建立连接。

● 服务的 onBind()方法将实现为接受或拒绝连接，这取决于它接收到的意图（该意图传送到 binServive()）。如果连接被接受，它返回一个 Stub 子类的实例。

● 如果服务接受连接，Android 调用客户端的 onServiceConnected()方法且传递给它一个 IBinder 对象，返回由服务管理的 Stub 子类的一个代理。通过代理，客户端可以调用远程服务。

② 线程安全方法。在一些情况下，你实现的方法可能会被不止一个线程调用，因此必须写成线程安全的。当从 IBinder 进程中调用一个 IBinder 对象中实现的一个方法，这个方法在调用者的线程中执行。然而，当从别的进程中调用，方法将在 Android 维护的 IBinder 进程中的线程池中选择一个执行，它不在进程的主线程中执行。例如，一个服务的 onBind()方法在服务进程的主线程中被调用，在 onBind()返回的对象中执行的方法（例如，实现 RPC 方法的 Stub 子类）将在线程池中被调用。由于服务可以有一个以上的客户端，因而同时可以有一个以上的线程在执行同一个 IBinder 方法。因此，IBinder 的方法必须是线程安全的。

同样，一个内容提供者可以接受其他进程产生的数据请求。虽然 Content Resolver 和 Content Provider 类隐藏进程通信如何管理的，对应哪些请求的 Content Resolver 方法——query()、insert()、delete()、update()、getType()，在内容提供者的进程的线程池中被调用，而不是在这一进程的主线程中。因为这些方法可以同时从任意数量的线程中调用，他们也必须实现为线程安全的。

本章小结

● 进程是可并发执行的、具有独立功能的程序在一个数据集合上的运行过程，是操作系统进行资源分配和保护的基本单位。一个进程可以简单地认为是一个程序在系统内的唯一执行。

● 不论哪种操作系统，进程的基本调度状态可归为 3 种：就绪状态、运行状态和阻塞状态。系统总是在处于就绪状态的进程里选择一个就绪进程转换为运行状态。这个在就绪进程中选择一个进程，并使之运行的工作就叫进程调度，这是操作系统的一项重要任务。

● 进程调度应使用恰当的调度算法，以确保公平。实时调度方法大致可以划分为以下 4 类：离线（off-line）和在线（on-line）调度、抢占式（preemptive）和非抢占式（non-preemptive）调度、静态（static）和动态（dynamic）调度、最佳（optimal）和试探性（heuristic）调度。

● 嵌入式系统中进程间通信主要采用两种形式：共享内存和消息传递，也可以采用信号和管道的方式。信号主要用于向一个或多个进程发异步事件信号，信号实际上是一个中断的模拟，它不仅可以由硬件产生，也可以由软件产生。管道是单向的字节流，它可以把一个进程的标准输出与另一个进程的标准输入连接起来。

● 在实时多任务系统中，中断服务程序通常包括 3 个方面的内容：①中断前导：保存中断现场，进入中断处理；②用户中断服务程序：完成对中断的具体处理；③中断后续：恢复中断现场，退出中断处理。

● 一个完善的内存管理其主要功能有虚拟内存空间、内存区域写保护、内存映射、公平物理内存分配和共享虚拟内存。

● Linux 系统是一个多用户、多任务操作系统，支持分时处理和软实时处理，并带有微内核特征（如模块加载/卸载机制），具有很好的定制特性。Linux 内存管理程序通过映射机制把用户程序的逻辑地址映射到物理地址。为了支持虚拟存储器的管理，Linux 系统采用分页（paging）的方式来加载进程。

● Linux 进程状态有 5 种，分别为运行态、可唤醒阻塞态、不可唤醒阻塞态、僵死状态和停滞状态。Linux 系统采用进程控制块（task_struct 结构）负责记录和跟踪进程在系统中的全部信息。

● Linux 支持多种进程间通信机制，其中比较重要的 5 种是信号（Signal）、管道（Pipe and Named Pipe）、信号量（Semaphore）、消息队列（MessageQueue）和共享内存（Shared Memory）。

● Android 是基于 Linux 平台的开源手机操作系统。Android 系统从下至上分为 4 层：Linux 内核、Android 核心库及 Android 运行时环境（Android Runtime）、应用程序框架以及应用程序等。

● 通常一个标准的 Android 程序包括活动（Activity）、服务（Service）、广播接收者（Broadcast Intent Receiver）和内容提供者（Content Provider）4 种类型的组件。

思考与练习题

1. 嵌入式操作系统进程的定义是什么？
2. 一个比较完善的操作系统应当包括哪几个模块？
3. 说明嵌入式操作系统进程调度的几种策略，并说出不同之处和优缺点。
4. 嵌入式系统中进程间通信主要采用哪几种形式？
5. 简述嵌入式操作系统的中断管理和时钟模式。
6. 嵌入式操作系统中的内存管理功能有哪些？并做简要阐述。
7. 常用的 Linux 操作系统采用怎样的内存管理机制和调度机制？
8. Andriod 应用程序有哪几种基本组件？如何激活和关闭组件？

第6章
嵌入式 Linux 开发环境
及其在 ARM 上的移植

在本章，我们将讨论嵌入式 Linux 开发环境及其在 ARM 上的移植，详细介绍嵌入式 Linux 开发环境是如何构建的，以及嵌入式 Linux 操作系统在 ARM 上的移植。

本章学习要求：

- 了解交叉编译工具；
- 使用 gcc 编译器和 gdb 调试工具；
- 理解和使用 Make 命令和 Makefile 文件；
- 建立交叉编译环境；
- 理解嵌入式 Linux 操作系统的移植过程；
- 理解 Bootloader 及其移植；
- 理解嵌入式 Linux 内核裁剪方法、定制过程、内核编译及装载；
- 列出常用的嵌入式文件系统；
- 了解文件系统构建方法。

嵌入式系统的开发和应用层软件的开发不同，有其自身的特点，尤其在开发流程上有很大的不同。从大体上讲，Linux 系统移植一般分为下面几步。

（1）开发环境的搭建

嵌入式系统移植过程中，目标机和宿主机往往在软硬件环境上有很大的不同，开发时常常在功能强大的宿主机上进行，这就形成了交叉开发环境的搭建与选择问题。同时由于宿主机和目标机在体系结构等方面的差异，编译时也需要采用交叉编译工具对目标代码进行编译，这样，才能使生成的可执行文件在目标机上能够执行。

（2）系统引导

在微处理器第一次启动的时候，会从预定的固定地址空间开始执行指令。通常这是一些初始化或者是引导性的代码，通常这些指令存储于 ROM 中。通用的 PC 机中，这种引导从 BIOS 开始，它执行了一些低级的硬件初始化和其他硬件的配置。BIOS 辨认操作系统装在哪个磁盘、从哪里启动操作系统等，并把操作系统复制到 RAM 中，再把对 CPU 的控制权交给操作系统。一般的嵌入式系统中并没有 PC 上的 BIOS，而是由一种称为 Bootloader 的系统引导程序来完成上述功能，启动代码完全依赖于硬件，需要在系统移植中完成。嵌入式系统环境下的系统引导只需要对很少的设备进行启动和初始化，并不需要考虑太多的设备兼容性问题，这使得启动部分相对而言比较简单。对于在模拟环境下测试通过的启动代码最终要在内存上运行，通常驻存在 Flash 或者 EPROM 芯片中。目前，常用的有 U-BOOT、blob 等开源的开发包，在实际的开发中可以参考相应的代码进行移植。

（3）内核引导

Bootloader 只完成了对硬件的基本初始化，并将内核映像文件和文件系统复制到 RAM 中，然后为内核启动设置基本的运行环境，之后就跳转到内核映像的首地址处，将 CPU 运行权交给了内核。因此，内核还需要在此基础上对硬件进行进一步的初始化才能进行设备驱动程序的加载、文件系统的挂载以及应用程序的执行。系统移植的开发人员还应当完成 Bootloader 和内核的衔接部分的移植以及 I/O 映射、存储器映射等与目标硬件平台相关的板级初始化和 CPU 自身初始化的移植工作。

（4）设备驱动程序

Linux 内核源代码树中的相当大部分是各类驱动程序，在实际的开发过程中，也需要对相应的设备进行驱动，如 LCD、网卡、触摸屏等进行移植和编写。由于一般在 Linux 源码和相关社区中都拥有相当丰富的设备驱动源码资源，因此，设备驱动的任务主要是相近源码的移植修改工作。

（5）文件系统

现在的嵌入式系统一般都需要比较复杂的控制和系统管理，这就需要引入文件系统来完成此功能。在嵌入式 Linux 内核启动的最后阶段，将进行文件系统的加载。不同的嵌入式目标平台有不同的应用需求，需要根据具体情况实现对文件系统的移植工作。目前，常用的嵌入式文件系统有 JFFS2、Cramfs、Romfs 等。

6.1　嵌入式 Linux 开发环境

绝大多数的 Linux 软件开发都是以 native 方式进行的，即本机开发、调试，本机运行的方式。这种方式通常不适合于嵌入式系统的软件开发，因为对于嵌入式系统的开发，没有足够的资源在本机（即实验平台本身）运行开发工具和调试工具，所以很难在嵌入式系统的硬件平台上进行软件开发。通常的嵌入式系统的软件开发采用一种交叉开发的方式，如图 6-1 所示。

图 6-1　交叉开发模型

TARGET 就是**目标板**，HOST 是开发主机（**宿主机**）。在开发主机上，可以安装开发工具，编辑、编译目标板的 Linux 引导程序、内核和文件系统，然后在目标板上运行。通常这种在主机环境下开发，在目标板上运行的开发模式叫作**交叉开发**。

在交叉开发环境下，开发主机既是工作站，可以给开发者提供开发工具，同时也是一台服务器，可以配置启动各种网络服务。

开发时使用开发主机上的交叉编译、汇编及链接工具形成可执行的二进制代码，然后把可执行文件下载到目标机上运行。调试时的方法很多，可以使用串口、以太网口等，具体使用哪种调试方法可以根据目标机处理器所提供的支持做出选择。

实物连接如图 6-2 所示，开发板与开发主机之间用串口或以太网口连接。

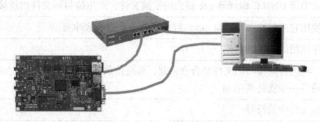

图 6-2 交叉开发的实物连接

交叉编译通俗地讲就是在一种平台上编译出能运行在体系结构不同的另一种平台上的可执行代码，这种可执行代码并不能在宿主机上执行，而只能在目标板上执行。例如，在 PC 平台（X86 CPU）上编译出能运行在以 ARM 为内核的 CPU 平台上的程序，编译得到的程序在 X86 CPU 平台上是不能运行的，必须放到 ARM CPU 平台上才能运行，虽然两个平台用的都是 Linux 系统。

在 Linux 下建立嵌入式**交叉编译环境**要用到一系列的工具链（tool-chain），主要有 GNU Binutils、gcc、glibc、gdb 等，它们都属于 GNU 的工具集。有时出于减小 libc 库大小的考虑，也可以用别的 c 库来代替 glibc，如 uClibc、dietlibc 和 newlib 等。

事实上，嵌入式应用软件开发时的一个显著特点就是需要建立交叉编译环境。

注　意

6.1.1　交叉编译工具介绍

1．Binutils 工具包

GNU Binutils 是一套用来构造和使用二进制所需的工具集。建立嵌入式交叉编译环境，Binutils 工具包是必不可少的，而且 Binutils 与 GNU 的 C 编译器 gcc 是紧密集成的，没有 Binutils，gcc 也不能正常工作。

GNU Binutils 是一组开发工具，包括连接器、汇编器和其他用于目标文件和档案的工具。Binutils 工具集里主要包含以下一系列的程序：addr2line、ar、as、c++filt、gprof、ld、nm、objcopy、objdump、ranlib、readelf、size、strings 和 strip，它包含的库文件有：libiberty.a、libbfd.a、libbfd.so、libopcodes.a 和 libopcodes.so。

这些程序的含义如表 6-1 所示，库文件的含义如表 6-2 所示。

表 6-1　　　　　　　　　　　　　　　　Binutils 工具集中的程序

工　具	简　要　说　明
addr2line	把程序地址转换为文件名和行号。在命令行中给它一个地址和一个可执行文件名，它就会使用这个可执行文件的调试信息，指出在给出的地址上是哪个文件以及行号

工　具	简　要　说　明
ar	建立、修改和提取归档文件。归档文件是包含多个文件内容的一个大文件，其结构保证可以恢复原始文件内容
as	主要用来编译 GNU C 编译器 gcc 输出的汇编文件，产生的目标文件由连接器 ld 连接
c++filt	连接器使用它来过滤 C++ 和 Java 符号，防止重载函数冲突
gprof	显示程序调用段的各种数据
ld	连接器，它把目标和归档文件结合在一起，重定位数据并链接符号引用。通常，建立一个新编译程序的最后一步就是调用 ld
nm	列出目标文件中的符号
objcopy	把一种类型的目标文件中的内容复制到另一种类型的目标文件中
objdump	显示一个或者多个目标文件的信息。使用选项来控制其显示的信息，它所显示的信息通常只有编写编译工具的人才会感兴趣
ranlib	产生归档文件索引，并将其保存到这个归档文件中。在索引中列出了归档文件各成员所定义的可重分配目标文件
readelf	显示 ebf 格式可执行文件的信息
size	列出目标文件每一段的大小以及总体的大小。默认情况下，对于每个目标文件或者一个归档文件中的每个模块只产生一行输出
strings	打印某个文件的可打印字符串，这些字符串最少 4 个字符长，也可以使用选项-n 设置字符串的最小长度。默认情况下，它只打印目标文件初始化和可加载段中的可打印字符；对于其他类型的文件，它打印整个文件的可打印字符。这个程序对于了解非文本文件的内容很有帮助
strip	丢弃目标文件中的全部或者特定符号

表 6-2　　　　　　　　　　　　　　　Binutils 工具集中的库文件

工　具	简　要　说　明
libiberty	包含许多 GNU 程序都会用到的函数，这些函数有 getopt、obstack、strerror、strtol 和 strtoul 等
libbfd	二进制文件描述库
libopcodes	用来处理 Opcodes 的库，在生成某些应用程序的时候也会用到它，如 objdump。Opcodes 是文本格式可读的处理器操作指令

（1）GNU 汇编器 as

as 是 GNU Binutils 工具集中最重要的工具之一。as 工具主要用来将汇编语言编写的源程序转换成二进制形式的目标代码，而目标代码将用来形成.o 文件、库文件或者最终的可执行文件。as 程序很少被单独使用，基本上是被 gcc 调用。

如果为了获得优异的性能或改变内核而直接使用汇编语言编写程序，可以手工调用 as 来生成目标代码。汇编代码是低级别的代码，在不同的平台上，即使在相同的操作系统中，代码也可能不同。汇编代码和平台的相关性强、移植性差。

（2）GNU 链接器 ld

同 as 一样，ld 也是 GNU Binutils 工具集中重要的工具，Linux 使用 ld 作为标准的链接程序。由汇编器产生的目标代码是不能直接在计算机上运行的，它必须经过链接器的处理才能生成可执行代码，链接是创建一个可执行程序的最后一个步骤。ld 可以将多个目标文件链接成为可执行程序，同时指定了程序在运行时是如何执行的。

通常一个程序会包含多个子程序，gcc 汇编后将生成多个目标文件，必须把它们组合起来形成可执行的文件。即使程序中只有一个模块，也需要链接诸如 C 函数库和程序初始化代码等。链接器 ld 用于链接目标文件（gcc 生成的中间文件）和系统库文件及初始化代码，以产生最后的可执行文件。

例如，如果有一个由 gcc 编译产生的名为 hello.o 的目标文件，可以用下面的命令来生成一个相同名字的可执行文件：

```
# ld -o hello hello.o
```

ld 链接器会链接库文件，并且动态的链接每一个程序以减小所需内存。如果希望确保这些代码可以运行在所有的系统中，动态库的版本不会影响到程序，可以用下面的命令来链接程序：

```
# ld -Bstatic -o hello hello.o
```

这样产生的文件要比动态链接的版本大一些。

> 注　意
>
> Linux 运行的大部分程序是基于一些共享代码的，共享代码使用动态链接来减少程序所占内存的大小。例如，许多程序用相同的代码在屏幕上显示文本；共享代码允许多个程序同时使用这个代码，但内存中只有一个备份。这和 Windows 及 OS/2 系统中的.dll 文件的思想是一样的。然而，不同版本的共享代码库会导致程序的错误。当编译程序的时候，也可以静态的链接某一个版本的库，而不是使用共享库。使用静态库可以避免版本的冲突，但会浪费内存。

（3）GNU 库管理器 ar

ar 可以从文件中创建、修改和扩展文件。ar 将多个可重定位的目标模块归档为一个函数库文件。在建立静态库时，必须把多个.o 文件组合成一个单独的.a 文件。

采用函数库文件，应用程序能够从该文件中自动装载要参考的函数模块，同时将应用程序中频繁调用的函数放入函数库文件中，易于应用程序的开发管理。

2. gcc 编译器

GUN cc（GUN C Compiler, gcc）是 GUN 项目的 C 编译器套件，能够编译用 C、C++、Objective C 编写的程序。gcc 编译器是基于命令行的。gcc 的主要目的是为 32 位 GNU 系统提供一个好的编译器，其最终输出的是汇编语言源程序。想要进一步编译成所需要的机器代码，还需要引入一些新的工具，如汇编程序等。Binutils 工具集为其提供了一些类似这样的工具。

（1）gcc 的基本用法

在使用 gcc 编译器的时候，通常后面跟一些选项和文件名。gcc 命令的基本用法如下：

```
gcc [options] [filenames]
```

其中，options 就是编译器所需要的参数，又称为选项；filenames 给出相关的文件名称。gcc 有超过 100 个的编译选项可用，这些编译选项中的有一些可能很少能用到，甚至可能永远都不会用到，但是有一些是最基本的，将会频繁用到。

（2）gcc 选项

很多的 gcc 选项包括一个以上的字符，因此必须为每个选项指定各自的连字符，并且就像大多数 Linux 命令一样，不能在一个单独的连字符后跟一组选项。例如，下面的两个命令是不同的：

```
# gcc -p -g test.c
```

```
# gcc -pg test.c
```

第 1 条命令告诉 gcc 编译 test.c 时为 prof 命令建立剖析（profile）信息并且把调试信息加入到可执行的文件里；第 2 条命令只告诉 gcc 为 gprof 命令建立剖析信息。

当不用任何选项编译一个程序时，如果编译成功，gcc 将会建立一个名为 a.out 的可执行文件。例如，下面的命令将在当前目录下产生一个叫 a.out 的文件：

```
# gcc test.c
```

你可以用 "-o" 编译选项来为将产生的可执行文件指定一个文件名来代替 a.out。例如，将一个叫 count.c 的 C 程序编译为名叫 count 的可执行文件，你将输入下面的命令：

```
# gcc -o count count.c
```

使用 "-o" 选项时，"-o" 后面必须带有可执行文件的文件名（可以任意指定）。

注　意

表 6-3 列出了最常用的 gcc 命令行选项。

表 6-3　　　　　　　　　　　　　　　　gcc 命令行选项

选　项	说　明
-ansi	支持 ANSI/ISO C 的标准语法，取消 GUN 的语法扩展中与该标准有冲突部分（但这一选项并不能保证生成 ANSI 兼容的代码）
-c	只编译不链接
-D FOO=BAR	在命令行定义预处理宏 FOO，其值为 BAR
-g	在可执行程序中包含标准调试信息
-ggdb	在可执行程序中包含只有 GUN debugger 才能识别的大量调试信息
-pg	编译完成之后，额外产生一个性能分析所需的信息
-I DIRNAME	将 DIRNAME 加入到头文件的搜索目录列表中
-l FOO	链接名为 libFOO 的函数库
-L DIRNAME	将 DIRNAME 加入到库文件的搜索目录列表中。在默认情况下 gcc 只链接共享库
-MM	输出一个 make 兼容的相关列表
-o FILENAME	指定输出文件名，在编译为目标代码时，这一选项不是必需的。如果 FILENAME 没有指定，默认文件名是 a.out
-O	优化编译过的代码
-ON	指定代码优化的级别为 N，其中 0≤N≤3
-static	链接静态库，即执行静态链接
-traditional	支持 Kernighan & Ritchie C 语法（如用旧式语法定义函数）
-w	关闭所有警告，一般不建议使用此项
-Wall	允许发出 gcc 能提供的所有有用警告，也可以用-W{warning}来标记指定的警告

使用调试选项都会使最终生成的二进制文件的大小急剧增加，同时增加程序在执行时的开销，因此调试选项通常推荐仅在程序的开发和调试阶段中使用。

（3）函数库和包含文件

如果需要链接不在标准目录下的函数库或包含（include）文件，可使用-L {DIRNAME}和-I {DIRNAME}选项指定文件所在的目录，以确保该目录的搜索顺序在标准目录之前，如表 6-3 所示。

例如，如果你的自定义头文件放置在/usr/local/include/myapp 目录下，则为了使 gcc 能够找到这些文件，其命令行应与下面类似：

```
# gcc myapp.c –I /usr/local/include/myapp
```

类似的，如果需要测试在/home/someuser/lib 目录下的某个新函数库 libnew.so（.so 是共享文件的标准扩展名），同时所有需要的头文件在/home/someuser/include 目录下，则为了链接该函数库和定位头文件，相应的命令行应与下面类似：

```
# gcc myapp.c –L /home/someuser/lib –I /home/someuser/include –l new
```

命令中的"-l"选项使得链接程序使用指定的函数库中目标代码，"-lnew"即指定链接 libnew.so 函数库。

（4）gcc 的执行过程

虽然我们称 gcc 是 C 语言的编译器，但使用 gcc 由 C 语言源代码文件生成可执行文件的过程不仅仅是编译的过程，而是要经历 4 个相互关联的阶段：

- 预处理（也称预编译，Preprocessing）；
- 编译（Compilation）；
- 汇编（Assembly）；
- 链接（Linking）。

命令 gcc 首先调用 cpp 进行预处理，在预处理过程中，对源代码文件包含（include）、预编译语句（如宏定义 define 等）进行分析。接着调用 cc1 进行编译，这个阶段根据输入文件生成以.o 为后缀的目标文件。汇编过程是针对汇编语言的步骤，调用 as 进行工作，一般来说，汇编语言文件经过预编译和汇编之后都生成以.o 为后缀的目标文件。当所有的目标文件都生成之后，gcc 就调用 ld 来完成最后的链接工作。在链接阶段，所有的目标文件被安排在可执行程序中的恰当位置，同时，该程序所调用的库函数也从各自所在的档案库中连到合适的地方。

使用 gcc，程序员能够对编译过程有更多的控制。程序员可以在编译的任何阶段结束后停止这个编译过程，以检查编译器在该阶段的输出信息。如果需要，gcc 能够在生成的二进制文件中加入不同种类的调试代码，同时，和其他编译器一样，gcc 也能优化执行代码。

下面从一个最经典的程序"Hello World"入手，对 Linux 下编写、编译和运行有个感性认识。

程序清单如下，在屏幕上输出"Hello World!"字符串。用你喜欢的文本编辑器输入该程序，然后存盘为 hello.c。

程序清单 6.1　hello.c

```
#include <stdio.h>
void main()
{
    printf("Hello World!\n");
}
```

在 Linux 环境命令行键入以下命令，编译和运行这段程序。

```
# gcc –o hello hello.c
# ./hello
Hello World!
```

第 1 行命令是用 gcc 来编译和链接原程序 hello.c，并用"-o"选项指定创建的可执行文件名为 hello。第 2 行命令执行 hello 这个可执行文件，刚生成的可执行文件 hello 位于当前目录下。第 3 行显示了程序的执行结果。

在上述第 2 行命令执行时，可执行命令文件 hello 的前面要加上"./"，表示该文件在当前目录下执行，否则不能得到正常结果。

注　意

3. Make 命令与 Makefile 文件

通常，大程序会包含有十几个甚至几百个单独的模块。如果手工调用 gcc 编译每一个模块的话，这个过程不但冗长，而且非常乏味，也容易引入错误。程序员必须清楚地记住修改了哪个文件，哪个文件依靠哪里的代码而存在，同时还需要为每个文件设置正确的 gcc 选项。幸运的是，当你想到要调用上百次 gcc 进行枯燥工作的时候，make 程序可以自动帮你解决这个问题。

如果仅修改了某几个源文件，则只要重新编译这几个源文件；如果某个头文件被修改了，则重新编译所有包含该头文件的源文件；当修改了其中的某个源文件时，如果其他源文件依赖于该文件，则也要重新编译所有依赖该文件的源文件。

利用 make 程序的这种自动编译可大大简化开发工作，避免不必要的重新编译。

实际上，**make 工具通过 makefile 的文件来完成并自动维护编译工作**。要使用 make，首先要创建 makefile 的文件。makefile 需要按照某种语法进行编写，说明如何编译各个源文件使之链接生成可执行文件，并定义各源文件之间的依赖关系。

makefile 文件是许多编译器，包括 Windows NT 下的编译器维护信息的常用方法，只是在集成开发环境中，用户通过友好的界面修改 makefile 文件而已。在默认情况下，GNU make 工具在当前工作目录中按如下顺序搜索 makefile：

- GNU makefile
- makefile
- Makefile

在 Linux 环境下，习惯使用 Makefile 作为 makefile 文件。如果要使用其他名字的文件作为 makefile，则可使用-f 选项指定 makefile 的文件名。例如，采用名为 Makefile2 文件，则有：

```
# make –f Makefile2
```

如果 makefile 文件存在，每次修改完源程序后，用户通常所需要做的事情就是在命令行敲入"make"，然后所有的事情都由 make 来完成。

（1）Makefile 基本结构

Makefile 中一般包含如下内容：

- 需要由 make 工具创建的项目，通常是目标文件和可执行文件；
- 要创建的项目所依赖的文件；
- 创建每个项目时需要运行的命令。

makefile 中规则的格式如下：

```
targets: dependencies
command
```

…

或者：

```
targets: dependencies; command
command
```

…

其中，targets 指定目标名，通常是一个程序产生的目标文件名，也可能是可执行文件的名字，名字之间用空格隔开；dependencies 描述产生 target 所需的文件，一个 target 通常依赖于多个 dependency；而 command 则用于指定该规则的命令。

command 必须以 TAB 键开头，也就是以制表符开头。不能因为制表符相当于 4 个空格而用空格来替代 TAB 符号，因为 make 命令是通过每一行的 TAB 符号来识别命令行的。如果某一行过长可以分作 2 行，用 "\" 连接。

注 意

假设现在有一个 C 源文件 test.c，该源文件包含有自定义的头文件 test.h，则目标文件 test.o 依赖于两个源文件：test.c 和 test.h。如果用户只希望利用 gcc 命令来生成 test.o 目标文件，可以建立一个简单的 Makefile 文件，代码在程序清单 6.2 中。

程序清单 6.2　一个简单 Makefile

```
# This makefile is a example.
# The following lines indicate how test.o depends
# test.c and test.h, and how to create test.o
test.o: test.c test.h
   gcc -c -g test.c
```

在 makefile 文件中，前 3 行以#开头为注释行。第 4 行是第一个非注释行，指定 test.o 为目标文件，并且依赖于 test.c 和 test.h 文件，中间以（：）分隔。随后的行指定了如何从目标所依赖的文件建立目标。

当 test.c 或 test.h 文件在编译之后又被修改，则 make 工具可自动重新编译 test.o；如果在前后两次编译之间，test.c 和 test.h 均没有被修改，而且 test.o 还在的话，就不再重新编译。这种依赖关系在多个源文件的程序编译中尤其重要。通过这种依赖关系的定义，make 工具可根据目标上一次编译的时间和目标所依赖的源文件的更新时间，自动判断应当编译哪个源文件，从而避免了许多不必要的编译工作。一个 makefile 文件中可以定义多个目标，利用 make target 命令指定要编译的目标，如果不指定目标，则默认使用第一个目标。

（2）Makefile 变量

GNU 的 make 工具除了提供建立目标的基本功能之外，还有许多便于表达依赖性关系以及建立目标命令的特色，其中之一就是变量或宏的定义能力。如果用户要以相同的编译选项同时编译多个 C 源文件，且为每个目标的编译指定冗长的编译选项的话，利用简单的变量定义，可简化 makefile 文件，避免这种乏味的工作。

程序清单 6.3　在 Makefile 文件中定义变量或宏

```
# define macros for name of compiler
CC = gcc
# Define a macro for the CC flags
CCFLAGS = -D_DEBUG -g -m486
# A rule for building a object file
```

```
test.o: test.c test.h
    $ (CC) -c $(CCFLAGS) test.c
```

在上面的例子中，CC 和 CCFLAGS 就是 make 的变量。在 GNU make 中通常称为变量，而在其他 UNIX 的 make 中称为"宏"，实际上指的是同一个东西。在 makefile 中引用变量的值时，只需在变量前面加上"$"符号，如上述代码中的$(CC)和$(CCFLAGS)。

（3）GNU make 的主要预定义变量

GNU make 有许多**预定义变量**，这些变量具有特殊的含义，可在规则中使用。表 6-4 所示为一些主要的预定义变量，除了这些变量之外，GNU make 还将所有的环境变量作为自己的预定义变量。

表 6-4   GNU make 的预定义变量

变 量	说 明
$*	不包含扩展名的目标文件名称
$+	所有的依赖文件以空格分开，并以出现的先后为序。可能包含重复的依赖文件
$<	第一个依赖文件的名称
$?	所有的依赖文件以空格分开，这些依赖文件的修改日期比目标的创建日期晚
$@	目标的完整名称
$^	所有的依赖文件以空格分开，不包含重复的依赖文件
$%	如果目标是归档成员，则该变量表示目标的归档成员名称。例如，如果目标名称为 mytarget.so(image.o)，则$@为 mytarget.so，而$%为 image.o
AR	归档维护程序的名称，默认值为 ar
ARFLAGS	归档维护程序的选项
AS	汇编程序的名称，默认值为 as
ASFLAGS	汇编程序的选项
CC	C 编译器的名称，默认值为 gcc
CCFLAGS	C 编译器的选项
CPP	C 预处理器的名称，默认值为$(CC) -E
CPPFLAGS	C 预处理器的选项
CXX	C++编译器的名称，默认值为 g++
CXXFLAGS	C++编译器的选项
FC	FORTRAN 编译器的名称，默认值为 f77
FFLAGS	FORTRAN 编译器的选项

在一般情况下，make 所预定义的内部规则可以满足大多数应用要求，如果程序员认为哪个内部规则还不能满足他的特殊要求，那么可以通过修改或自定义新的内部规则使用的变量或者相关的命令来改变，称为隐含规则。

（4）隐含规则

隐含规则是指由 make 自定义的规则，这些规则定义了如何从不同的依赖文件建立特定类型的目标。

GNU make 支持以下两种类型的隐含规则。

① 后缀规则（Suffix Rule）。**后缀规则**是定义隐含规则的老风格方法。后缀规则定义了将一个具有某个后缀的文件（如.c 文件）转换为具有另外一种后缀的文件（如.o 文件）的方法。后缀规则的格式是：

```
suffix-rule:
    command
```

其中，后缀规则 suffix-rule 是后缀组合，其格式为：

```
.suffix-1.suffix-2
```

后缀组合说明了潜在的目标和依赖文件之间的依赖关系，即以 ".suffix-2" 为后缀的文件依赖于相应的以 ".suffix-1" 为后缀的文件。

命令 command 是完成由.suffix-1 向.suffix-2 转换所需要的一组 Linux 命令。

例如，将.c 文件转换为.o 文件的后缀规则可定义为：

```
.c.o:
$(CC) $ (CCFLAGS) $ (CPPFLAGS) -c -o $@ $<
```

.c.o 是后缀组合，表示.o 文件依赖于同名的.c 文件。第 2 行是完成由.c 向.o 转换所要执行命令。

② 模式规则（Pattern Rules）。如果现有的内部规则经过修改也不能满足需要，那么可以在 Makefile 文件中使用**模式规则**定义新的内部规则。模式规则看起来非常类似于正则规则，但在目标名称前面多了一个%号，同时可用来定义目标和依赖文件之间的关系。例如，下面的模式规则定义了如何将任意一个*.c 文件转换为*.o 文件。

```
%.c: %.o
    $(CC) $(CCFLAGS) $(CPPFLAGS) -c -o $@ $<
```

（5）Make 选项

如果直接在 make 命令的后面键入目标名，可建立指定的目标。如果直接运行 make，则建立第一个目标。GNU make 命令还有一些其他选项，如表 6-5 所示。

表 6-5 　　　　　　　　　　　　　　　make 命令选项

选　　项	说　　明
-C DIR	在读取 makefile 之前改变到指定的目录 DIR
-f FILE	以指定的 FILE 文件作为 makefile
-h	显示所有的 make 选项（-help）
-i	忽略所有的命令执行错误
-I DIR	当包含其他 makefile 文件时，可利用该选项指定搜索目录
-n	只打印要执行的命令，但不执行这些命令
-p	显示 make 变量数据库和隐含规则
-s	在执行命令时不显示命令
-w	在处理 makefile 之前和之后，显示工作目录
-W FILE	假定文件 FILE 已经被修改

（6）实例分析

在本节，我们以例子来说明 Make 命令与 Makefile 文件。下面
是一个应用程序的模块组成及其依赖关系，如图 6-3 所示。

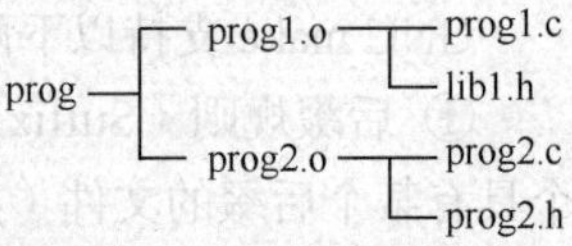

图 6-3 表示可执行文件 prog 依赖 prog1.o 和 prog2.o 这两个中间
目标文件，而 prog1.o 依赖 prog1.c C 源文件和 lib1.h 库文件；prog2.o
依赖 prog2.c C 源文件和 prog2.h 头文件。

图 6-3　一个应用程序的
模块组成及其依赖关系

我们可以用 vim 编辑工具编写一个简单地 Makefile 文件。

程序清单 6.4　一个简单的 Makefile

```
prog: prog1.o prog2.o
    gcc -o a prog prog1.o prog2.o
prog1.o : prog1.c lib1.h
    gcc -c -I -o prog1.o prog1.c
prog2.o : prog2.c prog2.h
    gcc -c prog2.c
clean :
    rm -f prog1.o prog2.o
```

在默认的方式下，我们只输入 make 命令。那么，

● make 会在当前目录下找名叫 "Makefile" 或 "makefile" 的文件。

● 如果找到，它会找文件中的第一个目标文件（target），在程序清单 6.4 中，会找到 "prog"
这个目标，并把它作为最终的目标文件。

● 如果 prog 文件不存在，或是 prog 所依赖的后面的.o 文件的修改时间要比 prog 文件新，
那么，就会执行后面所定义的命令来生成 prog 目标文件。

● 如果 prog 所依赖的.o 文件也不存在，那么 make 会在当前文件中找目标为.o 文件的依赖
性，如果找到则再根据规则生成.o 文件，然后再用.o 文件生成 make 的终极任务，也就是目标文
件 prog。

这就是整个 make 的依赖性，make 会一层又一层地去找文件的依赖关系，直到最终编译出第
一个目标文件。在找寻的过程中，如果出现错误，如最后被依赖的文件找不到，那么 make 就会
直接退出并报错，而对于所定义的命令的错误或是编译不成功，make 根本不理。make 只管文件
的依赖性，即如果找到了依赖关系之后，冒号后面的文件还是不存在，那么 make 就不工作了。

通过上述分析，我们知道，像 clean 这种没有被第一个目标文件直接或间接关联的，它后面
所定义的命令将不会被自动执行。不过，我们可以显式地让 make 执行，即命令 "make clean"，
以此来清除所有的目标文件以便重新编译。

我们可以使用前面介绍过的变量和预定义变量来对程序清单 6.4 做相应的修改，如程序清单 6.5 所示。

程序清单 6.5　使用预定义的 Makefile

```
prog: prog1.o prog2.o
    gcc -o $$ prog1.o prog2.o           （$$表示 prog 可执行文件）
prog1.o : prog1.c lib1.h
    gcc -c -I -o $@ $<                   （$@表示 prog1.o 目标文件，$<表示 prog1.c）
prog2.o : prog2.c prog2.h
    gcc -c $*.c                          （$*表示 prog2）
clean :
    rm -f $*.o
```

在一个项目中，可能几个目标会使用同一个文件 a.c，如果以后这个文件被修改，那么需要修

改 Makefile 中所有的 a.c，这样比较麻烦。我们可以定义变量来解决这个问题，变量可以使 Makefile 文件更加清晰，如程序清单 6.6 所示。

程序清单 6.6　使用变量和预定义的 Makefile

```
OBJ= prog1.o prog2.o
prog: $ (OBJ)
    gcc -o $@ prog1.o prog2.o
prog1.o : prog1.c lib1.h
    gcc -c -I -o $@ $<
prog2.o : prog2.c prog.h
    gcc -c $*.c
clean :
    rm -f $@ $(OBJ)
```

以上通过 make 命令，可以生成 prog 可执行文件，也可以通过 make clean 命令清除 prog1.o 和 prog2.o 这两个目标文件。

（7）用 automake 和 autoconf 自动产生 Makefile

对于很大的项目来说，自己手动写 Makefile 非常麻烦，而标准的 GNU 软件（如 Apache）都是运行一个 configure 脚本文件来产生 Makefile。GNU 软件 automake 和 autoconf 就是自动生成 configure 脚本的工具。开发人员只需要先定义好宏，automake 处理后会产生供 autoconf 使用的 Makefile.in 文件，再用 autoconf 就可以产生 configure 脚本。

一般来说，Makefile 文件不需要用户从头开始编写，样例程序中都带有相应的 Makefile 文件。对于我们自己编写的应用程序，相应的 Makefile 文件只要复制相关样例文件进行简单的修改，均能达到要求。当然，应用程序的子目录必须和原样例程序所在的子目录平级，即在同一个父目录下的两个不同的子目录。

4．glibc 库

glibc 是提供系统调用和基本函数的 C 库，如 open，malloc，printf 等。所有动态连接的程序都要用到它，它是编译 Linux 系统程序很重要的组成部分。

5．gdb 调试工具

应用程序的调试是开发过程中必不可少的环节之一。Linux 下的 GNU 的调试器称为 gdb（GNU Debugger），该软件最早由 Richard Stallman 编写。gdb 是一个用来调试 C 和 C++程序的调试器（Debugger），它能使用户在程序运行时观察程序的内部结构和内存的使用情况。gdb 的功能主要是监视程序中变量的值，设置断点以使程序在指定的代码行上停止执行，以及支持单步执行等。

需要注意的是，gdb 调试的是可执行文件，而不是源程序。如果想让 gdb 调试编译后生成的可执行文件，在使用 gdb 工具调试程序之前，必须使用带有-g 或-gdb 编译选项的 gcc 命令来编译源程序，例如：

```
# gcc - g - o test test.c
```

只有这样才会在目标文件中产生相应的调试信息。调试信息包含源程序的每个变量的类型和在可执行文件里的地址映射以及源代码的行号，gdb 利用这些信息使源代码和机器码相关联。

（1）初始化

在命令行输入 gdb 进入 gdb 调试环境，或者输入 gdb progfile 直接加载需要调试的可执行文件。

查看源代码：list [函数名][行数]

设置程序运行参数：set args

（2）暂停程序

gdb 可以使用几种方式来暂停程序：断点、观察点、捕捉点、信号和线程停止。当程序被暂停后，可以使用 continue、next、step 来继续执行程序。

continue 执行到下一暂停点或程序结束；next 执行一行源代码但不进入函数内部；step 执行一行源代码而且进入函数内部。

① 设置断点。

● break [源代码行号][源代码函数名][内存地址]。

● break ... if condition...可以是上述任一参数，condition 是条件。例如，在循环体中可以设置 break ... if i = 100 来设置循环次数。

② 设置观察点。

● watch [变量][表达式] 当变量或表达式值改变时，停住程序。

● rwatch [变量][表达式] 当变量或表达式被读时，停住程序。

● awatch [变量][表达式] 当变量或表达式被读或被写时，停住程序。

③ 设置捕捉点。

```
catch  event
```

当 event 发生时，停住程序。event 可以是下面的内容。

● throw 一个 C++抛出的异常。（throw 为关键字）

● catch 一个 C++捕捉到的异常。（catch 为关键字）

● exec 调用系统调用 exec 时。（exec 为关键字，目前此功能只在 HP-UX 下有用）

● fork 调用系统调用 fork 时。（fork 为关键字，目前此功能只在 HP-UX 下有用）

● vfork 调用系统调用 vfork 时。（vfork 为关键字，目前此功能只在 HP-UX 下有用）

● load 或 load 载入共享库（动态链接库）时。（load 为关键字，目前此功能只在 HP-UX 下有用）

● unload 或 unload 卸载共享库（动态链接库）时。（unload 为关键字，目前此功能只在 HP-UX 下有用）

④ 捕捉信号。

```
handle  [argu]  signals
```

其中，signals 是 Linux/Unix 定义的信号，SIGINT 表示中断字符信号，也就是 Ctrl+C 组合键的信号；SIGBUS 表示硬件故障的信号；SIGCHLD 表示子进程状态改变信号；SIGKILL 表示终止程序运行的信号等。

argu 可以是 stop、nostop、print、noprint、pass or noignore 或 nopass or ignore。

● stop：当被调试的程序收到信号时，gdb 会停住程序。

● nostop：当被调试的程序收到信号时，gdb 不会停住程序的运行，但会显示信息告诉你收到这种信号。

● print：当被调试的程序收到信号时，gdb 会显示出一条收到信号的信息。

● noprint：当被调试的程序收到信号时，gdb 不会显示收到信号的信息。

● pass or noignore：当被调试的程序收到信号时，gdb 不处理信号。这表示，gdb 会把这个信号交给被调试程序去处理。

● nopass or ignore：当被调试的程序收到信号时，gdb 不会让被调试程序来处理这个信号。

⑤ 线程中断。

```
break [linespec] thread [threadno] [if ...]
```

其中，linespec 是断点设置所在的源代码的行号。如 test.c:12 表示文件在 test.c 中的第 12 行设置一个断点。

threadno 是线程的 ID，是 GDB 分配的，通过输入 info threads 来查看正在运行中的程序的线程信息。

if…设置中断条件。

（3）查看信息

① 查看数据。

> print　variable 查看变量
>
> print　array@len 查看数组

其中，array 是数组指针，len 是需要的数据长度，可以通过添加参数来设置输出格式。

- /x 按十六进制格式显示变量。
- /d 按十进制格式显示变量。
- /u 按十六进制格式显示无符号整型。
- /o 按八进制格式显示变量。
- /t 按二进制格式显示变量。
- /a 按十六进制格式显示变量。
- /c 按字符格式显示变量。
- /f 按浮点数格式显示变量。

② 查看内存。

> examine /n f u [内存地址（指针变量）]

其中，n 表示显示内存长度，f 表示输出格式，u 表示字节数制定（b 为单字节，h 为双字节，w 为 4 字节，g 为 8 字节，默认为 4 字节）。如 x /10cw pFilePath，其中 pFilePath 为一个字符串指针，指针占 4B；x 为 examine 命令的简写。

③ 查看栈信息。

> backtrace [-n][n]

其中，n 表示只打印栈顶上 n 层的栈信息，-n 表示只打印栈底上 n 层的栈信息。不加参数，表示打印所有栈信息。

（4）gdb 常用命令

gdb 支持很多的命令，使用户能实现不同的功能。这些命令包括从简单的文件装入到复杂的允许用户检查所调用的堆栈内容。表 6-6 所示为在用 gdb 调试时常用的一些命令。

表 6-6　　　　　　　　　　　　　　　　　gdb 的常用命令

命　　令	简　写	说　　　明
file		装入想要调试的可执行文件
kill	k	终止正在调试的程序
list	l	列出产生执行文件的源代码的一部分
next	n	执行一行源代码但不进入函数内部
step	s	执行一行源代码而且进入函数内部
continue	c	继续执行程序，直至下一中断或者程序结束
run	r	执行当前被调试的程序
quit	q	结束 gdb 调试任务

续表

命　令	简　写	说　明
watch		使你能监视一个变量的值而不管它何时被改变
catch		设置捕捉点
thread	t	查看当前运行程序的线程信息
break	b	在代码里设置断点，这将使程序执行到这里时被挂起
make		在不退出 gdb 的情况下，重新产生可执行文件
shell		在不离开 gdb 的情况下，执行 UNIX shell 命令
print	p	打印数据内容
examine	x	打印内存内容
backtrace	bt	查看函数调用栈的所有信息

6.1.2　交叉编译环境的建立

在建立交叉编译环境之前，当然首先要在一台 PC（宿主机）上安装 Linux 操作系统。一般情况下用定制方式进行完全安装，即在选择软件包（Package）时选择最后一项完全安装（everything）；然后再配置好网络、TFTP 服务（为下载烧写所用）和 NFS 服务（为交叉开发时 mount 所用）。本章中宿主机安装的是 Redhat 9.0 Linux 操作系统。

构建交叉编译器的**第一步是确定目标平台**。在 GNU 系统中，每个目标平台都有一个明确的格式，这些信息用于在构建过程中识别要使用的不同工具的正确版本。因此，当在一个特定目标机下运行 GCC 时，GCC 便在目录路径中查找包含该目标规范的应用程序路径。GNU 的目标规范格式为 CPU-PLATFORM-OS。例如，x86/i386 目标机名为 i686-pc-linux-gnu。本章讲述建立基于 ARM 平台的交叉工具链，所以目标平台名为 arm-linux-gnu。

第二步是匹配 Binutils、gcc 和 glibc 的版本。应该说，越新的版本功能越强大，但是最新版本有可能存在 BUG，这就需要不断地测试修正。

对于 gcc 的版本，2.95.x 曾经统治了 Linux 2.4 内核时代，它表现得极为稳定。Linux 2.6 内核需要更高的工具链版本支持，因此，Linux 2.6 内核最好使用 gcc 3.3 以上版本。

glibc 的版本也要跟 Linux 内核的版本号匹配。在编译 glibc 时，要用到 Linux 内核头文件，它在内核源码的 include 目录下。如果发现有变量没有定义而导致编译失败，需要改变内核版本号。如果没有绝对把握保证内核修改完全，就不要修改内核，而应该把 Linux 内核的版本号降低或升高，以适应 glibc 版本。如果选择的 glibc 的版本号低于 2.2，还要下载一个 glibc-crypt 的软件包，如 glibc-crypt-2.1.tar.gz，然后解压到 glibc 源码树中。

对于 Binutils 版本，可以尽量使用新的版本，新版本中很多工具是辅助 gcc 编译功能的，问题相对较少。

2.4 内核和 2.6 内核的工具链版本的基本组合如表 6-7 所示，这些是在 ARM 平台上测试过的。新的处理器或者体系结构都要求使用更高的版本才能够支持。

表 6-7　　　　　　　　　　　ARMV4T 平台工具链常用版本

工具链版本	Linux 2.4.x	Linux 2.6.x	工具链版本	Linux 2.4.x	Linux 2.6.x
Binutils	2.14	2.14	glibc-threads	2.2.5	2.2.5
gcc	2.95.3	3.3.2	gdb	5.3	6.0
glibc	2.2.5	2.2.5			

通常构建交叉编译环境有 3 种方法。

方法 1：分步编译和安装交叉编译环境所需要的库和源代码，最终生成交叉编译环境。该方法相对比较困难，适合想深入学习构建交叉编译环境的读者。如果只是想使用交叉编译环境，建议使用方法 2 或方法 3 构建交叉工具链。

方法 2：通过 Crosstool 脚本工具来实现一次编译生成交叉编译环境，该方法相对于方法 1 要简单许多，并且出错的机会也非常少。

方法 3：使用开发平台供应商提供的开发环境安装套件建立交叉编译环境，这是最常用的方法。不同开发平台安装的具体步骤可参考供应商的操作说明书，其相关安装步骤会有所不同。

1. 分步建立交叉编译环境

下面我们就以建立针对 ARM 的交叉编译开发环境为例，简单介绍用方法 1 构建交叉编译环境的过程。其他的体系结构与这个相类似，只要做一些对应的改动。

由于工具链是几个软件包组合编译生成的，因而每个软件包的编译并不是独立的，而是相互存在依赖关系。一个关键的问题是完整的 gcc 编译器是依赖于 glibc 的，而 glibc 需要对应体系结构的 gcc 来编译，这怎么解决呢？答案是先编译一个辅助的 gcc 编译器（bootstrap compiler）用来编译 glibc，然后再重新编译完整的 gcc 编译器。

编译工具链的流程如图 6-4 所示。

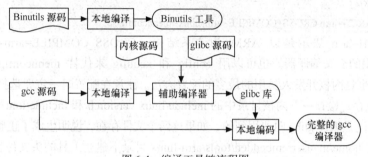

图 6-4　编译工具链流程图

建立交叉编译环境的过程可以划分为 5 个步骤：

- 做好准备工作，包括下载工具源码包和补丁，准备内核头文件，创建工作目录等；
- 编译、安装 Binutils；
- 编译辅助编译器（bootstrap gcc）；
- 建立 glibc 库，这里要使用交叉编译工具链，如 arm-linux-gcc 等；
- 编译生成完整的编译器（full gcc），重新配置 gcc 功能，使其支持 C、C++等语言。

（1）准备编译环境

首先，准备编译环境。创建一个工作目录，一般放在自己的用户目录中，如/home/myuser。先建一个工作目录 embedded，代码如下：

```
# cd /home/myuser
# mkdir embedded
```

其次，在 embedded 目录下建立 3 个目录：build-tools、kernel 和 tools。其中，build-tools 用来存放下载的 Binutils、gcc 和 glibc 的源代码并用来编译这些源代码的目录；kernel 用来存放内核源代码和内核补丁；tools 用来存放编译好的交叉编译工具和库文件。

```
# cd embedded
```

```
# mkdir build-tools kernel tools
```

再次，为了方便重复输入绝对路径，对以下环境变量进行声明。目的是在之后编译工具库的时候方便输入，尤其是可以降低输错路径的风险。环境变量也可以定义在.bashrc 文件中。当然如果你不习惯用环境变量，也可以略过这个步骤。

```
# export PRJROOT=/home/myuser/embedded
# export TARGET=arm-linux
# export PREFIX=$PRJROOT/tools
# export TARGET_PREFIX=$PREFIX/$TARGET
# export PATH=$PREFIX/bin:$PATH
```

最后，建立内核头文件。编译器需要通过系统内核的头文件来获得目标平台所支持的系统函数调用所需要的信息。对于 Linux 内核，最好的方法是下载一个合适的内核，然后复制获得头文件。需要对内核做一个基本的配置来生成正确的头文件，但不需要编译内核。对于目标 arm-linux，需要以下步骤。

第 1 步，在 kernel 目录下解压 linux-2.6.10.tar.gz 内核包，执行命令如下：

```
# cd $PRJROOT/kernel
# tar –xvzf linux-2.6.10.tar.gz
```

第 2 步，配置编译内核使其生成正确的头文件，执行命令如下：

```
# cd linux-2.6.10
# make ARCH=arm CROSS_COMPILE=arm-linux- menuconfig
```

其中 ARCH=arm 表示是以 ARM 为体系结构；CROSS_COMPILE=arm-linux-表示是以 arm-linux-为前缀的交叉编译器。也可以用 config 和 xconfig 来代替 menuconfig，推荐用 make menuconfig，这也是内核开发人员用的最多的配置方法。注意在配置时一定要选择处理器的类型。配置完退出并保存，检查一下内核目录中的 include/linux/version.h 和 include/linux/autoconf.h 文件是不是生成了，这是编译 glibc 时要用到的，如果这两个文件存在，说明生成了正确的内核头文件。

第 3 步，在/home/myuser/embedded/tools/arm-linux 目录下建立工具的头文件目录 inlcude，然后将内核头文件复制到此目录下，具体操作如下：

```
# mkdir –p $TARGET_PREFIX/include
# cp –r $PRJROOT/kernel/linux-2.6.10/include/linux $TARGET_PREFIX/include
# cp –r $PRJROOT/kernel/linux-2.6.10/include/asm-arm $TARGET_PREFIX/include/asm
```

（2）编译、安装 Binutils

首先，解压 binutils-2.15.tar.bz2 包，命令如下：

```
# cd $PRJROOT/build-tools
# tar –xjvf binutils-2.15.tar.bz2
```

其次，配置 Binutils 工具，建议建立一个新的目录用来存放配置和编译文件，这样可以使源文件和编译文件分开（其他软件的安装也同样如此），具体操作如下：

```
# cd $PRJROOT/build-tools
# mkdir build-binutils
# cd build-binutils
# ../ binutils-2.15/configure -target=$TARGET -prefix=$PREFIX
```

其中选项-target 的意思是定制生成的是 arm-linux 工具，-prefix 指出可执行文件安装的位置。执行上述操作会出现很多 check 信息，最后产生 Makefile 文件。

最后，执行 make 和安装操作，命令如下：

```
# make
# make install
```

该编译过程较慢，需要数十分钟，安装完成后查看/home/myuser/embedded/tools/bin 目录下的文件，如果查看结果如下，表明此时 Binutils 工具已经安装结束。

```
# ls $PREFIX/bin
arm-linux-addr2line
arm-linux-ar
arm-linux-as
arm-linux-c++filt
arm-linux-ld
arm-linux-nm
arm-linux-objcopy
arm-linux-objdump
arm-linux-ranlib
arm-linux-readelf
arm-linux-size
arm-linux-strings
arm-linux-strip
```

这些 GNU 开发工具都带 arm-linux 前缀。这些工具的用法跟主机本地的工具是相同的，只是处理的二进制程序体系结构不同。在开发主机上，如果是为目标板平台编译可执行程序，一定要用交叉开发工具。

（3）编译辅助编译器（Bootstrap gcc）

初始编译器 gcc 没有 glibc 库的支持，只能用于编译内核、Bootloader 等不需要 C 库支持的程序，如果创建 C 库就要用到这个编译器。首先将源文件解压缩，进入该文件夹：

```
# cd $PRJROOT/build-tools
# tar –xvzf gcc-3.3.6.tar.gz
# cd gcc-3.3.6
```

在编译并安装 gcc 前，我们先要改一个文件$PRJROOT/gcc/config/arm/t-linux，将

```
TARGET_LIBGCC2-CFLAGS=-fomit-frame-pointer –fPIC
```

改为

```
TARGET_LIBGCC2-CFLAGS=-fomit-frame-pointer -fPIC -Dinhibit_libc -D__gthr_posix_h
```

然后输入：

```
# vi gcc/config/arm/t-linux
```

接下来进行配置操作：

```
# cd build-gcc
# ../ build-gcc /configure --target=$TARGET --prefix=$PREFIX --enable-languages=c\
--disable-threads --disable-shared
```

其中，选项--enable-languages=c 表示只支持 C 语言，--disable-threads 表示去掉 thread 功能，这个功能需要 glibc 的支持。--disable-shared 表示只进行静态库编译，不支持共享库编译。

然后执行编译和安装操作，命令如下：

```
# make
# make install
```

安装完成后，在/home/myuser/embedded/tools/bin 下查看，如果 arm-linux-gcc、arm-linux-unprotoize、cpp 和 gcov 等工具已经生成，表示 bootstrap gcc 工具已经安装成功。

（4）建立 c 库（glibc）

首先，解压 glibc-2.2.3.tar.gz 和 glibc-linuxthreads-2.2.3.tar.gz 源代码，具体操作如下：

```
# cd $PRJROOT/build-tools
# tar -xvzf glibc-2.2.3.tar.gz
# tar -xzvf glibc-linuxthreads-2.2.3.tar.gz --directory=glibc-2.2.3
```

然后，进行编译配置，配置前在$PRJROOT/build-tools 目录下新建一个编译目录 build-glibc，配置操作如下：

```
# cd $PRJROOT/build-tools
# mkdir build-glibc
# cd build-glibc
# CC=arm-linux-gcc ../glibc-2.2.3 /configure --host=$TARGET --prefix="/usr"\
--enable-add-ons --with-headers=$TARGET_PREFIX/include
```

选项 CC=arm-linux-gcc 是把 CC（Cross Compiler）变量设成刚建立的 gcc，用它来编译 glibc。--prefix="/usr"定义了一个目录，用于安装一些与目标机器无关的数据文件，默认情况下是/usr/local 目录。--enable-add-ons 是告诉 glibc 用 linuxthreads 包，在上面已经将它放入 glibc 源代码目录中，这个选项等价于-enable-add-ons=linuxthreads。--with-headers 告诉 glibc linux 内核头文件的目录位置。

最后，配置完后就可以编译和安装 glibc 了，具体操作如下：

```
# make
# make install
```

结果在/home/myuser/embedded/tools/目录下的 lib 子目录中，安装了 glibc 共享库等文件。

（5）建立完整的编译器（full gcc）

由于第一次安装的 gcc 没有交叉 glibc 的支持，现在在已经安装了 glibc，因而需要重新编译来支持交叉 glibc。并且，Bootstrap gcc 只支持 C 语言，现在可以让它同时支持 C 和 C++语言。具体操作如下：

```
# cd $PRJROOT/build-tools/gcc-2.3.6
# ./configure --target=arm-linux --enable-languages=c，c++ --prefix=$PREFIX
# make
# make install
```

编译的结果是得到完整的编译器 arm-linux-gcc 和 arm-linux-g++。到现在为止，完全可以使用这一套工具链进行交叉编译了。

2. 制作交叉调试器

（1）编译交叉调试器

对于交叉调试器，并不是工具链必需的工具，但是它是与工具链配套使用的。GDB 的调试能力和 BUG 的修正也因为版本的不同而不同，这里仅说明一下基本的编译过程。

按照下列步骤编译交叉调试器。

① 解压源码包。

```
# tar -zxvf ./source/gdb-6.0-tar.gz

# cd gdb-6.0
```

② 配置。

```
# mkdir build-arm-linux

# cd build-arm-linux

# ../configure --target=arm-linux --prefix=/usr/local/arm/3.3.2
```

配置也很简单，只需要配置--target 和--prefix，指定目标板体系结构和安装路径即可。

③ 编译。

```
# make
```

耐心等待，一般不会出错。

④ 安装。

```
# make install
```

编译结果是在/usr/local/arm/3.3.2/bin 目录下得到 arm-linux-gdb 工具。

（2）编译 gdbserver

目标板还需要 gdbserver 工具为目标板交叉编译 gdbserver。

gdbserver 的源码在 gdb 源码树的 gdb/gdbserver 目录下。按照下列步骤配置编译：

```
# cd gdb-6.0

# cd gdb/gdbserver

# chmod u+x configure

# CC=arm-linux-gcc \

./configure --host=arm-linux

# make
```

使用 arm-linux-gcc 交叉编译，配置--host 为 arm-linux。

编译结果生成 gdbserver 和 gdbreplay，这是目标板体系结构的可执行程序，复制到目标机文件系统中。

6.2　嵌入式 Linux 在 ARM 平台上的移植

6.2.1　Linux 内核源代码的组织

在为新的硬件平台移植 Linux 操作系统之前，首先要明确内核源代码的基本组织情况，只有了解了各目录及代码的功能，才能准确地找到需要修改和改进的地方。

嵌入式 Linux 内核按照功能可分为进程管理、内存管理、文件系统、设备控制和网络，其结构如图 6-5 所示。

进程管理： 内核的进程管理活动实现了在一个 CPU 上多个进程的抽象概念。

内存管理： 使用内存的策略是影响整个系统性能的关键。内核为每个进程在有限可利用的资源上建立了虚拟地址空间。内核不同部分通过一组函数与内存管理子系统交互。

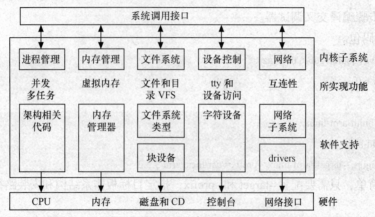

图 6-5　嵌入式 Linux 内核功能结构图

文件系统：内核在非结构的硬件上建立了结构化的文件系统，这个抽象的文件系统被广泛应用。Linux 支持多文件系统类型和物理介质上对数据的不同组织方法。

设备控制：几乎每种系统操作最后都要映射到物理设备上，几乎所有设备的控制操作都由设备驱动程序来实现，内核必须为每个外部设备嵌入设备驱动程序。

网络：系统通过程序和网络接口发送数据包，并且应该可以正确地让程序睡眠，并唤醒等待网络数据的进程。所有路由和地址解析问题都是在内核里实现的。

Linux 内核源代码包括多个目录，如 arch、drivers、include、init、ipc、kernel、mm、net、fs、lib、scripts 等，各目录所包含的内容如表 6-8 所示。

表 6-8　　　　　　　　　　　　　　　Linux 内核的源代码目录树

目　　录	内　　　　容
arch	包含了所有硬件结构特定的内核代码
fs	包含了所有文件系统的代码
init	包含了内核的初始化代码，这是内核开始工作的起点
ipc	包含了进程间通信的代码
kernel	包含了主内核代码
include	包含了建立内核代码时所需的大部分包含文件
mm	包含了所有的内存管理代码
net	包含了内核的联网代码
drivers	包含了内核中所有的设备驱动程序，如块设备、scsi 设备驱动程序等

嵌入式 Linux 系统能支持如此多平台的部分原因是内核把源程序代码清晰地划分为体系结构无关部分和体系结构相关部分。

arch 目录包含了与体系结构相关部分的内核代码。其中的每一个目录都代表一种硬件平台，与 ARM 平台相关的代码在 Arch/arm 下。对于任何平台，arch 目录都包括以下几个子目录。

● **boot**：包括启动内核所使用的部分或全部平台特有代码。最终编译得到的内核就存放在这个目录下，并且还包含了一些在启动时对压缩内核进行解压所需的代码。

● **kernel**：存放支持体系结构特有的诸如信号处理和 SMP 之类特征的实现。kernel 主要包括 ARM 平台必须使用的 ARM 汇编程序（如启动时的 head-armv.S 和异常、中断处理相关的

entry-armv.S），其他一些和体系结构中中断异常处理、进程调度管理、系统调用、调试体系等相关的 C 程序。

- **lib**：存放体系结构特有的通用函数的实现，如内存复制函数 memcpy、I/O 函数、位操作函数等。
- **mm**：存放体系结构特有的内存管理程序的实现。

Linux 内核的源代码目录树的组织结构非常清晰，如图 6-6 所示。图中虚线框内的部分便是我们在 ARM 平台下进行系统移植所需要重点关心的部分。

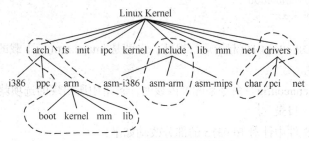

图 6-6　Linux 内核源代码树的组织

6.2.2　嵌入式 Linux 内核裁剪方法

对 Linux 操作系统的移植工作主要分为两个方面：一方面是针对硬件特点对源代码的修改，如内核的启动部分、存储设备的大小、具体的驱动问题等；另一方面是功能模块的裁剪，主要是对内核功能的配置，包括支持的文件类型、外设模块等。

1．针对硬件的修改

嵌入式 Linux 是一个可移植性很好的操作系统，它广泛地支持许多不同体系结构的计算机。可移植性是指代码从一种体系结构移植到另一种不同的体系结构上的方便程度。嵌入式 Linux 内核的所有接口和核心代码都是独立于硬件体系结构的 C 语言代码。但是，在对性能要求很严格的部分，内核的特性会根据不同的硬件体系进行调整。需要快速执行的和底层的代码与硬件相关，是用汇编语言写的，这种实现方式使嵌入式 Linux 在保持可移植性的同时兼顾对性能的优化。

嵌入式 Linux 内核的平台无关性和可扩展性，使得移植内核存在可能性。移植工作主要集中在硬件部分，但由于内核各部分关系紧密，对某一个部分的修改也会影响到其他部分，增加了移植工作的难度。

总体上讲，针对硬件的修改有两种方法。

① 对一种全新的硬件平台开展移植工作时，需采用"自底向上"的设计方法从头设计，即从硬件的需求考虑逐步地采用分析、设计、编码和测试。

② 大多数情况下，是在前人工作的基础上修改已有的代码。Linux 已经可以在多种体系结构中运行，可以参考相近的体系结构的代码修改与目标硬件平台不同的部分即可。

Linux 内核支持很多的硬件体系结构，如 X86、ARM、PowerPC、M68Y 等，但由于新的硬件平台不断出现，根据新的硬件平台移植内核是嵌入式系统构建的必须工作。幸运的是，对于大多常用的 ARM 处理器，这一方面的大部分工作已经由相应的 ARM 处理器补丁来完成了，如以下几个部分。

（1）内核的启动部分

内核入口代码是位于/arch/arm/kernel 的 head-armv.S。内核通过入口代码检查 Linux 内核代码中的相关信息与目标板处理器中寄存器相关值是否相匹配。处理器寄存器中的值由 Bootloader 传递过来。只有 Linux 内核和 Bootloader 协调好才能在运行过程中查找到正确的函数，启动 Linux 内核。

（2）arch 目录下相关文件

① arch/arm 目录下的 Makefile 文件。

系统启动代码是通过 Makefile 文件产生的，在文件中要有以下对具体硬件的定义，如对 EP9315 的定义：

```
ifeq ($(CONFIG ARCH EP93XX), y)
    TEXTADDR = 0xc0008000
    MACHINE  = ep93xx
endif
```

其中，TEXTADDR 决定内核起始运行地址，也就是 image.ram 应下载的位置。

② config.in 文件。

当使用"make menuconfig"命令来配置内核时，菜单中所出现的选项就是该文件产生的。

（3）arch/arm/boot 目录

例如，Makefile 文件中针对 EP9315 的部分改动如下：

```
ifeq ($ (CONFIG_ARCH_EP93XX), y)
    ZRELADDR    = $ (CONFIG_EP93XX_ZRELADDR)
    PARAMS_PHYS = $ (CONFIG_EP93XX_PARAMS_PHYS)
    INITRD_PHYS = $ (CONFIG_EP93XX_INITRD_PHYS)
endif
```

由 arch/arm/config.ini 文件我们可以根据以下定义对具体硬件进行配置：

```
if ["$CONFIG_ARCH_EP93XX_SDCSN3" = "y"]; then
    if ["$CONFIG_ARCH_EP93XX_SYNC_BOOT" = "y"] then
        define_int  CONFIG_EP93XX_PHYS_ADDR 0x00000000
        define_int  CONFIG_EP93XX_ZRELADDR 0x00008000
        define_int  CONFIG_EP93XX_PARAMS_PHYS 0x00000100
        ...
        define_int  CONFIG_EP93XX_INITRD_PHYS 0x00800000
        ...
    endif
```

其中，CONFIG_EP93XX_PHYS_ADDR 是 RAM 的第一个 Bank 的物理地址；

CONFIG_EP93XX_ZRELADDR 是存放解压缩后的内核的起始地址，决定内核解压后数据输出的地址；

CONFIG_EP93XX_PARAMS_PHYS 是内核参数在 RAM 中的物理地址；

CONFIG_EP93XX_INITRD_PHYS 是 initrd 在 RAM 中的物理地址。

（4）entry-armv.S 文件

在/arch/arm/kernel/中的 entry-armv.S 文件中加入有关 CPU 中断的代码，修改相关 Makefile 文件及 setup.c 文件中的初始化代码。

注　意

在 Linux 内核移植的初始阶段应尽可能暂时屏蔽不相关的设备驱动以及内核功能配置选项，使内核支持的选项尽可能少，先构造最小内核。对内核的修改也要尽可能的小，因为对内核不正确的修改会引起系统崩溃。在确保已经进行的内核移植操作正确的情况下，再逐步添加相应的硬件支持和功能支持。

2．功能模块的裁剪

在 PC 上安装的 Linux 系统至少需要上百兆的硬盘空间，如果再加上一些应用工具，可能需要几个 GB 的空间。例如，RedHat Linux 9.0 操作系统采用全安装的方式占用硬盘 4.8GB。而嵌入式系统的存储空间一般都很有限，要将 Linux 用于嵌入式系统，就得对 Linux 操作系统进行定制（或者叫裁剪），减小嵌入式 Linux 系统的体积，提高运行效率，使整个 Linux 系统能够存放到容量较小的开发板 Flash 芯片中。

嵌入式 Linux 内核功能模块的裁剪主要有 3 种方法。

（1）使用 Linux 自身的配置工具，编译定制内核

Linux 内核能够很好地支持模块化，内核有许多可以独立增加、删除的功能模块可以设置为内核配置选项。嵌入式 Linux 内核支持很多的硬件，如果在编译的时候把这些选上，编译出来的内核会很大。编译时应根据系统平台特点和应用需求配置内核，添加需要的功能，删除不必要的功能，这样可以显著减小内核的大小。但这种裁剪方法的缺点是内核裁剪的粒度较大，精度较小。

（2）修改内核源代码，进行内核裁剪

通过分析系统平台和应用需求，结合对内核代码的理解，在内核源代码的适当位置加入一些条件编译语句，使用 CML（菜单定制语言）定制内核选项。基于内核源码的方法裁剪粒度更小，裁剪出来的内核体积更小，更适合嵌入式系统的需求。

（3）基于系统调用关系，进行内核裁剪

内核是操作系统运行的核心，内核函数在系统调用、异常产生和中断发生时被调用。调用方式如图 6-7 所示。

图 6-7　嵌入式 Linux 系统调用图

在嵌入式 Linux 系统中，应用程序位于最上层，通过库调用向系统发出服务请求，再通过系统调用内核函数。不同的系统由于具体的应用不同，应用程序调用的共享库以及使用的内核函数是不同的，将系统需要用到的共享库以及内核函数留下，去除没有用到的共享库以及内核函数，可以达到裁剪内核的目的，但一旦上层应用有变化就必须重新裁剪、编译内核。

Linux 操作系统将它的组件分为直接的**核心组件**和运行时**可装载组件**。Linux 操作系统的基本组件包括根文件系统、IDE/MEM 驱动程序、内存管理、进程和调度管理以及一些必要的 I/O 子系统。

可裁剪的组件包括以下方面：

- 文件系统，如 smbfs、minix、xiafs、msdos、umsdos、sysv、isofs、hpfs 和 nfs；
- 网络协议，如 TCP/IP、IPX；
- 字符设备驱动程序；
- 块设备驱动程序；
- 各种网络设备部件，如 NE2000 3Com3c509 等；
- SCSI 设备部件；
- ISDN 设备部件。

根据嵌入式系统明确的功能定义，在内核的设定中只留下必要的选项或模块，其他不必要的都可以舍弃。

6.2.3 嵌入式 Linux 内核定制过程

如果采用上述第一种内核裁剪方法，即使用 Linux 自身的配置工具编译定制内核，嵌入式 Linux 操作系统内核的定制过程基本可分为 4 个步骤：增加新的内核组件、配置内核、生成内核和装载内核，如图 6-8 所示。第 1 步增加新的内核组件是修改一些系统文件，后 3 步是使用系统命令来定制嵌入式 Linux 内核。

生成新系统文件的命令操作步骤如下。

1. 增删新的内核组件

在一个嵌入式系统中，如果要使系统支持一些新的硬件设备，不仅需要有这些硬件设备的设备驱动程序，而且需要修改一些系统文件，使得在进行内核配置时，可以将这些硬件设备驱动程序以新的内核组件的形式加入到内核中。

（1）内核配置系统文件

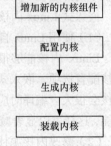

图 6-8　内核定制流程图

以下一些系统文件存储了与 Linux 内核配置相关的数据和代码。

① .config。内核系统配置的数据文件为/usr/src/linux/.config，它保存了系统配置主界面的结果。

② config.in。config.in 文件处于/usr/src/linux/目录下各子目录，它对应系统配置主界面中的各选项以及子菜单选项。

③ menuconfig。menuconfig 是一个 shell 文件，它读取.config 文件，解释并执行各子菜单选项对应的 config.in 文件的内容。

④ Makefile。Makefile 文件说明了内核如何编译，不同部件是否可以编译，这些根据系统配置文件的参数决定。

如果用 make menuconfig 命令对 Linux 内核进行配置，那么系统配置界面中的具体显示是由 config.in 文件来完成的。如 Loadable module support 部分，其具体实现如下：

```
mainmenu_option next_comment
comment "Loadable module support"
bool 'Enable loadable module support' CONFIG_MODULES
if ["$CONFIG_MODULES" = "y"]; then
    bool 'set version information on all symbols for modules'
CONFIG_MODVERSIONS
    Bol 'Kernel modul loader' CONFIG_KMOD
fi
endmenu
...
```

（2）修改内核配置系统文件

增加一个新的内核组件需要考虑修改以下两个文件：

● 修改 config.in 文件，在配置界面中增加新的配置选项；

● 修改 Makefile 文件，使编译文件可以编译增加的组件并连接到内核。

下面就以增加一个块设备 CF 卡驱动为例，说明如何通过内核系统配置过程增加新的内核组件。

① 修改 config.in 文件。增加一个块设备，要修改/usr/src/linux/drivers/block 目录下的 config.in 文件，在菜单项中增加一行（用粗体表示）：

```
mainmenu_option next_comment
comment 'Block devices'
tristate 'M-Systems CF device support' CONFIG_BLK_DEV_MSYS_CF
```

```
endmenu
```

② 修改 Makefile 文件。本例中就是修改/usr/src/linux/drivers/block 目录下的 Makefile 文件。在 Makefile 文件中，增加以下内容（用粗体表示）：

```
...
M_OBJS:=
MOD_LIST_NAME:= BLOCK_MODULES
MOD_TO_LIST:=
LX_OBJS:= myCF.o
MX_OBJS:=
ifeq ($(CONFIG_PARIDE), m)
    MOD_IN_SUB_DIRS += paride
endif
...

ifeq ($ (CONFIG_BLK_DEV_MSYS_CF), y)
    SUB_DIRS += myCF
    MOD_IN_SUB_DIRS += myCF
    L_OBJS += myCF/myCF.o
else
    ifeq ($ (CONFIG_BLK_DEV_MSYS_CF), m)
        MOD_SUB_DIRS += myCF
    endif
endif
endif
```

这样就增加了新的 CF 卡设备驱动程序组件。下面在配置内核的主界面上将会出现所增加组件的选项。如果用户想在内核中添加此项功能，只需简单选中该组件即可。

2. 启动内核配置程序

增加了新的操作系统内核组件后，就要配置内核了。Linux 操作系统的内核可以利用 make config 进行命令行交互方式配置，也可以利用 make menuconfig 进行图形式的配置。

将当前目录转到 Linux 源代码所在目录，键入下列命令：

```
# make menuconfig
```

此命令开启了菜单配置界面，用户还可以使用 make xconfig 命令启动一个图形式的配置界面，可以用鼠标操作。两者配置的方式不相同，但都能完成内核的配置。生成的菜单选择界面如图 6-9 所示。

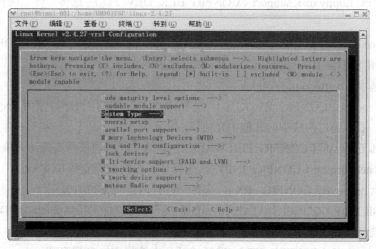

图 6-9　配置 Linux 内核

3. 配置内核

Linux 的内核配置程序提供了一系列配置选项。对于每一个配置选项，用户可以回答 "*" "m" 或 " "。

其中 "*" 表示将相应特性的支持或设备驱动程序编译进内核；"m" 表示将相应特性的支持或设备驱动程序编译成可加载模块，在需要时，可由系统或用户自行加入到内核中去；" " 表示内核不提供相应特性或驱动程序的支持。

内核的配置选项非常多，这里只介绍一些比较重要的选项。

（1）代码成熟度选项（Code maturity level options）

Prompt for development and/or incomplete code/drivers（CONFIG_EXPERIMENTAL）[N/Y/?]

显示尚在开发中或者不完全的代码/驱动。如果用户想要使用还处于测试阶段的代码或驱动，可以选择 "Y"，这个选项会让内核配置多出很多选项。如果想编译出一个稳定的内核，则要选择 "N"。

（2）处理器类型和特色（Processor type and features）

① ARM system type　选择处理器类型。

② Maximum Physical Memory　内核支持的最大内存数，默认为 1G。

③ Math emulation（CONFIG_MATH_EMULATION）　协处理器仿真，默认为不仿真。

④ MTRR（Memory Type Range Register）support（CONFIG_MTRR）　选择该选项，系统将生成/proc/mtrr 文件对 MTRR 进行管理，供 X server 使用。

⑤ Symmetric multi-processing support（CONFIG_SMP）选择 "y"，内核将支持对称多处理器。

（3）可加载模块支持（Loadable module support）

① Enable loadable module support（CONFIG_MODULES）　选择 "y"，内核将支持加载模块。

② Kernel module loader（CONFIG_KMOD）　选择 "y"，内核将自动加载那些可加载模块，否则需要用户手工加载。

（4）即插即用设备支持（Plug and Play configuration）

① Plug and Play support（CONFIG_PNP）　选择 "y"，内核将自动配置即插即用设备。

② ISA Plug and Play support（CONFIG_ISAPNP）　选择 "y"，内核将自动配置基于 ISA 总线的即插即用设备。

（5）块设备（Block devices）

① Normal PC floppy disk support（CONFIG_BLK_DEV_FD）　选择 "y"，内核将提供对软盘的支持。

② Enhanced IDE/MFM/RLL disk/cdrom/tape/floppy support（CONFIG_BLK_DEV_IDE）选择 "y"，内核将提供对增强 IDE 硬盘、CDROM 和磁带机的支持。

（6）网络选项（Networking options）

① Packet socket（CONFIG_PACKET）　选择 "y"，一些应用程序将使用 Packet 协议直接同网络设备通信，而不通过内核中的其他中介协议。

② Network firewalls（CONFIG_FIREWALL）　选择 "y"，内核将支持防火墙。

③ TCP/IP networking（CONFIG_INET）　选择 "y"，内核将支持 TCP/IP。

④ The IPX protocol（CONFIG_IPX）　选择 "y"，内核将支持 IPX。

⑤ Appletalk DDP（CONFIG_ATALK）　选择 "y"，内核将支持 Appletalk DDP。

（7）字符设备（Character devices）

① Virtual terminal（CONFIG_VT）　选择 "y"，内核将支持虚拟终端。

② Support for console on virtual terminal（CONFIG_VT_CONSOLE） 选择"y"，内核可将一个虚拟终端用作系统控制台。

③ Standard/generic（dumb） serial support（CONFIG_SERIAL） 选择"y"，内核将支持串行口。

④ Support for console on serial port（CONFIG_SERIAL_CONSOLE） 选择"y"，内核可将一个串行口用作系统控制台。

（8）文件系统（Filesystems）

① Quota support（CONFIG_QUOTA）选择"y"，内核将支持磁盘限额。

② Kernel automounter support（CONFIG_AUTOFS_FS） 选择"y"，内核将提供对 automounter 的支持，使系统在启动时自动 mount 远程文件系统。

③ DOS FAT fs support（CONFIG_FAT_FS） 选择"y"，内核将支持 DOS FAT 文件系统。

④ ISO 9660 CDROM filesystem support（CONFIG_ISO9660_FS） 选择"y"，内核将支持 ISO 9660 CDROM 文件系统。

⑤ NTFS filesystem support（read only）（CONFIG_NTFS_FS） 选择"y"，用户可以以只读方式访问 NTFS 文件系统。

⑥ /proc filesystem support（CONFIG_PROC_FS） /proc 是存放 Linux 系统运行状态的虚拟文件系统，该项必须选择"y"。

⑦ Second extended fs support（CONFIG_EXT2_FS） EXT2 是 Linux 的标准文件系统，该项也必须选择"y"，为以后文件系统开发和设置提高操作系统的支持。

（9）网络文件系统（Network File Systems）

① NFS filesystem support（CONFIG_NFS_FS） 选择"y"，内核将支持 NFS 文件系统。

② SMB filesystem support（to mount WfW shares etc.）（CONFIG_SMB_FS） 选择"y"，内核将支持 SMB 文件系统。

③ NCP filesystem support（to mount NetWare volumes）（CONFIG_NCP_FS） 选择"y"，内核将支持 NCP 文件系统。

其他一些系统模块，读者也可以根据自己系统的实际需要按上面所介绍的步骤进行添加，再逐项对内核和驱动模块进行选择和配置，完成自己的设置后，保存配置退出。

6.2.4　内核编译及装载

配置完内核之后，内核仍然以源代码的方式存在，不能直接下载到嵌入式系统中运行，因此，必须对内核进行编译，生成最终在目标板上运行的可执行代码。

编译内核分以下 3 步进行。

（1）执行以下命令，正确设置编译内核所需的附属文件，进行依赖性编译：

```
# make dep
```

（2）执行以下命令，清除以前构造内核时产生的所有目标文件、模块文件和一些临时文件：

```
# make clean
```

（3）执行以下命令，生成新的可执行内核映像文件：

```
# make zImage
```

完成上述命令之后，就会在/arch/arm/boot/下生成一个自己定制的内核映像文件了，系统文件名可以任意取，如 zImage.rom。

在 Bootloader 的引导下，通过以太网口或串口等，将所生成的内核文件烧写到嵌入式系统的 Flash 存储器中，当系统复位或上电后，内核会被引导并执行。

6.2.5　文件系统及其实现

在嵌入式 Linux 操作系统的裁剪过程中，文件系统的选择也是十分重要的。

1. 文件系统

文件系统是指在一个物理设备上的任何文件组织和目录，它构成了 Linux 系统上所有数据的基础，Linux 程序、库、系统文件和用户文件都驻留其中，因此，它是系统中庞大复杂且又是最为基本和重要的资源。通常对于一个嵌入式系统，仅包含内核是不够的，还必须有文件系统的支持。

Linux 支持的文件系统有很多种，如 Ext2（Linux Extended-2）、Ext3、msdos（最初的 FAT 文件系统）、FAT、NTFS（Windows NT 文件系统）、NFS（网络文件系统）、hpft（OS/2 高性能文件系统）、ncpfs（Novell NetWare 文件系统）、affs Amiga（快速文件系统）等。

Ext2 文件系统是 Linux 事实上的标准文件系统，它已经取代了它的前任——扩展文件系统（Ext）。Ext 支持的文件最大为 2GB，支持的最长文件名为 255 个字符，而且它不支持索引节点（包括数据修改时间标记）。因为 Ext2 文件系统的稳定性、可靠性和健壮性，所以几乎在所有基于 Linux 的系统（包括台式机、服务器、工作站甚至一些嵌入式设备）上都使用 Ext2 文件系统。然而，当在嵌入式设备中使用 Ext2 文件系统时，也存在一些缺点。

（1）Ext2 是为像 IDE 设备那样的块设备设计的，这些设备的逻辑块大小是 512B、1KB 等的倍数。这不太适合于扇区大小因设备不同而不同的 Flash 设备。

（2）Ext2 没有提供对基于扇区的擦除/写操作的良好管理。在 Ext2 文件系统中，为了在一个扇区中擦除单个字节，必须将整个扇区复制到 RAM，然后擦除，再重写入。考虑到 Flash 设备具有有限的擦除寿命，在此之后就不能使用它们，所以这不是一个特别好的方法。

（3）在出现电源故障时，Ext2 不是防崩溃的。

（4）Ext2 不支持磨损均衡，因此缩短了扇区/Flash 的寿命。

（5）Ext2 没有良好的扇区管理，这使设计块驱动程序十分困难。

注　意　　Flash 芯片的寿命用擦除周期来衡量。通常的寿命为每个扇区可擦除 100 000 次。为了避免任意一个扇区在其他扇区之前达到这个极限，大多数 Flash 芯片用户会尽量保证擦除次数在各扇区之间均匀分布，这一过程称为"磨损均衡"（wear leveling）。

通常在嵌入式 Linux 下采用的文件系统构成如图 6-10 所示。

Flash 作为嵌入式系统的主要存储媒介，有其自身的特性。Flash 的写入操作只能把对应位置的 1 修改为 0，而不能把 0 修改为 1（擦除 Flash 就是把对应存储块的内容恢复为 1），因此，一般情况下，向 Flash 写入内容时，需要先擦除对应的存储区间，这种擦除是以块（block）为单位进行的。

Flash 主要有 NOR 和 NAND 两种技术。Flash 存储器的擦写次数是有限的，NAND Flash 还有特殊的硬件接口和读写时序，因此，必须针对 Flash 的硬件特性设计符合应用要求的文件系统。

在嵌入式 Linux 下，存储技术设备（Memory Technology Device，MTD）为底层硬件（Flash）

和上层（文件系统）之间提供一个统一的抽象接口，即 Flash 的文件系统都是基于 MTD 驱动层的。使用 MTD 驱动程序的主要优点在于，它是专门针对各种非易失性存储器（以 Flash 为主）而设计的，因而它对 Flash 有更好的支持、管理和基于扇区的擦除、读/写操作接口。

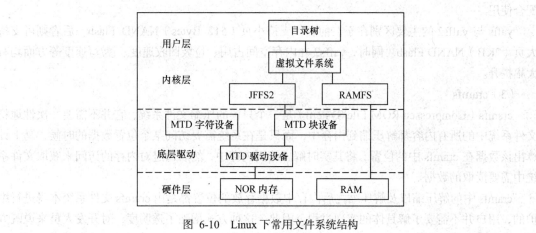

图 6-10　Linux 下常用文件系统结构

2. 常用的嵌入式文件系统

嵌入式操作系统需要一种以结构化格式存储和检索信息的方法，这就需要文件系统的参与。

在嵌入式 Linux 应用中，主要的存储设备为 RAM（DRAM、SDRAM）和 ROM（常采用 Flash 存储器），用户可以根据可靠性、健壮性和增强功能等需求来选择这些设备的文件系统的类型。常用的文件系统基于不同的存储设备可分为 3 类：

- 基于 Flash 的文件系统：JFFS2，yaffs，cramfs，romfs 等；
- 基于 RAM 的文件系统：Ramdisk，ramfs/tmpfs 等；
- 网络文件系统（Network File System，NFS）。

（1）JFFS2

JFFS2 文件系统是日志结构化的，这意味着它基本上是一长列节点。每个节点包含有关文件的部分信息，可能是文件的名称或一些数据。

相对于 ext2，JFFS2 因为有以下优点而在无盘嵌入式设备中越来越受欢迎。

① JFFS2 在扇区级别上执行 Flash 擦除、写、读操作要比 ext2 文件系统好。

② JFFS2 提供了比 ext2 更好的崩溃、掉电安全保护。当需要更改少量数据时，ext2 文件系统将整个扇区复制到内存（DRAM）中，在内存中合并新数据，并写回整个扇区。这意味着为了更改单个字，必须对整个扇区执行读、擦除、写操作，这样做的效率非常低。如果正在 DRAM 中合并数据时发生了电源故障或其他事故，那么将丢失整个数据集合，因为在将数据读入 DRAM 后就擦除了 Flash 扇区。JFFS2 则是附加文件而不是重写整个扇区，并且具有崩溃、掉电安全保护这一功能。

③ JFFS2 是专门为 Flash 芯片及其类似嵌入式设备创建的，所以它的整个设计提供了更好的 Flash 管理，巧妙地解决了清除机制和磨损均衡之间的矛盾，实现了两者的高效结合。

（2）yaffs

yaffs/yaffs2（Yet Another Flash File System）是专为嵌入式系统使用 NAND Flash 而设计的一种日志型文件系统。与 JFFS2 相比，它减少了一些功能，如不支持数据压缩，所以速度更快，挂载时间很短，对内存的占用较小。另外，它还是跨平台的文件系统，除了 Linux 和 eCos，还支持

WinCE、pSOS 和 ThreadX 等嵌入式系统。

yaffs/yaffs2 自带 NAND 芯片的驱动，并且为嵌入式系统提供了直接访问文件系统的 API，用户可以不使用 Linux 中的 MTD 与 VFS 直接对文件系统操作。当然，yaffs 也可与 MTD 驱动程序配合使用。

yaffs 与 yaffs2 的主要区别在于，前者仅支持小页（512 Bytes）NAND Flash，后者则可支持大页（2KB）NAND Flash。同时，yaffs2 在内存空间占用、垃圾回收速度、读/写速度等方面均有大幅提升。

（3）cramfs

cramfs（Compressed ROM File System）是一个只读的压缩文件系统，它并不需要一次性地将文件系统中的所有内容都解压缩到内存中，而只是在系统需要访问某个位置数据的时候，马上计算出该数据在 cramfs 中的位置，将其实时解压缩到内存中，然后通过对内存的访问来获取文件系统中需要读取的数据。

cramfs 中的解压缩以及解压缩之后内存中数据存放的位置都是由 cramfs 文件系统本身进行维护的，用户并不需要了解具体的实现过程。因此，这种方式增强了透明度，对开发人员来说既方便又节省了空间。

cramfs 映像通常是放在 Flash 中，但是也能放在别的文件系统里，使用 loopback 设备可以把它安装到别的文件系统里。

（4）romfs

传统型的 romfs 是一个简单、紧凑、只读的文件系统，占用系统资源也比较小。起初设计它的目的是，在启动盘（包括光盘和软盘）等场合下，提供一个比普通文件系统（如功能强大的 ext2）更加节省空间的文件系统。uClinux 系统通常采用 romfs 文件系统。

（5）Ramdisk

Ramdisk 是将一部分固定大小的内存当作分区来使用。它并非一个实际的文件系统，而是一种将实际的文件系统装入内存的机制，并且可以作为根文件系统。将一些经常被访问而又不会更改的文件（如只读的根文件系统）通过 Ramdisk 放在内存中，可以明显地提高系统的性能。

在 Linux 的启动阶段，initrd 提供了一套机制可以将内核映像和根文件系统一起载入内存。

（6）ramfs/tmpfs

ramfs 是 Linus Torvalds 开发的一种基于内存的文件系统，工作于 VFS 层，不能格式化，可以创建多个，在创建时可以指定其最大能使用的内存大小。

ramfs/tmpfs 文件系统把所有的文件都放在 RAM 中，所以读/写操作发生在 RAM 中。可以用 ramfs/tmpfs 来存储一些临时性或经常要修改的数据，如/tmp 和/var 目录，这样既避免了对 Flash 存储器的读写损耗，也提高了数据读写速度。

tmpfs 的一个缺点是当系统重新引导时会丢失所有数据。

上述这些文件系统由于各自不同的特点，因而根据存储设备的硬件特性、系统需求等有不同的应用场合，读者主要根据自己系统的特点选择所需的文件系统。

3. 构建嵌入式文件系统

要构建一个小型的 Linux 文件系统，就需要决定文件系统中哪些部分要保留，哪些部分可以裁剪。首先应该保留那些保证系统运行的最基本的文件和目录，再通过对系统功能的分析，决定哪些模块是可以裁剪的。

一个最小的文件系统必须包括以下的内容：程序函数库、库函数文件的链接、/bin/sh（shell）

和最基本的设备文件。

但是，这些文件目录组成的最基本的文件系统只能运行 shell，不能完成其他任何的应用程序。要完成一些基本的功能，还需要以下的一些文件：init 程序、系统启动设置、基本的应用程序、设备文件、显示系统信息的虚拟文件系统、其他文件系统挂载目录、系统启动时执行的脚本、压缩工具等。

在构建好文件系统之后，下一步工作就是将其烧写到目标板中。其实，文件系统的烧写实际上就是将文件系统映像写入到 MTD（如 Flash Card）中的//dev 目录下。烧写工作需要用到烧写工具——仿真器，它的功能就是通过集成开发环境将开发主机中的文件（如内核映像、文件系统映像或是其他应用软件）写入到目标机的芯片或是存储器中。

本章小结

● 嵌入式系统的开发和应用层软件的开发不同，有其自身的特点，尤其在开发流程上有很大的不同。从大体上讲，Linux 系统移植一般分为开发环境的搭建、系统引导、内核引导、设备驱动程序和文件系统的移植。

● 通常的嵌入式系统的软件开发采用一种交叉开发的方式。交叉编译通俗地讲就是在一种平台上编译出能运行在体系结构不同的另一种平台上的可执行代码，这种可执行代码并不能在宿主机上执行，而只能在目标板上执行。

● 在 Linux 下建立嵌入式交叉编译环境要用到一系列的工具链（tool-chain），主要有 GNU Binutils、gcc、glibc、gdb 等，它们都属于 GNU 的工具集。

● 通常，大程序会包含有十几个甚至几百个单独的模块。如果手工调用 gcc 编译每一个模块的话，这个过程不但冗长，而且非常乏味，也容易引入错误。利用 make 程序的自动编译可大大简化开发工作，make 工具通过 makefile 的文件来完成并自动维护编译工作。makefile 需要按照某种语法进行编写，要说明如何编译各个源文件使之链接生成可执行文件，并定义各源文件之间的依赖关系。

● 通常构建交叉编译环境有 3 种方法：一是分步编译和安装交叉编译环境所需要的库和源代码，最终生成交叉编译环境；二是通过 Crosstool 脚本工具来实现一次编译生成交叉编译环境；三是使用开发平台供应商提供的开发环境安装套件建立交叉编译环境，这是最常用的方法。

● 简单地说，Bootloader 就是在操作系统内核运行之前运行的一段小程序。通过这段小程序，我们可以初始化硬件设备、建立内存空间的映射图，从而将系统的软硬件环境带到一个合适的状态，以便为最终调用操作系统内核准备好正确的环境。

● 对 Linux 操作系统的移植工作主要分为两个方面：一方面是针对硬件特点对源代码的修改，如内核的启动部分、存储设备的大小、具体的驱动问题等；另一方面是功能模块的裁剪，主要是对内核功能的配置，包括支持的文件类型、外设模块等。

● 文件系统是指在一个物理设备上的任何文件组织和目录，它构成了 Linux 系统上所有数据的基础，Linux 程序、库、系统文件和用户文件都驻留其中，因此，它是系统中庞大复杂且又是最为基本和重要的资源。通常对于一个嵌入式系统，仅包含内核是不够的，还必须有文件系统的支持。

● 要构建一个小型的 Linux 文件系统，就需要决定文件系统中哪些部分要保留，哪些部分可以裁剪。一个最小的文件系统必须包括以下的内容：程序函数库、库函数文件的链接、/bin/sh（shell）以及最基本的设备文件。

思考与练习题

1. 试述嵌入式 Linux 系统移植的一般过程。

2. Linux 系统中常用的交叉编译工具有哪些？简述它们的功能和基本用法。

3. 如何分步编译和安装交叉编译环境所需要的库和源代码？试着自己构建嵌入式 Linux 系统交叉编译环境。

4. 在嵌入式系统中使用 Bootloader 有哪些优点？

5. 简述 Bootloader 的概念和 Bootloader 的操作模式。

6. Linux 操作系统的移植工作主要分为哪几个方面？其中内核功能模块的裁剪主要有哪几种方法？

7. 如何使用 Linux 自身的配置工具编译定制内核？

8. 什么是文件系统？常用的嵌入式文件系统有哪些？

9. 如何构建一个嵌入式 Linux 文件系统？

第7章
设备驱动程序

本章讨论了嵌入式系统的设备驱动程序，包括嵌入式操作系统设备驱动程序的管理、接口、文件操作以及中断处理。另外，本章还从应用的角度出发，通过应用实例详细介绍了 USB 设备、网络设备和 LCD 驱动程序的开发方法。

本章学习要求：

- 描述设备驱动原理和模块化编程方法；
- 列出 3 种常见的设备类型：字符设备、块设备和网络设备；
- 描述主、次设备号的作用；
- 列出设备驱动程序的基本函数入口点；
- 描述设备驱动程序中的 3 个重要数据结构；
- 列出 I/O 操作的几种实现方法；
- 描述中断处理程序的注册和实现方法；
- 掌握 USB、以太网控制器和 LCD 驱动程序的关键实现。

设备驱动的工作就是与底层硬件直接打交道，按照硬件设备的具体工作方式读写设备寄存器，完成设备的轮询、中断处理、DMA 通信，进行物理内存向虚拟内存的映射，最终使通信设备能够收发数据，使显示设备能够显示文字和画面，使存储设备能够记录文件和数据。显然，设备驱动充当了硬件和应用软件之间的纽带，它使得应用软件只需要调用系统软件的应用编程接口（API）就可让硬件去完成要求的工作。

在系统中没有操作系统的情况下，工程师可以根据硬件设备的特点自行定义接口，如对串口定义 SerialSend()、SerialRecv()；对 LED 定义 LightOn()、LightOff()；以及对 Flash 定义 FlashWrite()、FlashRead()等。而在有操作系统的情况下，设备驱动的架构则由相应的操作系统定义，驱动工程师必须按照相应的架构设计设备驱动，这样，设备驱动才能良好地整合到操作系统的内核中。本章将介绍 Linux 中设备驱动的基本原理，并重点介绍设备驱动程序的具体实现。

7.1 概　述

Linux 作为 UNIX 的一个变种，它继承了 UNIX 的设备管理方法，将所有的设备看作具体的文件，通过文件系统层对设备进行访问。所以在 Linux/uclinux 的框架结构中，和设备相关的处理可以分为两个层次——文件系统层和设备驱动层。设备驱动层屏蔽具体设备的细节，文件系统层则向用户提供一组统一的、规范的用户接口。这种设备管理方法可以很好地做到"设备无关性"，使 Linux/uclinux 可以根据硬件外设的发展进行方便的扩展。例如，要实现一个设备驱动程序，只要根据具体的硬件特性向文件系统提供一组访问接口即可。整个设备管理子系统的结构如图 7-1 所示。

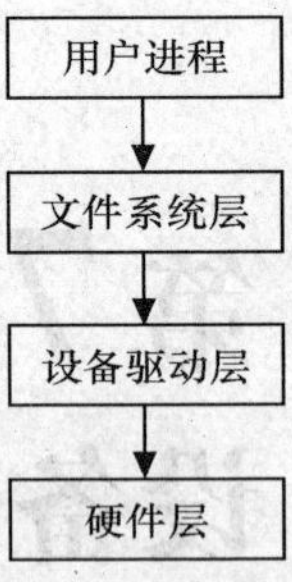

用户进程 → 文件系统层 → 设备驱动层 → 硬件层

图 7-1　设备驱动分层示意图

■　用户进程

用户进程一般位于内核之外，当它需要操作设备时，可以像访问普通文件一样，通过调用 read()、write() 等文件操作系统来完成对设备文件的访问和控制。

■　文件系统层

文件系统层位于用户进程层下面，属于内核空间，基本功能是执行适合于所有设备的输入/输出功能，使用户透明地访问文件。通过本层的封装，设备文件在上一层看来就和普通文件没有区别，也拥有读、写和执行权限，拥有和它对应的索引节点等。在用户进程发出系统调用，要求输入/输出操作时，文件系统层就处理请求的权限，通过设备驱动层的接口将任务传到驱动程序。

■　设备驱动层

设备驱动程序位于内核中，它直接与底层硬件设备打交道，并且向上一层提供一组访问接口。它根据文件系统层的输入/输出请求来操作硬件上的设备控制器，按照硬件设备的具体工作方式读写设备寄存器，完成设备的初始化、打开释放以及数据在内核和设备间的传递等操作。

例如，一个用于邮件发送的应用程序产生了一个字节流。在按照各层协议（如 TCP/IP）对信息流进行压缩后，需要将它们通过网络接口卡（设备）发送出去。为了使用网络接口卡，网络驱动程序将提供应用程序与网络之间的接口。

设备驱动程序的编写方式通常是使其能够被应用程序开发人员当作"黑匣子"使用，一个简单命令就可以驱动设备。应用程序开发人员不需要知道关于设备使用的机制、地址、寄存器、位和标志等情况，这些都由设备驱动程序负责完成。

■　硬件层

硬件层是整个嵌入式系统的根本，也是设备驱动层的基础。一个优秀的驱动工程师不仅要能够看懂硬件的电路图和自行完成CPLD的逻辑设计，同时还要对操作系统内核及其调度性相当的熟悉。

7.1.1　设备驱动原理

所有操作系统下设备驱动程序的共同目标是屏蔽具体物理设备的操作细节，实现设备无关性。在嵌入式操作系统中，设备驱动程序是内核的重要部分，运行在内核模式，即设备驱动程序为内核提供了一个 I/O 接口，用户使用这个接口实现对设备的操作。图 7-2 所示为一个操作系统的输入/输出子系统中各层次结构和功能。

在嵌入式系统中，大多数物理设备都有自己的硬件控制器，用于对设备的开启、停止、初始化和诊断等。例如，键盘、串行口有 I/O 控制芯片，SCSI 设备有 SCSI 控制器。操作系统下的设备驱动程序主要功能就是控制和管理下层物理设备的硬件控制器，同时为上层应用提供统一的、与设备无关的系统调用服务，实现设备无关性。

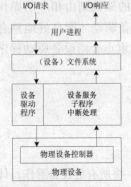

图 7-2　I/O 系统层次结构和功能

设备驱动程序通常包含中断处理程序和设备服务子程序两部分。用户对所有设备的访问都不是直接进行的，而是首先将设备中断，然后执行需要的驱动程序。通常，在使用驱动程序之前，需要打开（注册或者连接）设备（或设备函数模块）：首先使用用户函数或者操作系统函数初始化设备，并通过置位和复位设备控制寄存器中的控制位对设备进行配置，然后启动中断处理程序。这个过程也称为打开、注册或者连接设备。使用用户函数或者操作系统函数，可以在另一个过程中将设备关闭、撤销注册或断开。在重新打开设备之前，设备驱动程序是不可访问的。

由软件程序员编写设备的每一个功能的代码是不太现实的，也没有必要。对于普遍使用的设备，设计者通常依赖于经过彻底测试和调试的操作系统中所提供的驱动程序。Linux 操作系统是经过彻底测试和调试的操作系统，在全世界都普遍使用。此外，它还具有大量公开代码的驱动程序。因此，如果嵌入式系统中的设备在 Linux 中有现成的驱动程序，设计者就可以直接使用，或者稍加修改后使用。

设备驱动程序在大多数嵌入式系统中起着重要作用，因为它们提供了应用程序和设备之间的软件层。驱动程序控制着系统中除了存储器设备和处理器之外的几乎所有的设备。Linux 设备驱动程序被普遍使用，因为它们是经过彻底测试和调试的操作系统，并且是公开的。

注　意

7.1.2　模块化编程

前面提到过，由于历史原因及出于效率方面的考虑，Linux 是一个宏内核。虽然这种宏内核给 Linux 带来了效率高的优点，但也给它带来了某种程度的麻烦，即一旦需要在内核的基础上增加一项功能时，就必须重新编译整个内核，这无疑给内核功能的扩充带来了不便。于是，Linux 发展了可安装内核模块的机制——**module**。

从代码特征上来看，模块就是可完成一项独立功能的一组函数的集合；从使用特征上来看，它在需要时可以随时被安装，而在不需要时又可以随时被卸载。准确地说，**模块**就是一个已编译但未连接的可执行文件。利用这种机制，可以根据需要，在不重新编译内核的情况下，将编译好的模块动态地插入运行中的内核，或者将内核中已经存在的某个模块移走。可以看出，这种模块化机制为驱动程序开发调试提供了很大的方便。

在运行的系统中可以通过 lsmod 察看内核中已经动态加载的模块。模块的安装和从内核中卸载可以通过以下命令实现，它们操作的对象是经过编译但没有连接的.o 文件。

```
insmod   xxxx
rmmod   xxxx
```

对应的模块化编程，源程序中必须至少提供 init_module()和 cleanup_module()两个函数。为使读者有一个比较直观的概念，下面举一个简单模块的例子。这个模块加载后会输出字符串 "Hello World!"，当被卸载时会输出字符串 "Goodbye!"。该模块的代码如下 module_demo.c 所示：

```c
/*------------ module_demo.c ------------*/
# define MODULE                  //声明模块
# include <linux/module.h>
# include < linux/kernel.h >
int init_module(void)            //每个模块必须具有的初始化函数
{
    printk("\nHello World!\n\n");
```

```
    return 0;
}
void cleanup_module(void)            //每个模块必须具有的在删除模块时的析构函数
{
    printk("\n Goodbye!\n\n");
}
```

module_demo.c 可以通过下面命令来编译：

```
# gcc -c -D__KERNEL__ -DMODULE -o module_demo module_demo.c
```

可以使用 insmod 命令把 module_demo.ko（模块的扩展名为.ko）动态地加载到内核，就会在结束处看到：

Hello World!

如果使用命令"rmmod module_demo"卸载该模块，将会看到：

Goodbye!

为了增强内核的灵活性和方便，设备驱动程度应被设计为可动态安装的内核模块。于是，一个典型的 Linux 设备驱动程序应包含以下几部分代码：

- 驱动程序模块的注册与注销函数；
- 设备的打开、关闭、读、写及需要的其他操作函数；
- 设备的中断服务程序。

7.1.3　设备类型

设备驱动针对的对象是存储器和外设(包括 CPU 内部集成的存储器和外设)，而不是针对 CPU 核。Linux 将存储器和外设分为 3 个基础大类：字符设备、块设备和网络设备。

1. 字符设备

字符设备是那些必须以串行顺序依次进行访问的设备，它没有缓冲区，不支持随机读写。在对字符设备发出读/写请求时，实际的硬件 I/O 一般就紧接着发生了。普通打印机、系统的串口以及终端显示器是比较常见的字符设备，嵌入式系统中简单的按键、触摸屏、鼠标、手写板等也都属于字符设备。

作为最简单的输入/输出设备，操作系统将字符设备作为设备文件管理。其文件结点和目录管理方式与普通文件相同。应用程序利用字符设备对文件系统操作的接口（即设备操作例程）进行操作，包括对设备的打开、读写和关闭。例如，在 Linux 系统下的文件 fs/devices.c 中定义了如下管理字符和块设备的数据结构：

```
struct device_struct
{
    const char *name;                    //指向设备驱动程序名称
    struct file_operations *fops;        //指向设备文件操作例程指针
}
```

字符设备的初始化在内核启动时进行。某个字符设备初始化时，其驱动程序会构造一个 device_struct 结构，将其作为字符向量数组 chrdevs 的一个元素向 Linux 内核注册。字符设备操作例程的入口在 file_operations 结构中，包括 open()、close()、read()、write()和 iotcl()等函数。

2. 块设备

块设备是指那些数据处理在 I/O 时以块为单位操作，可以用任意顺序进行访问的设备。它一般都采用了缓存技术，支持数据的随机读写。典型的块设备有硬盘、CD-ROM 等。

操作系统对块设备也是以设备文件方式管理。同字符设备类似的是，在内核启动时进行块设备初始化。驱动程序会构造一个 device_struct 结构，将其作为块设备向量数组的一个元素向内核注册。对数组的访问也使用主设备号。块设备操作例程的入口同样在 file_operations 结构中。与字符设备不同的是，字符设备不经过系统的快速缓冲，而块设备经过系统的快速缓冲。对块设备文件的读写首先要对缓冲区操作，所以除了对文件系统操作的接口，块设备必须提供缓冲区接口。

字符设备和块设备的驱动设计呈现出很大的差异，但是对于用户而言，他们都使用文件系统的操作接口 open()、close()、read()、write()等函数进行访问。

3. 网络设备

Linux 中网络设备的实现方法不同于字符型设备和块型设备，它面向的上一层不是文件系统层而是网络协议层，设备节点只有在系统正确初始化网络控制器之后才能建立。内核和网络设备驱动程序间的通信，与字符设备、块设备的通信方式是完全不一样的。

在 Linux 中，整个网络接口驱动程序的框架可分为 4 层，从上到下分别为协议接口层、网络设备接口层、提供实际功能的设备驱动功能层以及网络设备和媒介层。整个网络设备驱动程序工作原理如图 7-3 所示。

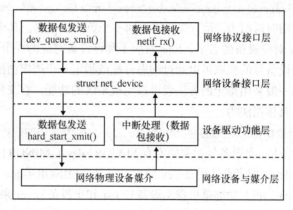

图 7-3　网络驱动程序体系结构

这 4 层的作用如下所示。

● 网络协议接口层向网络层协议提供统一的数据包收发接口，不论上层协议为 ARP 还是 IP，都通过 dev_queue_xmit()函数发送数据，并通过 netif_rx()函数接收数据。这一层的存在使得上层协议独立于具体的设备。

● 网络设备接口层向协议接口层提供统一的用于描述具体网络设备属性和操作的结构体 net_device，该结构体是设备驱动功能层中各函数的容器。实际上，网络设备接口层从宏观上规划了具体操作硬件的设备驱动功能层的结构。

● 设备驱动功能层各函数是网络设备接口层 net_device 数据结构的具体成员，是驱使网络设备硬件完成相应动作的程序，它通过 hard_start_xmit()函数启动发送操作，并通过网络设备上的中断触发接收操作。

● 网络设备与媒介层是完成数据包发送和接收的物理实体，包括网络适配器和具体的传输媒介，网络适配器被设备驱动功能层中的函数物理上驱动。对于 Linux 系统而言，网络设备和媒介都可以是虚拟的。

在设计具体的网络设备驱动程序时，我们需要完成的主要工作是编写设备驱动功能层的相关函数，以填充 net_device 数据结构的内容并将 net_device 注册入内核。

7.1.4　设备号

传统的设备管理中，除了设备类型外，Linux/uclinux 内核还需要一对被称为主设备号、次设备号的参数，才能唯一地标识设备。

主设备号（major number）标识设备对应的驱动程序。系统中不同的设备可以有相同的主设备号，主设备号相同的设备使用相同的驱动程序，内核利用主设备号将设备与相应的驱动程序对应。一个主设备号可能有多个设备与之对应，这多个设备在驱动程序内通过次设备号来进一步区分。

次设备号（minor number）用来区分具体设备的驱动程序实例，次设备号只能由设备驱动程序使用，内核的其他部分仅将它作为参数传递给驱动程序。

向系统添加一个驱动程序相当于添加一个主设备号，字符型设备主设备号的添加和注销分别通过调用函数 register_chrdev()和 unregister_chrdev()实现：

```
int unregister_chrdev(unsigned int major，const char *name);

int register_chrdev(unsigned int major，const char *name，struct file_operations *fops);
```

这两个函数运行成功时返回 0，运行失败时返回一个负的错误码。其中，参数 major 对应所请求的主设备号，name 对应设备的名字，fops 对应于和该设备对应的一个结构。

在设备注册时，主设备号的获取可以通过动态分配或指定一个固定值的方法获得。在嵌入式设备中外设较少，所以一般采用指定的方法就可以完成系统的功能。在文件系统中创建一个设备节点的命令为 mknod。具体用法为：

```
mknod　设备名　设备类型　主设备号　次设备号
```

在 Linux 中和主设备号、次设备号相关的宏有 MAJOR（dev）、MINOR（dev）和 MKDEV（ma，mi）。其中，MAJOR（dev）用来获取设备 dev 的主设备号，MINOR（dev）用来获取设备 dev 的次设备号，MKDEV（ma，mi）功能是根据主设备号 ma 和次设备号 mi 来得到相应的 dev。这 3个宏中的 dev 为 kdev_t 结构，这个结构根据内核各个版本的不同而不同，但主要功能是用它来保存设备号。

7.2　设备文件接口

前面讲过，设备驱动程序的作用就是在设备硬件寄存器的基础上实现系统上层的各项操作命令。这些操作虽然是直接面向设备的硬件编程，但除了其中一部分代码是用汇编语言编写的外，它通常还会提供一个高级语言的接口。因此，它们的外观看起来与一般的 C 函数没有区别，如read()、write()、open()、close()等。

7.2.1　用户访问接口

在 Linux 系统中，I/O 设备的存取通过一组固定的入口点来进行，这组入口点是由每个设备的设备驱动程序提供的。一般来说，字符型设备驱动程序能够提供如下几个入口点。

1. open 入口点

打开设备准备 I/O 操作。对字符设备文件进行打开操作，都会调用设备的 open 入口点。open子程序必须对将要进行的 I/O 操作做好必要的准备工作，如清除缓冲区等。如果设备是独占的，即同一时刻只能有一个程序访问此设备，则 open 子程序必须设置一些标志以表示设备处于忙状态。其调用格式为：

> int open(char *filename，int access);

open() 函数打开成功，返回值就是文件描述字的值（非负值），否则返回-1。

该函数表示按 access 的要求打开名为 filename 的文件，返回值为文件描述字。其中，access 有两部分内容：基本模式和修饰符，两者用"或"方式连接。修饰符可以有多个，但基本模式只能有一个。access 的规定如表 7-1 所示。

表 7-1　　　　　　　　　　　　　　　　　access 的规定

基 本 模 式	含　　义	修 饰 符	含　　义
O_RDONLY	只读	O_APPEND	文件指针指向末尾
O_WRONLY	只写	O_CREAT	文件不存在时创建文件，属性按基本模式属性
O_RDWR	读写	O_TRUNC	若文件存在，将其长度缩为 0，属性不变
O_BINARY	打开一个二进制文件		
O_TEXT	打开一个文字文件		

2. close 入口点

close() 函数的作用是关闭由 open() 函数打开的文件，其调用格式为：

> int close(int handle);

该函数关闭文件描述字 handle 相连的文件。

3. read 入口点

从设备上读数据。对于有缓冲区的 I/O 操作，一般是从缓冲区里读数据。read() 函数的调用格式为：

> int read(int handle，void *buf，int count);

read() 函数从 handle（文件描述字）相连的文件中，读取 count 个字节放到 buf 所指的缓冲区中，返回值为实际所读字节数，返回-1 表示出错，返回 0 表示文件结束。

4. write 入口点

往设备上写数据，对于有缓冲区的 I/O 操作，一般是把数据写入缓冲区里。write() 函数的调用格式为：

> int write(int handle，void *buf，int count);

write() 函数把 count 个字节从 buf 指向的缓冲区写入与 handle 相连的文件中，返回值为实际写入的字节数。

5. ioctl 入口点

执行读、写之外的操作。函数原型为：

> int ioctl(int fd，int cmd，…)

参数 cmd 不经修改地传递给驱动程序，可选的 arg 参数无论是指针还是整数值都以 unsigned long 的形式传递给驱动程序。

7.2.2　一些重要数据结构

大部分基础性的驱动操作包括 3 个重要的内核数据结构，分别是 file_operations、file 和 inode。

我们首先需要对这些结构有一个基本了解。

1. file_operations 结构

在 Linux 中，常用一个结构作为调用设备驱动程序中各个函数的跳转表，即把指向这组入口点的指针集中在一个结构中。这个结构就是定义于 linux/fs.h 文件中的 file_operations。

较早版本内核的 **file_operations** 结构体定义如下：

```
struct file_operations
{
    int (*lseek )(struct inode *,struct file *,off_t,int);
    int (*read )(struct inode *,struct file *,char *,int);
    int (*write)(struct inode *,struct file *,const char *,int);
    int (*readdir)(struct inode *,struct file *,void *,filldir_t);
    int (*select )(struct inode *,struct file *,int, select_table*);
    int (*ioctl )(struct inode *,struct file *,unsigned int,unsigned long);
    int (*mmap)(struct inode *,struct file *,struct vm_area_struct *);
    int (*open )(struct inode *,struct file *);
    void(*release)(struct inode *,struct file *);
    int (*fsync )(struct inode *,struct file *);
    int (*fasync )(struct inode *,struct file *,int);
    int (*check_media_change)(kdev_t dev);
    int (*revalidate)(kdev_t dev);
};
```

随着内核功能的加强，file_operations 结构体也变得更加庞大。但是大多数的驱动程序只是利用了其中的一部分，对于驱动程序中无需提供的功能，只需要把相应位置的值设为 NULL。

如果开始时觉得比较费解的话，可以先跳过这一部分，等到自己编写驱动程序时再来查阅（或结合本章最后的实例），这样更便于理解。

注　意

（1）file_operations 结构体基本函数含义

● int(*lseek)(struct inode*, struct file*, off_t, int);

用来修改一个文件的当前读写位置，并将新位置作为正的返回值返回，出错时返回一个负值。如果驱动程序没有设置这个函数，相对文件尾的定位操作失败，其他定位操作修改 file 结构中的位置计数器，并成功返回。

● int(*read)(struct inode*, struct file*, char*, int);

用来从设备中读取数据：如果返回值等于 count 参数传递给 read 系统调用的值，所请求的字节数传输就成功完成，这是最理想的情况；如果返回值是正的，但是比 count 小，只有部分数据成功传送，这种情况因设备的不同可能有许多原因，大部分情况下，程序会重新读数据；如果返回值为 0，表示已经到达了文件尾；负值意味着发生了错误。具体数值指明了发生何种错误，并在<linux/errno.h>中定义其类型。如果设备暂时无数据到达，应该调用阻塞使之进入等待队列，而不用重复地对设备进行读操作。

● int(*write)(struct indoe *, struct file *, const*, int);

向设备发送数据。如果没有这个函数，write 系统调用向调用程序返回一个-EINVAL。write 返回值的规则与 read 相似。

● int(*readdir)(struct inode *, struct file*, void*, filldir_t);

它仅用于目录，所以对设备节点来说，这个操作应该为 NULL。

- int(*select)(struct inode *, struct file, int, select_table*);

select 一般用于程序询问设备是否可读和可写，或是否一个"异常"条件发生了。如果指为 NULL，系统假设设备总是可读和可写的，而且没有异常需要处理。这个操作可以和阻塞（block）交互使用。

- int(*ioctl)(struct inode*, struct file*, unsigned int, unsigned long);

系统调用 ioctl 提供一种调用设备相关命令的操作。如果设备不提供 ioctl 入口点，对于任何内核没有定义的请求，ioctl 系统调用将返回-EINVAL。当调用成功时，返回给调用程序一个非负返回值。

- int(*mmap)(struct inode*, struct file *, struct vm_area_struct*);

mmap 用来将设备内存映射到进程内存中。如果设备不支持这个操作，mmap 系统调用将返回-ENODEV。

- int(*open)(struct inode *, struct file *);

一般是在设备节点上的第一个操作。如果不声明这个操作，系统默认"打开"永远成功，但不会通知驱动程序。

- void(*release)(struct inode *, struct file *);

当节点被关闭时调用这个操作，也可以置 NULL。

- int(*fsync)(struct inode *, struct file *);

用于刷新设备。如果驱动程序不支持，fsync 系统调用返回-EINVAL。

- int(*fasync)(struct inode *, struct file *, int);

这个操作用来通知设备 FASYNC 标志的变化，用异步触发通知设备有数据到来。

（2）file_operations 结构体实现方法

file_operations 结构中的成员几乎全部是函数指针，所以实质上就是函数跳转表。每个进程对设备的操作都会根据主、次设备号转换成对 file_operations 结构的访问。

对于字符设备，file_operations 是唯一的函数接口。而在块设备文件的函数入口管理过程中，只需提供 block_device_operations，即可自动生成对应的 file_operations 设备接口。

在用户自己的驱动程序中，要根据驱动程序的功能完成 file_operation 结构中函数的实现。不需要的函数接口可以直接在 file_operation 结构中初始化为 NULL。

file_operations 变量会在驱动程序初始化时注册到系统内部。当操作系统对设备操作时，会调用驱动程序注册的 file_operations 结构中的函数指针。可见，驱动开发的主要任务就是根据需要来决定实现哪些接口函数，并编写相应代码来创建一个 file_operations 结构实例。

假设有一字符设备 "exampledev"，其初始化函数 init()用来完成对所控设备的初始化工作，并调用 register_chrdev()函数注册字符设备：

```
void exampledev_init(void){
    if (register_chrdev(MAJOR_NUM, "exampledev", &exampledev_fops))
        TRACE_TXT("Device exampledev driver registered error");
    else
        TRACE_TXT("Device exampledev driver registered successfully");
    ...                                          //设备初始化
}
```

其中，register_chrdev 函数中的参数 MAJOR_NUM 为主设备号，"exampledev" 为设备名，参数 exampledev_fops 就是指向结构 file_operations 的指针。当执行 exampledev_init 时，它将调用

内核函数 register_chrdev，把驱动程序的基本入口点指针存放在内核的字符设备地址表中，在用户进程对该设备执行系统调用时提供入口地址。

在这个例子中，假设基本函数分别命名为 exampledev_open、exampledev_release、exampledev_read、exampledev_write、exampledev_ioctl，因此设备"exampledev"的基本入口点的结构变量 exampledev_fops 赋值如下（对较早版本的内核）：

```
struct file_operations exampledev_fops
{
    NULL,
    exampledev_read ,
    exampledev_write ,
    NULL ,
    NULL ,
    exampledev_ioctl ,
    NULL ,
    exampledev_open ,
    exampledev_release ,
    NULL ,
    NULL ,
    NULL ,
    NULL
};
```

就目前而言，由于 file_operations 结构体已经很庞大，我们更适合用 GNU 扩展的 C 语法来初始化 exampledev_fops：

```
struct file_operations exampledev_fops
{
    read: exampledev_read ,
    write: exampledev_write ,
    ioctl: exampledev_ioctl ,
    open: exampledev_open ,
    release: exampledev_release ,
};
```

2. 文件结构

在<linux/fs.h>中定义的 struct file 是设备驱动程序的第 2 个最重要的数据结构。file 结构代表一个打开的文件，它与由 struct inode 表示的"磁盘设备文件"有所不同。file 结构由内核在打开（open）时创建，而且在关闭前作为参数传递给操作在设备上的函数。在文件关闭后，内核释放这个数据结构。

file 结构是由系统默认生成的，驱动程序从不去填写它，只是简单地访问别处创建的 file 结构。在内核源代码中，指向 struct file 的指针通常称为 file 或 filp（即 file pointer）。

file 与用户空间程序的 FILE 指针没有任何关系。一个 FILE 定义在 C 库中，从不出现在内核代码中。另一方面，struct file 是一个内核结构，从不出现在用户程序中。

注　意

3. inode 结构

inode 结构由内核在内部用来表示文件。因此，它和代表打开文件描述符的文件结构是不同的。可能有代表单个文件的多个打开描述符的许多文件结构，但是它们都指向一个单一的 inode 结构。

inode 结构包含大量关于文件的信息。作为一个通用的规则，这个结构只有两个成员对于编写驱动代码有用。

- dev_t　i_rdev

对于代表设备文件的节点，这个成员包含实际的设备编号。

- struct cdev　*i_cdev

struct cdev 是内核的内部结构，代表字符设备。当节点指的是一个字符设备文件时，这个成员包含一个指向这个结构的指针。

i_rdev 类型在 2.5 系列内核中改变了，使大量的驱动需要进行改动。为了加强设备驱动程序的可移植性，内核开发者已经增加了 2 个宏，可用来从一个 inode 中获取主、次设备号：

```
unsigned int iminor(struct inode *inode);

unsigned int imajor(struct inode *inode);
```

为了下一次移植的方便，应当使用这些宏代替对 i_rdev 直接操作。

7.2.3　I/O 操作

1. ioctl

大部分驱动除了需要读写设备的能力，往往还需要通过设备驱动进行各种硬件控制的能力。用户空间必须常常能够请求设备进行超出简单的数据传输之外的操作。最常用的通过设备驱动程序完成控制动作的方法就是实现 ioctl 函数。

如前所述，ioctl 系统调用为驱动程序执行相关操作提供了一个与设备相关的入口点。而与 read 和其他操作不同的是，ioctl 是与设备相关的，它允许应用程序访问被驱动硬件的特殊功能——配置设备以及进入或退出操作模式。而这些"控制操作"一般情况下无法通过 read/write 文件来操作完成，例如，报告错误信息、改变串口的波特率或者自我销毁等。

2. 阻塞型和非阻塞型 I/O 操作

当进行 read 和 write 操作时，我们跳过了一个重要的问题：当一个驱动无法立刻满足请求时，应当如何响应？

对于 read 调用，可能没有数据可读，而又没有到达文件末尾；或者一个进程可能试图写进行操作，但是设备因为输出缓冲满了还没有准备好接收数据。调用进程往往不关心这种问题，程序员只希望调用 read 或 write，并且使调用在必要的工作完成后返回。在这种情形下，驱动程序应当（默认地）阻塞进程，使它进入睡眠直到请求可继续，即阻塞型 I/O 操作。有时为实现正确的 UNIX 语义，要求一个操作不阻塞，即便它不能完全地进行下去，或者有时调用进程通知你，不管 I/O 是否继续，它都不想阻塞，这就是非阻塞型 I/O 操作。

明确的非阻塞 I/O 由 filp->f_flags 中的 O_NONBLOCK 标志来指示。这个标志定义于 <linux/fcntl.h>中，被<linux/fs.h>自动包含。

（1）阻塞型操作

如果进程调用 read，但还没有数据，进程必须阻塞。当数据到达时，进程被唤醒，并将数据返回给调用者。程序员可以调用下面两个函数之一让进程进入睡眠状态：

```
void interruptible_sleep_on(struct wait_queue **q);

void sleep_on(struct wait_queue **q);
```

然后用对应的如下两个函数中的一个唤醒进程：

```
void wake_up_interruptible(struct wait_queue **q);

void wake_up(struct wait_queue **q);
```

进程睡眠指进程进入等待队列。等待队列很容易使用，你不需要对它的内部细节了解得非常清楚，只要按以下步骤处理就可以了：先声明一个 struct wait_queue * 变量（你需要为每一个可以让进程睡眠的事件预备这样一个变量），然后将该变量的指针作为参数传递给不同的 sleep_on 和 wake_up 函数。

唤醒进程使用的是与进程睡眠时相同的队列，因此，必须为每一个可能阻塞进程的事件建立一个等待队列。

那么，同样使进程进入睡眠状态，interruptible_sleep_on 与 sleep_on 又有什么区别呢？sleep_on 不能被信号取消，但是 interruptible_sleep_on 可以，也就是说，前者适用于不可中断进程，后者适用于可中断进程。wake_up_interruptible 和 wake_up 也同样如此。

在驱动程序中，由于进程仅在进行 read 或 write 操作期间才会睡眠在驱动程序代码上，因而应该调用 interruptible_sleep_on 和 wake_up_interruptible。

如果进程调用了 write，缓冲区又没有空间，进程也必须阻塞，而且它必须使用与用来实现读操作的等待队列不同的队列。当数据写进设备后，输出缓冲区中空出部分空间唤醒进程，write 调用成功完成；如果缓冲区中没有请求的 count 个字节，则进程可能只是完成了部分写操作。

（2）非阻塞型操作

相对于阻塞型操作对进程的处理，非阻塞型操作立即返回。此时，如果进程在没有数据就绪时调用了 read，或者在缓冲区没有空间时调用了 write，系统简单地返回-EAGAIN。

在使用非阻塞型 I/O 时，应用程序要经常利用 select 系统调用。select 调用的目的是判断是否有 I/O 操作会阻塞，它在进程要求的资源之间选择，当其中没有一个可以接收或返数据时，进程才真正进入睡眠状态。从这个方面说，它是对 read 和 write 的补充。此外，由于 select 可以让驱动程序同时等待多个数据流，因而还用来实现不同源输入的多路复用。

select 的工作是由函数 select_wait 和 free_wait 完成的。select_wait 是声明在<linux/sched.h>里的内嵌函数，而 free_wait 则是在 <fs/select.c>中定义的。它们使用的数据结构是 struct select_table_entry 数组，每一项都是由 struct wait_queue 和 struct wait_queue **组成的。前者是插入设备等待队列的实际数据结构（当调用 sleep_on 时以局部变量形式存在的数据结构），而后者是在所选条件有一个为真时，将当前进程从队列中删除时所需的"句柄"。select_wait 将下一个空闲的 select_table_entry 插入指定的等待队列中。当系统调用返回时，free_wait 利用对应的指针删除自己等待队列中的每一项。

3. 异步触发

尽管大多数时候，阻塞型、非阻塞型 I/O 操作以及 select 的结合可以有效地查询设备，但某些时候用这种技术管理就不够高效了。例如，一个在低优先级执行长计算循环的进程，需要尽可能快地处理输入数据。更好的方法是通过使能异步触发，无论何时数据都可用，且这个进程接受一个信号并不需要自己去查询。

要打开异步触发机制，用户程序必须执行两个步骤。第1步，指定一个进程作为文件的拥有者（属主）。当一个进程使用 fcntl 系统调用发出 F_SETOWN 命令时，这个拥有者进程的 ID 被保存在 filp->f_owner 中；第2步，为了确实打开异步触发机制，用户程序还必须通过另外一个 fcntl 命令 F_SETFL 设置设备的 FASYNC 标志。

在完成这两个步骤后，无论何时新数据到达，输入文件都将产生一个 SIGIO 信号。信号送给存放在 flip->f_owner 的进程（如果是负值，则是进程组）。

下面从驱动程序的角度给出如何实现这种操作的详细过程。

① 当调用 F_SETOWN 时，只对 flip_>f_owner 赋值。

② 当调用 F_SETFL 打开 FASYNC 标志时，驱动程序的 fasync 函数被调用。无论 FASYNC 的值何时发生变化，该函数都被调用，通知驱动程序该标志的变化，以便驱动程序能够正确地响应。在文件被打开时，这个标志默认是被清零的。

③ 当数据到达时，向所有注册异步触发的进程发送 SIGIO 信号。

尽管实现的第一步很简单，在驱动程序端没有什么可做，但其他步骤则为了跟踪不同的异步接收者，要涉及一个动态数据结构，同时还可能有个多个接收者。这个动态数据结构不依赖于某个特定设备，内核提供了一套合适的通用的实现方法，即只需简单地根据如下原型调用两个函数：

```
int fasync_helper(struct inode * inode, struct file * filp, int mode, struct fasync_struct **fa);
void kill_fasync(struct fasync_struct * fa, int sig);
```

当打开文件的 FASYNC 标志被修改时，从感兴趣进程列表上增加或删除文件可以调用前者，当数据到达时，则应该调用后者。

异步触发机制使用的数据结构与阻塞型和非阻塞型操作中的 struct wait_queue 结构非常相似，因为两者都设计等待事件。不同之处是，前者使用 struct file 代替了 struct task_struct。

7.3　中断处理

在现代操作系统中，中断是发挥硬件尤其是 CPU 性能的一个重要方面。一般情况下，操作系统向具体的硬件发出一个请求操作，该硬件就在自己的设备控制器控制下工作。在它完成所请求的任务时，利用中断来通知操作系统，操作系统会根据它的状态调用相应的处理函数进行处理，这样就避免了在硬件工作时操作系统的无效等待，提高了系统的运行效率。在 Linux 中为中断的管理提供了很好的接口，从应用编程角度来看，编写一个中断处理程序只要根据具体应用实现中断服务子程序，并利用一系列 Linux API 函数向内核注册该服务子程序就行了，具体的调度处理在 Linux 内部实现。

7.3.1　注册中断处理程序

向内核注册中断处理程序主要实现两个功能：一是注册中断号；二是注册中断处理函数。在 Linux 中对应的**中断处理注册函数**为：

```
int request_irq(unsigned int irq,void(*handler)(int,void *,struct pt_regs*),unsigned long flags,const char *device,void *dev_id);
```

返回值：request_irq 返回 0 表示成功，返回-INVAL 表示失败（irq>15 或 handler==NULL），返回-EBUSY 表示中断已经被占用且不能共享。

参数描述如下。

① unsigned int irq：该参数表示所要申请的中断号。中断号可以在程序中静态地指定，或者在程序中自动探测。在嵌入式系统中因为外设较少，所以一般静态指定即可。

② unsigned long flags：flags 是申请时的选项，它决定中断处理程序的一些特性，其中最重要的一个选项是 SA_INTERRUPT。如果 SA_INTERRUPT 位置为 1，表示这是一个快速处理中断程序；如果 SA_INTERRUPT 位置为 0，表示这是一个慢速处理中断程序。快速处理程序运行时，所有中断都被屏蔽，而慢速处理程序运行时，除了正在处理的中断外，其他中断都没有被屏蔽。

flags 另外两个选项是中断号是否可以被共享，中断号在可以被共享的情况下，要求每一个共享此中断的处理程序在申请中断时在 flags 里设置 SA_SHIRQ，这些处理程序之间以 dev_id 来区分。如果中断由某个处理程序独占，则 dev_id 可以为 NULL。

③ const char *device：device 为设备名，将会出现在/proc/interrupts 文件里。

④ void *dev_id：dev_id 为申请时告诉系统的设备标识。

⑤ void（*handler）（int irq，void* device，struct pt_regs* regs）：handler 为向系统登记的中断处理子程序，中断产生时由系统来调用，调用时所带参数 irq 为中断号；dev_id 为申请时告诉系统的设备标识；regs 为中断发生时寄存器内容；device 为设备名，将会出现在/proc/interrupts 文件里。

中断信息释放函数如下所示，它的参数意义同上。

```
void free_irq(unsigned int irq，void *dev_id)
```

在中断处理程序中，中断号的自动探测主要是通过<linux/interrupt.h>中声明的 3 个函数来实现的：

```
extern unsigned long probe_irq_on(void);

extern int probe_irq_off(unsigned long);

extern unsigned int probe_irq_mask(unsigned long);
```

当要探测中断号时，驱动程序首先关闭所有的中断，并打开所有没有分配的中断号，然后让设备产生一个中断。这时候设备产生的中断通过可编程中断控制器被传递到内核，Linux 内核再读取中断状态寄存器，并把它的内容返回到设备驱动程序。非 0 的返回值表示在刚才探测时发生了一个或多个中断。接下来驱动程序关闭所有没有分配的中断号，再让设备产生一个中断进行验证。如果这时候内核检测不到中断，就表示刚才得到的返回值是一个可用的中断号，这样驱动程序就可以用该中断号向内核注册它了。具体的步骤如下：

① 关闭所有的设备中断；

② sti()打开没有分配的中断号；

③ irqs = probe_irq_on()；

④ 要探测的设备产生一个中断；

⑤ 系统得到设备中断；

⑥ irq = probe_irq_off（irqs）得到设备中断号。

在一个设备驱动程序向内核注册了中断服务程序后，中断到来时的调度就由内核的中断处理子系统来完成了。中断处理子系统的一个主要任务是根据中断号找到正确的中断处理代码段。如图 7-4 所示，Linux 中维护了一个 irq_action 指针指向的中断函数处理向量表，该表由 irqaction 结构组成。每一个 irqaction 结构都包括了一个中断处理程序的信息，如中断服务程序的地址、中断的标志 flags 以及设备名和设备 ID 等，这个结构的定义在<linux/interrupt.h>中。

当系统检测到中断的时候，Linux 必须首先读取可编程中断控制器的状态寄存器来确定该中断的来源。然后把这个来源转换成 irq_action 向量表中的偏移。找到这个偏移，就等于找到了和这个中断号对应的中断处理函数信息，然后调用这个中断号的所有 irqaction 数据结构中的中断处理例程。如果发生的中断没有对应的中断处理程序，系统就会记录下一个错误。

在每一个设备的中断处理程序中，首先要根据中断状态寄存器来判断产生中断的原因，如是发生了错误还是完成了一个请求操作等。在确定了原因之后，设备驱动程序可能还需要做更多的工作，如将中断分为"上半部"和"下半部"两部分，将比较耗时的工作放入"下半部"处理。

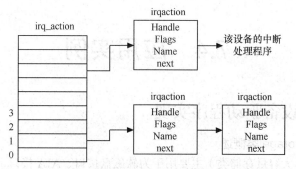

图 7-4　中断函数处理向量表示意图

在系统中多个设备共享一个中断号情况下，它们的中断处理函数会在其中一个设备产生中断时被全部调用。所以，每一个中断处理函数还应该有处理不是它本身产生中断而被调用的能力。

7.3.2　中断处理程序实现

构建了中断处理的框架后，接下来的任务就是根据实际任务实现中断处理程序的具体功能。通常中断处理程序的主要任务是唤醒那些在设备上睡眠的进程，告诉它们进入运行态的条件已经具备，使之进行相应的处理。

中断处理的一个主要特点是必须在中断时间内运行，这使得它的行为受到些限制。

一般在中断产生时，系统都要暂时关闭其他中断，如果该中断是快速中断，它可以在很短的时间内完成，这对其他的中断影响很小。但对于那些耗时很多的中断该怎么处理呢？在现代操作系统中处理这种情况主要是将一个中断处理分离成"上半部"和"下半部"两个阶段。"上半部"在屏蔽中断的上下文中运行，用于完成关键性的处理动作，它就是在 request_irq 注册函数中注册的 handle 例程。"下半部"主要处理那些相对来说并不是非常紧急的比较耗时的任务，所以，"下半部"的处理都是在中断返回后由系统调度的，不在中断服务上下文中执行。"下半部"主要由一个函数指针数组和一个位掩码组成。当内核准备处理异步事件时，就调用 do_bottom_half；当中断处理程序需要运行下半部处理时，只要调度 mark_bh 即可。该函数设置了掩码变量的一个位，用来将相应下半部处理函数注册到执行队列。和下半部处理相关的函数定义如下：

    void mark_bh(int nr);

参数：int nr 表示指向要激活的 bh 的号码，它是在头文件<linux/interrupt.h>中定义的符号常数，标记位掩码中需要设置的位。每个下半部 bh 相应的处理函数由拥有它的驱动程序提供。

在静态模式下，下半部的管理通过以下 3 个函数实现。

    static void (*bh_base[32])(void);

该函数的代码在<kernel/softirq.c>中，它定义了一个由 32 个函数指针组成的数组，采用索引方式来访问。

    void init_bh(int nr，void (*routine)(void));

该函数为第 nr 个函数指针赋值为 routine。

    void remove_bh(int nr);

该函数的动作与 init_bh()相反，卸下 nr 函数指针。

bh_base 的 32 个函数指针数组中很多位置都被系统使用了，如果我们要注册一个自己的下半部处理函数，就必须首先查询<include/linux/interrupt.h>，然后从中选择一个空闲的位置。

7.4 应用实例

7.4.1 USB 设备驱动程序实现

1. USB Mass Storage 类概述

Mass Storage 类（大容量存储类）主要用于为软磁盘接口、ATA 接口、IDE 硬盘接口及 Flash 存储器等设备建立的 USB 接口，类代码（bInterfaceClass 字段的值）为 0x08。这一类特点是数据交换量大，有可能直接涉及文件的各种操作，并且支持不同的数据接口本身的一些操作命令。例如，在软磁盘接口的 Mass storage 类中就采用了 USB 能够实现软磁盘寻道、格式化、读/写等功能。上述不同的数据存储载体接口就构成了 Storage 类的子类，如表 7-2 所示。

表 7-2   Mass Storage 类的子类

bInterfaceSubClass 字段值	子类命令协议	典型应用
0x01	简化块命令（RBC），T10/1240-D	以 Flash 存储器作为存储载体的设备，但是任何 Mass Storage 类设备也都可以采用此协议
0x02	SFF-8020i，MMC-2(ATAPI)	应用在使用 SFF－8020i 或 MMC-2 的 C/DVD 设备上
0x03	QIC-157	应用在使用 QIC-157 的磁带机等设备上
0x04	UFI	应用在软磁盘驱动器((FDD)等设备上
0x05	SFF-8070i	应用在采用了 SFF-8070i 的设备上
0x06	SCSI 透明命令集	SCSI 接口设备
0x07～0xFF	保留	无

上述的各种子类都有一套自己的协议，并通过命令的形式实现各种功能。但需要注意的是，这些命令都是各子类所特有的，而与 USB 没有任何关系。在 USB 进行数据传输的时候，这些命令都被打包成一系列的命令包进行传输。而真正与 Mass Storage 的传输方式相关的是其传输协议，即 bInterfaceProtocol 字段所代表的内容，如表 7-3 所示。有关 Mass Storage 类的标准描述符等也将在其传输协议中实现。

表 7-3   Mass Storage 类的传输协议

bInterfaceProtocol 字段值	传输协议	说明
0x00	控制/批量/中断传输协议（包括命令完成中断）	USB Mass Storage 类的 Control/Bulk/Interrupt(CBI)传输协议
0x01	控制/批量/中断传输协议（不包括命令完成中断）	USB Mass Storage 类的 Control/Bulk/Interrupt(CBI)传输协议
0x50	单批量传输协议	USB Mass Storage 类的 Bulk-Only 传输协议
0x02～0x4F	保留	无
0x51～0xFF	保留	无

2. Bulk–Only 传输协议

Bulk-Only 传输协议没有使用中断和控制端点，仅使用 Bulk 批量端点来进行命令、数据及状态的传输。默认的管道仅用来请求批量端点上的 STALL 停止的状态和执行类特定请求命令。

（1）类特定请求命令

Bulk-Only 中有两种类特定请求命令。

① Bulk-Only Mass Storage 复位。此命令用于复位 Mass Storage 设备及其接口。其各字段值如表 7-4 所示。

表 7-4　　　　　　　　　　Bulk-Only Mass Storage 复位请求的字段内容

字段	bmRequestType	bRequest	wValue	wIndex	wLength	数据
内容	00100001	OxFF	0x0000	接口	0x0000	无

② 获取最大逻辑单元号。逻辑单元号（Logical Unit Number，LUN）。一个设备上可能有很多个逻辑单元共享着该设备的功能特性，因此，LUN 就是每个逻辑单元的编号。设备上的逻辑单元都被连续从 0～0xF 进行编号。因此，最大的 LUN 就能代表该设备所拥有的逻辑单元总数。其各字段值如表 7-5 所示。

表 7-5　　　　　　　　　　获取最大逻辑单元号请求的字段内容

字段	bmRequestType	bRequest	wValue	wIndex	wLength	数据
内容	10100001	OxFE	0x0000	接口	0x0000	1 字节

（2）命令、数据及状态的传输流程

Bulk-Only 传输协议中命令、数据和状态的传输流程如图 7-5 所示。其中，CBW 和 CSW 是一系列的包的集合（简称封包）。

① 命令块封包。命令块封包（Command Block Wrapper，CBW）的长度为 31 字节，它包含了有关协议中的命令信息。其结构如表 7-6 所示。

dCBWSignature：该字段是 CBW 的标志，值固定为 0x43425355。请注意：这个值

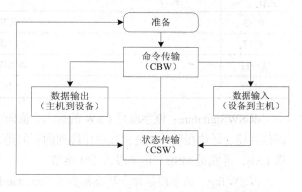

图 7-5　Bulk-Only 的命令、数据和状态传输流程

是按照通常的高位在前、低位在后的二进制数顺序排列的；但是，CBW 在 USB 总线上传输的时候，总是先发送 LSB，再发送 MSB。该字段占用 4 字节。

表 7-6　　　　　　　　　　　　　　　　CBW 的结构

位 字节	7	6	5	4	3	2	1	0
0～3	dCBWSignature							
4～7	dCBWTag							
8～11	dCBWDataTramferLength							
12	bmCBWFlags							
13	保留（0）			bCBWLUN				
14	保留（0）				bCBWCBLength			
15～30	CBWCB							

dCBWTag：该字段是命令块标签（Command Block Tag），由 USB 主机产生并发送给设备。设备会将此值填入 CSW 的 dCSWTag 字段，以此回应主机的命令。该字段占用 4 字节。

dCBWDataTransferLength：该字段在命令执行期间，主机希望在批量输出或批量输入端点上传输的数据大小。该字段占用 4 字节。

bmCBWFlags：该字段内容为 1 字节位图，位 D7 表示数据的传输方向。当 D7=0 时，表示主机到设备的数据输出；当 D7=1 时，表示设备到主机的数据输入。位 D6 没有用，设为 0。位 D5～D0 保留为 0。

bCBWLUN：该字段表示接收该命令的设备的逻辑单元号 LUN。如果设备只有 1 个逻辑单元，那么该值设为 0。该字段占用半个字节。

bCBWCBLength：该字段表示 CBWCB 的长度，也就是将要发送的特定子类命令的长度。例如，UFI 子类中的 Read(10)命令长度为 12 字节，则此字段值应该为 0x0C。该字段占用 5 位。

CBWCB：该字段中填入的内容就是特定的各种子类命令。详细的该字段值的结构在各子类的命令协议中有定义。该字段占用 16 字节。如果相应的子类命令长度小于 16，那么该字段中剩余的字节就会被设备忽略。

② 命令状态封包。命令状态封包（Command Status Wrapper，CSW）总共占用 13 字节。其结构如表 7-7 所示。

表 7-7　　　　　　　　　　　　　　　　　CSW 的结构

位 字节	7	6	5	4	3	2	1	0
0～3	dCSWSignature							
4～7	dCSWTag							
8～11	dCSWDataResidue							
12	bCSWStams							

dCSWSignature：该字段是 CSW 的标志，值固定为 0x53425355。注意：这个值是按照通常的高位在前、低位在后的二进制数顺序排列的；但是，CSW 在 USB 总线上传输的时候，总是先发送 LSB，再发送 MSB。该字段占用 4 字节。

dCSWTag：该字段是命令状态标签（Command Status Tag），该值与相应的 dCBWTag 字段值相同。该字段占用 4 字节。

dCSWDataResidue：该字段表示 dCBWDataTransferLength 字段中主机希望的数据长度与实际发送的数据长度之间的差额。该字段占用 4 字节。

bCSWStatus：该字段指示该命令的执行情况，如表 7-8 所示。

表 7-8　　　　　　　　　　　　　bCSWStatus 字段的命令执行情况

bCSWStatus 字段值	命令执行情况
0x00	命令执行成功
0x01	命令执行失败
0x02	段错误
0x03 和 0x04	保留(没有用)
0x05～0xFF	保留

3. USB Mass Storage 驱动实现

（1）USBD 提供的接口

为了便于理解 USB 设备驱动类的实现，简述一下 USBD 为客户软件和 USB 设备驱动开发者使用的接口，如表 7-9 所示。

表 7-9　　　　　　　　　　　　　　USBD 提供的接口

	函数名	功　能
1	usbdInitialize	初始化 USBD，必须首先调用它才能使用 USBD 其他功能
2	usbdShutdown	注销 USBD，释放所有资源
3	usbdClientRegister	注册一个新 client(设备)到 USBD
4	usbdClientUnregister	注销一个不再使用的 client，并释放所有占用的资源
5	usbdMngmtCallbackSet	为客户指定一个同步传输管理 callback
6	usbdBusStateSet	设置总线状态
7	usbdDynamicAttachRegister	动态注册 client 到 USBD，client 调用此接口，以告知 USBD 它希望在有对应设备动态插入/拔出时被通知，以做出相应处理
8	usbdFeatureClear	清除一个指定 USB 设备的某些状态
9	usbdFeatureSet	设置一个指定 USB 设备状态
10	usbdConfigurationGet	获取一个指定 USB 设备或 hub 的配置信息
11	usbdConfigurationSet	设置一个指定 USB 设备或 hub 的配置信息
12	usbdDescriptorGet	获取一个指定 USB 设备的描述符
13	usbdInterfaceGet	获取一个指定 USB 设备的接口信息
14	usbdAddressGet	从一个指定 USB 设备获取地址信息
15	usbdAddressSet	设置一个指定 USB 设备的地址信息
16	usbdVendorSpecific	实现 USB 设备厂家特殊的 IRP 请求
17	usbdPipeCreate	创建一个 pipe 供 client 和 USB 设备 endpoint 间传输数据
18	usbdPipeDestroy	销毁指定的 pipe

（2）所使用的关键数据结构

USB BULK DEV 是 USBD 为每一个 USB BULK DEV 所分配的一个关键内部数据结构，如表 7-10 所示。

表 7-10　　　　　　　　　　　　　　USB BULK DEV 的结构

名　称	类　型	说　明
blkDev	BLK_DEV	block device structure (Must be the first one)
bulkDevId	USBD_NODE_ID	USBD node ID of the device
configuration	T_UHWORD	Configuration value
Interface	T_UHWORD	Interface number
airSetting	T_UHWORD	Alternate setting of interface
outEpAddress	T_UHWORD	Bulk out EP address
inEpAddress	T_UHWORD	Bulk in EP address
outPipeHandle	USBD_PIPE_HANDLE	Pipe handle for Bulk out EP

续表

名　称	类　型	说　明
inPipeHandle	USBD_PIPE_HANDLE	Pipe handle for Bulk in EP
inIrp	USB_IRP	IRP used for bulk-in data
outIrp	USB_IRP	IRP used for bulk-out data
statuslrp	USB_IRP	IRP used for reading status
maxLun	T_UBYTE	Max. number of LUN supported
bulkCbw	USB_BULK_CBW	Structure for Command block
bulkCsw	USB_BULK_CSW	Structure for Command status
bulkInData	T_UBYTE*	Pointer for bulk-in data
bulkOutData	T_UBYTE*	Pointer for bulk-out data
numBlks	T_UWORD	Number of blocks on device
b1kOfflset	T_UWORD	Offset of the starting block
lockCount	T_UNWORD	Count of times structure locked
connected	T_BOOL	TRUE if USB_BULK device connected
blkDevLink	LINK	Link to other USB BULK devices
Read10Able	T_BOOL	Which read/write command the device supports. If TRUE, the device uses READ10/WRITE10, if FALSE uses READ6/WRITE6
Major	T_UWORD	record the major of DM

（3）USB Mass Storage 设备驱动程序的主要函数

① `STATUS usbBulkDevInit(T_VOID);`

功能：向 USBD 注册 USB 块传输 mass staorage 类驱动，登记回调函数，分配必要资源等。

返回值：成功返回 OK，不能注册到 USBD 返回 ERROR。

② `STATUS usbBulkDevShutDown(`

      `T_WORD errCode`   `/*Error code－reason for shutdown*/  );`

功能：关闭 USBBuIk-Only 类驱动。

返回值：成功返回 OK，失败返回 ERROR。

③ `T_MODULET_VOID usbBulkDevAttachCallback(`

```
    USBD_NODE_ID nodeId,        /*USBD Node ID of the device attached*/
    T_UHWORD attachAction,      /*whether device attached/detached*/
    T_UHWORD configuration,     /*Configuration value for MSC/SCSI/BULK-ONLY*/
    T_UHWORD interface,         /*Interface number for MSCISCSIIBULK-ONLY*/
    T_UHWORD deviceClass,       /*Interface class- 0x8 for MSC*/
    T_UHWORD deviceSubClass,    /*Device sub-class－0x6 for SCSI*/
    T_UHWORD deviceProtocol     /*Interfaceprotocol－0x50 for Bulk only*/  );
```

功能：当 Bulk-Only/SCSI 设备连接或移除时被调用。

　　　USBD 将对每一个报告自己是 MSC/SCSI/Bulk-Only 的配置/接口调用一次该函数。所以，可能同一个设备插入/拔下会触发多个 callback。

注　意

返回值：无。

④ T_MODULE STATUS usbBulkPhysDevCreate(
```
    USBD_NODE_ID nodeId,          /*USBD Node Id ofthe device*/
    T_UHWORD   configuration,     /*Configuration value*/
    T_UHWORD   interface          /*Interface Number*/ );
```
功能：给连接上的设备创建对应一个 USB BULK DEV 结构；给该结构分配空间，配置设备，为 bulk-in 和 bulk-out 端点创建管道。

返回值：成功返回 OK，创建管道，配置失败返回 ERROR。

⑤ BLK_DEV*usbBulkBlkDevCreate(
```
    USBD_NODE_ID nodeId,          /*nodeId of the bulk-only device*/
    T_UHWORD    numBlks,          /*number of logical blocks on device*/
    T_UHWORD    blkOffset,        /*flset of the starting block*/
    T_UHWORD    flags             /*optional flags*/ );
```
功能：创建一个"块设备"，其代表 mass storage 设备上的一个逻辑分区，在读写 mass storage 前，都必须先创建一个"块设备"才能进行读写。

返回值：成功返回一个指向该 BLK_DEV 的指针，如果参数超出物理设备边界或不存在块设备返回 NULL。

⑥ T_MODULE STATUS usbBulkDevBlkRd(
```
    BLK_DEV* pBlkDev,       /*pointer to bulk device*/
    T_WORD  blkNum,         /*logical block number*/
    T_WORD  numBlks,        /*number of blocks to read*/
    T_BYTE* pBuf            /*store for data*/ );
```
功能：通过指向被创建的"块设备"指针，从中读数据。

返回值：成功返回 OK，读数据失败返回 ERROR。

⑦ T_MODULE STATUS usbBulkDevBlkWrt(
```
    BLK_DEV* pBIkDev,       /*pointer to bulk device*/
    T_WORD   blkNum,        /*logical block number*/
    T_WORD   numBlks,       /*number of blocks to write*/
    T_ BYTE* pBuf           /*data to be written*/ );
```
功能：通过指向被创建的"块设备"指针，向里面写数据。

返回值：成功返回 OK，向设备写数据失败返回 ERROR。

⑧ T_MODULE T_VOID usbBulkIrpCallback(
```
    T_VOID*  p             /*pointer to the IRP submitted*/ );
```
功能：回调函数，当一次 IRP 传输完成后，调用它从设备的角度来解释数据。

返回值：无。

（4）USB Mass Storage 设备驱动使用说明

该类驱动程序必须由 usbBulkDevInit() 进行初始化。初始化的工作主要包括以下内容：

- 向 USBD 注册；
- 注册一个 callback 负责报告一个 usb msn/scsi/bulk-only 设备从系统连接或者移除；
- 创建一个 usb_bulk_dev 结构与连接上的 usb 设备绑定；
- 设置设备配置、接口；
- 创建管道为 BULK_IN 和 BULK_OUT 传输。

USB Mass Storage 设备初始化流程如图 7-6 所示。初始化完成后，对每一个 USB Mass Storage 设备，usbBulkPhysDevCreate() 将给对应设备 BULK_IN 和 BULK_OUT 端点创建管道。CBW 中的

direction 位将说明数据是传送给设备的，还是由设备传送过来的。

这里要注意的是：数据一定是由 BULK_OUT 端点传送给设备，而设备给系统传送数据是通过 BULK_IN 端点。

数据传输结束后，设备将通过 BULK_IN 端点发送 CSW，它将标明 CBW 是成功还是失败。其后数据间的传输将由系统装载的文件系统管理。

① 与嵌入式操作系统的文件系统结合。

对于存储器（磁盘）设备，通常是和文件系统结合在一起，由于每个文件系统都有自己规定的接口，因此必须实现这些接口，并添加到文件系统中。

例如，在基于嵌入式操作系统的文件系统中对 DeltFile 的规定：

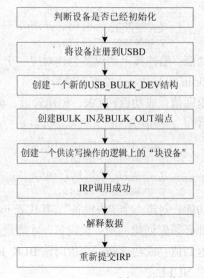

图 7-6 USB Mass Storage 设备初始化简要流程图

```
T_WORD fnDM_DriverInstall(
    T_DM_DeviceDriverEntry      initialization,
    T_DM_DeviceDriverEntry      open,
    T_DM_DeviceDriverEntry      close,
    T_DM_DeviceDriverEntry      read,
    T_DM_DeviceDriverEntry      write,
    T_DM_DeviceDriverEntry      control );
```

因此，为了使用 fnDM_DriverInstall( )，需要再向系统中加载一个新的设备驱动程序。在 USB Mass Storage 驱动中，需要提供这 6 个对应的接口：

```
T_DM_StatusCodeBulk_init(T_WORD major,T_WORD minor,T_VOID *args);
T_DM_StatusCodeBulk_open(T_WORD major,T_WORD minor,T_VOID *args);
T_DM_StatusCodeBulk_close(T_WORD major,T_WORD minor,T_VOID *args);
T_DM_StatusCodeBulk_read(T_WORD major,T_WORD minor,T_VOID *args);
T_DM_StatusCodeBulk_write(T_WORD major,T_WORD minor,T_VOID *args);
T_DM_StatusCodeBulk_control(T_WORD major,T_WORD rninor,T_VOID *args);
```

在文件系统中使用 fnDM_DriverInstall( )调用它们，完成注册后就可以打开该 USB Mass Storage 驱动程序所管理的设备，根据文件系统接口使用 USB Mass Storage 设备。

② 直接读写存储器。若不使用文件系统，则 USB Mass Storage 设备驱动会提供两个接口供用户直接读写扇区：

```
T_MODULESTATUS usbBulkDevBlkRd(
    BLK DEV *     pBlkDev,      /*指向指定设备的指针*/
    T_WORD        blkNum,       /*逻辑扇区号*/
    T_WORD        numBlks,      /*待读取的扇区数*/
    T_BYTE *      pBuf          /*存放获得的数据的buffer指针*/ );
T_MODULE STATUS usbBulkDevBlkWrt(
    BLK DEV*      pBlkDev,      /*指向指定设备的指针*/
    T WORD        blkNum,       /*逻辑扇区号*/
    T WORD        numBlks,      /*待写的扇区数*/
```

```
    T BYTE*        pBuf           /*待写数据存放的缓冲区指针*/ );
```

7.4.2 网络设备——CS8900A 芯片驱动程序

1. CS8900A 芯片特点

CS8900A 芯片是一个高度集成的以太网控制器芯片，它集成了 ISA 总线接口、曼彻斯特编码/解码器、片上 RAM、10BASE – T 收发器、数据链路控制器 MAC 和芯上存储管理器等，是嵌入式平台实现 10M 以太网连接的很好的选择方案。

如果要彻底地了解整个驱动的细节，可以参阅 CS8900A 芯片资料。下面我们仅从驱动程序框架方面介绍 CS8900A 芯片驱动的主要特点。

（1）EEPROM

如果不使用 CS8900A 芯片的默认设置，EEPROM 是必须要操作的，因为芯片的 MAC 地址都存在这里。另外还有一些用户设置，如工作模式等。

（2）工作模式

CS8900A 有两种工作模式：MEMORY 模式和 I/O 模式。在 MEMORY 模式下编程操作较为简单，因为对任何寄存器都是直接操作，不过这需要硬件上多根地址线和网卡连接。I/O 模式则较为麻烦，因为这种模式下对任何寄存器操作均要通过 I/O 端口 0X300 写入或读出，但这种模式在硬件上实现比较方便，而且是芯片的默认模式。所以，在 Linux 中采用这种工作模式，它的传输效率是 MEMORY 模式的 96% 左右。

在 I/O 模式下，PacketPage Memory 被映射到 CPU 的 16 个连续 I/O 端口上，也就是 8 个 16 位的 I/O 端口上。在芯片被加电后，I/O 基地址的默认值被置为 300h，不过这在程序中是可以改变的。这 8 个 16 位 I/O 端口详细的功能和偏移地址如表 7-11 所示。

表 7-11   I/O 模式端口分配表

偏 移	类 型	描 述
0000h	读/写	收发数据（Port 0）
0002h	读/写	收发数据（Port 1）
0004h	只写	发送命令（TxCMD）
0006h	只写	发送长度（Txlength）
0008h	只读	中断状态队列
000Ah	读/写	信息包指针
000Ch	读/写	信息包数据（Port 0）
000Eh	读/写	信息包数据（Port 1）

要访问 CS8900A 内部寄存器中的任何一个，必须首先设置信息包指针。该端口的低 12 位表示我们要访问的内部寄存器的地址；接着的 3 个位（C，D 和 E）是不能改变的，我们只要把它们置为 011b 即可；该端口的最高位表示了我们要访问的是一个寄存器还是一组连续地址的块寄存器，具体如图 7-7 所示。

如果正确设置了信息包指针，目标寄存器的内容

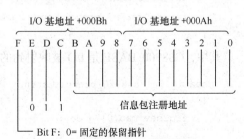

图 7-7 信息包指针寄存器示意图

将被映射到信息包数据端口（I/O 基地址+000Ch）上。如果要访问的是一组连续地址的块寄存器，信息包指针会在本次访问结束后自动地移动到下一个内部寄存器的位置。

（3）endian 模式

endian 的意思是"字节排列顺序"，表示一个字或双字在内存中或传送过程中的字节顺序。一般情况下，我们是不需要关心字节排列顺序的，但若要涉及跨平台之间的通信和资源共享，就不得不考虑这个问题了。因为在计算机的二进制系统中，字节排列顺序有两种情况：一种称为大端格式（big-endian），它把最高位字节放在最前面；另一种是小端格式（little-endian），它把最低位字节放在最前面。

CS8900A 是一个小端格式的 ISA 设备，但是一般的网络字节顺序采用大端格式。CS8900A 为了减少软件上的复杂度，在内部自动地进行了字节交换处理，将网络字节转换为小端格式，这也是芯片的默认模式。但是 Dragonball 系列都是大端格式的，所以在驱动程序中用宏 CONFIG_UCCS8900_HW_SWAP 表示芯片是否需要将小端格式转换为大端格式。代码如下：

```
#ifndef CONFIG_UCCS8900_HW_SWAP
#include <asm/io.h>
#else
#include <asm/io_hw_swap.h>
#endif
```

2. 初始化函数

网络设备的探测是在初始化函数里完成的。该函数唯一的参数是一个指向设备的指针，其返回值是 0 或者一个负的错误代码。在采用"启动初始化方式"加载驱动程序时，该函数在 <drivers/net/space.c>中被注册进内核，在 init 进程启动时被 net_dev_init()调用。一般情况下，它的流程如下：

① 检测设备是否存在；

② 检测中断号和 I/O 地址；

③ 填充 device 结构大部分属性字段；

④ 调用 ether_setup（dev）；

⑤ 调用 kmalloc 申请需要的内存空间。

ether_setup 是一个通用的设置以太网接口的函数。由于以太网卡有很好的共性，device 结构中许多有关的网络接口信息都是通过调用 ether_setup 函数统一设置的。它会默认地设置一些字段，如果设备满足这些默认的设置，那么调用这个函数即可；也可以在调用该函数之后再改动设置。

对于 CS8900A 芯片，初始化函数是通过 cs89x0_probe()和 cs89x0_probe1()函数来实现的。

```
int cs89x0_probe（struct device *dev）
{
    int base_addr = CS8900_BASE;
    return cs89x0_probe1（dev, base_addr）;
}
```

其中，CS8900_BASE 是 I/O 被映射到的基地址。

```
static int cs89x0_probe1（struct device *dev, int ioaddr）
{
    irq2dev_map[0] = dev;
    ……
    /* 初始化寄存器，建立片选和芯片工作方式*/
```

```
*(volatile unsigned char *)0xfffff42b |= 0x01;        /* output /sleep */
*(volatile unsigned short *)0xfffff428 |= 0x0101;     /* not sleeping */
*(volatile unsigned char *)0xfffff42b &= ~0x02;       /* input irq5 */
*(volatile unsigned short *)0xfffff428 &= ~0x0202;    /* irq5 fcn on */
*(volatile unsigned short *)0xfffff102 = 0x8000;      /* 0x04000000 */
*(volatile unsigned short *)0xfffff112 = 0x01e1;      /*128k,2ws,FLASH,en*/
...
/* 初始化设备结构*/
if (dev->priv == NULL){
    dev->priv = kmalloc(sizeof(struct net_local),GFP_KERNEL);
    memset(dev->priv, 0, sizeof(struct net_local));
}
dev->base_addr = ioaddr;
lp = (struct net_local *)dev->priv;
...
/* 取得芯片类型*/
rev_type = readreg(dev, PRODUCT_ID_ADD);
lp->chip_type = rev_type &~ REVISON_BITS;
lp->chip_revision = ((rev_type & REVISON_BITS) >> 8.) + 'A';
lp->send_cmd = TX_AFTER_ALL;
...
/*注册接口方法*/
dev->open = net_open;
dev->stop = net_close;
dev->hard_start_xmit = net_send_packet;
dev->get_stats = net_get_stats;
dev->set_multicast_list = &set_multicast_list;
dev->set_mac_address = &set_mac_address;
...
ether_setup(dev);
}
```

3. 设备打开函数与关闭函数

打开和关闭一个网络接口是由 ifconfig 命令来完成的。当使用 ifconfig 为一个接口赋地址时，它需完成两项工作：第一，它通过 ioctl（SIOCSIFADDR）（即 Socket I/O Control Set InterFace ADDRess）来赋地址；第二，它通过 ioctl（SIOCSIFFLAGS）（即 Socket I/O Control Set InterFace FLAGS）对 dev->flag 中的 IFF_UP 置位来打开接口。

ioctl（SIOCSIFADDR）是和设备无关的，它仅设置 dev->pa_addr、dev->family、dev->pa_mask 和 dev->pa_brdaddr 4 个域，没有调用驱动程序函数。不过，后一个命令 ioctl（SIOCSIFFLAGS）则调用设备的 open 函数。类似地，当一个接口关闭时，ifconfig 使用 ioctl（SIOCSIFFLAGS）来清除 IFF_UP，并调用驱动程序的 stop 函数。

设备驱动程序在 open 函数中请求它需要的系统资源并启动网络设备接口，如果驱动程序不准备使用共享中断，它还需要将 irq2dev_map 数组中对应的位赋为 1。stop 则正好相反，它先关闭接口释放系统资源，在不使用共享中断的情况下，将 irq2dev_map 数组中对应的位赋为 0。irq2dev_map 是一个很重要的数组阵列，它由 IRQ 号寻址，驱动程序正是利用这个数组将中断号映射到自己的

device 结构指针上，这是在不使用接口处理程序的情况下，一个驱动程序支持一个以上接口的唯一方法。

CS8900A 是一个 ISA 设备，不支持共享中断，但是这在嵌入式系统外设比较少的情况下对系统的性能没什么影响。另外，在接口可以和外界通信以前，还需要将芯片上的硬件地址复制到 dev->dev_addr 指针指向的空间上，这个工作也可以在初始化函数 cs89x0_probe1 中完成。

一般情况下设备打开函数 net_open 的基本流程如下：

① 若没有在初始化函数中注册中断号和 I/O 地址，则在设备打开时要进行注册；

② 将该设备挂到 irq2dev_map 中。若使用基于中断的数据接收方式，以后就可以通过中断号和 irq2dev_map 数组直接查找相应的设备了；

③ 初始化物理设备的寄存器；

④ 设置接口相应的 dev 私有数据结构（dev->priv）中的一些字段；

⑤ 设置 dev 中的 tbusy, interrupt 和 start 等字段。

设备关闭函数 net_close() 与打开函数动作恰好相反，不再赘述。

4. 数据包发送函数

当系统需要发送数据时，它首先把数据打包成一个完整的 sk_buff 结构体，然后调用 hard_start_transmit() 函数把它发送到网络设备接口上。

（1）一般的网络接口芯片传输数据包的流程

① 通过标志位 tbusy 判断上次数据包的传输是否完成。若 tbusy = 0 就跳转到下一步，否则看上次传输是否已超时，若未超时就以不成功返回；若已超时，则初始化芯片寄存器，置 tbusy = 0，然后继续下一步。

② 将 tbusy 标志位打开。

③ 将数据包传给硬件让它发送。

④ 释放缓存区 skb。

⑤ 修改接口的一些统计信息。

（2）在 CS8900A 芯片的 I/O 模式下，数据包的发送流程

① 发送一个传输命令到 TxCMD 端口（I/O base + 0004h），使芯片进入发送状态。

② 将要发送数据帧的长度发送到 TxLength 端口（I/O base + 0006h）。

③ 通过信息包指针端口（I/O base + 000Ch）读取 Burst 寄存器（寄存器 18），判断 Rdy4TxNOW 位（第 8 位）的值。如果 Rdy4TxNOW 位的值为 1，则跳到第 4 步；如果 Rdy4TxNOW 位的值为 0，驱动程序将等待一段时间，再判断 Rdy4TxNOW 的值，直到它为 1 为止。另外，如果程序中 Rdy4TxiE（寄存器 BufCFG 的第 8 位）被置为 1，当 CS8900A 的发送缓冲区可写时，Rdy4Tx（寄存器 BufEvent 的第 8 位）将被置为 1，并触发一个中断，这时就不需要判断 Rdy4TxNOW 了。

④ 程序发送函数将反复执行写指令，将数据发送到接收/发送数据端口（I/O base + 0000h）。

（3）数据包发送函数的具体实现

结合上面两个流程，Linux 中数据包发送函数的具体实现为：

```
static int net_send_packet（struct sk_buff *skb, struct device *dev）
{
    if（dev->tbusy）{                              /*判断 tbusy 标志*/
        int tickssofar = jiffies - dev->trans_start;
        if（tickssofar < 5）    return 1;
```

```
            if (net_debug > 0)  printk ("%s: transmit timed out,%s?\n",dev->name,
                    tx_done (dev)? "IRQ conflict" : "network cable problem");
        dev->tbusy=0;
        dev->trans_start = jiffies;
    }

    if (skb == NULL){                                    /*判断发送数据包*/
        dev_tint (dev)
        return 0;
    }
    if (set_bit (0, (void*) &dev->tbusy) != 0)
        printk ("%s: Transmitter access conflict.\n",dev->name);
    else{
        struct net_local *lp = (struct net_local *) dev->priv;
        unsigned long ioaddr = dev->base_addr;
        unsigned long flags;
        save_flags (flags);
        cli();
        outw (lp->send_cmd,ioaddr + TX_CMD_PORT);
        outw (skb->len,ioaddr + TX_LEN_PORT);

        if ( (readreg (dev,PP_BusST) & READY_FOR_TX_NOW) == 0) {
            restore_flags (flags);
            printk ("cs8900 did not allocate memory for tx!\n");
            return 1;
        };
        return 1;
        outsw (ioaddr + TX_FRAME_PORT,skb->data, (skb->len+1)>>1);
        restore_flags (flags);
        dev->trans_start = jiffies;
    }
    dev_kfree_skb (skb,FREE_WRITE);
    return 0;
}
```

5. 中断处理函数

目前几乎所有的网络设备接口都是以中断方式工作的，接口触发中断表明两种事件中的一种发生了：一个新包到达或一个包发送完成。中断例程可以通过检查硬件设备上的中断状态寄存器来判断是什么事件触发了中断。

一方面，中断处理程序中对于"发送完成"事件的处理过程是：首先将 dev->tbusy 值清为 0，然后调用网络下半部函数 net_bh，如果网络下半部函数 net_bh 真的运行了，它就会试图发送所有等待的数据包。

另一方面，中断处理程序中对于"新数据包到达"事件的处理也不是很复杂，它只需要调用数据包接收子函数 net_rx()就行了。

实际上，当 netif_rx()被接收子函数 net_rx()调用时，它所进行的实际操作只有标志 net_bh。换句话说，内核在一个下半部处理程序中完成了所有网络相关的工作。一般的中断服务程序的基本流程如下。

① 确定发生中断的具体网络接口。

② 打开标志位 dev->interrupt，表示本服务程序正在被使用。

③ 读取中断状态寄存器，根据寄存器判断中断发生的原因。其原因有两种可能，一种是有新数据包到达，另一种是上次的数据传输已完成。

④ 若是因为有新数据包到达，则调用接收数据包的子函数 net_rx()。

⑤ 如果中断是上次传输引起的，则通知协议的上一层，修改接口的统计信息，关闭标志位 tbusy，为下次传输做准备。

⑥ 关闭标志位 interrupt。

CS8900A 驱动程序的中断处理函数的实现代码如下：

```
void cs8900_interrupt (int irq, void *dev_id, struct pt_regs * regs)
{
    struct device *dev = (struct device *) (irq2dev_map[/* FIXME */0]);
    struct net_local *lp;
    int ioaddr, status;
    dev = irq2dev_map[0];
    dev->interrupt = 1;
    ioaddr = dev->base_addr;
    lp = (struct net_local *)dev->priv;
    while ( (status = readword (dev,ISQ_PORT) ) ) {
        switch (status & ISQ_EVENT_MASK) {           /*判断中断类型*/
        case ISQ_RECEIVER_EVENT:
            net_rx (dev);                            /*获取信息包*/
            break;
        case ISQ_TRANSMITTER_EVENT:
            lp->stats.tx_packets++;
            dev->tbusy = 0;
            mark_bh (NET_BH);                        /*通知上层*/
            if ( (status & TX_OK) == 0) lp->stats.tx_errors++;
            if (status & TX_LOST_CRS) lp->stats.tx_carrier_errors++;
            if (status & TX_SQE_ERROR) lp->stats.tx_heartbeat_errors++;
            if (status & TX_LATE_COL) lp->stats.tx_window_errors++;
            if (status & TX_16_COL) lp->stats.tx_aborted_errors++;
            break;
        case ISQ_BUFFER_EVENT:
            if (status & READY_FOR_TX) {
                dev->tbusy = 0;
                mark_bh (NET_BH);                    /*通知上层*/
            }
            if (status & TX_UNDERRUN) {
                lp->send_underrun++;
                if (lp->send_underrun > 3) lp->send_cmd = TX_AFTER_ALL;
            }
```

```
                break;
            case ISQ_RX_MISS_EVENT:
                lp->stats.rx_missed_errors += (status >>6);
                break;
            case ISQ_TX_COL_EVENT:
                lp->stats.collisions += (status >>6);
                break;
        }
    }
    dev->interrupt = 0;
    return;
}
```

6. 数据包接收函数

在网络上有新数据包到达时，中断处理函数仅仅调用数据包接收子函数 net_rx()即可。一般情况下，net_rx()函数的操作流程如下。

① 申请 skb 缓存区存储新的数据包。

② 从硬件中读取新到达的数据。

③ 调用函数 netif_rx()，将新的数据包向网络协议的上一层传送。

④ 修改接口的统计函数。

相应的代码如下：

```
static void net_rx(struct device *dev)
{
    struct net_local *lp = (struct net_local *)dev->priv;
    int ioaddr = dev->base_addr;
    struct sk_buff *skb;
    int status,length;

    status = inw(ioaddr + RX_FRAME_PORT);
    length = inw(ioaddr + RX_FRAME_PORT);
    /* 分配 sk_buff 缓冲区 */
    skb = alloc_skb(length,GFP_ATOMIC);
    if (skb == NULL){
        printk("%s: Memory squeeze,dropping packet.\n",dev->name);
        lp->stats.rx_dropped++;
        return;
    }
    skb->len = length;
    skb->dev = dev;
    insw(ioaddr + RX_FRAME_PORT,skb->data,length >> 1);
    if(length & 1) skb->data[length-1] = inw(ioaddr + RX_FRAME_PORT);
    skb->protocol=eth_type_trans(skb,dev);
    netif_rx(skb);
    lp->stats.rx_packets++;
    return;
}
```

7.4.3　LCD 设备驱动开发

液晶显示器（LCD）相对于传统的 CRT 有很多优点：轻薄、能耗低、辐射少等。LCD 有多种类型，如 TN、STN、TFT、LTPS。本节介绍基于 S3C6410 平台的 LCD 驱动。LCD 选用万鑫的 4.3 寸的 TFT 真彩屏，其分辨率为 480×272，数据格式采用 24 bit RGB 接口模式，主要参数如表 7-12 所示，参数名后面跟的英文字符串表示在程序中使用的宏。

表 7-12　　　　　　　　　　　LCD 主要技术参数

参数名	参数值（典型值）	单 位
时钟 CLK	9	MHz
水平分辨率 HOZVAL	480	CLK
行显示前延 HFPD	2	CLK
行显示后延 HBPD	2	CLK
水平同步宽度 HSPW	41	CLK
垂直分辨率 LINEVAL	272	CLK
垂直显示前延 VFPD	2	CLK
垂直显示后延 VBPD	2	CLK
垂直同步宽度 VSPW	10	CLK

1. TFT 与 S3C6410 的硬件连接

一块 LCD 屏显示图像不仅需要 LCD 驱动器，还需要 LCD 控制器。通常 LCD 驱动器会与 LCD 玻璃基板制作在一起，而 S3C6410 内部集成了一个 LCD 控制器，所以 LCD 与 6410 之间可以直接连接。图 7-8 显示了 LCD 液晶显示器与 LCD 插槽之间的连接，图 7-9 显示了 LCD 插槽与 S3C6410 之间的连接。

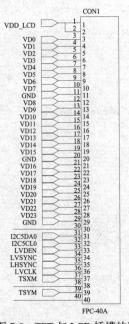

图 7-8　TFT 与 LCD 插槽的连接

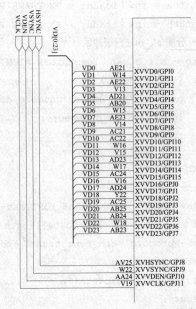

图 7-9　LCD 插槽与 S3C6410 之间的连接

VD[0：23]是 GRB 数据线，VDD_LCD 连接 LCD 电源，I2CSDA0 为背光，VDEN 表示数据可以传输颜色数据，其他的与表 7-12 的名称对应，其中 HSYNC、VSYNC、VDEN、VCLK 分别与 LHSYNC、LVSYNC、LVDEN、LVCLK 连接。

2. Platform 总线下的 LCD 驱动

（1）Platform 总线简介

在 Linux 2.6 后的设备驱动模型中，总线、设备和驱动这 3 个实体称为**总线设备驱动模型**，即为同类的设备设计了一个框架，而框架的核心层实现了该类设备通用的一些功能，不用程序员自己再去实现；驱动与设备相分离，使得编写主机控制器驱动和外设驱动并行，它们之间不再互相关联，实现分层与分离的思想，从而提高驱动的可移植性。总线将设备和驱动绑定。在系统每注册一个设备的时候，会寻找与之匹配的驱动；同样地，在注册一个驱动的时候，会寻找与之匹配的设备。**匹配**通过比较设备和驱动中的名字来确定，匹配工作由总线完成。一般情况下，驱动会使用设备的资源，所以设备常常要比驱动先注册，而且设备一般会放在板文件中。

在嵌入式系统中，SoC 系统中集成的独立的外设控制器、挂接在 SoC 内存空间的外设等不依附于任何总线。在这种情形下，Linux 发明了一种虚拟的总线，即 Platform 总线，相应的设备称为 platform_device，驱动为 platform_driver。LCD 正是挂接在 Platform 总线下的一个驱动。LCD 驱动先构造一个 platform_device 结构体，然后注册；接着 LCD 驱动构造一个 platform_driver 结构体，并注意 platform_driver 中的名字与 platform_device 中的名字相同。这样，当注册 platform_driver 时就能够匹配设备，Platform 总线就会调用 platform_driver 中的 probe 函数，这个函数是 LCD 驱动真正注册的函数。同理，卸载函数为 platform_driver 中的 remove 函数。

（2）LCD 驱动的 platform_device 与 platform_driver 的注册

① 分配初始化一个 platform_device 结构体。使用 platform_dev_lcd43=platform_device_alloc（"lcd43"，-1）分配并设置一个 platform_device，第一个参数就是 platform_device 的名字，第二个参数为-1 表示设备只有一个。在相应的移除函数中，调用 platform_device_release（platform_dev_lcd43）函数释放分配的内存，这两个函数都是内核自带的函数（如果没有特别介绍，都是内核自带的函数）。在这里，为了避免在 platform_driver 的注册中引入太多的内核函数，并没有把资源放入 platform_device 中，而是要用时再在 platform_driver 中实现，这里只是简单地演示 platform_device 结构的使用；实际工作中，只需把 platform_driver 的资源放入 platform_device 的 resource 中，然后调用 platform_get_resource（）函数来取得相应的资源就可以了。

接下来调用 platform_device_register（platform_dev_lcd43）注册 platform_device，并在相应的移除函数中调用 platform_device_unregister（platform_dev_lcd43）。

② 定义初始化一个 platform_driver 结构体。platform_driver 结构体就是 LCD 驱动的结构体，把 platform_driver 中的成员初始化注册后，内核就可以调用这个驱动程序了。

```
static struct platform_driver platform_lcd43_driver=
{
    probe=lcd43_probe,
    remove=lcd43_remove,
    driver=
    {
        name="lcd43",
        owner=THIS_MODULE,
```

```
    /*内核的宏，表示当前模块*/
  }
};
```

接下来，调用 platform_driver_register（&platform_lcd43_driver）注册 platform_driver 结构体。

相应的移除函数为 platform_driver_unregister（&platform_lcd43_driver）。当调用 platform_driver_register()函数后，内核就自动地去找跟它相匹配的 platform_device，如果找到，就调用 platform_driver 的 probe 函数。

3. LCD 驱动的编写

（1）帧缓冲的概念

帧缓冲是 Linux 系统为显示设备提供的一个接口，它将显示缓冲区进行抽象，屏蔽了图像硬件的底层差异，允许上层应用程序在图形模式下直接对缓冲区进行读写。用户只要在显示缓冲区中与显示点对应的区域写入颜色值，对应的颜色就会自动在屏幕上以对应的点显示。帧缓冲驱动的应用非常广泛，Qt/Embedded、X Window、MiniGUI 都是利用帧缓冲进行图像的绘制。LCD 驱动程序的设计就是写一个帧缓冲驱动程序，它的主设备号为 29。当注册一个帧缓冲设备时，会自动地在/dev 目录下创建一个 fbn 设备文件，n 为注册前系统帧缓冲设备的个数，当系统中没有帧缓冲设备时，n 为 0。

（2）帧缓冲设备 probe 函数的编写

① 帧缓冲结构体的初始化。帧缓冲设备驱动的编写工作主要集中在 platform_driver 中的 probe 函数的编写，probe()函数完成 LCD 驱动程序真正要做的事情，它需要完成以下内容。

● 申请一个 struct fb_info 结构体，根据 LCD 屏参数并初始化。帧缓冲设备最关键的一个数据结构体是 fb_info 结构体，它包含帧缓冲设备属性和操作的完整描述。

```
fb43_info=framebuffer_alloc(0, NULL);        /*申请一个 struct fb_info 结构体*/
fb43_info->screen_size=HOZVAL*LINEVAL*4;     /*设置帧缓冲区的大小*/
```

fb_info 结构体成员 fb_fix_screeninfo 结构的初始化。fb_fix_screeninfo 记录用户不可修改的显示器的参数，如屏幕大小、缓冲区地址等。

```
strcpy(fix43->id, "lcd_4.3");         /*设置名字*/
fix43->line_length=HOZVAL*4;          /*一行像素占的字节，1 像素 4 字节，高 8 位丢弃*/
fix43->smem_len=LINEVAL*HOZVAL*4;     /*设置帧缓冲内存的大小*/
fix43->type=FB_TYPE_PACKED_PIXELS;    /*设置 LCD 的型号*/
fix43->visual=FB_VISUAL_TRUECOLOR;    /*设置显示为真彩色*/
```

fb_info 结构体成员 fb_var_screeninfo 结构的初始化，fb_var_screeninfo 记录用户可以更改的显示器参数，它包括屏幕分辨率和每像素点的比特数等。

```
var43->xres=HOZVAL;              /*x 方向实际像素个数，表 1 中的数值*/
var43->yres=LINEVAL;             /*y 方向实际像素个数，表 1 中的数值*/
var43->xres_virtual=HOZVAL;      /*x 方向虚拟像素个数，没实现虚拟*/
var43->yres_virtual=LINEVAL;     /*y 方向虚拟像素个数，没实现虚拟*/
var43->xoffset=0;                /*x 方向实际与虚拟间的偏移像素*/
var43->yoffset=0;                /*y 方向实际与虚拟间的偏移像素*/
var43->bits_per_pixel=32;        /*每像素 32 位表示，实际只是 24 位的 RGB*/
var43->red.length=8;             /*红占 8 位*/
var43->red.offset=16;            /*红偏移 16 位*/
var43->green.length=8;           /*绿占 8 位*/
```

```
var43->green.offset=8;              /*绿偏移 8 位*/
var43->blue.length=8;              /*蓝占 8 位*/
var43->blue.offset=0;              /*蓝偏移 0 位*/
var43->hsync_len=HSPW;
```

/*以下都是表 7-12 中的数据，硬件相关*/

```
var43->vsync_len=VSPW;
var43->right_margin=HBPD;
var43->left_margin=HFPD;
var43->lower_margin=VBPD;
var43->upper_margin=VFPD;
clk43=clk_get(NULL, "hclk");
hclkval=clk_get_rate(clk43);  /*获得系统的 HCLK，LCD 的时钟由它分频得到*/
var43->pixclock=hclkval/(hclkval/9000000);  /*设置像素时钟，C 语言对整型变量除法运算*/
```

- 完成 S3C6410 的 LCD 控制器的初始化

S3C6410 自带 LCD 控制器，只要把 LCD 控制寄存器设置合适的参数，S3C6410 会自动发出控制 LCD 的时序，而不需要程序员再去关心时序的问题。这部分的设置大都是硬件相关，不同的 CPU 设置一般不会一样。在 Linux 系统中，CPU 不能直接使用物理地址，所以需要先经过 ioremap() 函数建立新页表，使物理地址映射到逻辑地址。后文中出现的与具体寄存器相关的指针变量都是经过 ioremap() 重新映射后的地址。

```
mifpcon=ioremap(0x7410800C, 4);
spcon=ioremap(0x7F0081A0, 4);
*mifpcon&=~(1<<3);
*spcon&=~(3);
*spcon|=1;
```

根据 S3C6410 手册要求的设置，要使用 LCD 控制器，必须把 MOFPCON 寄存器的第三位置零，SPCON[1：0]位要为"01"，表示为 RGB 模式。

```
regs43->vidcon0=((hclkval/9000000-1)<<6)|(1<<4);        /*设置时钟源及分频系数*/
regs43->vidcon1=(1<<6)|(1<<5);  /*因为 S3C6410 的行列同步脉冲与 TFT 屏的相反，所以要设置
                                  这两个脉冲反转，要根据具体的 TFT 屏芯片手册设置*/
regs43->vidtcon0=((VBPD-1)<<16)|((VFPD-1)<<8)|(VSPW-1)<<0;
/*设置垂直延时参数，LCD 硬件相关，见表 7-12 内容*/
regs43->vidtcon1=((HBPD-1)<<16)|((HFPD-1)<<8)|(HSPW-1)<<0;
regs43->vidtcon2=((LINEVAL-1)<<11)|((HOZVAL-1)<<0);  /*设置行与列的分辨率*/
regs43->wincon0&=~(0xf<<2);
regs43->wincon0|=(0xb<<2);                              /*设置为 24 位 RGB 格式*/
regs43->vidosd0a=(0<<11)|(0<<0);                        /*设置左上角开始值，不留黑框*/
regs43->vidosd0b=((HOZVAL-1)<<11)|((LINEVAL-1)<<0);  /*设置右下角位置*/
regs43->vidosd0c=HOZVAL*LINEVAL;                       /*设置显示框的大小，以字为单位*/
regs43->vidw00add0b0=fb43_info->fix.smem_start;        /*设置物理地址*/
regs43->vidw00add1b0=(fb43_info->fix.smem_start+LINEVAL*HOZVAL*4)&0xffffff;
/*设置帧缓冲内存结束地址的低 24 位*/
```

- 分配帧缓冲区的内存，同时设置帧缓冲区的虚拟及物理地址。

```
fb43_info->screen_base=dma_alloc_writecombine( NULL , fb43_info->screen_size ,
```

```
&fb43_info->fix.smem_start, GFP_KERNEL);                    /*设置帧缓冲区内存，虚拟，物理地址*/
```

分配帧缓冲内存，设置固定参数的物理地址以及 fb_nfo 结构的虚拟地址，第二个参数为帧缓冲区的大小，第三个参数会返回申请的帧缓冲区的开始物理地址，设置为在固定参数中没有设置的物理地址，函数返回值为帧缓冲区的虚拟地址，最后一个参数为分配内存的标志，设置为最常用的 GFP_KERNEL。

- 开 LCD 时钟、电源、背光，并注册帧缓冲设备驱动。函数定义如下：

```
clk_enable_43lcd();                      /*打开 LCD 的时钟，因为 S3C6410 可以关闭一些外设来省电*/
get_43lcd_ctr(fb43_info, hclkval);  /*完成 S3C6410 的 LCD 控制器的初始化*/
fb43_info->fbops=&fb43_ops;            /*设置帧缓冲的操作函数*/
fb43_info->pseudo_palette=&fb43_pseudo_palette; /*设置调色板*/
enable_43lcd();                         /*开 LCD 电源、背光*/
```

② 设置 LCD 与 S3C6410 的连接设置。从连接图可以看出，LCD 的数据线主要是在通用输入输出 I 口和 J 口。由 6410 的芯片手册可知，I 口与 J 口基本一样。只需要把它们的控制寄存器设置为 LCD 模式即可，此时 S3C6410 会根据 LCD 控制器的一些数据，在恰当的时间发出颜色数据。设置如下：

```
*gpicon=0xaaaaaaaa;
*gpjcon=0xaaaaaaaa;
```

③ 开 LCD 电源及背光，注册帧缓冲设备。

```
*gpbcon&=~(0xf<<24);
*gpbcon|=(0x1<<24);       /*设置 GPB 的第 6 位为输出模式*/
*gpbdat|=(1<<6);          /*开启背光*/
*gpfcon&=~(3<<28);
*gpfcon|=(1<<28);         /*设置 GPF 的第 14 位为输出模式*/
*gpfdat|=(1<<14);         /*开启 LCD 电源*/
regs43->vidcon0|=3;       /*开 LCD 显示*/
regs43->wincon0|=1;       /*开窗口 0 显示，S3C6410 可以同时显示 5 个窗口，本文选择的是窗口 0*/
register_framebuffer(fb43_info); /*注册帧缓冲设备*/
```

④ 填充 fb_ops 结构体。struct fb_info 结构中的 fb_ops 结构体是操纵帧缓冲设备的一些函数的集合，系统调用最后通过它们与 LCD 控制器硬件打交道。对于其中的 fb_fillrect()、fb_copyarea() 以及 fb_imageblit() 成员直接使用通用的 cfb_fillrect()、cfb_copyarea() 以及 cfb_imageblit()就可以了。程序员只需要设置以下几个成员，其他的都用系统默认的函数，LCD 驱动就能正确工作了。

```
struct fb_ops fb43_ops={
    .owner=THIS_MODULE, /*表示为当前模块*/
    .fb_fillrect=cfb_fillrect,
    .fb_copyarea=cfb_copyarea,
    .fb_imageblit=cfb_imageblit,
    .fb_setcolreg=fb43_setcolreg,
};
```

fb_setcolreg 成员是实现伪颜色表和颜色表的填充，虽然使用 24 bit RGB 颜色格式不需要伪颜色表，但不实现它会出现一些问题。使用伪颜色表（也称调色板）时，发出的颜色值并不是真正要显示的值，而是在一个颜色表中的索引。当使用大于 16 bit 的颜色表时，颜色表占据的内存会过大，所以使用它不划算。颜色表的设置如下，分别取出 RGB 的索引值，取其低 16 bit，接着根据当前颜色在 RGB 格式中的偏移值，把其他颜色位置零，最后再把取出的 3 种颜色合成一个颜色值。设置如下：

```
colorg&=0xffff;
colorg>>=16-bf->length;      /*bf->length 是颜色占据的长度，假如是 16 位 RGB：5：6：5 格式，
                              红色就占据最高的 5 位，所以低 11 位的值不要*/
colorg<<bf->offset;          /*如上，红色占最高 5 位，所以要右移 11 位*/
......                        /*设置其他两种颜色值*/
return colorr|colorg|colorb;
```

本章小结

- 在嵌入式操作系统下的设备驱动程序主要是控制和管理下层物理设备的硬件控制器，同时为上层应用提供统一的、与设备无关的系统调用服务，实现设备无关性。设备驱动程序通常包含中断处理程序和设备服务子程序两部分。

- 模块是一个已编译但未连接的可执行文件，它在需要时可以随时被安装，而在不需要时又可以随时被卸载。利用这种机制，我们可以根据需要，在不重新编译内核的情况下，将编译好的模块动态地插入运行中的内核，或者将内核中已经存在的一个模块移走。模块化机制为设备驱动程序开发调试提供了很大的方便。

- Linux 中的设备可以分为 3 类：字符设备、块设备和网络设备。字符设备是指数据处理以字节为单位按顺序进行的设备，它没有缓冲区，不支持随机读写；块设备是指那些在输入/输出时数据处理以块为单位的设备，它一般都采用了缓存技术，支持数据的随机读写；网络设备与其他两种设备不太一样，在 Linux 中，整个网络接口驱动程序的框架可分为 4 层，从上到下分别为协议接口层、网络设备接口层、提供实际功能的设备驱动功能层以及网络设备和媒介层。

- 除了设备类型外，Linux 内核还需要一对被称为主设备号和次设备号的参数，才能唯一地标识设备。主设备号（major number）标识设备对应的驱动程序，而次设备号（minor number）用来区分具体设备的驱动程序实例。

- 在 Linux 系统中，I/O 设备的存取通过一组固定的入口点来进行，这组入口点是由每个设备的设备驱动程序提供的。基本函数入口点主要有 open()、close()、read()、write()和 ioctl ()。

- 大部分基础性的驱动操作包括 3 个重要的内核数据结构，分别是 file_operations、file 和 inode。file_operations 结构是调用设备驱动程序中各个函数的跳转表，即把指向这组入口点的指针集中在一个结构中；file 结构代表一个"打开的文件"；inode 结构由内核在内部用来表示文件。

- 大部分驱动除了需要读写设备的能力，往往还需要通过设备驱动进行各种硬件控制的能力。ioctl 系统调用则为驱动程序执行相关操作提供了一个与设备相关的入口点。在大多数时候，阻塞型、非阻塞型 I/O 操作以及 select 的结合可以有效地查询设备，而某些情况下异步触发能更高效地响应设备。

- 本章给出了 3 个设备驱动程序的应用实例，即 USB 设备、基于 CS8900A 芯片的以太网设备以及基于 S3C6410 芯片的 LCD 设备驱动程序设计。

思考与练习题

1. 试简述嵌入式系统中设备驱动的基本原理。

2. Linux 将存储器和外设分为哪几类，各有何特点？它们各有哪些典型设备？

3. 什么是主设备号，什么是次设备号，它们有什么作用？

4. 在 Linux 系统中，设备驱动程序为 I/O 设备提供哪些用户访问接口？这些接口的功能分别是什么？

5. 试述阻塞型和非阻塞型 I/O 操作的相同点和不同之处。

6. 简述设备驱动程序中断处理的注册与实现方法。

7. 按模块化设计，一个典型的 Linux 设备驱动程序应包含哪几部分？在 Linux 操作系统中，如何实现一个驱动程序的开发？

8. 如何理解驱动程序的设备文件接口？

9. USB Mass Storage 设备驱动程序的主要函数有哪些，它们分别有什么作用？

10. 什么是 Platform 总线？Platform 总线下 LCD 驱动如何实现？

第8章
用户图形接口 GUI

在本章，我们将讨论嵌入式系统的用户图形接口 GUI。详细介绍用户图形接口在嵌入式系统中的发展需求和功能特点，分析当前主流的嵌入式 GUI 系统，介绍 Qt/Embedded 的特点、体系架构及其开发环境，给出 Qt/Embedded 的开发实例，并简要阐述智能化。

本章学习要求：

- 定义嵌入式系统的用户图形接口；
- 描述嵌入式 GUI 的发展需求及功能特点；
- 列出目前流行的嵌入式 GUI 系统并进行分析比较；
- 描述 Qt/Embedded 的特点和体系架构；
- 建立 Qt/Embedded 开发环境；
- 列出 Qt/Embedded 应用系统的基本开发流程；
- 描述 Qt/Embedded 下触摸屏驱动的设计方法；
- 描述 Agent 技术的概念；
- 描述 Agent 技术与用户界面结合的典型——桌面 Agent。

8.1　嵌入式系统中的 GUI

随着计算机硬件的发展，人和机器之间更有效交互的需求就不可避免。应运而生的**人机交互技术**（Human Machine Interface）对于软件系统越来越重要，它已经成为现代软件研究的重要课题。

图形用户界面（Graphical User Interface，GUI）作为人机交互技术的重要内容，以丰富的图形图像信息、直观的表达方式与用户交互，这样的软件系统简洁、美观、方便、好用，且更加人性化，已经被越来越多的领域所采用。

从 20 世纪 60 年代起，人们开始对 GUI 技术进行研究，取得了重大突破，并在 Xerox 的 PARC 项目上得到了巨大的发展。70 年代开始，GUI 技术在桌面 PC 系统上得到大量应用，成功推出了著名的 Macintosh、X Windows 和 Windows 等系统，GUI 技术逐渐成熟。

GUI 技术是一种人与计算机接口的技术，该技术除了使用字符外，主要使用图形、图标、图像和控件等界面与用户进行交互。计算机用户通过使用输入设备（如鼠标、键盘、触摸屏等）和图像、图标、图形控件等与计算机进行交互，计算机将结果显示在输出设备上供用户观察。

GUI 的广泛流行是当今计算机技术的重大成就之一，它极大地方便了非专业用户对计算机的使用，人们因此不再需要死记硬背大量的命令，而是可以通过窗口、菜单方便地进行操作。GUI是人机交互接口在命令行和文本显示方式上的一次巨大飞跃。

8.1.1　嵌入式 GUI 的发展需求

相对于桌面系统，人机交互技术在嵌入式系统中的研究还处于初级阶段。图形用户界面系统在嵌入式系统上的发展与在桌面系统的发展类似，基本上是一个从无到有、从字符界面到使用图形图像交互的过程。

早期的工业控制系统基本没有用户界面，仅仅靠简单的文字信息和 LED 显示与用户进行交互。随着嵌入式技术的发展，近年来消费电子、通信、汽车和军事等领域广泛采用了嵌入式系统。在数字家电、PDA、手机等众多受欢迎的终端产品中，已经可以看到相对成熟的 GUI 系统。完善的图形用户界面不仅可以表达丰富的内容，而且具有多种表达方式，已经成为现代终端系统和嵌入式系统的重要组成部分，也是当今主流的人机界面。

随着嵌入式技术的发展，嵌入式软、硬件系统均取得了较大的进步。嵌入式硬件平台、操作系统、开发工具以及应用开发组件等很多方面都取得了较大突破。嵌入式 GUI 系统也得到了发展，涌现出了一大批嵌入式 GUI 系统或者组件，并且以前由于应用环境限制而不能实现的功能也可以实现了。例如，现在嵌入式处理器的主频已经由原来的几十 MHz 提高到上百 MHz，内存的容量、速度也大大增加，而且 RTOS 也基本上从简单的单任务操作系统发展到复杂的多任务操作系统了，在设计嵌入式 GUI 系统时，所受的限制也大大减小。因此，以前简单的单任务 GUI 系统在某些场合已经不能满足应用的需求，需要由支持多任务的 GUI 系统来代替。

GUI 在嵌入式系统或者实时系统中的地位将越来越重要，这些系统对 GUI 的基本要求包括轻型、占用资源少、高性能、高可靠性、可配置、可移植等特点。

8.1.2　嵌入式 GUI 的功能特点

嵌入式 GUI 的功能特点包括以下 5 个方面。

（1）输入/输出硬件设备

支持各种点阵，典型分辨率为 640×480、320×240、160×240 等，开发过程中应充分考虑到未来点阵大小的扩充性；支持单色/黑白显示、4/16/256 阶灰度显示、STN/TFT256（65536 色）彩色显示等；实现对显示输出设备、用户输入设备的控制，并通过设备硬件抽象，隔离具体的物理实现，以实现 GUI 硬件无关性。

（2）图形原语

基本绘图函数包括点（Point）、线（Line）、矩形（Rectangle）、圆（Circle）、弧线（Arc）等。

（3）图形文件格式

支持当今大多数流行的通用图形格式，如 BMP、JPEG 和 GIF 等。

（4）字符集和字体

能够灵活支持区域化的多语言字符集，提供挂接不同字符集的接口，并且能够支持各个字符集到 UNICODE 之间的转换；能够支持中文显示，必要时需要设计预留抽象的输入法接口，便于嵌入式应用开发商集成第三方软件；能够提供不同大小点阵的字形，字形可分为固定宽度和可变宽度两种。

（5）窗口和控件集合

高效的多窗口机制，支持非全屏幕的可拖动窗体，不同窗口之间可相互覆盖。同时，也需提供全屏幕的窗口机制，在有更高性能要求的情况下，提供了进一步优化的空间。为便于有经验的开发者能够迅速地掌握设计方法，提供了尽可能多的与 Windows 操作系统相似的控件。合理组织各 GUI 对象、控件及绘图函数，并且各函数与 Win32 中相应函数具有相似的外观，使得程序员可以很容易地在新平台下进行程序开发。

8.1.3　目前流行的嵌入式 GUI 系统

目前嵌入式系统上的 GUI 系统的**实现方法**大概有 3 种方式。

第 1 种方式是自己来设计满足自身需要的图形用户界面系统。这种方法需要有足够的人力和物力，如 Micorsoft 公司的 WinCE、Sun 公司的 Personal Java 和 VxWorks 集成 UGL 等。

第 2 种方式是把图形用户界面放在应用程序中，图形用户界面的运行逻辑由应用程序自己负责。用这种方法编写的程序，无法将显示逻辑和数据处理逻辑分开来，从而导致程序结构不好，不便于调试，并会导致大量的代码重复。

第 3 种方式就是采用已经比较成熟的图形用户界面系统，如 Qt/Embedded、MiniGUI、MicroWindows 等。

比较而言，第 3 种方式是最灵活的解决方案。目前主流的嵌入式 GUI 系统主要有 MicroWindows、Qt/Embedded、Tiny-X Windows、OpenGUI 和 MiniGUI 等。由于嵌入式系统之间在特定应用环境下的差异，这些 GUI 系统在其结构、实现方法、使用方法、应用范围等方面也都呈现各自的特点。

下面对这些系统进行简单介绍，并对它们的优缺点进行比较。

1. MicroWindows

MicroWindows 是一个著名的开源嵌入式 GUI 软件，目的是把现代图形视窗环境引入运行 Linux 的小型设备和平台上，作为 X Windows 的替代品。它支持多线程，但必须使用 PThread 库。

图 8-1

MicroWindows 是一个典型的基于 Client/Server 体系结构的 GUI 系统，采用分层结构，如图 8-1 所示。

在最底层，它抽象了一个数据结构以表示鼠标、显示屏幕、触摸屏以及键盘，并提供了对物理设备访问的能力，这个结构对上层是一致的。

在中间层，它实现了一个图形引擎，支持行绘制、区域填充、剪切以及颜色模型等，这一层是与设备无关的，所有实现都将通过底层提供的设备抽象数据结构中的指针完成。

最高层分别提供兼容于 X Windows 和 ECMA APIW（Win32 GDI 子集）的两套 APIs。其中，使用 Nano-X 接口的 API 与 X 接口兼容，但是该接口没有提供窗口管理，如窗口移动和窗口剪切等高级功能。Nano-X 不是面向消息的，而是基于 C/S 结构的 X 协议。而使用 ECMA APIW 编写的应用程序则基于消息机制，总体很像 Win32 API 的实现思想，窗口管理由系统实现，可直接运行。

MicroWindows 提供了相对完善的图形功能和一些高级的特性，如 Alpha 混合、三维支持和 TrueType 字体支持等。该系统为了提高运行速度，还改进了基于 Socket 套接字的 X 协议实现模式，采用了基于消息机制的 Client/Server 传输机制。MicroWindows 也有一些通用的窗口控件，但其图形引擎存在许多问题，例如，无任何硬件加速能力、图形引擎中存在许多低效算法等，并且作为一个窗口系统，MicroWindows 提供的窗口管理功能还需要进一步完善。

2. OpenGUI

OpenGUI 在 Linux 系统上已经存在很长时间了。最初的名字叫 FastGL，并只支持 256 色的线性显存模式。如今也支持其他显示模式，并且支持多种操作系统平台，如 MS-DOS、QNX 和 Linux 等，不过目前只支持 x86 硬件平台。

OpenGUI 分为 3 层：最低层是由汇编语言编写的快速图形引擎；中间层提供了图形绘制 API，包括线条、矩形、圆弧等，并且兼容于 Borland 的 BGI API；第 3 层用 C++编写，提供了完整的 GUI 对象集。

OpenGUI 采用 LGPL 条款发布。OpenGUI 比较适合于基于 x86 平台的实时系统，可移植性稍差，目前的发展也基本停滞。

3. Tiny-X Windows

众所周知，X Windows 是 Linux 以及其他类 UNIX 系统的标准 GUI。X Windows 系统采用标准的 Client/Server 体系结构，具有可扩展性好、可移植性好等优点。但该系统的庞大、累赘和低效率也是众所周知的。为了获得应用程序的可移植性，许多厂家都试图通过对 X Windows 系统的紧缩开发，使之能够在嵌入式系统上运行。目前，已经开发出了大小约为 800KB 的 Tiny-X Server。

图 8-2　Tiny-X Windows 体系结构

以 X Windows System 搭配 Tiny-X Server 架构来说，最大的优点就是弹性与开发速度。X Windows 与桌面的 X Windows 架构相同，相对于很多以 Qt、GTK+、FLTK 等开发的软件来说，移植更容易。但 X Windows 系统的运行还需要其他程序和库的支持，包括 X Windows 管理器、XLib、建立在 XLib 之上的 GTK 和 Qt 等函数库，因此，即使是 Tiny-X Windows 系统，在运行期间所占用的系统资源也很多，国外使用 Tiny-X Windows 的环境也多是比较高端的平台。此外，Tiny-X Windows 是一个多进程的 GUI，它无法运行在很多仅支持多任务（线程）的 RTOS 上，因此它对于操作系统的兼容性较差，实时性不高。

Tiny-X Windows 的体系结构如图 8-2 所示。各层含义为：

- FrameBuffer：帧缓冲器；
- Tiny-X（Xfbdev）：Tiny-X 为 X Windows 的微缩版，有经过精简的 XLib 类库；
- Glib：包括一些基础数据类型和典型的 C 程序需要的功能；
- GDK：是建立在 XLib 上的针对图形图像类封装的底层图形库；
- GTK：是建立在 XLib 和 GDK 上的高级面向对象的类库；
- 窗口管理器（QVWM）：是一种类似于 Windows 95 风格的窗口管理器；
- Glade：基于 GTK 的集成开发环境。

4. Qt/Embedded

Qt/Embedded 是著名的 Qt 库开发商 Trolltech 公司开发的面向嵌入式系统的 Qt 版本。因为 Qt 是 KDE 等项目使用的 GUI 支持库，许多基于 Qt 的 X Windows 程序因此可以非常方便地移植到 Qt/Embedded 上。它可以在编译库时选择支持多线程，同样它也基于 PThread 库实现多线程。

Qt/Embedded 延续了 Qt 在 X 上的强大功能，但在底层摒弃了 XLib，仅采用 FrameBuffer 作为底层图形接口。同时，将外部输入设备抽象为 keyboard 和 mouse 等输入事件，底层接口支持键盘、鼠标、触摸屏以及用户自定义的设备等，它的主要结构如图 8-3 所示。

QT APIs
QT/Embedded
FrameBuffer
Embedded Linux

图 8-3　Qt/Embedded 体系结构

Qt/Embedded 类库完全采用 C++封装，并且有着丰富的控件资源和较好的可移植性。它的类库接口完全兼容于同版本的 Qt/x11（QT 基于 X Windows 的一个版本），使用 X 下的开发工具可以直接开发基于 Qt/Embedded 的应用程序图形界面。

由于 Qt/Embedded 的底层图形引擎只能采用 FrameBuffer，这就注定了它是针对高端嵌入式图形领域的应用而设计的。但由于该库的代码追求面面俱到，以增加它对多种硬件设备的支持，这造成了其底层代码比较凌乱、各种补丁较多的问题。另外，Qt/Embedded 为了追求更高的移植性和平台的无关性，自己维护了一整套语言级的数据类型和数据结构，整个系统资源消耗过于庞大，不利于进行裁剪，很难进行底层的扩展、定制和移植，尤其是用来实现 signal/slot 机制的 moc 文件，更难于理解和扩充。

5. MiniGUI

MiniGUI 是由北京飞漫软件技术有限公司主持的自由软件，遵循 GPL 条款发布（1.2.6 及之前的版本以 LGPL 条款发布），其目标是为实时嵌入式 Linux 系统建立一个快速、稳定和轻量级的图形用户界面支持系统。

MiniGUI 项目的最初目标是为基于 Linux 的实时嵌入式系统提供一个轻量级的图形用户界面支持系统，因此它主要面向 Linux 平台或任何一种支持 POSIX 线程的 POSIX 兼容系统。现在它也逐渐支持其他嵌入式 RTOS。

从整体结构上看，MiniGUI 也是分层设计的，其层次结构如图 8-4 所示。在最底层，GAL 和 IAL 为 MiniGUI 提供了底层的 Linux 控制台或者 X Windows 上的图形接口以及输入接口，提供底层图形接口以及鼠标和键盘的驱动，而 PThread 是用于提供内核级线程支持的 C 函数库；中间层是 MiniGUI 的核心层，其中包括了窗口系统等必不可少的各个模块；最顶层是 API，即应用编程接口。

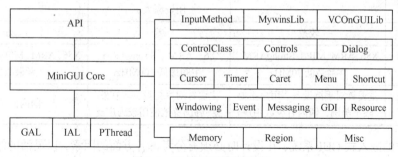

图 8-4　MiniGUI 的层次结构

MiniGUI 本身运行在多线程模式下，它的许多模块都以单独的线程运行，同时，MiniGUI 还利用线程来支持多窗口。从本质上讲，每个线程有一个消息队列，消息队列是实现线程数据交换和同步的关键数据接口。一个线程向消息队列发送消息，而另一个线程从这个消息队列中获取消息，同一个线程中创建的窗口可共享同一个消息队列。利用消息队列和多线程之间的同步机制，可以实现 MiniGUI 的微客户/服务器机制。

多线程有一定的好处，不方便的是不同的线程共享了同一个地址空间，因此，客户线程可能会破坏系统服务器线程的数据，需要进行数据保护。但有一个重要的优势是，由于共享地址空间，线程之间就没有额外的数据复制开销。

由于 MiniGUI 是面向嵌入式或实时控制系统的，因此，这种应用环境下的应用程序往往具有单一的功能，从而使得采用多线程而非多进程模式实现图形界面有了一定的实际意义，也更加符合 MiniGUI 的"mini"特色。

6. 几种常见嵌入式 GUI 的比较

嵌入式应用领域的多样化，决定了嵌入式应用软件系统的多样性。因此，为了满足不同的需求和应用场合，嵌入式 GUI 系统也有多种体系结构和实现方法。例如，Tiny-X Windows 和 Qt/Embedded 通常用于高端产品，它们对硬件资源的消耗比较大；MicroWindows 适用于一些对图形要求相对简单的系统；而 MiniGUI 则提供了 3 种模式以适应不同的需求和应用环境，并且因为它是一个国产 GUI，对中文支持很好，因此在国内的应用范围较广。

综合对比几种常见的嵌入式 GUI 系统，如表 8-1 所示。

表 8-1　　　　　　　　　　　　　几种常见嵌入式 GUI 系统的比较

GUI 名称	MicroWindows	Qt/Embedded	MiniGUI
API	X，Win32 子集，不完备	QT（C++），完备	Win32 风格，完备
函数库大小	600KB	1.5MB	500KB
可移植性	很好	较好	很好
授权条款	MPL/LGPL	QPL/GPL	GPL（1.2.6 及之前的版本为 LGPL）
多进程支持	只支持 X 接口	好	一般
健壮性	很差	差	一般
多语种支持	一般	一般，效率低	好
可配置性	一般	差	好
系统资源占用率	较大	最大（用 C++实现，系统占用资源大）	小
效率	较差	差	好
已知能运行的硬件平台	X86、ARM、MIPS、StrongARM、主频最低 70MHz	X86、ARM、StrongARM、主频最低 100MHz	X86、ARM、MIPS、StrongARM、主频最低 30MHz
使用是否广泛	主要针对手持设备。用户主要限于美国，国内有少数用户	主要针对手持设备。在欧美、韩国等地使用较为广泛	国内使用广泛

一个优秀的嵌入式 GUI 系统，在设计时必须充分考虑各方面的因素，以灵活的结构和优秀的性能适应广泛的应用领域。

同时我们可以看到，上述 GUI 系统都支持多任务（或多线程）运行环境，不过，这些 GUI 系统主要面向嵌入式 Linux。在直接使用 PThread 库的基础上，它们较容易地实现了多个 GUI 线程，满足了应用需求。但 PThread 库本身很复杂，而且很多嵌入式平台上并没有相应的 PThread 实现版本，若要移植到非 POSIX 兼容系统上则几乎是不可能的。另一方面，若采用基于 UNIX 套接字的 C/S 系统结构（如 Tiny-X Windows），那么客户建立窗口、绘制等都要通过套接字传递到服务器，由服务器完成实际工作。这样的系统非常依赖于 UNIX 套接字通信。而众所周知，UNIX 套接字的数据传递要经过内核，然后再传递到另外一个程序。这样，大量的数据在"客户-内核-服务器"之间传递，从而增加了系统负荷，也占用了许多系统资源。因此，上述 GUI 系统均存在以下一个或多个缺点：

（1）过于依赖某种操作系统和第三方函数库，移植性不好；

（2）消耗资源过多，只适合小型应用系统；

（3）窗口系统功能比较简单、不成熟；

（4）不易扩展或不易于裁剪。

8.2　Qt/Embedded 基础

Qt 是 Trolltech 公司的一个标志性产品。Trolltech 公司 1994 年成立于挪威，但是公司的核心开发团队已经在 1992 年开始了 Qt 产品的研发，并于 1995 年推出了 Qt 的第一个商业版。直到现在，Qt 已经被世界各地的跨平台软件开发人员使用，而 Qt 的功能也得到了不断的完善和提高。

Qt 是一个支持多操作系统平台的应用程序开发框架，它的开发语言是 C++。Qt 最初主要是为跨平台的软件开发者提供统一的、精美的图形用户编程接口，但是现在它也提供了统一的网络和数据库操作的编程接口。正如微软当年为操作系统提供了友好、精致的用户界面一样，今天由于 Trolltech 的跨平台开发框架 Qt 的出现，也使得 UNIX、Linux 这些操作系统以更加方便、精美的人机界面走近普通用户。

Qt 是以工具开发包的形式提供给开发者的，这些工具开发包包括了图形设计器、Makefile 制作工具、字体国际化工具、Qt 的 C++类库等。说到 C++的类库我们自然会想到 MFC，在某种程度上，Qt 的类库等价于 MFC 的开发库，但是 Qt 的类库更是一个支持跨平台的类库，也就是说，Qt 类库还封装了适应不同操作系统的访问细节，这正是 Qt 的魅力所在。

目前，Qt 可以支持的操作系统平台如下：

- MS/Windows 95、Windows 98、Windows NT 4.0、Windows 2000、Windows XP；
- UNIX/X11 Linux、Sun Solaris、HP-UX、Compaq True64 UNIX、IBM AIX、SGI IRIX 和很多其他 X11 平台；
- Macintoshi Mac OSX；
- 嵌入式的、支持 FramBuffer 的 Linux 平台。

8.2.1　Qt/Embedded 简介

Qt/Embedded 是面向嵌入式系统的 Qt 版本。许多基于 Qt 的 X Windows 程序可以非常方便地移植到 Qt/Embedded 上，与 X11 版本的 Qt 在最大程度上接口兼容，延续了 Qt 在 X 上的强大功能。

在底层，Qt/Embedded 彻底摒弃了 XLib，仅采用 FrameBuffer 作为底层图形接口。Qt/Embedded 类库完全采用 C++封装。丰富的控件资源和较好的可移植性是 Qt/Embedded 最为优秀的一方面，使用 X 下的开发工具 Qt Designer 可以直接开发基于 Qt/Embedded 的 UI（用户操作接口）界面。

越来越多的第三方软件公司也开始采用 Qt/Embedded 开发嵌入式 Linux 下的应用软件。其中，非常著名的 Qt Palmtop Environment（Qtopia）早期就是一个第三方的开源项目，并已经成功应用于多款高档 PDA。

Trolltech 公司针对 Smart-Phone 的应用需求，于 2004 年 5 月底发布了 Qtopia 的 Phone 版本。

横向看来，由于发布的版权问题，Qt/Embedded 采用两种方式进行发布：在 GPL 协议下发布的 free 版与专门针对商业应用的 commercial 版本。两者除了发布方式外，在源码上没有任何区别。

纵向看来，当前主流的版本为 Qtopia 的 2.x 系列与最新的 3.x 系列。其中，2.x 版本系列较多地应用于采用 Qtopia 作为高档 PDA 主界面的应用中；3.x 版本系列则应用于功能相对单一，但需要高级 GUI 图形支持的场合，如 Volvo 公司的远程公交信息系统。

3.x 版本系列的 Qt/Embedded 相对于 2.x 版本系列增加了许多新的模块，如 SQL 数据库查询模块等。几乎所有 2.x 版本中原有的类库，在 3.x 版本中都得到极大程度的增强，因而极大地缩短了应用软件的开发时间，扩大了 Qt/Embedded 的应用范围。

在代码设计上，Qt/Embedded 巧妙地利用了 C++独有的机制，如继承、多态、模板等，具体实现非常灵活。但其底层代码由于追求与多种系统、多种硬件的兼容，代码补丁较多，风格稍显混乱。图 8-5 所示为 Qt/Embedded 的实现结构。

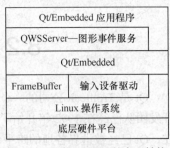

图 8-5　Qt/Embedded 的实现结构

8.2.2　Qt/Embedded 特点

Qt/Embedded 特点包括以下 6 个方面。

（1）采用 FrameBuffer（帧缓冲）作为底层图形接口

同 Qt/X11 相比，Qt/Embedded 很节省内存，因为它不需要一个 X 服务器或是 XLib 库，它在底层摒弃了 XLib，采用 FrameBuffer（帧缓冲）作为底层图形接口。同时，将外部输入设备抽象为 keyboard 和 mouse 输入事件。Qt/Embedded 的应用程序可以直接写内核缓冲帧，这避免开发者使用繁琐的 XLib/Server 系统。它的内存消耗可以通过不编译某些不使用的功能来动态调节，它甚至可以把全部的应用功能编译链接到一个简单的静态链接的可执行程序中，从而最大程度地节省内存。

（2）在被 Linux 支持的所有处理器上运行

Qt/Embedded 可以运行在被 Linux 支持的所有处理器上，当然，我们所说的"Linux 支持某个处理器"是指这个 Linux 系统有一个线性地址的缓冲帧并且支持 C++的编译器，而且 Linux 操作系统已经顺利移植到这个处理器上。

（3）可实现图形加速

Qt/Embedded 的应用程序可以直接写内核缓冲帧，它支持的线性缓冲帧包括 1、4、8、15、16、24 和 32 位深度以及 VGA16 的缓冲帧，任何被内核支持的图形卡都可以工作。对 Qt/Embedded 进行客户化的定制，可以使它从图形加速系统获得好处。

Qt/Embedded 对显示屏幕的尺寸没有限制，另外它还有许多先进的功能，如反别名字体、alpha-blended 位图和屏幕旋转等。

（4）组件化编程机制

Qt/Embedded 提供了一种类型安全的被称为信号与插槽的真正的组件化编程机制，这种机制和以前的回调函数有所不同。Qt/Embedded 还提供了一个通用的 Widgets 类，这个类可以很容易地被子类化为客户自己的组件或是对话框。

许多的 Qt 组件都会被编译成为库的形式或者插件的形式，客户视觉组件、数据库驱动、字体格式读写、图形格式转换、文本解码和窗体等都可以被编译成插件，从而减小核心库的大小，并提供更大的弹性。作为一种选择，如果对组件和应用了解得很深入的话，它们也可以被编译并和 Qt/Embedded 的库静态链接到一个简单的可执行程序，从而节省 ROM、RAM 和 CPU 的使用。

针对一些通用的任务，Qt 还预先为客户定制了像消息框和向导这样的对话框。Qt/Embedded 也提供了许多特定用途的非图形组件，如国际化、网络和数据库交互组件等。

（5）可对功能精简

Qt/Embedded 的库可以通过在编译时去除不需要的功能来进行精简。例如，要想不编译 QlistView，我们可以通过定义一个 QT_NO_LISTVIEW 的预处理标记来达到此目的；如果我们不想编译支持国际化的功能，那么我们可以定义 QT_NO_I18N 的预处理标记。

Qt/Embedded 提供了大约 200 个可配置的特征，由此在 Intel x86 平台上，库的大小范围会在

700 ~ 5000KB。大部分客户选择的配置使得库的大小在 1500 ~ 4000KB。

（6）其他节省内存技术

Qt/Embedded 还使用了一些节省内存空间的技术，如隐式共享（写时复制）和缓存。在 Qt 中有超过 20 个类，其包括 QBitmap、QMap、QPalette、QPicture、QPixmap 和 QString 等，它使用了隐式共享技术，目的是避免不需要的复制和最小的内存需求。隐式共享过程会自动发生，从而使编程更简单并且避免了处理指针和最优化时带来的危险。

8.2.3　Qt/Embedded 体系架构

Qt/Embedded 为带有轻量级窗口系统的嵌入式设备提供了一个标准的 Qt API。Qt/Embedded 的面向对象设计使得它能够一直不断地向前支持诸如键盘、鼠标和图形加速卡这样的额外设备。

通过使用 Qt/Embedded，开发者可以感受到在 Qt/X11、Qt/Windows 和 Qt/Mac 等不同的版本下使用相同的 API 编程带来的便利。图 8-6 所示为对 Qt/Embedded 与 Qt/X11 的 Linux 版本进行了比较。

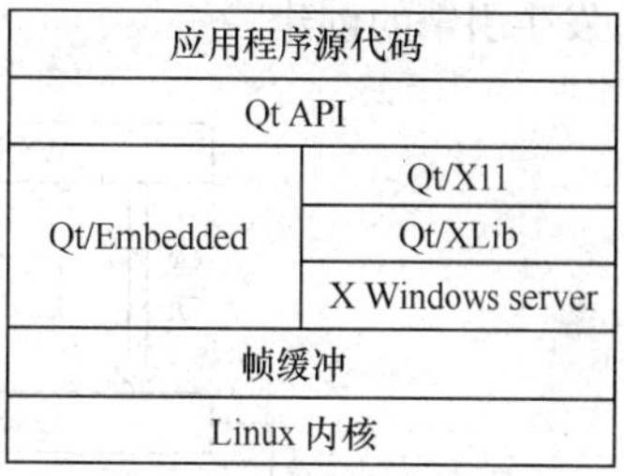

应用程序源代码		
Qt API		
Qt/Embedded	Qt/X11	
	Qt/XLib	
	X Windows server	
帧缓冲		
Linux 内核		

图 8-6　Qt/Embedded 与 Qt/X11 的
Linux 版本的比较

1. Qt/Embedded 的图形引擎实现基础

Qt/Embedded 的底层图形引擎是基于 FrameBuffer 之上的。FrameBuffer 是在 Linux 内核架构版本 2.2 以后推出的标准显示设备驱动接口。采用 mmap 系统调用，可以将 FrameBuffer 的显示缓存映射为可以连续访问的一段内存指针。

目前比较高级的嵌入式 SOC 中大多数都集成了 LCD 控制模块，**LCD 控制模块**一般采用双 DMA 控制器组成的专用 DMA 通道。其中一个 DMA 控制器可以自动从一个数据结构队列中取出并装入新的参数，直到整个队列中的 DMA 操作都完成为止。另外一个 DMA 与画面缓冲相关，这部分由两个 DMA 控制器交替执行，并且每次都自动按照预定的规则改变参数。虽然使用了双 DMA，但这两个 DMA 控制器的交替使用对于 CPU 来说是不可见的。CPU 所获得的只是由两个 DMA 组成的一个"通道"而已。

FrameBuffer 驱动程序的实现分为两个方面：一方面是对 LCD 以及其相关部件的初始化，包括画面缓冲区的创建和对 DMA 通道的设置；另一方面是对画面缓冲区的读写，具体的代码为 read、write、lseek 等系统调用接口函数。至于将画面缓冲区的内容输入 LCD 显示屏，则是由硬件自动完成的，对于软件来说是透明的。

设置完 DMA 通道和画面缓冲区后，DMA 就开始正常工作并将缓冲区中的内容不断发送到 LCD 上，这个过程基于 DMA 对 LCD 的不断刷新来完成。基于该特性，FrameBuffer 驱动程序必须将画面缓冲区的存储控件（物理控件）重新映射到一个不加高速缓存的虚拟地址空间中，这样才能保证应用程序 mmap 将该缓存映射到用户空间后，对于该画面缓存的写操作能够实时地体现在 LCD 上。

在 Qt/Embedded 中，**QScreen** 类为抽象的底层显示设备基类，其中声明了对显示设备的基本描述和操作方式，如打开、关闭、获得显示能力、创建 GFX 操作对象等。另外一个重要的基类是 **QGfx** 类，该类抽象出对于显示设备的具体操作接口（图形设备环境），如选择画刷、画线、画矩形、alpha 操作等。这 2 个基类是 Qt/Embedded 图像引擎的底层抽象，其中所有的具体函数基本上都是虚函数。Qt/Embedded 对于具体的显示设备，如 Linux 的 FrameBuffer、Qt Virtual FrameBuffer 做的抽象接口类等都由此继承，并通过重载基类中的虚函数实现。

图 8-7 所示为 Qt/Embedded 中底层图形引擎实现结构。

在图 8-7 中，对基本的 FrameBuffer 设备，Qt/Embedded 用 QLinuxFbScreen 来处理。针对具体硬件的加速特性，Qt/Embedded 从 QLinuxFbScreen 和图形设备环境模板类 QGfxRaster<depth,type> 继承出相应子类，并针对相应硬件重载相关虚函数。

Qt/Embedded 在体系上为 C/S 结构，任何一个 Qt/Embedded 程序都可以作为系统中唯一的一个 GUI Server 存在。当应用程序首次以系统 GUI Server 的方式加载时，将建立 QWSServer 实体。此时，调用 QWSServer::openDisplay() 函数创建窗体，在 QWSServer::openDisplay() 中对 QWSDisplay::Data 中的 init() 加以调用。根据 QGfxDriverFactory 实体中的定义（QLinuxFbScreen）设置关键的 QScreen 指针 qt_screen，并调用 connect() 打开显示设备（dev/fb0）。在 QWSServer 中，所有对显示设备的调用都是由 qt_screen 发起的，至此完成了 Qt/Embedded 中 QWSServer 的图形发生引擎的创建。

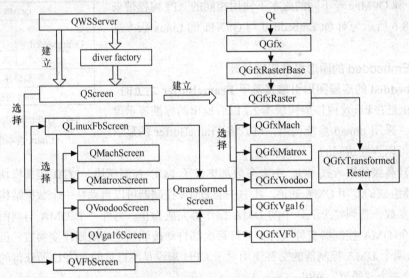

图 8-7　Qt/Embedded 3.x 中底层图形引擎实现结构

当系统中建立好 GUI Server 后，其他需要运行的 Qt/Embedded 程序在加载后采用共享内存及有名管道的进程通信方式，以同步访问模式获得对共享资源 FrameBuffer 设备的访问权。

2. Qt/Embedded 的窗口系统

Qt/Embedded 的窗口系统采用一种客户/服务器（C/S）体系结构，如图 8-8 所示。一个典型的嵌入式 Qt 窗口系统一般包括一个服务器进程和一个或多个客户进程。**服务器进程**负责为客户和其本身分配显示区域、生成鼠标和键盘事件，它通常包含那些启动客户的用户界面，如应用程序发射台。而**客户进程**则通过与服务器通信来申请显示区域，接收鼠标和键盘事件。客户可以直接访问所分配的显示区域，以便为用户提供 GUI 服务。

服务器和客户通过共享内存的方式来传递所有分配显示区域上的信息，如果需要的话还可以维护一个软光标。

服务器进程维护着一组区域，当窗口被创建、移动、改变大小和破坏时，通过这组区域来改变每个客户的申请。该区域存放在共享内存中，当执行绘图操作时，客户进程

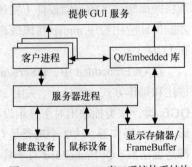

图 8-8　Qt/Embedded 窗口系统体系结构

可以从中读取信息。服务器连接这些系统设备（如鼠标和键盘）并负责将这些设备所产生的事件发送到适当的客户进程。

鼠标设备可以是触摸板或其他指针型设备。**服务器能够产生一个设备独立的鼠标事件，并将其发送到相应的客户进程**，例如，创建了拥有鼠标窗口的客户进程，或者捕获了鼠标的客户进程。此外，服务器还负责更新设备的鼠标光标，如果需要的话，服务器还可以和客户共同维护一个软光标。触笔设备通常没有鼠标光标，但是触笔操作能转化为设备独立的鼠标事件，然后由客户按标准事件进行处理。

键盘事件也由服务器来维护，它也**是一个设备独立的事件**，通常使用 Unicode 码或固定的键盘编码。在有些嵌入式设备中，由于没有物理键盘，服务器通过提供手写识别或虚拟键盘功能，允许用户利用触笔进行交互。服务器之所以能够实现诸如虚拟键盘这样的用户界面元素，是因为服务器本身是一个主客户进程（master client），所以它能够像客户程序一样使用各种 GUI 功能。任何客户应用程序都可以作为主进程运行，它只要在启动时设置一个标志（-qws）即可，系统中一般只允许有一个服务器进程存在。

Qt/Embedded 为客户提供的 API 与标准的 Qt API 是一致的。当 Qt/Embedded 客户进程使用 Qt API 画图时，Qt/Embedded 库能够通过 FrameBuffer 直接访问显存，完成画图工作。

注　意　当 Qt/X11 客户画图时，Qt/X11 库向 X 服务器发送一个消息，由 X 服务器完成实际的绘图工作。同样，当 Qt/Windows 的应用程序绘图时，Qt/Windows 库调用 Win32 系统来完成绘图任务。

Qt/Embedded 的客户库在一些情况下需要与服务器进程建立连接。例如，在客户进程启动时，发生了会影响到全局后果的操作而与服务器通信。例如，由于窗口覆盖而导致显示区域的变化，即改变了其他客户正在使用的区域时，或者使用了全局剪贴板或拖/放操作时，或者从用户那里接受到鼠标和键盘事件时。

Qt/Embedded 客户库负责处理所有的绘图操作，包括文本显示和字体处理。另外，它还处理那些定制的窗口装饰，如标题条等。

Qt/Embedded 的库还支持 Windows 的.FON 字体文件，支持 TrueType、Typel 和 BDF 字体，以及一种能够有效利用内存的位图格式字体——QPF。

注　意　值得注意的是，当执行绘图操作时客户不必与服务器交互，因为服务器为客户进程分配了一块能自由读写的显示区域，客户用它来显示各种用户界面控件、视频剪辑及图像。客户绘图函数建立在一个容易支持硬件加速操作的体系结构上。一些基本的绘图函数能够直接在 Linux 的 FrameBuffer 上进行操作。

3．Qt 系统的信号与槽机制

（1）信号与槽机制概述

信号（signal）和槽（slot）是一种高级接口，且应用于对象之间的通信。它既是 Qt 的核心特性，也是 Qt 区别于其他工具包的重要特性。

信号和槽是 Qt 自行定义的一种通信机制，它独立于标准的 C/C++语言，因此要正确地处理信号和槽，必须借助一个称为 moc（meta object compiler）的 Qt 工具，该工具是一个 C++预处理程序，它为高层次的事件处理自动生成所需的附加代码。所有从 QObject 或其子类（如 Qwidget）派生的类都能够包含信号和槽。

在我们所熟知的很多 GUI 工具包中，窗口小部件（widget）都有一个回调函数用于响应它们能触发的每个动作，这个回调函数通常是一个指向某个函数的指针。但是在 Qt 中，信号和槽取代了这些凌乱的函数指针，使得我们编写通信程序更为简洁明了。信号和槽能携带任意数量和任意类型的参数，它们是完全安全的，不会像回调函数那样可能带来系统崩溃的危险。

当对象改变其状态时，**信号**就由该对象发射（emit）出去，这就是对象所要做的全部事情，而对象并不知道另一端是谁在接收这个信号。这是真正的信息封装，它确保对象被当作一个真正的软件组件来使用。

槽用于接收信号，但它们是普通的对象成员函数。一个槽并不知道是否有任何信号与自己相连接。而且，对象并不了解具体的通信机制。

用户可以将很多信号与单个的槽进行连接，也可以将单个的信号与很多的槽进行连接，甚至于将一个信号与另外一个信号相连接也是可能的，这时无论第一个信号什么时候发射，系统都将立刻发射第二个信号。总之，**信号与槽构造了一个强大的组件编程机制**。

（2）信号与槽的实现与连接

① 信号与槽的定义。当某个信号的客户或所有者内部状态发生改变时，信号会被一个对象发射。只有定义过这个信号的类及其派生类，才可以发射这个信号。一个信号被发射后，与其相关联的槽将被立刻执行，就像一个正常的函数调用一样。信号与槽机制完全独立于任何 GUI 事件循环。只有当所有的槽返回以后，发射函数（emit）才返回。如果存在多个槽与某个信号相关联，那么，当这个信号被发射时，这些槽将会一个接一个地执行，但是它们执行的顺序将会是随机的、不确定的，不能人为地指定哪个先执行、哪个后执行。

信号的声明是在头文件中进行的，Qt 的 signals 关键字指出进入了信号声明区，随后即可声明自己的信号。例如，我们定义两个信号：

```
signals:
    void mySignal();
    void mySignal(int x，int y);
```

在上面的定义中，signals 是 Qt 的关键字，而非 C/C++的。void mySignal()定义了信号 mySignal，这个信号没有携带参数；void mySignal（int x，int y）定义了重名信号 mySignal，但是它携带两个整形参数，这类似于 C++中的函数重载。

从形式上讲信号的声明与普通的 C++函数是一样的，但是信号没有函数体定义，而且信号的返回类型都是 void。不要指望能从信号返回什么有用信息，信号是由 moc 自动产生的，它们不在.cpp 文件中实现。

槽是普通的 C++成员函数，可以被正常调用，它们唯一的特殊性就是很多信号可以与其相关联。当与其关联的信号被发射时，这个槽就会被调用。槽可以有参数，但槽的参数不能有默认值。和其他的成员函数一样，槽也有存取权限。槽的存取权限决定了谁能够与其相关联。同普通的 C++成员函数一样，槽函数也分为 3 种类型，即 public slots、private slots 和 protected slots。

● public slots：在这个区内声明的槽意味着任何对象都可将信号与之相连接，这对于组件编程非常有用，你可以创建彼此互不了解的对象，将它们的信号与槽进行连接以便信息能够正确传递。

● protected slots：在这个区内声明的槽意味着当前类及其子类可以将信号与之相连接，这适用于那些槽，它们是类实现的一部分，但是其界面接口却面向外部。

● private slots：在这个区内声明的槽意味着只有类自己可以将信号与之相连接，这适用于联系非常紧密的类。

槽也能够声明为虚函数，这也是非常有用的。槽的声明也是在头文件中进行的。

② 信号与槽的连接。信号与槽的连接模型如图 8-9 所示。

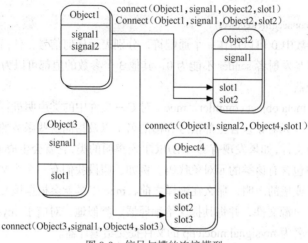

图 8-9   信号与槽的连接模型

通过调用 QObject 对象的 connect 函数来将某个对象的信号与另外一个对象的槽函数相关联，这样当发射者发射信号时，接收者的槽函数将被调用。该函数的定义如下：

```
Bool QObject::connect(const QObject * sender，const char * signal，
                      const QObject * receiver，const char * member)
```

这个函数的作用就是将发射者 sender 对象中的信号 signal 与接收者 receiver 中的 member 槽函数联系起来。

当指定信号 signal 时必须使用 Qt 的宏 SIGNAL()，当指定槽函数时必须使用宏 SLOT()。如果发射者与接收者属于同一个对象的话，那么在 connect 调用中接收者参数可以省略。

例如，如果一个退出按钮的 clicked()信号被连接到了一个应用的退出函数——槽 quit()。那么，用户单击退出键时，将使应用程序终止运行。上述连接过程代码如下所示：

```
Connect(button，SIGNAL(clicked())，qApp，SLOT(quit()))
```

③ 断开连接。当信号与槽没有必要继续保持关联时，我们可以使用 disconnect 函数来断开连接。其定义如下：

```
bool QObject::disconnect(const Object * sender，const char * signal，
                         const Object * receiver，const char * member)
```

这个函数断开发射者的信号与接收者的槽函数之间的关联。有 3 种情况必须使用 disconnect()函数。

① 断开与某个对象相关联的任何对象。当在某个对象中定义了一个或者多个信号，这些信号与另外若干个对象中的槽相关联，如果要切断这些关联，就可以利用这个方法，非常简洁。

```
Disconnect(myObject，0，0，0)
```

或者

```
myObject->disconnect ()
```

② 断开与某个特定信号的任何关联。

> Disconnect(myObject，SIGNAL(mySignal()，0，0))

或者

> myObject->disconnect(SIGNAL(mySignal()))

③ 断开两个对象之间的关联。

> Disconnect(myObject，0，myReceiver，0)

或者

> myObject->disconnect(myReceiver)

在 disconnect 函数中 0 可以用作一个通配符，分别表示任何信号、任何接收对象、接收对象中的任何槽函数。但是发射者 sender 不能为 0，其他 3 个参数的值都可以为 0。

（3）元对象编译器

元对象编译器（meta object compiler，moc）对 C++文件中的类声明进行分析并产生用于初始化元对象的 C++代码。元对象包含全部信号和槽的名字以及指向这些函数的指针。

moc 读取 C++源文件，如果发现有 Q_OBJECT 宏声明的类，它就会生成另外一个 C++源文件，这个新生成的文件中包含有该类的元对象代码。例如，假设我们有一个头文件 mysignal.h，在这个文件中包含有信号或槽的声明，那么在编译之前，moc 工具就会根据该文件自动生成一个名为mysignal.moc.h 的 C++源文件，并将其提交给编译器。类似地，对应于 mysignal.cpp，文件 moc工具将自动生成一个名为 mysignal.moc.cpp 的文件提交给编译器。

元对象代码是 signal/slot 机制所必须的。用 moc 产生的 C++源文件必须与类实现一起进行编译和连接，或者用# include 语句将其包含到类的源文件中。moc 并不扩展# include 或者# define宏定义，它只是简单地跳过所遇到的任何预处理指令。

8.3 Qt/Embedded 开发环境

Qt/Embedded 是开源的，使得开发人员可以在 GPL 许可协议下自由地使用 Qt/Embedded 进行嵌入式 Linux 应用程序的开发。源代码可以从 Trolltech 的官方网站上下载到，在 Tmake、Qmake、QVFB 和 Qt Designer 等众多强大开发工具的支持下，大大提高了 Qt/Embedded 系统的开发效率和项目进度。

一般来说，基于 Qt/Embedded 开发的应用程序最终会发布到安装了嵌入式 Linux 操作系统的小型设备上，因此，最理想的 Qt/Embedded 开发环境是安装 Linux 操作系统的 PC 或者工作站，尽管 Qt/Embedded 也可以安装在 UNIX 和 Windows 系统上。宿主机移植需要的工具及环境变量如表 8-2 所示。

表 8-2   宿主机移植需要的工具及环境变量

tmake 1.11 或更高版本	生成和管理 Makefile
	TMAKEDIR TMAKEPATH PATH
Qt/X11 2.3.2	qvfb 虚拟缓冲工具、uic 用户界面编译器、Designer Qt 应用程序设计工具
	PATH LD_LIBRARY_PATH
Qt/Embedded 2.3.7	Qt 库支持、libqte.so
	QTEDIR PATH LD_LIBRARY_PATH

这些工具在安装使用时要注意版本，2.x、3.x 和 4.x 之间是不兼容的，但相同主版本号之间是兼容的。

注　意

8.3.1　Qt/E 2.x 系列

1. 安装 tmake

tmake 是一个很好用的生成和管理 makefile 的工具。虽然有 autoconf 等工具，但管理 makefile 毕竟还是十分繁杂的。现在，tmake 将我们完全从烦琐地生成 makefile 的过程中解脱出来，现在只要很简单的步骤就可以生成 makefile 了。

（1）安装 tmake

下载 tmake 软件包，在 Linux 命令模式下运行以下命令。

① 在 linux 上解压 tmake.tar.gz。

```
# tar –vxzf tmake.tar.gz
```

② 设置好 tmake 路径参数。

```
# TMAKEPATH=/tmake/qws/linux-arm-g++
```

如果不是交叉编译，则为：

```
# TMAKEPATH=/tmake/qws/linux-g++
# PATH=$PATH:/local/tmake/bin
# export TMAKEPATH PATH
```

③ 加入 tmake/bin 到执行路径中。

在上面设置的路径里面有各种平台支持文件和 tmake 执行文件。tmake 支持的平台有 AIX、Data General、FreeBSD、HPUX、SGI Irix、Linux、NetBSD、OpenBSD、OSF1/DEC、SCO、Solaris、SunOS、Ultrix、UnixWare and Win32 等，用户可以根据自己的应用平台，修改其中的平台支持文件。

（2）使用 tmake

假设有一个小的 qt 程序"hello"，它由一个 C++ header 和两个 source file 组成。首先，你要创建一个 tmake 工程文件"hello.pro"：

```
# progen -n hello -o hello.pro
```

其次，产生 makefile：

```
# tmake hello.pro -o Makefile
```

最后，执行 make 命令，编译"hello"程序：

```
# make
```

tmake 发行版本中有以下 3 个模板：

- App.t：用来创建生成发布使用程序的 makefile；
- Lib.t：用来创建生成 libraries 的 makefile；
- Subdirs.t：用来创建目标文档在目录中的 makefile。

Tmake.conf 这个 configuration 文件包含了编译选项和各种资源库在生成的 Makefile 文件里，

如果没有达到相应的要求，可以自己手动修改。例如，在编写多线程程序的时候，就必须自己手动添加编译选项-DQT_THREAD_SUPPORT，修改链接库-lqte-mt。

2. 安装 Qt/X11 2.3.2

安装 Qt/X11 主要是向 Qt/Embedded 提供 designer、uic 和 qvfb 工具。designer 是 Qt 应用程序的设计工具，可以用来设计图形界面，最后生成.ui 文件；uic 是用户界面编译器，通过 UIC 命令可将 designer 生成的.ui 文件转换为相应的 C++文件；qvfb 工具模拟帧缓冲，提供 QT/E 程序的显示平台。

从 TrollTech 公司的官方 ftp 站点获得 qt-x11-2.3.2.tar.gz 软件包，在 Linux 命令模式下运行以下命令。

（1）解开和解压缩软件包。

```
# tar -vxzf qt-x11-2.3.2.tar.gz
```

（2）重命名软件包。

```
# mv qt-2.3.2 qt-x11-2.3.2
```

（3）进入解压后的文件，设置一些环境变量。

```
# cd qt-x11-2.3.2
# export QTDIR=/arm/qt-x11-2.3.2/
# export PATH=$QTDIR/bin:$PATH
# export LD_LIBRARY_PATH=$QTDIR/lib:$LD_LIBRARY_PATH
```

（4）在配置之前，我们可以先看一下配置的选项。

```
# ./configure –help
```

（5）选择我们需要的配置和平台，按照要求一步一步进行选择。根据开发者本身的开发环境，也可以在 configure 的参数中添加别的参数，如-no-opengl 或-no-xfs。

```
# ./configure -platform linux-g++ -thread -system-jpeg -gif -no-xft
```

（6）生成 Makefile 后，就可以进行安装。

```
# make
```

（7）安装成功后，将会有以下打印信息。

```
The Qt library is now built in ./lib
The Qt examples are built in the directories in ./examples
The Qt tutorials are built in the directories in ./tutorial
Note: be sure to set $QTDIR to point to here or to wherever you move these directories.
Enjoy! - the Trolltech team
```

3. 安装 Qt/Embedded 2.3.7

准备好软件包 qt-embedded-2.3.7.tar，在 Linux 命令模式下运行以下命令。

（1）解开软件包。

```
# tar –vxf qt-embedded-2.3.7.tar
```

（2）重命名软件包。

```
# mv qt-2.3.2 qt-embedded-2.3.2
```

（3）进入软件包，并设置一些环境变量。

```
# export QTDIR=/arm/qt-embedded-2.3.2/
# export QTEDIR=$QTDIR
# export PATH=$QTDIR/bin:$PATH
```

```
# export LD_LIBRARY_PATH=$QTDIR/lib:$LD_LIBRARY_PATH
```

（4）如果是交叉编译，那么请先设置好 configs 目录下的平台文件。

```
# vi configs/linux-arm-g++-shared
```

将其中的 arm 编译器设置成与你所选择的硬件对应的编译器，保存该文件，然后设置编译选项。

```
# ./configure -xplatform linux-arm-g++ -thread
```

如果不是交叉编译并想在 qvfb 上运行的话，则输入下面的命令，并根据其打印的信息设置进行选择。

```
# ./configure -xplatform linux-x86-g++ -thread --qvfb
```

（5）生成 Makefile 之后，就可以进行编译了。

```
# make
```

（6）编译成功之后，则会有如下提示。

```
The Qt library is now built in ./lib
The Qt examples are built in the directories in ./examples
The Qt tutorials are built in the directories in ./tutorial
Note: be sure to set $QTDIR to point to here or to wherever you move these directories.
Enjoy! - the Trolltech team
```

8.3.2　Qt/E 3.x 系列

QT/E 3.x 系列比 QT/E 2.x 系列有非常大的改进，大大提高了开发进度，不再使用 tmake，安装也更简单。这里只介绍 QT/E 的安装。

在安装 QT/E 之前，应确保 arm-linux 交叉编译工具链已经建立。把文件 qt-embedded-free-3.3.4.tar.bz2 复制到一个文件夹，假设用/usr/local/arm 目录。注意后面建立环境变量时要与之对应。

（1）解压软件包。

```
# tar -xjvf qt-embedded-free-3.3.4.tar.bz2
```

（2）把解压后的文件夹 qt-embedded-free-3.3.4 改为 qte。（也可以不改，这里是为了方便，注意后面建立环境变量时要与之对应）

```
# mv qt-embedded-free-3.3.4 qte
```

（3）建立环境变量。

```
# vi ~/.bashrc
```

在后面加上：

```
export QTDIR=/usr/local/arm/qte
export QTEDIR=$QTDIR
export PATH=$QTDIR/bin:$PATH
export LD_LIBRARY_PATH=$QTDIR/lib:$LD_LIBRARY_PATH
```

保存 bashrc 文件后，重新登录，以使环境变量生效。

（4）配置 Qt。

```
# cd $QTDIR
```

```
# ./configure -embedded arm —thread -no-cups -qvfb -depths 4,8,16,32
```

其中各选项的含义为：-embedded arm 指目标平台为 arm；-thread 表示支持 Qt 线程；-qvfb 表

示支持虚拟缓冲帧工具 qvfb；-depths 4, 8, 16, 32 表示支持 4 位，8 位，16 位，32 位的显示颜色深度。还有很多选项，可用./configure -help 查看帮助文档。

（5）编译。

```
# make sub-src
```

指定按精简方式编译开发包，也就是说有些 Qt 类未被编译。

（6）测试。

至此编译工作完成，最后测试一下是否能正常使用。我们可以用 Qt 自带的例子来测试，如：

```
# cd $QTDIR/examples/aclock    //或你自己新建一个 Qt 工程也行
# make clean…                  //把原来的清掉
# rm *.pro Makefile…           //删掉，重新建立工程文件
# qmake -project
# qmake -spec $QTDIR/mkspecs/qws/linux-arm-g++ -o Makefile
```

-spec 指定目标板的配置文件，这里是 Linux ARM 平台，注意在这里，$QTDIR/mkspecs/qws/linux-arm-g++不是编译器，而是一个配置文件。编译时用的编译器是 ARM 交叉编译工具链里面的编译器。

```
# make
```

如果没出错就表示你的 QT/E 环境已经成功建立。如果提示说 cannot find -lqte，那么你试一下修改 Makefile 文件，找到-lqte，把它改为-lqte-mt，再 make 一次。这是因为如果用到 Qt 线程或其他一些原因，则它生成的库不再是 libqte.so.3.3.4，而是 libqte-mt.so.3.3.4。

注　意　如果专门针对 PDA、智能手机这类运行嵌入式 Linux 的移动计算设备和手持设备开发，还可以安装开发工具 Qtopia（即 Qt Palmtop Environment，QPE），这是基于 Qt/Embedded 库基础上的一个嵌入式的桌面环境和应用程序集（如地址本、图像浏览、Media 播放器等，还包括娱乐和配置工具）。它可以方便地在 Qtopia 桌面环境中添加用户应用程序或者对桌面进行配置。

8.4　Qt/Embedded 开发实例

8.4.1　Qt/Embedded 基本开发流程

基于 Qt/Embedded 开发一个嵌入式应用的一般过程如图 8-10 所示。

从图 8-10 中可以看到，应用软件开发工作基本上是在工作站或是 PC 上完成的。在工作站或 PC 上调试运行嵌入式应用，并将输出结果显示在一个仿真小型设备显示终端的模拟器上。在开发的后期，要根据选择的嵌入式硬件平台，将嵌入式应用编译链接成适合在目标平台上运行的二进制目标代码。另外，由于应用系统使用到了 Qt/Embedded 的库，因而还要对 Qt/Embedded 库的源代码进行交叉编译，然后链接成为适合在目标平台上使用的二进制目标代码库。当一个 Qt/Embedded 应用被下载到目标平台上，并能够可靠运行时，一个开发过程才宣告结束。

1. 创建和显示一个简单的窗口

我们先创建和显示一个简单的窗口，了解一下 Qt 程序最基本的框架。

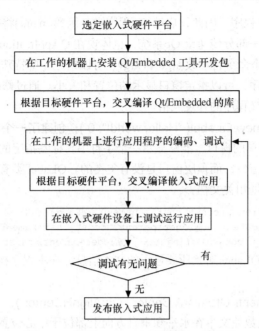

图 8-10　Qt/Embedded 应用开发的一般流程

程序清单 8.1　helloword.cpp

```
/**************************************
**This file is part of an example program for Qt. This example
**program may be used, distributed and modified without limitation.
*******************************************************************/
#include <qapplication.h>
#include <qlabel.h>
int main( int argc, char **argv )
{
    QApplication app( argc, argv );
    QLabel *label = new QLabel( "Hello, world!", 0 );
    label->setAlignment( Qt::AlignVCenter | Qt::AlignHCenter );
    label->setGeometry( 10, 10, 200, 80 );
    app.setMainWidget( label );
    label->show();
    int result = app.exec();
    return result;
}
```

在该程序中：

■　**#include <qapplication.h>：包含了文件 qapplication.h**

qapplication.h 文件总是被包含在同样的源文件中，它里面包含了 main()函数。这个例程因为使用了 QLabelwidget 来显示文本，所以还必须包含文件 qlabel.h。

■　**QApplication app(argc, argv)；创建了一个 QApplication 对象**

将 QApplication 对象命名为 app。QApplication 对象是一个容器，包含了应用程序顶层的窗口（或者一组窗口）。顶层窗口是独一无二的，它在应用程序中没有父窗口。因为 QApplication 对象的任务是控制管理应用程序，所以在每个应用程序中只能有一个 QApplication 对象。此外，由于创建对象的过程必须初始化 Qt 系统，因而在使用其他任何 Qt 工具之前，QApplication 对象必然已经存在了。

  Qt 程序是标准的 C++ 程序，因此，启动 Qt 程序时，函数 main() 将被操作系统所调用。命令行选项作为初始化过程的一部分传递给 Qt 系统，也体现在 QApplicationapp(argc, argv)这条语句中。在 app 结构中使用两个命令行参数 argc 和 argv，可以指定一些特殊的标志和设置。例如，用 -geometry 参数启动 Qt 程序，可以指定窗口显示的位置和大小。通过修改启动程序的外观信息，用户可以自己按照喜好定义程序的外观风格。

  ■ QLabel *label = new QLabel("Hello, world!", 0)；创建了一个 QLabel 部件

  QLabel 部件是一个简单的窗口，能够显示一个字符串。标签指定的父类部件创建为 0，因为这个标签将被作为顶层的窗口，而顶层窗口是没有父类的。QLabel 类有 3 个被定义的构造函数，如下所示，其具体定义参见相关文档：

```
QLabel(QWidget * parent, const char * name=0, WFlags f=0)
QLabel(const QString&text, QWidget*parent, const char*name=0, WFlags f=0)
QLabel(QWidget *buddy, const QString&text, QWidget*parent, const char *name=0,WFlags f=0)
```

  其中，text 参数即为 QLabel 对象所要显示的文本信息，在本程序构造 QLabel 对象时，传入的参数为 "Hello,world!"。

  ■ label->setAlignment(Qt::AlignVCenter | Qt::AlignHCenter);

  调用 setAlignment() 函数使文本在水平和垂直方向上都位于中心位置。而 QLabel 默认的动作是以垂直方向中心对齐的方式显示字符串，以左边为基准。

  ■ label->setGeometry(10, 10, 200, 80);

  决定了标签部件在 QApplication 窗口中的位置、高度和宽度。其中，setGeometry()函数的原形为：setGeometry (int x, int y, int w, int h)。因此，label 在 QApplication 窗口中的坐标是（10, 10），宽度为 200，高度为 80。

  ■ app.setMainWidget(label);

  把 QLabel 所定义的对象插入主窗口。通常插入主窗口的部件应该是某种复合部件，是多个部件、文本以及其他应用程序主窗口元件的集合。在本例程中，为了简单起见，插入的对象只是一个简单的标签部件。

  ■ label->show();

  这条语句是实现标签的窗口显示所必需的。Show() 函数并不立刻显示 widget，它只是为显示做好准备，以便需要的时候能够显示出来。在这个例程中，父窗口即 QApplication 窗口，负责显示标签，但它只是在调用标签的 show() 方法时才会完成显示。对应地，函数 hide() 则用于使一个部件从屏幕上消失。

  ■ int result = app.exec(); return result;

  两条语句调用了 exec() 函数并返回系统一个值。exec() 函数只有当程序停止执行时才返回，它返回一个整型的值，代表程序的完成状态。由于我们并不处理状态代码，这个值只是被简单地返回给系统。

  这个例子比较简单，只有一个源文件，因此编译它的 Makefile 文件比较简单。但是和其他 Qt 程序一样，我们仍采用 tmake 工具生成 Makefile，以减少编写程序的困难。

  在 Makefile 文件中，Makefile 认为环境变量 QTDIR 已经被定义好了，它被用来指明 Qt 开发系统的安装路径。通常，这个环境变量在安装软件的时候就已经配置好它的定义了。因此，在用户编译之前，要注意检查环境变量是否正确。

注 意

程序编译完后，在命令提示符下输入 "./helloword –qws"，选择在 qvfb 中运行，运行结果如图 8-11 所示。

图 8-11　"Hello，world！"程序运行结果

2. 在虚拟仿真窗口调试

为了在目标平台上能顺利地运行 Qt/Embedded 应用程序，并实现所要求的功能，我们先在开发机上用 Qt/Embedded 提供的模拟环境 qvfb（Qt virtual FrameBuffer）即 Qt/Embedded 的虚拟仿真窗口中进行调试。

qvfb 是 X 窗口用来运行和测试 Qtopia 应用程序的系统程序，允许我们在桌面及其上开发 Qt 嵌入式程序，而不需要在命令台和 X11 之间来回切换。

qvfb 使用了共享存储区域（虚拟的帧缓冲）来模拟帧缓冲并且在一个窗口中（qvfb）模拟一个应用来显示帧缓冲，显示的区域被周期性地改变和更新。通过指定显示设备的宽度和颜色深度，使虚拟出来的缓冲帧和物理的显示设备在每个像素上保持一致。这样，我们在每次调试应用程序时不需要每次都把程序下载到目标平台上，从而加速了应用程序的编译、连接和运行周期。

3. 发布一个 Qt/Embedded 应用

一个 Qt/Embedded 应用的运行需要有 Linux 操作系统和 Qt/Embedded 库的支持。所以，我们除了要烧写 Linux 到目标平台的 FLASH 存储空间之外，还要烧写 Qt/Embedded 的二进制库到 FLASH 中。

一般来说，我们先把 Qt/Embedded 的二进制库复制到某个目录下，再把这个目录制成某种类型的根文件系统，最后把这个根文件系统烧写到目标平台的 FLASH 上，这个过程需要一些制作根文件系统的工具。

8.4.2　触摸屏驱动的设计

Qt/Embedded 中封装了一些常用的设备访问操作，形成相应的设备驱动接口。其中与用户输入事件相关的信号，建立在对底层输入设备的接口调用之上。Qt/Embedded 中的输入设备分为鼠标类与键盘类。

1. Qt/Embedded 鼠标类设备

Qt/Embedded 2.x 系列与 3.x 系列对于输入设备的底层接口的实现是不一样的。以鼠标类为例，对于 Qt/Embedded 2.x，鼠标类设备的实现位于 src/kernel/qmouse_qws.cpp 文件中；对于 Qt/Embedded 3.x，其源代码位于 Qt/E 目录的/src/embedded 下的多个文件中。

Qt/Embedded 中没有特别针对触摸屏的设备接口，不过触摸屏和鼠标类设备在功能上基本是一致的，因此，在 Qt 库中一般把触摸屏模拟成鼠标设备来实现对触摸屏设备的操作。由于触摸屏在实现原理上存在着 A/D 量化误差的问题，因此所有的触摸屏接口实现类需要从特殊的类 QCalibratedMouseHandler 继承，并获得校正功能。另外，触摸屏和鼠标底层接口的不一样，会造成对上层接口的不一致。例如，从鼠标驱动接口中几乎不会得到绝对位置信息，一般只会得到相对移动量。鼠标接口需要考虑移动加速度，而触摸屏接口则几乎是清一色的绝对位置信息和压力信息。针对此类差别，Qt/Embedded 将同一类设备的接口部分也给予区别和抽象。

（1）鼠标类设备的派生结构

鼠标类设备的抽象基类为 QWSMouseHandler,从该类又重新派生出一些具体的鼠标类设备的实现类。鼠标类设备的派生结构如图 8-12 所示（3.x 版本系列）。

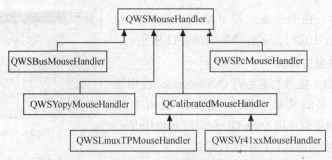

图 8-12　Qt/Embedded 3.x 中鼠标类设备抽象派生结构

（2）鼠标类驱动接口的软件流程

在 3.x 版本系列中，系统加载构造 QWSServer 时，调用 QWSServer::openMouse 函数，这个函数又通过 QWSServer::newMouseHandler()调用 QMouseDriverFactory::create()函数。这时会根据 Linux 系统的环境变量 QWS_MOUSE_PROTO 创建某个派生类的对象，系统在运行时调用 QWSMouseHandle 的某个派生类的 readMouseData()函数，获取鼠标的状态和位置。触摸屏类驱动接口的软件流程如图 8-13 所示。

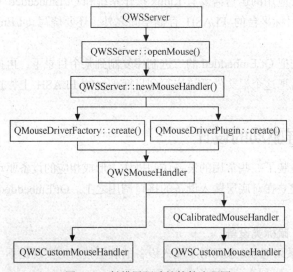

图 8-13　触摸屏驱动的软件流程图

程序清单 8.2 给出了 3.x 版本系列中 QMouseDriverFactory::create()函数根据 Linux 系统的环境变量 QWS_MOUSE_ PROTO 创建某个派生类的对象的具体代码。

程序清单 8.2　创建鼠标类的某个派生类的对象

```
QWSMouseHandler *QMouseDriverFactory::create( const QString& key, const QString
&device )
{
    QString driver = key.lower();
#ifdef Q_OS_QNX6
    if ( driver == "qnx" || driver.isEmpty() )
     return new QWSQnxMouseHandler( key, device );
#endif
#ifndef QT_NO_QWS_MOUSE_LINUXTP
    if ( driver == "linuxtp" || driver.isEmpty() )
     return new QWSLinuxTPMouseHandler( key, device );
```

```
#endif
#ifndef QT_NO_QWS_MOUSE_YOPY
    if ( driver == "yopy" || driver.isEmpty() )
     return new QWSYopyMouseHandler( key, device );
#endif
#ifndef QT_NO_QWS_MOUSE_VR41
    if ( driver == "vr41xx" || driver.isEmpty() )
     return new QWSVr41xxMouseHandler( key, device );
#endif
#ifndef QT_NO_QWS_MOUSE_PC
    if ( driver == "auto" || driver == "intellimouse" ||
     driver == "microsoft" || driver == "mousesystems" ||
     driver == "mouseman" || driver.isEmpty() ) {
     qDebug( "Creating mouse: %s", key.latin1() );
     return new QWSPcMouseHandler( key, device );
    }
#endif
#ifndef QT_NO_QWS_MOUSE_BUS
    if ( driver == "bus" )
     return new QWSBusMouseHandler( key, device );
#endif

    #if !defined(Q_OS_WIN32) || defined(QT_MAKEDLL)
    #ifndef QT_NO_COMPONENT
    if ( !instance )
     instance = new QMouseDriverFactoryPrivate;

    QInterfacePtr<QMouseDriverInterface> iface;
    QMouseDriverFactoryPrivate::manager->queryInterface(driver, &iface);

    if ( iface )
     return iface->create( driver, device );
    #endif
    #endif
    return 0;
    }
```

从上面的程序代码中可以看到，Qt/Embedded 提供了 Linux 和 Vr41xx 触摸屏的驱动接口类 QWSLinuxTPMouseHandler 和 QWSVr41xxMouseHandler。如果用户使用的就是上述 2 种触摸屏接口，可直接在执行 Qt 的 configure 配置时加入配置选项-qt-mouse-<driver>。如果不是这 2 种触摸屏接口，则需要添加新的驱动接口。

（3）触摸屏类接口

在 3.x 版本系列中，所有的 Linux 触摸屏示例接口代码均在 QWSLinuxTPMouseHandler 类中实现，其中对于不同型号的触摸屏驱动接口的实现代码，采用不同的宏定义和预编译的方式将它们分隔开。对于不同型号的触摸屏驱动接口创建的具体代码见程序清单 8.3。

程序清单 8.3　对于不同型号的触摸屏驱动接口的创建

```
QWSLinuxTPMouseHandlerPrivate::QWSLinuxTPMouseHandlerPrivate( QWSLinuxTPMouseHandler
*h  ):  samples(QT_QWS_TP_SAMPLE_SIZE),currSample(0),  lastSample(0),  numSamples(0),
skipCount(0), handler(h)
    {
#if defined(QT_QWS_IPAQ)
# ifdef QT_QWS_IPAQ_RAW
    if ((mouseFD = open("/dev/h3600_tsraw",O_RDONLY|O_NDELAY))<0) {
```

```
# else
    if ((mouseFD = open( "/dev/h3600_ts", O_RDONLY | O_NDELAY)) < 0) {
# endif
    qWarning( "Cannot open /dev/h3600_ts (%s)", strerror(errno));
    return;
    }
#elif defined(QT_QWS_EBX)
//# ifdef QT_QWS_EBX_TSRAW
# if 0
    if ((mouseFD = open( "/dev/tsraw", O_RDONLY | O_NDELAY)) < 0) {
        qWarning( "Cannot open /dev/tsraw (%s)", strerror(errno));
        return;
    }
# else
    if ((mouseFD = open( "/dev/ts", O_RDONLY | O_NDELAY)) < 0) {
        qWarning( "Cannot open /dev/ts (%s)", strerror(errno));
        return;
    }
# endif
#endif

    QSocketNotifier *mouseNotifier;
    mouseNotifier = new QSocketNotifier( mouseFD, QSocketNotifier::Read, this );
    connect(mouseNotifier,SIGNAL(activated(int)),this,SLOT(readMouseData()));
    waspressed=FALSE;
    mouseIdx = 0;
}
```

Linux 触摸屏的驱动接口类 QWSLinuxTPMouseHandler 的接口如表 8-3 所示。

表 8-3 　　　　　　　　　　　　　QWSLinuxTPMouseHandler 的接口

函 数 接 口	描　　　　述
QWSLinuxTPMouseHandlerPrivate::QWSLinuxTPMouseHandler Private(QWSLinuxTPMouseHandler *h)	打开 Linux 触摸屏类设备，连接触摸屏单击事件与处理函数
QWSLinuxTPMouseHandlerPrivate::~QWSLinuxTPMouseHandlerPrivate()	关闭 Linux 触摸屏类设备
void QWSLinuxTPMouseHandlerPrivate::readMouseData()	获取触摸屏单击数据
struct TS_EVENT	Linux 触摸屏驱动程序返回的单击数据格式

2. 添加新的触摸屏驱动接口

根据图 8-13 给出的触摸屏类驱动接口的软件流程可知，添加驱动接口首先要通过调用 QMouseDriverFactory 或 QMouseDriverPlugin 类，生成相应的 QWSCustomMouseHandler 对象。其次，再由系统调用 QWSCustomMouseHandler::readMouseData()，获取到的触摸屏定位和状态信息都直接送到鼠标设备驱动类的抽象层 QWSMouseHandler 类。

因此，可以通过两种方式添加设备驱动接口类，一种是通过调用 QMouseDriverFactory 生成相应的 QWSCustomMouseHandler，另一种是由 QMouseDriverPlugin 添加生成相应的 QWSCustomMouseHandler。

下面介绍采用第一种方案，在原有的接口 qwsmouselinuxtp_qws.cpp 上进行修改，以适合新的触摸屏设备驱动接口。

（1）修改 qwsmouselinuxtp_qws.cpp

首先将 TS_EVENT 的结构改为相应设备的数据结构，再把 QWSLinuxTPMouseHandler Private 函数中打开的设备文件节点由/dev/ts 改为自己的设备文件/dev/ttyS1。然后修改 readMouseData() 函数，按自己的数据结构读取设备文件，传递给 QPoint 类对鼠标进行定位或转换为鼠标按键状态。

（2）支持同时使用鼠标和触摸屏

为了在该系统平台上同时使用鼠标和触摸屏操作，还必须完成两个步骤。

① 要正确地设置 QWS_MOUSE_PROTO 环境变量。该环境变量可同时设置多个设备 <Driver> [:<Device>]，多个设备之间以空格隔开。Qt/Embedded 通过该环境变量生成相应的鼠标和触摸屏驱动接口，对设备进行操作。

② 对 Qt/Embedded 的鼠标驱动接口类的源代码进行修改。例如，如果触摸屏采用系统的串口，而 Qt/Embedded 自动搜索鼠标接口时发现串口正在工作中，就会把它当作一个鼠标设备进行操作，这就发生了设备冲突。因此，我们要在 qmousepc_qws.cpp 文件中将串口鼠标的子驱动去掉，找到函数 QWSPcMouseHandlerPrivate::openDevices() 中的如下代码，把它注释掉就行了。

```
else if ( driver == "Microsoft" ) {
    QString dev = device.isEmpty() ? QString("/dev/ttyS0") : device;
    fd = open( dev.latin1(), O_RDWR | O_NDELAY );
    if ( fd >= 0 )
        sub[nsub++] = new QWSPcMouseSubHandler_ms(fd);
} else if ( driver == "MouseSystems" ) {
    QString dev = device.isEmpty() ? QString("/dev/ttyS0") : device;
    fd = open( dev.latin1(), O_RDWR | O_NDELAY );
    if ( fd >= 0 )
        sub[nsub++] = new QWSPcMouseSubHandler_mousesystems(fd);
}
```

（3）关于触摸屏的校准

由于触摸屏接口实现类是从特殊的类 QCalibratedMouseHandler 继承的，已经实现了坐标的校准，因而一般直接读取坐标的位置和状态即可。

```
class QWSLinuxTPMouseHandler : public QWSCalibratedMouseHandler
{
};
```

（4）重新配置编译

最后，在执行 Qt/Embedded 的 configure 配置时加入选项-qt-mouse-<linuxtp>，重新编译，该 Qt/Embedded 平台上的应用程序即能够按照定制的要求提供对触摸屏的支持。

8.5　智能化用户界面

智能化用户界面是将人工智能技术融入用户界面中去的产物。现在比较成熟的智能化用户界面技术有语音输入、手写识别。而当前比较流行利用 Agent 技术对用户界面进行改造和提升。

人工智能的最新发展动向是分布式 Agent，并开始出现利用 Agent 理论对传统人工智能技术进行统一和改造，比如说，利用 Agent 概念将人工智能的主要分支如问题求解、推理、学习等的描述统一起来，从而改变传统人工智能技术各分支老死不相往来的局面。因此，本章只讲述 Agent 技术以及它与用户界面的结合上，看看它是怎么使得用户界面更智能化、人性化，从而为用户使用计算机带来极大的便利。

8.5.1　Agent 技术

Agent 的概念首次出现在 Minsky（1986）出版的"思维的社会（The Society of Mind）"，Minsky 认为社会中的某些个体经过协商可求得问题的解，这些个体就是 Agent，根据一定的规则可组成一个多 Agent 系统（MAS）。Minsky 还认为 Agent 是具有技能的个体(1994)，应当具有社会交互性和智能性。

此后，人们对 Agent 的理解真是见仁见智，例如，Hewitt 认为定义 Agent 与定义智能一样困难。Wooldridge 和 Jennings 认为 Agent 应具有自主性、社会交互性和反应能力。从 Agent 模型角度来看，有思考型 Agent（如 BDI 表示和推理）、反应型 Agent（不会推理，感知-动作）和两者混合型。

1. Agent 的研究方法

Agent 理论的研究主要是逻辑方法和经济学方法，此外还有混沌学方法。

自 Hintikka 对知识（knowledge）和信任（belief）做出先驱性工作以来，在描述 Agent 推理方面也取得了不少进展。在刻画组成 Agent 思维状态各元素间关系方面的代表是 Cohen 和 Levesque 的 Intention 理论。尽管如此，对 Agent 理论的研究仍有一些相当基本的问题尚未解决。

首先，与可能世界语义有关的问题还不能认为已经得到了解决，如逻辑全知问题。可能世界语义已被许多研究者采用，但它一般不能表示现实世界有限资源的 Agent 模型。解决此问题的一个方法就是 Rosenschein 和 Kaelbling 的情景自动机方法。但他们目前还不知道怎样用这种方法描述愿望（Desire）和意图（Intention）。

在那些描述了不同意识属性的逻辑中，也许最重要的问题与 Intention 有关，因为 Intention 和 Action 之间的关系没有一个很满意的解释。关于用哪些意识属性来刻画 Agent 也是有争论的，目前一种流行的方法是使用 Beliefs、Desires 和 Intentions 的组合（即 BDI 结构）。

一般来说，Agent 理论中使用的逻辑包含了多个相互间有复杂关系的模态词，因而研究者很难在这样的复杂逻辑上开展 Agent 理论的研究。另外，关于 Agent 理论的地位还有一些混淆，一些研究者认为 Agent 理论是用来描述 Agent 的 Specification；有的研究者认为 Agent 理论是用于知识表示方面；还有的研究者认为 Agent 理论应是对认知科学和哲学中的一些概念形式化。

对 Agent 理性的研究有基于逻辑和基于对策论两种基本方法。在哲学上，认为合乎逻辑的是理性的，为此提出了各种逻辑体系，定义了公理系统和推理规则，来证明一些特定的命题是否成立，认为一个合理的行为可从当前的信念合乎逻辑地推导出来，这就是逻辑理性。对于思维状态模型的研究大都属于这一流派。另一种方法是采用对策理论和决策理论，其信念模型是描述如果采用一个行动将会发生什么，并为每个后果都赋予概率。愿望模型是用实数表示那些可能状态的效用，一个合理的行动是使得期望效用最优化的行动，这需要依据信念和愿望通过概率计算得到，这就是效用理性。从概念角度来看，逻辑方法实现了理性的推理，决策理论方法通过最优化主观效用实现了理性的决策。从技术角度看，使用符号推理的逻辑理性无法使效用最优化，而使用数值分析的决策论理性也忽略了推理环节。对于一个处于动态环境中资源有限的 Agent 来说，既需要对世界进行推理，也需要做出获得最大收益的合理决策。

此外，随着复杂系统理论的研究和发展，人们开始逐渐考虑借助复杂系统理论来研究如何实现 Agent 的智能。这其中比较典型的就是 Agent 的混沌学研究方法。从本质上讲，Agent 应该是非线性的，因为从复杂系统论的观点看，只有非线性才能表现出相当的智能行为。Agent 的混沌学研究方法通过研究 Agent 的行为轨迹来研究其智能本质。这种方法可以比较容易地对 Agent 本质达到全局性的把握，并且可能成为 Agent 理论模型向实际应用转化的一个中介。就 Agent 理论整体来说，需要融合这三个流派的研究成果。

2. Agent 的逻辑学方法

Agent 的逻辑学方法的首要任务是要确定 Agent 的思维状态模型，也就是说，Agent 的逻辑学方法首先认定 Agent 是一个思维机器。

在 Agent 的逻辑学方法研究中，Agent 思维的 BDI 模型影响比较大。所谓 BDI 模型是指 Agent 的思维模型包括三个基本要素，即信念（Belief）、愿望（Desire）和意图（Intention），并以这个为基础，展开了对这 3 个要素语义和相互关系的研究。虽然，针对 BDI 思维模型的研究已经初见成效，但是仍然存在理论与实践相脱节的问题，主要表现在：

（1）在所使用的逻辑描述和实际系统结构之间缺乏清晰的关系，特别是可能世界模型对于实现系统过于抽象；

（2）这些逻辑描述对 Agent 的推理能力都做了不现实的设定。所以，BDI 思维模型还很难对技术实践起真正的指导作用，仍然还是人工智能专家实验室里的玩具。

3. Agent 的经济学方法

20 世纪 80 年代中期开始出现的 Agent 经济学研究方法，以 Agent 的自利性和效用理性为前提，采用对策论等方法对 Agent 展开了广泛而深入的研究。

经济学研究的核心对象之一是市场，市场的基本组成包括物品、交易者、消费者、生产者和市场规则等因素。市场的最优状态是竞争平衡，是所有 Agent 都满意的状态。这些对阐述多 Agent 系统（MAS）的宏观理论提供了简洁的方式，也颇有说服力。但经济学成果的许多理论前提过于理想化，如经济学的许多研究往往对个体内部结构的阐述较为简单化，追求设计的机制具有"激励相容性"，即个体不必经过深思熟虑只需坦诚相待，那么个体和群体的性能就都会达到最优化。信息完备的理论前提意味着每个个体都有"完美理性"，而在实际中是不可能达到的。MAS 研究的重要前提之一就是 Agent 的"有限理性"前提，Agent 的计算能力、掌握的信息等都会各不相同，这是符合现实的，也体现出 MAS 宏观理论与经济学/社会学的深刻差别。但经济学的许多成果仍值得 MAS 研究者借鉴，并有必要在不同的理论前提下进行重新考察。

4. Agent 的混沌学方法

随着 Agent 理论的发展，人们逐渐认识到 Agent 本身的非线性本质。因而，人们后期结合非线性理论的研究和发展，探索出了 Agent 理论的混沌学研究方法。

Agent 理论的一个关键之处就是试图把握一个目的性，即 Agent 所做的一切都是为了实现某个或某些既定目标。人们在对这个理论进行细化时，就会发现其中所隐含的优化问题。理性 Agent 总是被描述为采取各种行动来最大限度地实现其既定目标。人们要实现这个目的性和最优化问题，就需要赋予 Agent 某种适宜的结构，包括思维和意图等方面。在这方面的一个典型的例子，就是将 Agent 看成意愿（Wishing）、信念（Knowing）、喜好（Liking）和意图（Intention）的统一体。

一般来讲，信念刻画的是 Agent 对世界的认识；喜好则是表现 Agent 自身希望世界是什么样子的；意愿描述的是 Agent 对实现某个目标的承诺；而意图所表述的是 Agent 对某个行为或动作的承诺。从混沌动力学观点来看，Agent 的思维状态有不同的解释，如表 8-4 所示。

表 8-4   Agent 思维状态的动力学解释

Agent相关概念	动力学解释
Agent进程	Process
Agent所拥有的知识	某个进程状态所包含的信息
Agent所采取的举动	进程状态空间的一个状态迁移
Agent的喜好	进程状态空间中的全局吸引子或排斥子
Agent的目标	进程状态空间中某个局部吸引子
Agent的意愿	收敛于某个局部吸引子的一段进程轨迹
Agent的情绪（喜悦或痛苦）	进程运行状态与吸引子或排斥子距离的远近
Agent的自学习	进程相空间的改变

Agent 的动力学研究方法的一大优点就是能够很容易实现 Agent 理论和具体实现之间的平滑过渡。唯一不足的地方，就是复杂系统动力学理论仍然还处于起步阶段，需要有充分成熟的成果之后，才能真正对 Agent 技术实现起指导作用。

8.5.2　Agent 技术与用户界面的结合

Agent 技术与软件技术的结合成就了软件 Agent 的出现。软件 Agent 作为 Agent 技术的软件实现，能够按照某个用户或者其他软件模块的意愿实现一定的功能。软件 Agent 技术逐渐渗透计算机日常使用的方方面面，我们可以对软件 Agent 从功用角度分类，可以分为桌面 Agent（Desktop Agent）、互联网 Agent（Internet Agent）、企业网 Agent（Intranet Agent）等。每一种 Agent 都不可避免地会提高用户界面的智能化程度，而我们在这里主要介绍 Agent 技术与用户界面结合的典型范例，即桌面 Agent。

桌面 Agent 主要是用户界面 Agent，可分为三类：一类是操作系统 Agent；第二类是应用程序 Agent；第三类是应用程序组 Agent。这三类 Agent 分别在用户使用操作系统、某个特定的应用程序或某组应用程序时起到一些辅助性作用，从而提高用户界面的智能化和人性化，提高用户的工作效率。

1. 操作系统 Agent

操作系统 Agent 有两种，如图 8-14 所示。一种是操作系统智能化工具，它用于监视操作系统级事件的发生并按照用户的调度安排执行一系列涉及系统服务的任务；另一种是操作系统用户界面 Agent，它将 Agent 技术引入对操作系统用户界面主要是图形用户界面中并与之相结合，为用户开始和完成某个任务操作提供友好的用户界面。表 8-5 给出了操作系统 Agent 的属性模型。

表 8-5   操作系统 Agent 的属性模型

属性	描述
环境	操作系统
技能	安装、定制、维护、自动化、文件管理、协助
知识	操作系统、网络、GUI、用户
通信手段	GUIAPI、操作系统API、用户界面

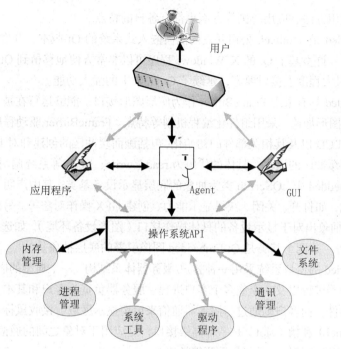

图 8-14　操作系统 Agent

2. 应用程序 Agent

应用程序 Agent 可以作为某个特定应用程序的一部分，也可以独立于该应用程序。它主要执行一些需要用户与应用程序交互的任务，推动任务进程的自动化。表 8-6 给出了应用程序 Agent 的属性模型。

表 8-6　　　　　　　　　　　　　　应用程序 Agent 的属性模型

属性	描述
环境	应用程序
技能	定制、自动化、协助
知识	应用程序、用户、操作系统
通信手段	应用程序、API、操作系统API

3. 应用程序组 Agent

应用程序组 Agent 和应用程序 Agent 比较类似，只是这里与 Agent 发生关系的对象不再是应用程序而是一组应用程序。

本章小结

- 随着嵌入式技术的发展，嵌入式软、硬件系统均取得了较大的进步。GUI 在嵌入式系统或者实时系统中的地位将越来越重要，这些系统对 GUI 的基本要求包括轻型、占用资源少、高性能、高可靠性、可配置、可移植等特点。

- 目前主流的嵌入式 GUI 系统主要有 MicroWindows、Qt/Embedded、Tiny-X Windows、OpenGUI 和 MiniGUI 等。由于嵌入式系统之间在特定应用环境下的差异，这些 GUI 系统在其结构、实现方法、使用方法、应用范围等方面也都有各自的特点。

- Qt/Embedded 是 Trolltech 公司开发的面向嵌入式系统的 Qt 版本，开发人员多为 KDE 项目的核心开发人员。许多基于 Qt 的 X Windows 程序可以非常方便地移植到 Qt/Embedded 上，与 X11 版本的 Qt 在最大程度上接口兼容，延续了 Qt 在 X 上的强大功能。

- Qt/Embedded 具有采用 FrameBuffer 作为底层图形接口、能够运行在被 Linux 支持的所有处理器上、可实现图形加速、采用组件化编程机制等特点。FrameBuffer 驱动程序的实现分为两个方面：一方面是对 LCD 以及其相关部件的初始化，包括画面缓冲区的创建和对 DMA 通道的设置；另一方面是对画面缓冲区的读写，具体的代码为 read、write、lseek 等系统调用接口函数。

- 在 Qt/Embedded 中，QScreen 类为抽象的底层显示设备基类，其中声明了对显示设备的基本描述和操作方式，如打开、关闭、获得显示能力、创建 GFX 操作对象等。另外一个重要的基类是 QGfx 类，该类抽象出对于显示设备的具体操作接口（图形设备环境），如选择画刷、画线、画矩形、alpha 操作等。这两个基类是 Qt/Embedded 图像引擎的底层抽象。

- Qt/Embedded 的窗口系统采用一种客户/服务器体系结构。一个典型的嵌入式 Qt 窗口系统一般包括一个服务器进程以及一个或多个客户进程。服务器负责为客户和其本身分配显示区域、生成鼠标和键盘事件。而客户则通过与服务器通信来申请显示区域、接收鼠标和键盘事件。

- 信号（signal）和槽（slot）是一种高级接口，是应用于对象之间的通信。它既是 Qt 的核心特性，也是 Qt 区别于其他工具包的重要特性。

- Qt/Embedded 封装了一些常用的设备访问操作，形成相应的设备驱动接口。Qt/Embedded 的输入设备分为鼠标类与键盘类。Qt/Embedded 没有特别针对触摸屏的设备接口，不过触摸屏和鼠标类设备在功能上基本是一致的，因此，在 Qt 库中一般把触摸屏模拟成鼠标设备来实现对触摸屏设备的操作。

- 软件 Agent 从功用角度分类，可以分为桌面 Agent（Desktop Agent）、互联网 Agent（Internet Agent）、企业网 Agent（Intranet Agent）等。

- 桌面 Agent 主要是用户界面 Agent，可分为 3 类：一类是操作系统 Agent；第二类是应用程序 Agent；第三类是应用程序组 Agent。这 3 类 Agent 分别在用户使用操作系统、某个特定的应用程序或某组应用程序时起到一些辅助性作用，从而提高用户界面的智能化和人性化，提高用户的工作效率。

思考与练习题

1. 简述嵌入式系统对 GUI 的基本要求。
2. 简述目前常见的嵌入式 GUI 系统的特点。
3. 比较 MicroWindows、Qt/Embedded 和 MiniGUI 的功能特性。
4. Qt/Embedded 的图形引擎实现基础是什么，其实现结构是怎样的？
5. 简述 Qt/Embedded 窗口系统的工作原理。
6. Qt/Embedded 中信号和槽的概念分别是什么？
7. 举例说明信号和槽是如何连接的。
8. 自己动手建立 Qt/E 开发环境（2.x 或 3.x 系列）。
9. 简述 Qt/Embedded 应用系统的基本开发流程。
10. 试说明在 Qt/Embedded 中鼠标类设备和触摸屏设备的异同点。

第 4 部分
嵌入式系统开发应用实例

　　本部分旨在通过实例讲解的方式使读者对嵌入式系统相关软硬件的开发应用有直接的感性认识，并能进行初步应用设计。

　　本部分内容包括基于多媒体平台 OMAP5912 和 S3C6410 的开发应用实例。该部分分两章进行讲解，其具体内容包括 OMAP5912 的结构和特点、软件平台架构；OMAP5912 硬件平台的主要模块设计；Bootloader 移植、嵌入式 Linux 移植；基于 OMAP5912 的设备驱动程序设计；S3C6410 芯片的结构、特点、主要模块，以及基于 S3C6410 的系统软硬件设计。

第9章
基于 OMAP5912 的开发应用实例

本章首先讨论了 OMAP5912 的结构特点，接着介绍了 OMAP5912 硬件平台的平台设计，最后阐述其软件系统设计。在软件系统设计部分，详细介绍了基于 OMAP5912 平台的 Bootloader 及其移植、Montavista Linux 内核的移植、文件系统的移植和 Linux 设备驱动程序的设计和使用。

本章学习要求：

- 描述 OMAP5912 的结构和特点；
- 列出 OMAP5912 硬件平台的主要模块设计；
- 描述 OMAP5912 软件平台架构；
- 描述基于 OMAP5912 的 Bootloader 及移植；
- 描述基于 OMAP5912 的嵌入式 Linux 内核的移植；
- 描述基于 OMAP5912 的文件系统的移植；
- 描述基于 OMAP5912 的设备驱动程序的设计。

9.1　MAP5912 的结构和特点

OMAP5912 处理器是由 TI 公司应用最为广泛的 TMS320C55x DSP 内核与低功耗、高性能的 ARM926EJ-S 微处理器组成的双核应用处理器。C55x 系列可提供对低功耗应用的实时多媒体处理的支持，ARM926 可满足控制和接口方面的处理需要。

OMAP5912 处理器的主要特点介绍如下。

- **高性能**：采用低功耗、高性能的 32 位 ARM926EJ-S 内核和 TMS320C55x DSP 内核，低功耗、多电源管理模式，双内核电压供给为 1.6V，工作频率最高达 192MHz；采用 5 级的整数流水线结构；支持多媒体处理技术，增强了对视频和音频的解码能力。

- **ARM 支持多种接口**：ARM926EJ-S 内核有 16KB 的指令 Cache、8KB 的数据 Cache、带旁路缓冲转换的存储器管理单元（MMU）和两个 64 输入翻译后备缓冲器。

MPU 端外围设备包括 3 个 32 位计数器、USB1.1 主从控制器、3 个 USB 接口、针对 CMOS 传感器的照相机接口、实时时钟、键盘接口（6×5 或 8×8）、MMC 和 SD 卡接口、16/18 位 LCD 控制器，支持专用的 LCD DMA 方式，并支持 STN（passive monochrome，单彩）、TFT（active color，真彩）和 STN（passive color，伪彩）显示。

- **DSP 支持多种接口**：TMS320C55x DSP 内核具有 24KB 的指令 Cache、48K-word 的单寻

址 RAM（SARAM）、32K-word 的双寻址 RAM（DARAM）和 16K-word 的 ROM，提供 DCT、IDCT、像素插值和动态补偿的视频硬件加速器。

DSP 端外围设备包括 3 个 32 位计数器、6 路 DMA 控制器、两个 McBSP 和两个 MCSI。

- 250KB 的共享内部静态存储器。
- **支持大容量外部存储器**：16 位的片外慢速存储器接口（EMIFS）支持最大为 256MB 的外部存储（异步 ROM/RAM、NOR/NAND FLASH），16 位的片外快速存储器接口（EMIFF）支持最大为 64MB 的 SDRAM、Mobile SDRAM 或者 Mobile DDR。
- **大小端转换模块：DSP 使用的是小端模式，MPU 可使用的是小端模式和大端模式。**
- **时钟控制**：时钟源为 32.768kHz、12MHz 和 13MHz 的振荡器，可编程的内核锁相环。
- **电源管理**：针对 **DSP** 和 **MPU** 独立的省电模式。

另外，片上外设分为 MPU 专用外设、DSP 专用外设、MPU 公共外设、DSP 公用外设和 MPU/DSP 共享外设。

9.1.1　ARM926EJ–S 内核

ARM926EJ-S 内核采用 32 位 RISC 处理器，并采用 ARM9 作内核，同时配备 Thumb 扩展。它能够处理 32 位或者 16 位的指令，并能处理 8 位、16 位和 32 位数据。

这款新型高性能、低功耗的微构架采用的协处理器 CP15 使体系结构得到增强。系统中的控制寄存器可通过对协处理器 CP15 的读写来对 MMU、Cache 和读写缓存控制器进行存取操作。这种微构架在 ARM 核的周围提供了指令与数据存储器管理单元，指令、数据和读写缓冲器，性能监控、调试，JTAG 单元以及协处理器接口，MAC 协处理器和内核存储总线。

ARM926EJ-S 的 MMU 有两个 64 项的转换旁路缓存器（TLB）用于指令和数据流，每项均可映射存储器的段、大页和小页。为了保证内核周期的存取指令和数据，ARM926EJ-S 包含了分别独立的一个 16KB 的指令 Cache 和 8KB 的数据 Cache。两者独立的好处是可以在同一时钟周期内读取指令和数据，而不需要双端口 Cache。指令 Cache 和数据 Cache 都是两路相互关联的 Cache，以 16B 为一块进行操作，并采用最小最近使用（LRU）算法以刷新存储。另外，ARM926EJ-S 还提供了写缓冲的性能用于提升内核，其能够缓冲数据的容量高达 17B。

OMAP5912 设备 MPU 核 ARM926EJ-S 采用了小端模式。

9.1.2　TMS320C55x 内核

TMS320C55x 内核的主要特点是：它有一个 64 位×8 位的缓存队列（Instruction Buffer Queue），两个 17 位×17 位的乘法累加单元（MAC），一个 40 位的算术逻辑单元（ALU），一个 16 位的算术逻辑单元，一个 40 位的桶形移位器（Barrel Shifter）和 4 个 40 位的加法器。另外它还有 12 条独立的总线，即 3 条数据读总线、2 条数据写总线、5 条数据地址总线、一条程序读取总线和一条程序地址总线。此外，还有用户可以配置的 IDLE 域。

内核主要由 4 个单元组成：指令缓冲单元（I 单元）、程序流单元（P 单元）、地址数据流单元（A 单元）和数据运算单元（D 单元）。

9.1.3　存储器管理

存储器通信控制器（Traffic Controller，TC）管理着 MPU、DSP、DMA 以及局部总线对 OMAP5912 系统存储资源（如 SRAM、SDRAM、FLASH、ROM 等）的访问。它的主要功能是确

保处理器能够高效访问外部存储区，并避免产生瓶颈现象而降低片上处理速度。

TC 通过 3 种不同的接口支持处理器或 DMA 单元对存储器的访问，即**片外慢速存储器接口**（EMIFS）、**片外快速存储器接口**（EMIFF）和**内部存储器接口**（IMIF）。

其中，EMIFS 接口提供对 FLASH、SRAM 和 ROM 的访问；EMIFF 接口提供对 SDRAM 的访问；IMIF 接口提供对 OMAP5912 片内 SRAM 的访问，用来连接 OMAP5912 微处理器内部的内存，实现常用的数据存取，如用作微处理器液晶屏幕显示的图像缓冲器。3 个接口是完全独立的，从任何一个处理器或 DMA 单元都可以同时访问。

MPU 子系统用于控制存储器管理单元（MMUs）、系统直接存储器访问（DMA）控制器、MPU TI 外设总线（TIPB）桥和一些外设，其存储器映射如图 9-1 所示。

而 DSP 子系统基于一个核处理器和众多外设构建而成，它可以与下列设备接口。

- 通过微处理器单元接口（MPUI）与 TI 926EJ-S 相连接；
- 通过外部存储器接口（EMIF）与各种标准存储器相连接；
- 通过 TI 的外设总线（TIPB）桥与各种系统外设相连接。

其存储器映射如图 9-2 所示。

图 9-1 MPU 存储器映射   图 9-2 DSP 存储器映射

9.1.4 直接存储器访问控制器（DMA）

直接存储器访问控制器（Direct Memory Access，DMA）可以在没有 MPU 干预的情况下实现存储空间中不同位置间的数据传递。这种数据传递的数据源和数据目的地可以是片内存储器、片外存储器以及各种系统外设，它们都伴随在 MPU 的操作中。通过使用 DMA，可以减小系统进行大量数据传递时对 MPU 处理器所造成的工作负荷。

DMA 通道是基于硬件实现的，因此也称为物理通道。其中，每一条通道都受一组配置寄存器控制，可以用软件来设置传输参数，诸如数据长度、数据源地址和目的地址等。这些物理通道配置寄存器位于 MPU 的存储空间里。所有的物理通道都是并行操作的，可以并行进行多组数据的传递，每一组数据占据一个通道。如果几个通道都使用相同的 DMA 端口，它们就会时分复用这个端口。用户还可以通过设置软件参数来配置这几个通道的优先级，从而来控制对一个 DMA 端口的共享。DMA 传输的基本流程如图 9-3 所示。

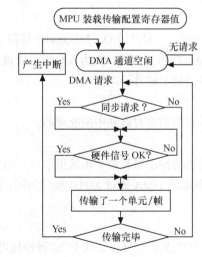

图 9-3　DMA 传输基本流程

OMAP5912 的 MPU 和外设可以产生 56 个不同的硬件 DMA 请求，而系统 DMA 最多可支持 31 个硬件 DMA 请求。因此 OMAP5912 使用 MPU GDMA 来实现从 56 个输入请求到 31 个响应之间的映射。

有两种方法来启动 DMA 传输。

- **软件启动**（软件请求）：设置好 DMA 信道的寄存器配置后，处理器通过向信道中写入 DMA CCR.EN 位来激活 DMA 传输，并立即开始执行；

- **硬件启动**（硬件请求）：处理器以同步的方式设置 DMA 信道及传输方式（需要外部 DMA 请求信号来驱动），信道等待 DMA 请求以便开始传输数据。

9.1.5　时钟和电源管理

OMAP5912 微处理器提供了两个振荡器以辅助管理电源耗损。设计系统时，在待机模式下可以直接关闭 12MHz 的振荡输入，只留下 32kHz 振荡器来维持系统运作。这样，不但可以保证系统运行，让需要维持运行的周边正常操作（例如，用户可以通过 Keypad 等输入装置来唤醒整个系统），而且可以很容易地关闭大部分接口设备，达到控制电源耗损的目的。

电源管理有 3 种工作模式：Awake 模式、Big sleep 模式和 Deep sleep 模式。Awake 模式下，整个芯片运行在峰值频率，32kHz 振荡器和 12MHz 振荡器正常工作。当遇时钟请求时，外围器件的 12MHz 时钟开始工作，并由 ULPD DPLL 或 APLL 产生 48MHz 时钟。当芯片产生 IDLE 请求时，芯片工作在 Big sleep 模式下，DPLLS1 和内部 12MHz 时钟被关闭。在 Deep sleep 模式下，只有 32kHz 振荡器正常工作，整个系统工作将处于最低功耗状态。

9.1.6　外围控制模块

外围控制模块包括 MPU 专用外设、MPU 公共外设、DSP 专用外设、DSP 公共外设和共享外设，具体介绍如下。

1. MPU 专用外设

MPU 专用外设包括定时器、看门狗定时器和中断处理器。这 3 种标准外设只能通过 ARM926 专用总线（TIPB）的访问来提供所需的操作系统和应用的管理功能。

2. MPU 公共外设

MPU 公共外设主要有照相机接口、MPU I/O、Microwire 接口、USB 接口等，这些设备只能被 MPU 和 MPU 配置的系统 DMA 控制器访问。因为该总线可以被系统 DMA 控制器访问，所以称为公共总线。DSP 不能访问该总线上的外设。

3. DSP 专用外设

DSP 专用外设包括定时器、看门狗定时器和中断处理器。

4. DSP 公共外设

DSP 公共外设包括两个多通道缓冲串口和两个多通道串口，可以被 DSP 以及 DSP DMA 直接访问。这些外设也可以被 MPU 和系统 DMA 通过 MPUI 接口访问，但 MPUI 接口必须进行相应的配置。

5. 共享外设

共享外设同时连接到 MPU 和 DSP 公共外设总线上，这种连接可以通过 TI 外设总线开关来实现，但它必须配置为允许 MPU 或者 DSP 访问，其他的共享外设固定连接在这两个公共外设总线上。对不同外设寄存器的读访问和写访问可能会有所区别，系统的共享外设有：

- 邮箱模块，可以实现 DSP 和 MPU 之间基于中断的信号交换；
- 串口；
- 8 个通用计时器；
- 3 个 UART；
- I²C 总线的主从接口；
- 多通道缓冲串口（McBSP）；
- 多媒体卡（MMC）和 SD 接口；
- 64 个通用功能的输入/输出（GPJO）；
- 32kHz 的同步时钟。

9.2 基于 OMAP5912 的硬件平台设计

OMAP5912 中的 ARM926 内核主要负责提供操作系统、用户界面和高级应用，进行实时多任务调度管理，以及对 DSP CSSx 进行控制和通信。DSP 核适合语音应用所需要的实时信号处理功能，主要负责实现复杂的多媒体信号处理。将经过解码处理的信号进行 D/A 转换和功率放大，进一步输出到耳机等输出设备。OMAP5912 还集成了大量 PDT（便携式数据终端处理器）专用外设，使得开发人员只需扩展少量的芯片即可构成一套完整的系统。

本节我们将以 TI 的 OMAP OSK5912 开发板为例介绍嵌入式系统的设计和开发工作。该开发板提供了较为丰富的板载资源和设备，外围扩展的芯片模块如下。

- 音频 Codec 芯片：TLV320 Audio Codec。
- 以太网接口芯片：LAN91 C96。
- DDR SDRAM 选用的是 SAMSUNG 公司的 K4X56163PE-L(F)G，它的容量为 256MB。
- FLASH 采用了两块 Micron 公司的 MT28F128J3FS-12 ET，它的容量为 128MB。
- EEPROM：ATMEL 350 93C46。
- 电源管理芯片：TPS 65010。

另外开发板还外接有 USB 接口、UART 接口、音频输入/输出接口、JTAG/Multi-ICE 仿真调试接口以及 4 个扩展接口。OMAP5912 板载扩展模块框图如图 9-4 所示。

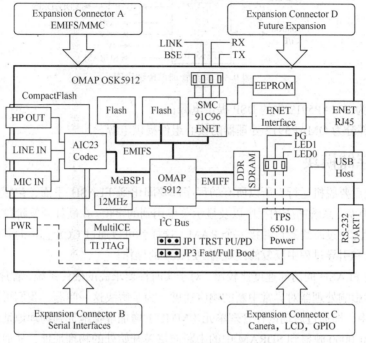

图 9-4　OMAP5912 板载扩展模块框图

9.2.1　电源管理模块

OMAP 平台低功耗的特点对电源管理模块提出了更高要求。OSK 开发板采用 TI 推出的手持式高整合度电源 IC 芯片 TPS65010。该产品具有高性能级别，并且功率转换效率高达 97%。与其他分立解决方案相比，采用 TPS65010 可大大减小所占电路板空间。其主要特性为：

● 针对单个锂离子（Li-Ion）或锂聚合物（Li-Poly）进行电池线形充电管理；

● 可通过外部电阻器实现可编程电流充电；

● 集成了两个同步降压 DC/DC 转换器，一个用于系统电压的 1A 转换器（效率 95%），另一个用于处理器内核的 400mA 转换器（效率 90%）；

● 集成了用于额外生成电压的两个 200mA 的低压降稳压器；

● 集成与 I^2C 兼容的通信接口，支持频率范围为 100～400kHz；

● 提供 70μA 的极低静态电流以及几种低功耗模式。

电源部分主要由 TPS65010 芯片代电，只有实时时钟部分单独由一块 LDO 供电。本系统选用 TI 公司的 TPS65010，电源管理模块结构如图 9-5 所示，其中：

● 3.3V 电源为包括 FLASH memory 的 3.3V 总线提供电源；

● 3V 电源主要为音频处理模块的 AIC23 芯片提供电源；

● 控制接口实现配置脚以及与 OMAP5912 实现 I^2C 的通信接口的设置；

● RTC（Real Time Clock）块为 OMAP5912 提供实时时钟电压输入；

● DLL（Delay Locked Loop）块为 OMAP5912 内置的延迟锁定回路提供电源；

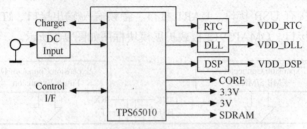

图 9-5　电源管理模块结构图

- DSP 块为 OMAP5912 中的 DSP 提供电源；
- CORE 部分为 OMAP5912 处理器的核心组件提供电源。

9.2.2　存储模块

因为系统最后要脱机运行，所以所有的程序都要固化到 FLASH 里面，包括中断矢量表、初始化代码、引导代码、系统的应用程序以及显示菜单用到的字模。在硬件开发阶段，可以在 FLASH 的存储空间位置上通过跳线器再并接一个 RAM，这样就可以通过 CCS 直接向其中加载程序，避免了在调试中断和引导过程中反复修改烧写 FLASH 的操作。

要说明的是 FLASH 的访问速度比较慢，对于实时性要求高的硬件系统，程序到 FLASH 中查询中断矢量必然影响处理器对异常中断的响应速度。为了解决这一问题，我们可以**把中断向量表搬到 SDRAM 中**，即通过启动内存管理单元（MMU）增加虚拟地址到物理地址的映射环节，将虚拟地址 0x0000 0000 映射到 SDRAM 中的中断向量表开始处的物理地址，从而使中断向量表的访问能在 SDRAM 中进行，这样必然提高了速度。这一优势在中断使用频繁的情况下体现得更加明显。

SDRAM 和内部 SRAM 的访问速度远远高于 FLASH，它的作用在硬件系统中相当于缓冲区，程序的运行、大量动态数据的存储交换都在这里进行，尤其作为液晶波形显示的缓冲区，它在速度方面的优势体现得更加明显。内部存储器 SRAM 也常常用作系统液晶屏幕显示的图像缓冲器。

（1）Flash Memory

OMAP5912 可支持两块 NOR FLASH 芯片。OSK 开发板采用两块 Micron 公司的 MT28F128J3 芯片，其单片容量为 16MB。OMAP5912 有 24 根地址线 A1～A24 可使用。

由于 FLASH 上的地址管脚最大为 24 个（此处单片容量为 16MB），所以当我们设计两片 FLASH 的时候就必须对其进行扩展。可利用 OMAP5912 上的高一位的地址线，经过一块 2-4 译码器，就能通过这一位地址线来控制两片 FLASH 的片选，从而达到虚拟出单片 32MB 的 FLASH 的效果。

（2）DDR SDRAM

DDR SDRAM 全称为 Double Data Rate SDRAM，中文名为"双倍数据流 SDRAM"。在一个时钟周期中 DDR 可以完成 SDRAM 两个周期才能完成的任务，所以，理论上，同速率的 DDR 内存与 SDRAM 相比性能要超出一倍。可选用一块工作电压为 1.8V 的低功耗 DDR SDRAM 芯片，如采用 Micron 的 MT46H8M 16LF 芯片或 SAMSUNG 和 Elpida 的产品，管脚是完全兼容的。在 OSK 开发板中选用的是 SAMSUNG 公司的 K4X56163PE-L(F)G，该芯片容量为 32MB，工作频率为 100MHz（DDR200）。

9.2.3　音频处理模块

音频处理模块在硬件上使用了基于 IIS 总线的音频系统体系结构。IIS（Inter-IC Sound bus）又称 I^2S，是飞利浦公司提出的**串行数字音频总线协议**。

TLV320AIC23（简称 AIC23）是 TI 推出的一款高性能、集成有模拟功能的立体声音频 CODEC。它内置耳机输出放大器，支持 miCin 和 Linein 两种输入方式（二选一），而且对输入和输出都具有可编程增益调节。

AIC23 的模数转换（ADC）和数模转换（DAC）部件高度集成在芯片内部，采用了先进的 Sigma-delta 过采样技术，可以在 8～96kHz 的频率范围内提供 16 位、20 位、24 位和 32 位的采样，ADC 和 DAC 的输出信噪比分别可以达到 90dB 和 100dB。

与此同时，AIC23 还具有很低的能耗，回放模式下功率仅为 23mW，省电模式下更是小于 15μW。上述优点使得 AIC23 成为一款非常理想的音频模拟器件，可以很好地应用在随声听（如 CD、MP3、录音机）等数字音频领域。

（1）AIC23 特性

- 一种高性能的立体声编解码器；
- 通过软件控制能与 TI 的 McBSP 相兼容；
- 音频数据可以通过与 TI McBSP 相兼容的可编程音频接口输入/输出；
- 内部集成了驻极体话筒的偏置电压和缓冲器；
- 带有立体声线路输入；
- 具有模数转换器的多种输入、立体声输入和麦克风输入；
- 具有立体声输出；
- 内含静音功能的模拟音量控制功能；
- 带有高效率线性耳机放大器；
- 采用工业级最小封装；
- 适合于可移动固态音频播放器、录音器。

（2）AIC23 与 OMAP5912 连接

AIC23 的工作电压与 TMS320C55x DSP 的核心电压和 I/O 电压兼容，可以实现与 OMAP5912 中 McBSP 端口的无缝连接，使系统设计更加简单，其硬件连接如图 9-6 所示。

音频电路包含了两路音频输入（line in 和 mic in）和一路音频输出（headphone out）。LINE INPUT 包括左和右两个音频通道，MICBIAS 提供低噪声参考电压。AIC23 对输入和输出都具有可编程增益调节和静音功能，其控制接口采用 I^2C 模式与 OMAP 连接。

OMAP 上的 McBSPl 接口作为 AIC23 的音频通道接口，McBSP1 的连接采用 I^2S 模式。AIC23 设置为 Master，向 OMAP 提供同步帧和时钟。

- McBSP1.DX 作为 AIC23 的输入通道；
- McBSP1.DR 作为输出通道；

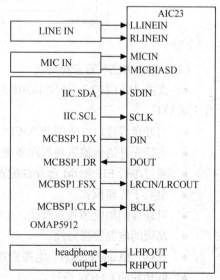

图 9-6　AIC23 与 OMAP5912 接口

- McBSP1.CLK 作为 AIC23 的输出时钟；
- McBSP1.FSX 作为数据帧时钟。

9.2.4 外围接口

1. CF 卡接口

CF 卡同许多 NAND FLASH 的存储介质一样，具有以下特点。

- 以页为单位进行读和编程操作，一页为 256B 或 512B；以块为单位进行擦除操作，一块为 4KB、8KB 或 16KB；具有快编程和快擦除的功能。
- 数据和地址采用同一总线，实现串行读取，这种方式随机读取速度慢且不能按字节随机编程。
- 芯片尺寸小、引脚少，是位成本（bit cost）最低的固态存储器。
- 芯片包含有失效块，其数目最大可达到 3～35 块（取决于存储器密度）。失效块不会影响有效块的性能，但设计者需要将失效块在地址映射表中屏蔽起来。

CF 卡有两种规格：Type I 和 Type II，前者厚度为 3mm，后者厚度加倍，但容量也随之提升。

2. 以太网接口

LAN91C96 是 SMSC 公司生产的专门用于嵌入式产品的 10M 以太网控制器。LAN91C96 优良的性能、低功耗及小尺寸，使其成为嵌入式 NIC 中的主流产品，内部结构如图 9-7 所示。

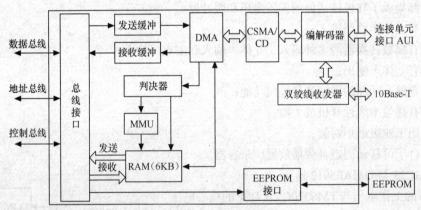

图 9-7　LAN91C96 内部结构

（1）L AN9IC96 的主要特点

- 支持 IEEE802.3（ANSI8802-3）以太网标准；全双工收发方式，具有睡眠模式；6KB 的片上 RAM；
- 与处理器接口可采用 PCMCIA、ISA 或 Motorola 68000；
- 支持先进的传输队列管理和硬件 MMU；
- 通过串行 EEPROM 选择性配置；
- 全双工传输模式；
- 可连接同轴电缆和双绞线，支持 10Base-5、10Base-2、10Base-T，并可自动检测所连介质；
- 高级的电源管理特性；
- 支持 "Magic Packet" 电源管理技术；
- 低功耗的 CMOS 设计。

（2）工作原理

LAN91C96 内部 6KB 的 RAM 为数据包的传输接收提供缓冲，使全双工工作模式下数据传输率可达 10Mbit/s；MMU 把 RAM 分成 256B 的页，并负责为每个数据帧分配一个或多个页。

当主处理器传输数据时，MMU 首先根据数据大小为其在 RAM 中分配若干页。在数据传送到 RAM 时，此数据帧的帧号也在 TX FIFO 中排队，然后此数据帧在轮到时传送到 PHY 模块进行曼彻斯特编码，最后根据 CSMA/CD 协议把此数据帧传送到相应的介质上。

在介质上有数据时，LAN91C96 将数据帧复制一份并传送到 ENDEC 模块进行曼彻斯特解码，而 CSMA/CD 模块根据该数据帧头的目的地址是否为本网卡 MAC 地址、广播或多播地址来决定此数据帧的取舍。若地址匹配，MMU 为其在 RAM 中开辟相应大小的空间，并以中断的方式告知主处理器。在数据帧被取走后，MMU 释放此块内存。

3. 其他外围接口

JTAG/Multi-ICE 仿真调试接口：OMAP 提供 JTAG 信号，并通过 SN74LV C244AGQN 缓冲，连接到外部接口。

USB 接口：OMAP5912 的 USB 主机控制器提供了低速（1.5Mbit/s）和全速（12Mbit/s）的传输速率。

9.3　基于 OMAP5912 的软件系统设计

9.3.1　OMAP5912 系统的软件架构

图 9-8 描述了 OMAP5912 系统的软件架构。其中，驱动程序（Device Driver）、微内核（Micro Kernel）和系统服务（System Service）3 层组成了操作系统。

为了实现跨平台的要求，系统在驱动程序之上再建立一层硬件抽象层（HAL），通过对硬件的抽象描述，可降低和底层硬件的耦合度，即使底层的硬件变化。只要有适当的驱动程序，整个系统的架构不需改变就可以运作，这主要是为以后的系统扩展和移植做准备。

系统服务指的是位于语言层次，提供应用程序语言呼叫的一组接口及其操作，其作用类似于 DOS 下的 INT 21H 指令，即提供中断服务程序。只要应用程序向操作系统请求协助，系统服务就会被调用，这一层还包含了对系统语言库的支持。

ARM 端最上层的图形用户接口（GUI）与其他函数库的作用是提供可视化组件，供在上面开发的应用程序直接调用。此外，还有一些较高级的函数库也在这一层出现，如多媒体函数库。这一层是决定应用程序设计难易的关键。

OMAP 的软件体系结构基于两种操作系统：一种是基于 ARM 的嵌入式操作系统，如 EPOC、Windows CE、Montavista Linux 等；另一种是基于 DSP 的实时操作系统内核 DSP/BIOS。

OMAP 支持多种实时多任务操作系统（DSP/BIOSTM，OSETM）在 DSP C55x 上工作，实现复杂的信号处理。DSP/BIOSTM 桥包含 DSP 管理器，DSP 管理服务器以及 RAM、DSP 和外围接口链接驱动器。这种 DSP/BIOSTM 桥提供通信管

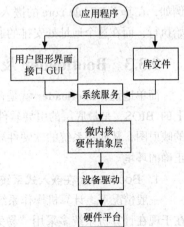

图 9-8　OMAP5912 系统软件架构框图

理服务：应用软件在 ARM 上运行，算法软件在 DSP C55x 上运行，DSP/BIOSTM 桥提供它们之间的通信。开发者能够利用 DSP/BIOSTM 桥中的应用编程接口（API），控制在 DSP 中实时任务的执行，并与 DSP 交换任务运行结果和状态消息。因此，开发者不必精通 DSP 或 DSP/BIOSTM 桥，就能开发新的应用软件，而且一旦使用标准 API 开发出应用软件，它将与基于 OMAP 平台的未来手持设备兼容。

这里我们着重讨论 ARM 端的底层操作系统：嵌入式 Linux 及其 Bootloader 与文件系统。

9.3.2　嵌入式 Linux 系统的启动流程

Linux 操作系统在嵌入式系统中越来越受欢迎，基于 Linux 的嵌入式 PDA 和手机产品也层出不穷。那么，嵌入式 Linux 系统的启动流程分哪几个层次呢？一般来说，一个嵌入式 Linux 系统的启动可以分为 4 个层次。

● **引导加载程序**：Bootloader 和包括固化在固件（firmware）中的 boot 代码（可选项）两大部分。

● **Linux 内核**：针对特定的嵌入式系统专门定制的 Linux 内核以及内核的启动参数。针对 OMAP 平台，我们选用 MontaVista Linux。

● **文件系统**：包括根文件系统和建立于 FLASH 内存设备之上的文件系统。通常用 RamDisk 作为根文件系统，它是提供管理系统的各种配置文件以及系统执行用户应用程序的良好运行环境的载体。

● **用户应用程序**：特定于用户的应用程序，并且在用户应用程序和内核层之间可能还会包括一个嵌入式图形用户界面。

在嵌入式系统中，引导加载程序是系统加电后运行的第一段软件代码。回忆一下计算机的体系结构我们可以知道，计算机中的引导加载程序由 BIOS（其本质就是一段固件程序）和位于硬盘 MBR 中的 OS Bootloader（如 LILO 和 GRUB 等）一起组成。BIOS 在完成硬件检测和资源分配后，将硬盘 MBR 中的 Bootloader 读到系统的 RAM 中，然后将控制权交给 OS Bootloader。Bootloader 的主要运行任务就是将内核映像从硬盘上读到 RAM 中，然后跳转到内核的入口点去运行，也即开始启动操作系统。

而在嵌入式系统中，通常并没有像 BIOS 那样的固件程序（有的嵌入式 CPU 可能会有一段短小的启动程序，如 TI MSC1210 等），因此整个系统的加载启动任务就完全由 Bootloader 来完成。例如，在基于 XScale core 的嵌入式系统中，系统在上电或复位时通常都从地址 0x00000000 处开始执行，而在这个地址处安排的通常就是系统的 Bootloader 程序。

9.3.3　Bootloader 及其移植

简单地说，**Bootloader** 就是在操作系统内核运行之前运行的一段小程序，相当于计算机主板上的 BIOS，是最底层的引导软件。通过这段小程序，我们可以初始化硬件设备、建立内存空间的映射图，从而将系统的软硬件环境带到一个合适的状态，以便为最终调用操作系统内核准备好正确的环境。

1．Bootloader 在嵌入式系统的重要性

一般情况下，计算机操作系统的启动都需要一个**引导加载程序**（Bootloader）。其主要的原因在于现在计算机系统多采用"易失性"的半导体存储器作为内存，如计算机系统中采用的 EDO DRAM、SDRAM、DDR SDRAM 等，一旦断电，内存中的操作系统映像就消失了。因此只能将

操作系统存储在非易失性的存储介质上，如 PROM、EEPROM 和 FLASH 等，在系统加电的时候才能将其中的操作系统映像装入内存中运行。

在通用计算机系统中，解决的办法是分两步走。先通过一段很小的程序，即"引导加载程序"，从磁盘固定位置读入一个固定大小的"引导块"，这实际上是一段稍大一些、并且知道怎样从磁盘找到并读入操作系统映像的程序。然后再执行这段程序，最终装入并执行操作系统的映像，这个过程称为"引导（Boot）"。

然而，嵌入式系统却常常采用 EEPROM 或 FLASH 等介质存储操作系统映像。存放在磁盘上的映像不可能在磁盘上"就地"运行，但在 EEPROM 或 FLASH 中的映像有可能"就地"运行，因为在嵌入式系统中，EEPROM 或 FLASH 通常是内存的一部分，而且是内存中的一个特殊的区间。从理论上说，如果操作系统映像（主要是程序代码）可以在 EEPROM 或 FLASH 中就地运行，那么所谓的"引导"过程就不复存在，从而引导加载程序就不是必须的了。

不过，尽管如此，实际上大多数嵌入式系统还是采用了引导加载程序，而不让可执行映像在 EEPROM 或 FLASH 中就地执行。一般而言，这样做是出于以下 5 个方面的考虑。

（1）效率方面的考虑

虽然 CPU 可以在 ROM 或 FLASH 空间就地执行操作系统（包含应用软件）的映像，但是 ROM 和 FLASH 的速度往往比不上 RAM，如 Intel 公司 E28F128J3A FLASH 芯片工作速度一般不超过 10MHz，而 SDRAM 的工作频率要高于 100MHz。所以先把映像从 ROM 或 FLASH 空间搬运到 RAM 空间，然后在 RAM 空间中运行这个映像，有利于提高系统的运行效率。

另外，操作系统的映像（往往与应用软件连接在一起）通常都比较大，若采取压缩存储可以节省不少的空间。可是，一旦采用压缩存储，就得要先解压缩才能执行，而在解压缩的同时把映像转移到 RAM 中就是顺理成章的事了。因此，搬运也好，解压缩也好，总得在一段程序的控制下才能进行。这就说明 ROM 或 FLASH 空间必须有一小段独立于操作系统映像，并且可以就地执行的程序，这就相当于上述的引导加载程序。

（2）操作系统的多样性

一方面嵌入式系统可以采用很多不同种类的操作系统，同一种操作系统也可以有不同的版本。而且，嵌入式系统的应用软件又常常与操作系统连成一体，这就更增加了系统映像的多样性。另一方面，嵌入式系统的硬件提供商所面对的通常是二次开发商而不是最终用户，往往并不清楚最终用的是什么操作系统，或者手中并无目标操作系统的映像。所以，最好的办法是先在硬件中装上一个引导加载程序，而让二次开发商提供具体的操作系统映像，这样就为采用不同版本，甚至完全不同的操作系统以及应用程序映像提供了灵活性。

（3）存储地与执行地分离

特别是在嵌入式系统的调试阶段，更换系统的可执行映像是很频繁的事情，此时需要把新的可执行映像写入相应的 EPROM 或 FLASH 芯片中去。如果让可执行映像就地运行，那就变成要把新的映像覆盖到正在执行的老的映像上，那样当然会带来一些技术上的问题。这说明映像的存储地与执行地应该分离。事实上，更换系统的可执行映像并不仅仅发生在调试阶段，系统投入正式运行以后也会有软件版本升级换代的需要，所以这些问题是必须考虑的。还有，使映像的存储地与执行地相分离，就使映像的存储方式也有了灵活性。例如，可以在存储前先将操作系统的映像压缩或加密，而由引导加载程序在把映像装入 RAM 的过程中加以恢复。

（4）调试/排错方面的考虑

调试/排错方面的考虑也要求在 RAM 中执行系统映像。嵌入式软件的开发在前期可以采用一些模拟、仿真的调试/排错手段，可是最终总得要"来真格"的，到实际的运行环境中考察和调试。不言而喻，在程序中设置"断点"是个重要的调试/排错手段。可是断点的设置一般都是通过将目标指令暂时替换成一条特殊的指令（如 x86 上的 int3），甚至非法指令而实现的。如果目标程序在 ROM 或 FLASH 中就地运行，就无法通过这种方法设置断点了，所以这进一步说明了映像的存储地应该在 ROM 或 FLASH 中，而执行地应该在 RAM 中。当然，这就要求采用引导加载程序。再进一步，还可以对引导加载程序的功能加以扩充，使其变成操作系统内核的调试工具，以及为内核提供一些显示/登记出错信息的手段。

（5）嵌入式系统独特的开发模式

嵌入式系统的操作系统内核往往与应用软件静态地连接在一起，而且程序的开发通常是在另一台"主机"上进行，所以每次修改程序以后就得把新的映像"下载"到目标机中，此时就得依靠目标机的引导加载程序。

① 为什么不利用目标机中的操作系统完成下载呢？

实际的情况往往是：此时目标机中的操作系统已经不能运行了。实践中常常有这样的情况，开发者先对目标系统的软件作了某些修改，并把它下载到目标机中，可是重启动目标机后却发现目标机"死了"，这才想到什么地方犯了错，应该如何再改一下。所以，必须使下载映像的手段与实际的映像本身相分离。要把修改以后的映像下载到目标机中，只要重新启动目标机，并让它停在引导加载程序中，就可以下载了。即使下载的映像有问题，也还"留得青山在"，再次下载的手段犹存。所以，嵌入式系统的引导程序一般都有（通过串行口或者网口 Ethernet）从主机下载映像的功能。

② 引导加载程序本身的映像又怎样写入呢？

事实上，引导加载程序的映像一般是很小的，再说也很少需要更新，所以可以通过 EPROM 编程器写入，或者通过 JTAG 接口将 Bootloader 写入 Flash 芯片。

相比之下，面向嵌入式系统的 CPU 在结构、功能、性能和来源等方面都更具有多样性，也更多变，因而嵌入式操作系统的可移植性自然也就更为重要。为了加强可移植性，人们常把与具体芯片或 CPU 内核密切相关的底层代码从操作系统中分离出来，成为由芯片或硬件厂商提供的硬件适配层（HAL）。提供 HAL 的方式也有多种，例如，以库函数的形式提供就是一种。而把 HAL 并入引导加载程序也是可行的。

这里顺便还要再提一下，从系统安全的角度，HAL 是不应该直接向应用程序开放的。对于封闭的、不可能执行外来程序的嵌入式系统而言，这还不是个问题。但是如果一个系统有可能接受和执行外来程序，那么只要 HAL 里面包含了对关键性资源的驱动，就可能会有安全漏洞。

其实，虽然计算机并不是嵌入式系统，但是 BIOS 既是引导加载程序又是 HAL，而且它们走得更远，实际上成了个小内核。

注 意

③ 引导加载程序在哪里运行？

一般而言，作为引导加载程序，其代码至少有一部分是必须在 ROM 或 FLASH 中就地执行的。有些引导加载程序完全在 ROM 或 FLASH 中执行，而更为典型的则是将引导加载程序分成两部分：开头一部分在 ROM 或 FLASH 中执行，执行中将另一部分映像装入 RAM，再转入这部分映像，此后就在 RAM 中执行了。

2．Bootloader 的相关概念

Bootloader 运行时，首先根据设置好的中断向量入口跳转到相应的入口，进入特权模式，关闭各种模式中断，然后开始做各种初始化工作。初始化工作主要有：初始化通用 I/O 和各种控制器、初始化 CPU 速度、初始化静态存储器、初始化动态存储器、初始化时钟、清理指令和数据 Cache。这些初始化工作完成以后，Bootloader 把自己后半部重新定位到 SDRAM 中去执行，建立堆栈段和未初始化数据段，初始化处理器以外的其他硬件，如串口、FLASH、网口、LED 等驱动，检测静态存储介质和动态存储介质；配合操作系统工作构造各种操作系统需要的信息 Tag 表；打印各种检查信息；等待通过串口进来的各种命令，以执行网络设置和 Linux 内核引导等工作。

通常，Bootloader 是严重地依赖于硬件而实现的，特别是在嵌入式系统中。因此，在嵌入式世界里建立一个通用的 Bootloader 几乎是不可能的。尽管如此，仍然可以对 Bootloader 归纳出一些通用的概念来，以指导用户特定的 Bootloader 设计与实现。

（1）Bootloader 所支持的 CPU 和嵌入式系统板

每种不同的 CPU 体系结构都有不同的 Bootloader。有些 Bootloader 也支持多种体系结构的 CPU，如 U-Boot 就同时支持 ARM 体系结构和 MIPS 体系结构。除了依赖于 CPU 的体系结构外，Bootloader 实际上也依赖于具体的嵌入式板级设备的配置。也就是说，对于两块不同的嵌入式板而言，即使它们是基于同一种 CPU 而构建的，要想让运行在一块板子上的 Bootloader 程序也能运行在另一块板子上，通常都需要修改 Bootloader 的源程序。

（2）Bootloader 的安装媒介

系统加电或复位后，所有的 CPU 通常都从某个由 CPU 制造商预先安排的地址上取指令。例如，基于 XScale core 的 CPU 在复位时通常都从地址 0x00000000 取它的第一条指令。而基于 CPU

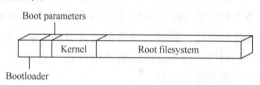

图 9-9　固态存储设备的典型空间分配结构

构建的嵌入式系统通常都由某种类型的固态存储设备（如 PROM，EEPROM 或 FLASH 等）被映射到这个预先安排的地址上。因此在系统加电后，CPU 将首先执行 Bootloader 程序。图 9-9 所示就是一个同时装有 Bootloader、内核的启动参数、内核映像和根文件系统映像的固态存储设备的典型空间分配结构图。

（3）用来控制 Bootloader 的设备或机制

主机和目标机之间一般通过串口建立连接，Bootloader 软件在执行时通常会通过串口来进行数据传输，如输出打印信息到串口，从串口读取用户控制字符。

（4）Bootloader 的操作模式（Operation Mode）

大多数 Bootloader 都包含两种不同的操作模式：启动加载模式和下载模式，这种区别仅对于开发人员才有意义。从最终用户的角度看，Bootloader 的作用就是用来加载操作系统，而并不存在所谓的启动加载模式与下载工作模式的区别。

① 启动加载（Boot loading）模式。启动加载模式也称为"自主"（Autonomous）模式，也即 Bootloader 从目标机上的某个固态存储设备上将操作系统加载到 RAM 中运行，整个过程并没有用户的介入。这种模式是 Bootloader 的正常工作模式，因此在嵌入式产品发布的时候，Bootloader 显然必须工作在这种模式下。

② 下载（Downloading）模式。在下载模式下，目标机上的 Bootloader 将通过串口连接或网络连接等通信手段从宿主机（Host）下载文件，如下载内核映像和根文件系统映像等。从主机下

载的文件通常首先被 Bootloader 保存到目标机的 RAM 中，然后再被 Bootloader 写到目标机上的 FLASH 类固态存储设备中。

Bootloader 的这种模式通常在第一次安装内核与根文件系统时被使用。此外，以后的系统更新也会使用 Bootloader 的这种工作模式。工作于这种模式下的 Bootloader 通常都会向它的终端用户提供一些简单的命令行接口。

像 U-BOOT 等这样功能强大的 Bootloader 通常同时支持这两种工作模式，而且允许用户在这两种工作模式之间进行切换。比如，U-BOOT 在启动时处于正常的启动加载模式，但是它会延时几秒（在配置文件中可以设定），等待终端用户按下任意键而将其切换到下载模式，如果在给定时间内用户没有按键，则 U-BOOT 继续启动，进行正常的启动加载。

（5）Bootloader 与主机之间进行文件传输所用的通信设备及协议

最常见的情况就是：目标机上的 Bootloader 通过串口与主机之间进行文件传输，传输协议通常是 Kermit/Xmodem/Ymodem 协议中的一种。但是，串口传输的速度是有限的，因此，如果该 Bootloader 对目标板的网卡支持良好，通过以太网连接并借助 TFTP（Trivial File Transfer Protocol）来下载文件是个更好的选择。此时，还要考虑主机方所用的软件。比如，在通过以太网连接和 TFTP 来下载文件时，主机方必须有一个软件用来提供 TFTP 服务，如 Windows 平台上的 TFTP32 等。

（6）Bootloader 的启动过程

Bootloader 的启动过程可分为**单阶段**（Single-Stage）和**多阶段**（Multi-Stage）。从固态存储设备上启动的 Boot loader 大多分为 **stage1** 和 **stage2** 两个阶段。依赖于 CPU 体系结构的代码，比如设备初始化代码等，通常都放在 stage1 中，而且通常都用汇编语言来实现，以达到短小精悍和高效的目的。而 stage2 则通常用 C 语言来实现，这样可以实现更复杂的功能，而且代码具有更好的可读性和可移植性。

Bootloader 的 **stage1** 通常包括以下步骤（按执行的先后顺序）：

- 硬件设备初始化；
- 为加载 Bootloader 的 stage2 准备 RAM 空间；
- 复制 Bootloader 的 stage2 到 RAM 空间中；
- 设置好堆栈；
- 跳转到 tage2 的 C 入口点。

Bootloader 的 **stage2** 通常包括以下步骤（按执行的先后顺序）：

- 初始化本阶段要使用到的硬件设备；
- 检测系统内存映射（memory map）；
- 将 kernel 映像和根文件系统映像从 FLASH 读到 RAM 空间中；
- 为内核设置启动参数；
- 调用内核。

3. Bootloader 的移植

嵌入式领域中操作系统的移植关键在 Bootloader 的移植和操作系统内核硬件相关部分移植。设计和实现一个好的 Bootloader 将大大提高操作系统移植的稳定性，并大大加快操作系统移植的周期。

（1）Bootloader 移植中的关键问题

① 处理器异常。异常是由内部或外部源产生，以引起处理器处理一个事件，在处理异常之前，

处理器状态必须保留,以便在异常处理程序完成后,原来的程序能够重新执行。同一个时刻有可能出现多个异常。

在每种异常模式的异常向量处放置一条跳转语句,接着依次完成以下操作:保护现场(堆栈、寄存器),异常处理,恢复现场。

注 意

> 复位有上电复位、睡眠、硬件复位、看门狗复位、GPID 等多种复位模式。由于不同复位模式复位后默认的寄存器设置和 SDRAM 等现场不同,因此复位后要查找相应寄存器,以确定复位类型,执行相应的操作。
>
> 异常处理也可以往屏幕上打印一条消息或往串口上发送数据。但是在初始化部分调试的时候,这些办法都不太合适,因为这些硬件部分的驱动还没有设置成功。可以使用 LED 显示,用最简单的办法提供最直接的调试手段。

② 内存初始化。在 Bootloader 移植当中,一个很重要的部分就是动态内存初始化,它是 Bootloader 得以移植成功的关键。针对不同的处理器,动态内存的初始化必须遵循严格的步骤,否则就会出现问题,使内存不能使用。查看内存是否能使用的一个简单的方法就是如果通过 ICE 能够直接向某个地址写入数据,一般就表示初始化成功了。

(2)U-Boot 的移植

Bootloader(引导加载程序)是系统加电后运行的第一段代码。一般它只在系统启动时运行非常短的时间,但对于嵌入式系统来说,这是一个非常重要的系统组成部分。当我们使用单片机或者像 μC/OS 这样的操作系统时,一般只需要在初始化 CPU 和其他硬件设备后,直接加载程序即可,不需要单独构建一个引导加载程序。但构建或移植一个 Bootloader,从某种意义上来说,对所有的 Linux 系统都是一个必不可少的任务。

在嵌入式系统中,通常没有像 BIOS 那样的固件程序,因此在一般的典型系统中,整个系统的加载启动任务就完全由 Bootloader 来完成。在一个基于 ARM 的嵌入式系统中,系统在上电或复位时通常都是从地址 0x0000 0000 处开始执行,而在这个地址处安排的,通常就是系统的 Bootloader。通过这段小程序来初始化硬件设备,建立内存空间的映射图,从而将系统的软硬件环境带到一个合适的状态,以便为最终调用操作系统内核准备好正确的环境。

我们将 FLASH 的实际空间划分为如下 5 个分区。

```
0x00000000--0x00020000: "BootLoader"

0x00020000--0x00040000: "Params"

0x00040000--0x00240000: "Kernel"

0x00240000--0x01000000: "Flash0 FileSys"

0x01000000--0x02000000: "Flash1 FileSys"
```

依次把空间分配给了 Bootloader、内核启动参数、内核映像和根文件系统映像。

Bootloader 调用 Linux 内核的方法是直接跳转到内核的第一条指令处,即直接跳转到 START+0x8000 地址处。

U-Boot 是在 PPC-Boot 的基础上进化而来的一个开放源码的嵌入式 BootROM 程序。U-Boot1.1.1 版本的代码采用了一种高度模块化的编程方式。

① cpu 目录。cpu 目录存放了 U-Boot 支持的 CPU 类型,我们只关心 cpu/arm926ejs。CPU 相关的文件主要是初始化一个执行环境,包括中断的初始化。start.S 是整个 U-boot.bin 目标可执行代码的第一段代码,它们是从 FLASH 开始运行的,其主要工作是设置处理器状态、初始化中断

和内存时序等，并确定是否需要对整个 U-Boot 目标代码重定位，即将 U-Boot 转移到内存中去运行。

start.S 文件中有如下重要的语句。

```
_TEXT BASE:
    .word  _TEXT BASE          /*该值在/board/omap5912osk/config.mk 中定义*/
    .globl  _armboot_start
_armboot_start:
    .word   start              /*代码段的实际地址也是 TEXT BASE*/
    .globl  _bss_start
_bss_start:
    .word  _bss_start          /*由链接程序 1d 根据链接脚本确定*/
    .globl  _bss_end
_bss_end:
    .word  _end
```

接下来是关于重定向（relocate）的代码，U-Boot 需要自己从 FLASH 转移到 RAM 中运行，这也是重定向的目的所在。

```
relocate:                              /*重定向 U-Boot 到 RAM*/
    adr   r0,start                     /*r0 <-当前代码的位置*/
    ldr   r1,_TEXT_BASE                /*测试是从 flash 还是 RAM 运行*/
    cmp  r0,r1                         /*测试阶段，不进行重定向*/
    beq  stack_setup
    ldr   r2,_armboot_start
    ldr   r3,_bss_start
    sub   r2,r3,r2                     /*r2 <- armboot 的大小*/
    add   r2,r0,r2                     /*r2 <-源代码结束地址*/
copy_loop:
    ldmia r0!,{r3-r10}                 /*从源地址【r0】处复制*/
    stmia r1!,{r3-r10}                 /*复制到目的地址【r1】*/
    cmp   r0,r2                        /*直到源代码结束地址【r2】*/
    ble   copy_loop
```

建立完堆栈后，最终将通过下面的语句跳转到 C 代码执行。

```
    ldr   pc,_start_armboot
_start_armboot:
    .word  start_armboot
```

② board 目录。cpu 目录主要针对处理器的初始化，而 board 目录则具体到开发板上了。该目录下的文件如下。

● u-boot.lds

内核可执行文件，由许多链接在一起的对象文件组成。对象文件有许多节，如文本、数据、init 数据、bass 等。这些对象文件都是由一个称为链接器脚本的文件链接并装入的。其功能是将输入对象文件的各节映射到输出文件中。这样，U-Boot 的各个节通过这个文件被链接，并装入到内存中特定的偏移量处。

● platform.s

这个文件给出了开发板参数的配置信息，关键的代码行如下。

```
    .globl platformsetup
```

```
platformsetup:
    mov   r0,#0x10000000          /*装载 SDRAM 基准地址值*/
    mov   r1,pc                   /*获取当前运行指针*/
    cmp   r1,r0                   /*比较*/
    bge   skip_sdram              /*如果从 SDRAM 直接运行则跳过 EMIFF 的初始化*/
skip_sdram:
    ldr   r0,REG_SDRAM_CONFIG
    ldr   r1,SDRAM_ONFIG_VAL
    str   r1,[r0]
```

③ lib arm 目录。这个目录下主要的文件为 board.c，定义了 start_armboot()函数。它做的工作有动态分配内存、初始化 FLASH、初始化环境变量以及外围设备的初始化工作。

由于 U-Boot1.1.1 支持 OMAP OSK5912 开发板，在编译 U-Boot.bin 之前，我们只需设置相应的环境参数指定交叉编译器。

export PATH=/opt/montavista/previewkit/arm/v4t_le/bin: $PATH

export PATH=/opt/montavista/previewkit/host/bin: $PATH

以及设置 U-Boot1.1. 1 根目录下的 Makefile 文件中的参数 CROSS_COMPILE=arm_v4t_1e-后，就可以通过下面的命令来生成 U-Boot。

cd   u-boot-1.1.1

make   distclean

make   omap5912osk_config

make

完成后会产生 ELF、U-boot.bin 以及 U-boot.srec3 种格式的文件。如果原来板子上已经有 U-Boot 了，那么我们可以通过串口终端或者 TFTP Server 的方式把映像文件 U-boot.bin 下载到 SDRAM 中，并进行 U-Boot 的更新操作。而对于空板子的第一次 Bootloader 植入，我们可以采用开源软件 FlashRecovetyUtility，在 Windows 下通过 USB 接口就可以将其烧写到 FLASH 中。

以上介绍了基于 OMAP OSK5912 开发板的 Bootloader 的移植工作。由于 U-Boot 本身支持 OMAPOSK5912 开发板，因此相应的参数已经配置好了。但是熟悉相应的配置参数和具体的移植流程等工作，对于亲手设计 OMAP5912 电路板移植 Bootloader 仍具有相当的借鉴意义，我们只需在此方式下改动少许参数，就可以完成相应 OMAP5912 电路板 U-Boot 的移植工作。

9.3.4　MontaVista Linux 内核的移植

嵌入式 Linux 主要可以分为两类：第一类是在利用 Linux 强大功能的前提下，使它尽可能地小，以满足许多嵌入式系统对体积的要求，如 uClinux；第二类是将 Linux 开发成实时系统（如 RTLinux，MontaVista Linux），应用于一些关键的控制场合。

MontaVista Linux 嵌入式实时操作系统具有以下特点。

● 支持广泛的处理器和目标板；支持 80 种以上的参考板和商用平台，包括引导程序、设备驱动等。

● 集成开发环境。它的功能强大的集成开发环境 KDE 是基于图形界面的开发平台。

● 丰富和功能强大的多种开发工具。MontaVista Linux 提供非常丰富和功能强大的多种开发工具，极大地方便了 Linux 内核、Linux 设备驱动程序、Linux 应用程序的开发和调试。主要工具如下。

① 内核和文件系统工具：目标配置工具（TCT）、库优化工具（LOT）。

② 交叉开发工具：GNU GCC/G++ C/C —编译器。

③ 调试器：GDB 源码调试器（命令行调试器）、DDD 源码调试器（图形化调试器）、KGDB 内核调试器（通过串口调试 Linux 内核）、支持硬件调试（某些处理器）。硬件调试可以通过 BDM/JTAG 接口与 DDD 或 GDB 结合跟踪调试。

④ Linux 跟踪工具：用于跟踪 Linux 程序执行过程。

⑤ 实时性能工具：用于测试 Linux 实时性能。

⑥ 分析工具（Cscope、Cbrows，Cflow 和 Cpro）：用于分析优化程序源码。

● 实时性。MontaVista Linux 在实时性方面具有以下特点：低延时任务可抢占内核，低开销固定优先级调度。它能够满足大多数实时应用程序的需要，如实时网络数据传输等。用户也可选择标准 Linux 内核配置。

● 标准 Linux IP 网络和工具。支持的网络协议有 TCP/IP、PPP、PPPoE、HTTP、SMTP、DHCP、FTP、Telnet、SSL 和 820.11b 等。

● MontaVista Net。它是基于遵从 PICMG2.16 标准的 Compact PCI 网络结构。它能仿真多种网络接口。

● 嵌入式图形系统。包括 MontaVista 图形和 Qt/Embedded。

MontaVista Linux 内核主要由 5 个子系统组成：进程调度、内存管理、虚拟文件系统、网络接口和进程间通信。主要的子目录如下。

● /arch 子目录：包含了所有硬件结构特定的内核代码。

● /drivers 子目录：包含了内核中所有设备驱动程序，如 I^2C 和 USB 等。

● /fs 子目录：包含了所有的文件系统的代码，如 jffs2。

● /include 子目录：包含了建立内核代码时所需的大部分库文件，这个模块利用其他模块重建内核，该目录也包括了不同平台需要的库文件。

● /init 子目录：包含了内核的初始化代码，内核从此处工作。

● /ipc 子目录：包含了进程间通信的代码。

● /kenel 子目录：包含了主内核代码。

● /mm 子目录：包含了所有内存管理代码。

● /net 子目录：包含了和网络相关的代码。

一般每个目录下都有一个 depend 文件和一个 Makefile 文件，这两文件都是编译时使用的辅助文件，其中 Makefile 文件中指出了编译时需要用到的编译器。

1. 软件环境配置

① 安装 MontaVista Preview Kit 到/opt/montavista 中。

```
# ./install _previewkit                    /*选择 arm v4t 1e 进行安装。*/
```

② 安装成功后，还要进行本地用户的一个备份操作。

```
# cd   /home/hxh
# su   hxh
# mkdir   montavista
# cd   montavista
# mkdir   filesys
# su   root
# cp   -a   /opt/montavista/previewkit/arm/v4t_le/target/*   filesys/
```

创建目标用户的 file system，是因为我们以后会在目标文件系统上测试我们的应用程序。因为是以 root 权限进行的复制，因此需要通过下面指令把/opt 文件夹的使用权改成本地用户。

```
# chown  hxh：hxh filesys/opt
```

③ 接下来我们将做一个嵌入式内核源码树的本地备份。

```
# su   hxh
# mkdir   kernel
# cp   -R   /opt/montavistalpreviewkit/lsplti-omap5912_osk-previewkit-\
arm_v4t_le/linux-2.4.20_mv131 kenel/
```

④ 做一个指向 linux-2.4.20_mv131 的逻辑链接，以便以后编译不同的内核时，只需修改相应的链接，而不必对 Makefile 进行改动。

```
# ln   -s linux-2.4.20_mv131 linux
```

2. 参数配置

① 根目录。根目录下只需修改 Makefile 文件。这个 Makefile 文件有两个作用：产生 VmLinux 文件和产生内核模块。内核如何编译是根据 Makefile 文件的指示进行的，可以在这个文件中指定使用的编译器等信息。Makefile 用来组织内核的各个模块，记录了各模块间的相互联系和依赖关系。这个文件里面最重要的参数是：

```
ARCH：= OMAP
CROSS_COMPILE = arm_v4t_1e-
```

它们分别被用来设置目标平台和交叉编译器。

② arch 目录。arch 目录存放着与体系结构相关部分的内核代码。我们的平台是基于 ARM 的，其相应的目录为 arch/arm。config.in 文件是配置文件，运行 make menuconfig 命令时出现的菜单就是 config 配置的。

③ arch/arm/boot 目录。编译出来的内核是存放在这个目录中的。这里将指定内核解压到目标板的地址，所以如果内核无法正常启动，很有可能是这里的地址指定错误。

对于 OMAP OSK5912 平台，这个目录下的 Makefile 相应的参数应设置如下：

```
ifeq($(CONFIG_ARCH_OMAP),y)
    ZRELADDR     = 0x10008000
    PARAMS PHYS  = 0x10000100
    INITRD  PHYS = 0x10800000
endif
```

其中，ZRELADDR 决定内核解压后数据输出的地址，PARAMS_PHYS 为启动参数存放的地址。

3. 编译和移植

当对内核配置或者相应的功能进行改动后，一般都必须重新编译内核。编译内核的同时也编译和链接用到的各个模块。先设置好环境参量如下。

```
# export PATH=/opt/montavista/previewkit/arm/v4t_le/bin：$PATH
# export PATH=/opt/montavista/previewkit/host/bin：$PATH
```

然后更改目录到本地用户的/home/hxh/montavista/kernel/linux 中，并运行配置内核的命令。

```
# cd    linux
# make   menuconfig
```

这里可以对各个设备驱动、各种提供的功能进行选择和裁减，以便达到我们最终的应用需求。配置完成之后选择保存就可以了。这时将产生 config 文件，并在每一个 c 源文件中加上<Linux/config.h>，使 define 的宏 CONFIG_XXX 起全局性的作用。

编译内核需要 3 个步骤，分别是创建内核依赖关系、创建内核镜像文件和创建内核模块。

```
# make    dep              /*创建内核依赖关系*/
# make    clean            /*删除中间文件*/
# make                     /*创建内核镜像文件*/
```

这样，可以看到镜像文件 VmLinux 在 arch/arm/boot/compressed 目录中。接下来，需要编译与镜像文件关联的内核模块，从而将相应的内核模块安装到目标文件系统中。

```
# make    modules
# make    INSTALL_MOD_PATH=/home/hxh/montavista/filesys modules install
```

下面的工作使得镜像文件可以下载使用。

```
# arm_v4t_le-objcopy -o binary -R .note -R .comment -S\
arch/arm/boot/compressed/vmlinux linux.bin
# gzip   -9   linux.bin
# /home/hxh/u-boot-1.1.1/tools/mkimage -A arm -O linux -T kernel -C gzip -a$\
（ZRELADDR）-e$（ZRELADDR）  -n "Linux Kernel Image" -d linux.bin. gz uImage.cc
```

这样，就得到了最终可用的镜像文件 uImage.cc。同样，可以通过串口终端或者 tftpserver 的方式把内核下载到 SDRAM 上。然后通过 U-Boot 运行以下命令，就可以把新的内核写入 FLASH 中。

```
# erase    1: 8-15
# cp.b     0x10000000  0x100000  B3FA2
```

9.3.5 文件系统的移植

当系统启动后，操作系统要完成的最后一步是挂载根文件系统。在开发过程中，通过网络以 NFS 方式来挂载在 Linux 主机上的文件系统，这样就不必每次有改动都要重新烧写文件系统的镜像文件了。它的实现基于对主机进行相应的配置并启动 NFS 服务。

向 Linux 主机的//etc/exports 文件添加下列一行。

```
/home/hxh/montavista/filesys*（rw, no_root_squash, no_all_squash, sync）
```

并运行下列命令使得设置生效。

```
# exportfs  -a
# /sbin/service   nfs   stop
# /sbin/service   nfs   start
```

同时要对 Booloader 的内核启动参数进行设置。

```
setenv  bootargs console=ttyS0，115200n8  noinitrd  rw   ip=10.13.72.154\
root=/dev/nfs
nfsroot=10.13..155：/home/hxh/montavista/filesys，nolock mem=30M，saveenv
```

至此，我们可以启动已经烧写在板上的嵌入式操作系统，并通过 NFS 方式挂载根文件系统了。阶段完成开发任务后，我们可以生成文件系统的镜像文件，并把其烧写到 FLASH 中。

我们采取的文件系统技术是 JFFS2 文件系统。JFFS2 是基于 JFFS 开发的闪存文件系统，除了日志功能，它也包括了 TrueFFS 的负载均衡、垃圾收集等功能，并且源代码公开。它使用的是基于散列表的日志结点结构，大大加快了对结点的操作速度。文件系统的移植只需往内核添加 MTD

的驱动，并用 mkfs.jffs2 来生成镜像文件，接着同样利用 U-Boot 将其烧写进 FLASH 的特定位置。

9.3.6　设备驱动程序

本章中以音频设备驱动程序的设计为例，它的主要任务是控制音频数据在硬件中流动，并为音频应用提供标准接口。设备驱动程序中需要完成的任务包括：对设备以及对应资源初始化和释放；读取应用程序传送给设备文件的数据并回送应用程序请求的数据。这需要在用户空间、内核空间、总线及外设之间传输数据。

Linux 驱动程序中将音频设备按功能分成不同类型，每种类型根据其次设备号来区分。AIC23 音频芯片提供数字化音频，该功能有时被称为 DSP 或 Codec，其功能是实现播放数字化声音文件或录制声音，同时还提供混频器、音序器等功能。/dev/dsp 的驱动设计主要包含设备的初始化和卸载、设备文件操作的实现等。在设备初始化中对音频设备使用了设备注册函数 register_sound_dsp() 注册音频设备。这个函数在内核 drivers/sound/sound_core.c 文件中实现。其作用是注册设备，得到设备标识，并且实现设备文件操作的绑定。在这些注册函数里，使用的第一个参数都是 struct file_operations 类型的参数。

1. file operations 结构的初始化

file operations 结构贯穿在整个驱动程序中，其代码如下。

```
static_ stntct file operations soundcore_fops=
{
    /*指向拥有该结构模块的指针，内核使用该指针维护模块的使用计数*/
    .owner = THIS_MODULE;
    /*把 soundcore open 函数指针赋给 open 入口点*/
    .open = soundcore-open;
};
```

2. 模块的初始化

AIC 音频模块初始化通过对 initt soundcore（void）的实现来完成以下几个任务。

① 以字符设备类型向系统注册 AIC23 音频模板设备，其主设备号为 14。通过调用如下函数来实现。

```
int register-`chrdev（unsigned int major；；coast char *name，struct file operations *fops）
```

② 使用设备文件系统（devfs），创建目录/dev/sound，并放置设备文件。如果使用数字化音频设备 dsp，其设备路径就是/dev/sound/dsp。

③ 做一些必要的系统日志，根据各种条件用 printk()向系统日志缓冲区写入不同级别的信息，如设备是否在使用中等。

3. 模块的卸载

AIC 音频模块卸载需要完成以下几个任务。

① int unregister chrdev（unsigned int major,const char *name）向系统注销该字符设备。本程序中 major 参数是前面注册时的主设备号，name 与注册时提供的 name 字符串相同。

② 调用 devfs_remove（"sound"）删除/dev/sound 目录。

③ 调用 printk()函数，做一些必要的系统日志。

4. 模块的使用

对上述模块编译并加载后，root 用户可用 mknod 命令建立相应的设备文件，并对它设置权限。这样就可以在应用程序中，使用 Linux 的文件系统调用这个设备文件来操作 AIC 音频模块。

本章小结

- OMAP5912 处理器是由 TI 应用最为广泛的 TMS320C55x DSP 内核与低功耗、高性能的 ARM926EJ-S 微处理器组成的双核应用处理器。C55x 系列可提供对低功耗应用的实时多媒体处理的支持；ARM926 可满足控制和接口方面的处理需要。

- TI 的 OMAP OSK5912 开发板提供了较为丰富的板载资源和设备。外围扩展的芯片模块主要有：音频 Codec 芯片（AIC23）、以太网接口芯片（LAN91C96）、DDR SDRAM（K4X56163PE-L（F）G 芯片）、FLASH（MT28F128J3FS-12 ET 芯片）和电源管理芯片（TPS 65010）等。另外，开发板还外接有 USB 接口、UART 接口、音频输入/输出接口、JTAG/Multi-ICE 仿真调试接口以及 4 个扩展接口。

- OMAP 的软件体系结构基于两个操作系统：一是基于 ARM 的嵌入式操作系统，如 EPOC、Windows CE、MontaVista Linux 等；二是基于 DSP 的实时操作系统内核 DSP/BIOS。

- Bootloader（引导加载程序）是系统加电后运行的第一段代码。一般它只在系统启动时运行非常短的时间，但对于嵌入式系统来说，这是一个非常重要的系统组成部分。

- MontaVista Linux 内核的移植需要进行软件环境配置、参数配置和内核编译及移植等过程。

- 系统启动后，操作系统要完成的最后一步是挂载根文件系统。在开发过程中，通过网络以 NFS 方式来挂载在 Linux 主机上的文件系统；阶段完成开发任务后，我们可以生成文件系统的镜像文件，并把其烧写到 FLASH 中。

- 设备驱动程序中需要完成的任务包括：对设备以及对应资源初始化和释放；读取应用程序传送给设备文件的数据，并回送应用程序请求的数据。这需要在用户空间、内核空间、总线及外设之间传输数据。

思考与练习题

1. 如何构建基于 OMAP5912 的嵌入式开发平台？
2. 嵌入式 Linux 系统的启动流程分哪几个层次？
3. 说明嵌入式操作系统 MontaVista Linux 在 OMAP5912 硬件平台上的移植步骤。
4. 如何理解基于 OMAP5912 硬件平台 MontaVista Linux 下设备驱动程序的设计和使用？
5. 设备驱动程序中需要完成的任务包括哪些？
6. 在嵌入式系统中使用 Bootloader 有哪些优点？
7. 简述 Bootloader 的概念和 Bootloader 的操作模式。
8. 说明 Bootloader 的启动过程。

第 10 章
基于 S3C6410 的开发应用实例

本章首先讨论了 S3C6410 的结构和特点，接着介绍了基于 S3C6410 的视频监控系统的硬件设计和软件设计。

本章学习要求：

- 描述 S3C6410 的结构和特点；
- 列出 S3C6410 芯片架构的主要模块；
- 描述基于 S3C6410 的系统硬件设计；
- 描述基于 S3C6410 的系统软件设计。

10.1 S3C6410 的结构和特点

S3C6410 是 SAMSUNG 公司基于 ARM1176 的 16/32 位的高性能低功耗的 RSIC 通用微处理器，适用于手持、移动等终端设备。

S3C6410 为 2.5G 和 3G 通信服务提供了优化的硬件性能，采用 64/32bit 的内部总线架构，融合了 AXI、AHB 和 APB 总线。还有很多强大的硬件加速器，包括运动视频处理、音频处理、2D 加速、显示处理和缩放。一个集成的 MFC（Multi-Format video Codec）支持 MPEG4/H.263/H.264 编解码和 VC1 的解码，这个硬件编解码器支持实时的视频会议以及 NTSC 和 PAL 制式的 TV 输出。此外，还内置一个采用最先进技术的 3D 加速器，支持 OpenGL ES 1.1/2.0 和 D3DM API 能实现 4M triangles/s 的 3D 加速。

S3C6410 包括优化的外部存储器接口，该接口能满足在高端通信服务中的数据带宽要求。接口分为两种：RAM 和 Flash/ROM/DRAM 端口。DRAM 端口可以通过配置来支持 Mobile DDR、DDR、Mobile SDRAM 和 SDRAM。Flash/ROM/DRAM 端口支持 NOR-Flash、NAND-Flash、OneNAND、CF 和 ROM 等类型的外部存储器以及 Mobile DDR、DDR、Mobile SDRAM、SDRAM 存储器。

为了降低成本和提升总体功能，S3C6410 包括很多硬件功能外设：Camera 接口、TFT 24bit 真彩色 LCD 控制器、系统管理单元（电源时钟等）、4 通道的 UART、32 通道的 DMA、4 通道定时器、通用 I/O 口、I²S 总线、I²C 总线、USB Host、高速 USB OTG、SD Host 和高速 MMC 卡接口以及内部的 PLL 时钟发生器。

S3C6410 芯片架构如图 10-1 所示。

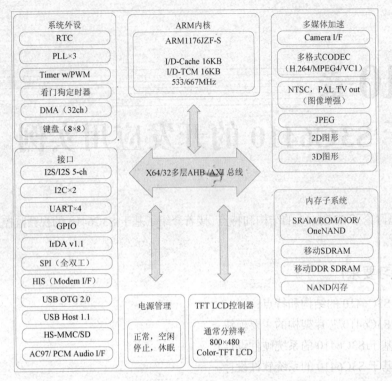

图 10-1　S3C6410 芯片架构

10.1.1　ARM1176JZF–S 内核

ARM 内核采用 ARM1176JZF-S 处理器，包含 16KB 的指令数据 Cache 和 16KB 的指令数据 TCM。

ARM Core 电压为 1.1V 的时候，可以运行到 533MHz；在 1.2V 的情况下，可以运行到 667MHz。操作频率可以通过内部时钟分频器来控制，该分频器的比率从 1～8 不同。ARM 处理器降低运行速度，以减少功耗。

ARM1176JZF-S 处理器通过 AXI、AHB 和 APB 组成的 64/32bit 内部总线与外部模块相连。

10.1.2　多媒体协处理器

多媒体协处理器分为五个电源域，包括 MFC（多格式视频编解码器）、JPEG、Camera 接口、TV 译码器等。当 IP 没有被一个应用程序所要求时，五个电源域可以进行独立的控制，以减少不必要的电力消耗。

● MFC：FIMV-MFC 1.0 版本是一个高能的视频编解码器 IP，它支持 H.263P3、MPEG-4 SP、H.264 和-VC-1。它由嵌入式位处理器和视频编解码器核心模块组成，该位处理器解析或构成位流，并控制视频编解码器。通过 AMBA APB 总线和 AMBA AXI 总线下载位处理器的程序和数据。

● JPEG 编解码器：支持 JPEG 编解码功能，最大尺寸为 4096×4096。

● 2D 图形：2D 加速，支持画点/线，Bitblt 功能和 Color Expansion。

● 3D 图形：3D 图形的硬件加速器，可以加速 OpenGL ES 1.1&2.0 的描绘过程。3D 引擎包括两个可编程着色器：一个是顶点着色器，另一个是像素着色器。在单描绘通道上最多可以支持 8 种属性。

10.1.3　存储器子系统

S3C6410 存储器包括七个存储控制器：一个 SROM 控制器，两个 OneNAND 控制器，一个 NAND 闪存控制器，一个 CF 控制器和两个 DRAM 控制器。通过使用 EBI，静态存储控制器和 16 位 DRAM 控制器共享存储器端口 0。

S3C6410 存储器子系统的特性如下。

（1）存储器子系统有一个 64 位 AXI 从属器接口，一个 32 位 AXI 从属器接口，一个 32 位 AHB 主控器接口，两个 32 位从属器接口（其中一个用于数据传输，另一个用于 SFR 设置），和一个用于 DMC SFR 设置的 APB 接口。

（2）存储器子系统从系统控制器获得导入方法和 CS 选择信息。

（3）内部 AHB 数据总线将 32 位 AHB 从属器数据总线和 SROMC，两个 OneNANDC 和 NFCON 连接起来。

（4）内部 AHB SFR 总线将 32 位 AHB 从属器 SFR 总线和 SROMC、两个 OneNANDC、CFCON 和 NFCON 连接起来。

（5）内部 AHB 主控器总线用于 CFCON。

（6）DMC0 用 32 位 AXI 从属器接口和 APB 接口。

（7）DMC1 用 64 位 AXI 从属器接口和 APB 接口。

（8）存储器端口 0 通过使用 EBI （外部总线接口）共享。

（9）仅 DMC1 启动用存储器端口 1。

（10）支持使用 NAND 闪存或者 OneNAND。

（11）对于 CFCON，支持独立端口。

（12）存储器端口 0 中，Xm0CSn[1:0]专用于 SROMC。

（13）存储器端口 0 中，Xm0CSn[7:6]专用于 DMC0。

（14）选择 NAND 闪存或 OneNAND 导入设备，nCS2 用于访问导入的媒体。

（15）EBI 模块支持 AMBA AXI 3.0 低电源接口（CSYSREQ、CACTIVE、和 CSYSACK）来阻止存储控制器访问内存。

（16）通过在系统控制器中设置，存储器端口 1 的数据引脚[31:16]能用做端口 0 的地址引脚 [31:16]。

（17）EBI 模块支持通过存储控制器使用 pad 接口（DMC0、SROMC、两个 OneNANDC、CFCON 和 NFCON)。

（18）通过改变优先权来决定哪个能拥有 pad 接口。

（19）EBI 和包含一个三线接口、EBIREQ、EBIGNT 和 EBIBACKOFF，和所有活动的高位的存储器之间相互通信：

① EBIREQ 信号被存储控制器访问，用来指示它们需要外部总线访问。

② 各自的 EBIGNT 被发送到高优先权的存储控制器。

③ EBI 输出 EBIBACKOFF 来发送信号，存储控制器必须完成当前传输释放总线。

（20）EBI 保持被授权的存储控制器的跟踪，并且在它授权给下一个存储控制器之前，等待从存储控制器到闪存的传输。如果高优先权的存储控制器请求总线，那么 EBIBACKOFF 通知当前被授权的控制器来尽快结束当前传输。

10.1.4 显示控制器

显示控制器有一个用于转换图像数据的逻辑，这个逻辑是指从本地总线的后处理器或系统内存内的视频缓冲区，到外部 LCD 驱动器接口的传输图像数据的逻辑。LCD 驱动接口有四种接口，包括 RGB 接口、I80 接口、NTSC/PAL 标准 TV 编码器接口和 IT-R BT.601 接口。

显示控制器支持 5 层图像窗口，并可进行 Overlay 操作，从 window0 到 window4，分别支持不同的图像输入源和不同的图像格式。实际上，显示控制器可以接收来自 Carema、Frame Buffer 和其他模块的图像数据，可以对这些不同的图像进行 Overlay，并输出到不同的接口，比如 LCD、TV Encoder。

覆盖图像窗口支持多种颜色格式、16 级 alpha 混合、color key、横纵坐标位置控制、软滚动、可变窗口尺寸等。显示控制器支持各种颜色格式，如 RGB，YcbCr4：4：4。

10.1.5 系统外设

S3C6410 系统外设包含如下。

- RTC：系统掉电的时候由备份电池支持，需外接 32.768KHz 时钟，年/月/日/时/分/秒都是 BCD 码格式。

- PLL：支持三个 PLL，分别是 APLL，MPLL 和 EPLL。APLL 为 ARM 提供时钟，产生 ARMCLK；MPLL 为所有和 AXI/AHB/APB 相连的模块提供时钟，产生 HCLK 和 PCLK；EPLL 为特殊的外设提供时钟，产生 SCLK。通过外部提供的时钟源，时钟控制逻辑产生慢速时钟信号 ARMCLK、HCLK 和 PCLK。该每个外设块的时钟信号可能被启用或禁用，由软件控制以减少电源消耗。

- TIMER/PWM 定时器：支持 5 个 32Bit Timer，其中 Timer0 和 Timer1 具有 PWM 功能，而 Timer2、3 和 4 没有输出管脚，为内部 Timer。

- WATCHDOG：看门狗定时器，也可以当作 16Bit 的内部定时器。

10.1.6 接口

I^{2}S 总线接口：IIS 是一种常用的数字音频接口。总线用于和外接的 Audio Codec 传输音频数据。支持普通的 I^{2}S 双通道，也支持 5.1 通道 I^{2}S 传输，音频数据可以是 8/16/32Bit，采样率从 8kHz 到 192kHz。

I^{2}C 总线接口：S3C6410 RISC 处理器能支持一个多主控器 IIC 串行接口。一个专用的串行数据线（SDA）和一个串行时钟线（SCL）在总线主控器和连接到 IIC 总线的外部设备之间传输数据。SDA 和 SCL 线是双向的。在多主控制 IIC 总线模式下，多个 S3C6410 RISC 处理器能发送（或接收）串行数据到从属设备。主控器 S3C6410 能开始和结束 IIC 总线上的数据传输。

UART 接口：S3C6410 通用异步接收和发送器（UART）提供了四个独立的异步串行 I/O（SIO）端口。每个 SIO 端口通过中断或者 DMA 模式来操作。UART0/1/2 还支持 IrDA1.0 功能。UART 最高速度达 3Mbit/s。

GPIO：通用 GPIO 端口，功能复用。可以控制 127 个外部中断，有 187 个多功能输入/输出端口。可以控制管脚（除了 GPK、GPL、GPM 和 GPN 管脚以外）的睡眠模式状态。GPIO 包含两部分，分别是 Alive 部分和 Off 部分。Alive 部分的电源由睡眠模式提供，Off 部分与它不同。因此，寄存器可以在睡眠模式下保持原值。

IrDA：独立的 IrDA 控制器，兼容 IrDA1.1，支持 MIR 和 FIR 模式。

SPI 接口：串行外设接口（SPI）能进行串行数据传输。SPI 包括两个 8 位、16 位和 32 位的移位寄存器，分别用于传输和接收。在 SPI 传输期间，数据同步传输（串行输出）和接收（串行输入）。

调制解调器接口：Modem 接口控制器，内置 8KB 的 SRAM 用于 S3C6410 和外接 Modem 交换数据，该 SRAM 还可以为 Modem 提供 Boot 功能。

USB OTG：USB 接口 OTG 是一个双角色的设备控制器，可以支持设备和主机两种功能。它支持高速（HS，480Mbps）、全速（FS，12Mbps，只用于设备）以及低速（LS，1.5Mbps，只用于主机）转换。高速 OTG 可以作为主机或设备控制器。

USB 主机接口：独立的 USB Host 控制器，支持 USB Host 1.1。

高速 MMC 控制器：HSMMC（高速 MMC）和 SDMMC 是一个组合编码/解码器主机，主要用于 SD 卡和多媒体卡。兼容 SD Host 2.0、SD Memory Card 2.0、SDIO Card 1.0 和 High-Speed MMC。

PCM Audio：支持两个 PCM Audio 接口，传输单声道 16Bit 音频数据。

AC97 控制器：支持独立的 PCM 立体声音频输入，单声道 MIC 输入和 PCM 立体声音频输出，通过 AC-Link 接口与 Audio Codec 相连。

10.2　基于 S3C6410 的视频监控系统设计

随着 3G 的普及以及 Wi-fi 无线网络的大范围覆盖，基于智能手机的移动视频监控方式会越来越多地出现在我们的视野中。当前端的摄像头将实时画面通过互联网发送到手机客户端时，就可以通过视频图像对远端实施监控。相比较传统的监控系统，嵌入式监控系统具有成本低、小巧灵活、高可靠性等特点。

本节讨论利用 Tiny6410 开发板作为视频服务器开发平台，使用 V4L2 接口对数据进行采集，通过 S3C6410 内部集成的 MFC 模块压缩视频流，经网络传输到客户端进行解码和播放，以实现远程视频监控。

10.2.1　系统的硬件设计

Tiny6410 是一款由广州友善之臂计算机科技有限公司生产的高性能开发板，Tiny6410 是以 ARM 11 芯片（三星 S3C6410）作为主处理器的嵌入式核心板，CPU 内部集成了强大的多媒体处理单元，支持 Mpeg4、H.264 等格式的硬件编解码，核心板集成了 256M 的 DDR RAM、1GB NandFlash 存储器，通过丰富的接口资源与外围电路相连接。

视频监控系统硬件主要由 Tiny6410 开发板、USB 摄像头、SD 卡和远程客户端组成，如图 10-2 所示。

系统采用中星微 Z301 摄像头，通过 USB 接口与开发板相连实现数据采集，可以输出设备 YUY2 格式的图像信号。通过 S3C6410 内部 MFC 模块对采集的图像实现 H.264 标准的视频压缩。视频服务器通过 DM9000 网卡与远程客

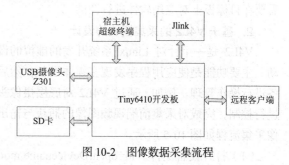

图 10-2　图像数据采集流程

户端进行通信。

在开发过程中，目标板通过串口、网口与宿主机连接，宿主机上超级终端通过串口对目标板控制控制和文件传输。此外，目标板通过 JTAG 接口连接 Jlink 仿真器，通过宿主机上的 rvds 软件进行程序调试。

10.2.2　系统的软件设计

系统的软件分为三层，即引导装入程序、嵌入式操作系统层和应用层，包括 Bootloader、Linux 内核、文件系统、各种驱动程序，以及视频采集、视频压缩、视频传输、BOA 服务器等应用软件。系统软件结构如图 10-3 所示。

整个监控服务器系统工作流程如图 10-4 所示。

图 10-3　视频监控系统软件结构图

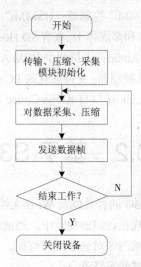

图 10-4　应用软件主流程图

1.　系统软件开发流程

在进行操作系统移植之前，首先在宿主机上建立开发环境，安装 Linux 虚拟操作系统，安装编译调试软件 RVDS，建立与目标板通信的超级终端，建立交叉编译环境等相关操作。

系统开发环境建立以后，第一步是在 SD 卡（推荐使用至少 4G 的 SD 卡）中烧写 superboot，作为 SD 卡中的 bootloader 启动系统；第二步是将 bootloader 移植到 Nand Flash 中；第三步是配置本系统所需的驱动模块，将 MFC 驱动和万能摄像头驱动集成到 Linux 内核中，然后编译和移植 Linux 内核，再移植根文件系统 Rootfs。至此，整个操作系统环境就搭建完成了。完成嵌入式系统的移植以后，需要在目标板上对应用软件进行调试。

2.　基于 V4L2 的采集模块的设计

V4L2 是一个针对 Linux 系统开发的虚拟的设备驱动。主要功能是使应用程序发现多媒体设备，然后对设备进行操作管理。例如，通过 V4L2 对底层摄像头驱动进行控制，完成对采集前端视频图像的捕获与输出，图像采集流程如图 10-5 所示。

（1）打开设备文件。fd=open(Devicename,mode);的

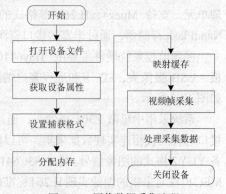

图 10-5　图像数据采集流程

第一个参数是注册在/dev/目录下的设备名，打开模式可分为阻塞和非阻塞模式。

（2）获取设备属性。通过调用 ioctl(fd,VIDIO_QUERYCAP,&cp)，获取打开设备的相关参数并存放到 cp 结构中。

（3）设置捕获格式。调用 ioctl(fd,VIDIOCS_FMT,&fmt)设置捕获图像的存储格式、宽带、高度、像素大小等。

（4）为视频帧分配内存。通过 ioctl(fd,VIDIOC_REQBUFS,&req)向内核申请 req.count 个缓存。

（5）映射缓存。首先通过 VIDIOC_QUERBUF 获取缓存地址，然后调用 mmap 将内核中的内存地址映射到用户空间。

（6）视频帧的采集。调用 read()将数据存放到缓存中。

（7）处理采集数据。V4L2 的数据缓存采用 FIFO 的方式，当应用程序将最先采到的一帧数据取走时，将重新采集最新的数据。

（8）关闭视频设备。调用 close()实现设备的关闭。

3. 基于 MFC 的压缩模块的设计

要将视频数据通过嵌入式服务器和网络进行远距离传输，面对网络延时、带宽限制，同时又要有较高的实时性和较高的分辨率，可选择 H.264 压缩标准。H.264 超高的压缩率使得图像数据量比原始图像减少了将近六成。

在 S3C6410 的 CPU 中集成了一个 MFC 模块，核心是一个位处理器。它是一个可编程的 DSP，可以高度优化处理位流数据，实现 MPEG-4，H.263 和 H.264 等编码标准的图像数据的硬件编解码。

在 MFC 的驱动源程序中，可以看到主要的编码操作函数。

● SsbSpH264EncodeInit(int uiWidth, int uiHeight,unsigned int uiFramerate, unsigned int uiBitrate_kbps,unsigned int uiGOPNum); 函数用于启动 mfc，对编码器进行初始化。它们分别定义了每一帧图像的长宽、帧的速度、比特率、GOP 策略，影响编码质量。

● SsbSipH264EcodeExe(void *openHandle) 函数用于执行函数的编码。

● SsbSipH264EncodeDeInit(void *openHandle) 在编码完成后释放资源。

● SsbSpH264EcodeSetConfig(void *openandle, H264_ENC_CONF conf_type, void *value)完成对编程参数的传入。

● SsbSipH264EncodeGetConfig(void *openHandle, H264_ENC_ONF conf_type, void *value)获取编码器的工作参数。

● SsbSipH264EncdeGetInBuf(void *openHandle, long * size)获得数据输入缓冲区的地址。

● SsSipH264EncodeGetOutBuf(void *openHandle, long *size)压缩完成的数据存放缓冲区。

以上函数中的各种参数主要在_MFCLIB_H264_ENC 结构体中定义，包括图像的长宽、帧的速度、比特率、编码的质量系数等，还有用于存储设备文件打开时的文件描述符的变量，存放缓冲区地址的指针等成员变量，在下面的执行过程中就是要将这个结构体进行填充。

例如，通过 S3C6410 内部多媒体编解码模块对 V4L2 的采集模块采集的图像实现 H.264 标准的视频压缩。S3C6410 上的 FIMC-MFC1.0 作为 16 位的 DSP 处理器对于 H.264 编码速率达到了全双工的 30fps 的 VGA 图像，占用极少 CPU 资源而且速度更快。图 10-6 所示为 MFC 编码流程图。

图 10-6　H.264 编码流程

（1）初始化 H.264 编码环境。调用 SsbSipH264EncodeInit(Width, Height, Framerate, Bitrate, GOPNum)来打开 MFC 设备并且对编码结构参数进行初始化。

（2）设置编码参数。调用 SsbSipH264EncodeSetConfig(openHandle, type, value)对编码的各种参数进行配置。

（3）通过 SsbSipH264EncodeGetInBuf(openHandle, size)获取视频输入地址。

（4）通过 memcpy(p_inbuf, in_addr, frame_size)将需要编码视频帧复制到编码时存放原始数据的缓存中。

（5）通过 SsbSipH264EncodeExe(handle)函数进行编码压缩。

（6）关闭设备，调用 SsbSipH264EncodeDeInit(handle)函数释放占用资源并且关闭设备。

4. 传输模块的设计

通过网络传送图像数据到客户端主要有两种传输模式：一种是 B/S 模式，客户端只需在普通的浏览器中安装相应插件就可以对特定格式的视频图像进行解码播放；另一种是 C/S 模式，该方式需要专门的播放软件接收远程数据包进行解码播放。本系统主要采用 C/S 模式。

网络套接字可以实现服务器和客户端进程间数据包的交互，所以在远程客户端与服务器上可建立用于通信的套接字，将各自的 IP 地址等信息与套接字绑定。Linux 系统中集成了 boa 服务器，尽管这是一个点对点的单连接服务器，但是对于远程客户端与嵌入式服务器的通信却很适合。通过响应客户端的请求，Linux 系统可以执行 CGI 脚本使得采集传输模块开始工作，并向客户端发送图像压缩包。

boa 服务器主要使用 CGI 脚本响应客户端的请求，通过执行脚本中的服务，启动视频的采集与传输模块向客户端软件发送 H.264 视频帧。CGI 是通用网关接口，当有数据传送到 boa 服务器上时，CGI 脚本可以接收传输过来的参数，然后执行对应选项的处理过程。本系统采用 c 语言编写了 CGI 源文件，然后放到开发板的 www 目录中。这时，位于远程端的软件只要输入脚本的网络地址，就可以执行该脚本，启动视频传输功能。

将 boa 服务器移植到开发板上的嵌入式 Linux 系统中，建立了嵌入式 Web 服务器，为远程客户端提供基于 HTTP 协议的网络接入方式。boa 支持基于 CGI 的动态网页，因此可采用编写 CGI 脚本对远程客户端的请求进行响应，发送经过编码的视频数据包。图 10-7 所示为 boa 中视频传输的流程图。

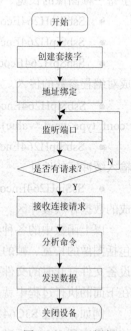

图 10-7　BOA 视频传输流程

（1）完成 boa 服务器的初始化工作。

（2）通过 Socket 创建流式套接字，并获得套接字描述符。

（3）通过 bind 将套接字与服务器地址绑定。

（4）通过 listen 对端口进行监听。

（5）通过 accept 等待来自客户端的连接请求。

（6）建立相互的连接，分析客户端命令。

（7）执行 CGI 脚本程序，发送数据。

（8）关闭套接字，结束通信。

当工作在 PC 上的远程客户端从网络接收视频数据包，然后对视频帧进行解码与在屏幕上显示图像。

本章小结

● S3C6410 是 SAMSUNG 公司基于 ARM1176 的 16/32 位的高性能、低功耗的 RSIC 通用微处理器，适用于手持、移动等终端设备。

● S3C6410 为 2.5G 和 3G 通信服务提供了优化的硬件性能，采用 64/32bit 的内部总线架构，融合了 AXI、AHB、APB 总线。还有很多强大的硬件加速器，包括运动视频处理、音频处理、2D 加速、显示处理和缩放。

● 为了降低整个系统的成本和提升总体功能，S3C6410 包括很多硬件功能外设：Camera 接口、TFT 24bit 真彩色 LCD 控制器、系统管理单元（电源时钟等）、4 通道的 UART、32 通道的 DMA、4 通道定时器、通用 I/O 口、I2S 总线、I2C 总线、USB Host、高速 USB OTG、SD Host 和高速 MMC 卡接口以及内部的 PLL 时钟发生器。

● 视频监控系统硬件主要由 Tiny6410 开发板、USB 摄像头、SD 卡和远程客户端组成。

● 视频监控系统的软件分为三层，即引导装入程序、嵌入式操作系统层和应用层，包括 Bootloader、Linux 内核、文件系统、各种驱动程序，以及视频采集、视频压缩、视频传输、BOA 服务器等应用软件。

思考与练习题

1. 试述 S3C6410 芯片架构和特点。
2. S3C6410 芯片主要提供哪些接口，这些接口的作用是什么？
3. 试查找资料了解 Tiny6410 开发板的功能特点。
4. 以视频监控系统为例，简述嵌入式系统软件开发流程。
5. 试述如何通过 S3C6410 内部多媒体编解码模块实现采集视频的压缩。
6. BOA 服务器的功能是什么？在 BOA 中是如何实现视频传输的？

ALE	（Address Latch Enable）地址锁存使能
ALU	（Arithmetic and Logic Unit）算术逻辑单元
API	（Application Programming Interface）应用程序接口
ARM	（Advanced RISC Machines）
BSP	（Board Support Package）板级支持包
BSP	（Bit Stream Processor）位流处理器
CAN	（Controller Area Network）控制器局域网
CISC	（Complex Instruction Set Computer）复杂指令集计算机
CPSR	（Current Program Status Register）当前程序状态寄存器
Cramfs	（Compressed ROM File System）只读压缩文件系统
CRUD	（Create，Read，Update，Delete）添加、查找、更新和删除
DARPA	（Defense Advanced Research Projects Agency）美国国防高级研究计划署
DMA	（Direct Memory Access）直接存储器访问
DRAM	（Dynamic RAM）动态 RAM
DSP	（Digital Signal Processor）数字信号处理器
ECB	（Event Control Blocks）事件控制块
ECU	（Electronic Control Unit）电子控制装置
EDF	（earliest deadline first）最近执行者优先调度
EEPROM	（Electrical Erasable Programmed ROM）电可擦写可编程存储器
EMIFF	（External Memory Interface Fast）片外快速存储器接口
EMIFS	（External Memory Interface Slow）片外慢速存储器接口
EPROM	（Erasable Programmed ROM）可擦写可编程 ROM
FIFO	（First in First out）先进先出
FILO	（First in Last out）先进后出
FPGA	（Field Programmable Gates Array）现场可编程门阵列
GDMA	（Generic Direct Memory Access）
GL	（Glue Logic）胶粘逻辑
GLT	（Glue Logic Technique）胶粘逻辑技术
GPIO	（General Purpose Input/Output）通用输入输出
GPS	（Global Positioning System）全球卫星定位系统
GUI	（Graphical User Interface）图形用户界面
HAL	（Hardware Abstraction Layer）硬件抽象层
ICE	（In-Circuit Emulator）实时在线仿真器
IDE	（Integrated Development Environment）集成开发环境
IDE	（Integrated Drive Electronics）电子集成驱动器
IDL	（Interface Definition Language）接口定义语言

IEEE	（Institute of Electrical and Electronics Engineers）美国电气和电子工程师协会
IIS	（Inter–IC Sound bus）串行数字音频总线
IMIF	（Internal Memory Interface）内部存储器接口
IP	（Intellectual Property）知识产权
IPC	（inter-Process communication）进程间通信机制
ISA	（Industry Standard Architecture）工业标准结构总线
ISO	（International Standardization Organization）国际标准化组织
JVM	（Java Virtual Machine）Java 虚拟机
LCD	（Liquid Crystal Display）液晶显示器
LED	（Light Emitting Diode）发光二极管
LIFO	（Last in First Out）后进先出
LR	（Link Register）连接寄存器
MAS	（Multi–Agent System）多 Agent 系统
MAV	（Micro Air Vehicle）微型飞行器
MCU	（Micro–Controller Unit）微控制器
MII	（Media Independent Interface）介质无关接口
MMU	（Memory Manage Unit）内存管理单元
MOC	（meta object compiler）元对象编译器
MPU	（Micro–Processor Unit）微处理器
MTD	（Memory Technology Device）存储技术设备
NTFS	（Windows NT File System）Windows NT 文件系统
NFS	（Network File System）网络文件系统
NVP	（Name–Value Pair）名称–值对
OCD	（On-Chip Debugging）在线调试
OCE	（On-Chip Emulator）在线仿真
OEM	（Original Equipment Manufacture）原始设备制造商
OMAP	（Open Multimedia Applications Platform）开放式多媒体应用平台
PCB	（Process Control Blocks）进程控制块
PCMCIA	（Personal Computer Memory Card International Association）PC 内存卡国际联合会
PDA	（Personal Digital Assistant）个人数字助理
PDT	（Portable Data Terminal）便携式数据终端
POSIX	（Portable Operating System Interface）可移植操作系统接口
PROM	（Programmed ROM）可编程 ROM
RAM	（Random Access Memory）随机存储器
RISC	（Reduced Instruction Set Computer）精简指令集计算机
RMA	（Rate Monotonic Analysis ）单调速率分析
RMS	（Rate–Monotonic Scheduling）单调速率调度算法
ROM	（Read–Only Memory）只读存储器
	（mask–programmed ROM）掩膜 ROM

RPC　　　　　　（Remote Procedure Calls）远程过程调用
RTOS　　　　　（Real Time multi-tasking Operation System）实时多任务操作系统
SAP　　　　　　（Service Access Point）服务访问点
SCSI　　　　　 （Small Computer System Interface）小型计算机系统接口
SOC　　　　　　（System on Chip）片上系统
SPSR　　　　　 （Saved Program Status Register）备份的程序状态寄存器
SRAM　　　　　（Static RAM）静态 RAM
TC　　　　　　　（Traffic Controller）存储器通信控制器
TCB　　　　　　（Task Control Blocks）任务控制块
TLB　　　　　　（Translation Lookaside Buffer）转换旁路缓冲器
UART　　　　　（Universal Asynchronous Receiver and Transmitter）通用异步收发器
UML　　　　　　（Unified Modeling Language）统一建模语言
URI　　　　　　（Uniform Resource Identifier）统一资源标识符
USB　　　　　　（Universal Serial Bus）通用串行总线
VFS　　　　　　（Virtual File System）虚拟文件系统
XIP　　　　　　（eXecute in Place）可芯片内执行
YAFFS　　　　　（Yet Another Flash File System）
　　　　　　　　 第一个专门为 NAND Flash 存储器设计的嵌入式文件系统

参考文献

[1] 潘巨龙，黄宁，姚伏天，陈科杰，道克刚. ARM9 嵌入式 Linux 系统构建与应用[M]. 北京：北京航空航天大学出版社，2006.

[2] 马洪连，丁男，李屹璐，马艳华. 嵌入式系统设计教程[M]. 北京：电子工业出版社，2006.

[3] 夏靖波，王航，陈雅蓉. 嵌入式系统原理与开发[M]. 西安：西安电子科技大学出版社，2006.

[4] Andrew N.Sloss，Dominic Symes，Chris Wright. ARM 嵌入式系统开发——软件设计与优化[M]. 沈建华，译. 北京：北京航天航空大学出版社，2005.

[5] Raj Kamal. 陈曙晖，等译. 嵌入式系统——体系结构、编程与设计[M]. 北京：清华大学出版社，2005.

[6] 李驹光. ARM 应用系统开发详解——基于 S3C4510B 的系统设计（第二版）[M]. 北京：清华大学出版社，2004.

[7] 任哲，潘树林，房红征. 嵌入式操作系统基础 μC/OS-Ⅱ 和 Linux[M]. 北京：北京航空航天大学出版社，2006.

[8] 李驹光，郑耿，江泽明. 嵌入式 Linux 系统开发详解[M]. 北京：清华大学出版社，2006.

[9] 华清远见 3G 学院. Android 应用程序开发与典型案例[M]. 北京：电子工业出版社，2012.

[10] 马忠梅，李善平，慷慨，叶楠. ARM&Linux 嵌入式系统教程[M]. 北京：北京航空航天大学出版社，2004.

[11] 陈文智等. 嵌入式系统开发原理与实践[M]. 北京：清华大学出版社，2005.

[12] 孙天泽，袁文菊，张海峰. 嵌入式设计及 Linux 驱动开发指南——基于 ARM9 处理器[M]. 北京：电子工业出版社，2005.

[13] 陈章龙等. 嵌入式技术与系统——Intel XScal 结构与开发[M]. 北京：北京航空航天大学出版社，2004.

[14] 李善平，刘文峰，工焕龙等. Linux 与嵌入式系统 [M]. 北京：清华大学出版社，2003.

[15] 田泽. 嵌入式系统开发与应用教程[M]. 北京：北京航空航天大学出版社，2005.

[16] 张大波. 嵌入式系统原理、设计与应用[M]. 北京：机械工业出版社，2004.

[17] 王田苗. 嵌入式系统设计与实例开发[M]. 北京：清华大学出版社，2003.

[18] 李善平等. Linux 与嵌入式系统 [M]. 北京：清华大学出版社，2003.

[19] Jean J. Labrosse. 邵贝贝，等译. 嵌入式实时操作系统 μC/OS-Ⅱ（第 2 版）[M]. 北京：北京航空航天大学出版社，2003.

[20] 何立民. 嵌入式系统的定义与发展历史[J]. 单片机与嵌入式系统应用，2004，1：6-8.

[21] 李长明. 基于 ARM 和 Linux 嵌入式系统的软件开发过程[J]. 工业控制计算机，2006，19（3）：47-48.

[22] 周红波. 基于嵌入式操作系统的开发方法[J]. 微计算机信息（嵌入式与 SOC），2006，22（7-2）：55-57.

[23] 张方辉，王建群. Qt/Embedded 在嵌入式 Linux 上的移植[J]. 计算机技术与发展，2006，16（7）：64-66.

[24] 徐广毅，张晓林，崔迎炜，蒋文军. Qt/Embedded 在嵌入式 Linux 系统中的应用[J]. 单片机与嵌入

式系统应用，2004，12：14-18.

[25] 付继宗，陈文星，樊水康. 嵌入式 Linux 环境下 Qt-Embedded 分析[J]. 电脑开发与应用，2005，第 18 卷增刊：11-12.

[26] 白玉霞，刘旭辉，孙肖子. 基于 Qt/Embedded 的 GUI 移植及应用程序开发[J]. 电子产品世界，2005，7：98-100.

[27] 申伟杰，彭楚武，胡辉红. 嵌入式 Linux 中基于 Qt/Embeded 触摸屏驱动的设计[J]. 中国仪器仪表，206，4：48-51.

[28] 冯世奎. 基于 ARM 的 Linux 嵌入式系统移植的研究与应用[D]. 电子科技大学，2006.

[29] 钱连举. 基于 ARM 的嵌入式 Linux 系统移植技术研究与应用[D]. 电子科技大学，2006.

[30] 梁泉. 嵌入式 Linux 系统移植及应用开发技术研究[D]. 电子科技大学，2006.

[31] 凌乐. 基于 OMAP5912 的音频系统平台设计[D]. 浙江大学，2006.

[32] 李飞娟. 基于 OMAP5912 的车载音频系统[D]. 浙江大学，2006.

[33] 黄希煌. 基于 OMAP 平台的流媒体传输技术在家居环境中的应用研究[D]. 浙江大学，2006.

[34] 黄飞. OMAP 平台的开发及其在便携式仪器中的应用[D]. 国防科学技术大学，2004.

[35] 程杰. 基于 ARM 的视频监控系统的设计[D]. 河北工业大学，2013.

[36] 胡世敏. 基于 S3C6410 的视频监控系统的设计与实现[J]. 现代电子技术，2011，34（20）：63-66.

[37] 祝忠方，刘红. 基于 Tiny6410 开发板的应用研究[J]. 价值工程，2013，32（23）：210-212.

[38] 张栩，游向东，罗迁. 一种嵌入式 Linux 网络控制开关的设计与实现[J]. 软件，2013，34（12）：99-102.

[39] 冯林琳. 基于 S3C6410 的 Bootloader 研究与实现[D]. 河北工业大学，2012.